◎ 高等学校理工科物理类规划教材 ◎

量子力学

QUANTUM MECHANICS

（第四版）

主编 宋鹤山

编者 于长水 金家森 李伟佳 周 玲

大连理工大学出版社
Dalian University of Technology Press

图书在版编目(CIP)数据

量子力学 / 宋鹤山主编. -- 4 版. --大连 : 大连理工大学出版社，2022.7(2024.4 重印)
ISBN 978-7-5685-3838-1

Ⅰ. ①量… Ⅱ. ①宋… Ⅲ. ①量子力学－高等学校－教材 Ⅳ. ①O413.1

中国版本图书馆 CIP 数据核字(2022)第 103489 号

量子力学

LIANGZI LIXUE

大连理工大学出版社出版

地址:大连市软件园路 80 号　邮政编码:116023
发行:0411-84708842　邮购:0411-84708943　传真:0411-84701466
E-mail:dutp@dutp.cn　URL:https://www.dutp.cn

大连永盛印业有限公司印刷　大连理工大学出版社发行

幅面尺寸:185mm×260mm　印张:15　字数:359 千字
2004 年 9 月第 1 版　2022 年 7 月第 4 版
2024 年 4 月第 2 次印刷

责任编辑:于建辉　责任校对:周　欢
封面设计:奇景创意

ISBN 978-7-5685-3838-1　定价:45.00 元

前　言

1900 年 12 月 14 日，德国物理学家 Planck 在柏林召开的德国物理学会年会上宣读了他的题为《论正常光谱能量分布定律》的划时代论文。在这篇论文中，Planck 引进了微观粒子能量的量子化概念，成功解释了黑体辐射问题，从而创立了量子论。以 Planck 的量子论为基础，经过 Einstein、Bohr、de Broglie、Heisenberg、Schrödinger、Born、Dirac 等一批杰出物理学家的努力，量子力学便诞生了。量子力学与相对论一起构成了近代物理学的两大支柱。量子力学和相对论的诞生，从根本上改变了人们对于时间、空间的传统观念，使人们对物质的运动形式和规律有了崭新的认识。

量子力学自创立以来已取得了巨大的成功：不仅成功地解释了原子、原子核的结构，固体结构、元素周期表和化学键，超导电性和半导体的性质等，而且促成了现代微电子技术的创立，使人类进入了信息时代，还促成了激光技术、新能源、新材料科学的出现。历史上，没有哪一种理论成就曾如此深刻地改变人类的观念，以及人类社会的生产与生活。

但是，量子力学从诞生到现在，它的一些概念、原理，特别是像量子态的纠缠这种令人费解的特性困惑了几代人，并引起了 Einstein、Bohr 等科学巨人之间长期的争论。Einstein、Schrödinger 等基于量子态的叠加所导致的测量结果的不确定性，始终认为量子力学理论不完备，而 Bohr、Heisenberg 等则坚持认为量子力学的基本原理是完备的和无可置疑的。争论的焦点在于：真实的物理世界是遵从 Einstein 的局域实在论还是 Bohr 主张的非局域性。由于实验技术的局限，直到20 世纪60 年代，围绕量子力学这些基本概念的争论还一直停留在哲学思辨上。随着实验技术的发展，人们开始通过实验直接检验和探讨量子力学的基本概念和奇妙特性。特别是近 20 年来，Bell 不等式、量子态的纠缠性和非局域性等相继得到实验验证，量子力学有了突破性进展。如今，经几代人的努力，量子力学的完备性越来越清楚地被人们所理解，量子态的纠缠性和非局域性等奇妙特性已成为宝贵的物理资源，开始被人类所利用。量子力学的这些新进展为信息科学的进一步发展提供了新原理、新方法和新途径，并推动了新的交叉学科——量子信息学——的诞生。

基于这些背景，本书在系统阐述传统量子力学的基本概念和基本原理的同时，把量子态的纠缠性、不可克隆性、量子力学的非局域性等概念引入量子力学的理论体系，并介绍了量子力学的新进展和量子通信、量子计算及其物理实现、量子密码、量子测量等量子信息学的基本内容，以更新和丰富量子力学的内容。

在大连理工大学物理系多年的教学实践中，我们对本书的内容和习题进行了反复推敲。同时，考虑到量子力学是一种正在发展和不断完善的基础理论，在本次修订过程中，我们根据一些读者提出的宝贵意见，对第三版的部分内容做了适当的改写、增减，适当强调了中国科学家在其中的贡献，对各章的习题又进行了适当的修改和补充。以二维码的形式对各章知识点进行了简要总结，对部分知识点进行了适当的拓展。

本书既可以供高校教师和研究人员参考，又可以作为高校物理类本科生或非物理类相关专业研究生教材使用，64 学时可授完本书全部内容。

周世勋先生所著的《量子力学》是作者学习量子力学的启蒙教材，曾谨言教授所著的《量子力学导论》，张永德教授编著的《量子力学》，Hisheng Song 的*Quantum Mechanics*，L. I. Schiff 的 *Quantum Mechanics* 和 Fayyazuddin、Riazuddind 的 *Quantum Mechanics* 等书是作者学习和理解量子力学的主要参考书。曾谨言、裴寿镛、龙桂鲁等教授编写的系列著作《量子力学的新进展》，J. Preskilld 的 *Quantum Information and Computation* 和 M. A. Nielsen、I. L. Chuang 的 *Quantum Computation and Quantum Information* 等著作是作者学习和掌握量子力学新进展和量子信息论的最主要参考书。这些著作为作者学习和研究量子场论、基本粒子理论和量子信息学等奠定了必要的基础，也为编写本书积累了必要的知识。借此机会，向这些著作的作者表示诚挚的敬意和谢意。

量子力学是一种正在发展和不断完善的基础理论，也是一门比较难学的课程，在有限的篇幅内，概括出它的全貌，为读者提供满意的参考书，对作者来说是一件很困难的事情。加之作者的学识和水平有限，在内容的取舍与编排、基本概念和原理的叙述上仍会有不当之处甚至错误，诚恳希望读者批评与指正。

作　者
于大连理工大学
2022 年 6 月

所有意见和建议请发往：dutpbk@163.com
欢迎访问高教数字化服务平台：https://www.dutp.cn/hep/
联系电话：0411-84708462　84708445

目　录

第1章

经典物理学的“危机”和量子力学的诞生

1.1 经典物理学的理论体系及其“危机”

在进入量子力学理论体系之前，我们首先回顾一下在19世纪末完成的称为经典物理学(classical physics)的理论体系。经典物理学包括牛顿力学（Newton’s mechanics)，热力学与统计物理学(thermodynamics and statistical physics)，电动力学(electrodynamics)。

牛顿力学描述宇宙中宏观物体机械运动的普遍规律。这一理论体系可归结为牛顿三定律。无论是各种星体，包括恒星、行星、卫星，还是地球上的各种物体，它们的运动无一不服从牛顿力学规律。到了19世纪末，牛顿力学发展到登峰造极的地步。海王星的发现就是一个最好的见证。19世纪上半叶，人们发现天王星的运动与牛顿运动定律不符。1845年Adams等人根据他们基于牛顿运动定律的计算结果提出：如果假定在天王星外面的某一轨道上有一颗一定质量的行星存在，就能解释天王星的运动。当时他们预言，在第二年的某月某日这颗星将出现在某地方。第二年，在他们预言的时间和地点，人们果然发现了一颗新星，这就是海王星。这一事实无可争辩地说明牛顿力学的巨大成功。

到了19世纪末，人们关于热现象的理论也形成了一个完整的体系，这就是热力学与统计物理学。热力学是关于热现象的宏观理论，而统计物理学是关于热现象的微观理论。热力学根据关于热现象的三个基本定律即热力学三定律，进行演绎推理解释各种物质体系的热平衡性质；统计物理学则从物质是由大量的分子和原子组成这一事实出发，把关于热现象的宏观性质作为微观量的统计平均，成功地解释了各种物质体系的热特性。

关于电磁现象的理论——电动力学也是经典物理学的一个组成部分。1864年，德国物理学家Maxwell将Coulomb、Ampere、Faraday等人关于电磁现象的实验定律归纳成四个方程，建立了电磁场理论。Maxwell的电磁场理论成功地解释了自然界里存在的各种电磁现象。Maxwell的电磁场理论和关于电磁波的传播媒质——以太(ether)存在的假说一起构成了描述电磁现象的完整理论体系。

由牛顿力学、热力学与统计物理学、电动力学所构成的经典物理学，曾经对自然界里的众多物理现象给出了令人满意的描述。因此，人们曾认为人类对自然界物理现象本质的认识已基本完成，今后物理学家的任务只不过是对个别基本问题的修补和一些具体问题的研究。

尽管经典物理学的完整理论体系能够对大量的物理现象给出令人满意的描述，但是，也出现过一些难以克服的困难,有一些现象无法用经典物理学理论去解决。如黑体辐射问题,固体的比热问题,光电效应,原子的稳定性和原子光谱的起源,以太是否存在等问题。这些问题涉及统计物理学、电动力学等诸多领域,根源很深,威胁整个经典物理学的基础。因此,人们曾感觉经典物理学面临严重“危机”。尽管如此,大部分人还是认为,从整体来说,经典物理学理论体系无可置疑,这些困难是暂时的,只不过是物理学蓝天中的几朵“乌云”,一切困难总会在经典物理学的框架内得到解决,经典物理学理论体系依然是不可动摇的。

然而,到了 20 世纪初,人们的这些期望终于落空,因为这些困难的根源比人们想象的深刻得多。物理学蓝天中的几朵“乌云”导致了物理学的一场大革命,最终促成了近代物理学的两大支柱——量子力学(quantum mechanics)和相对论(relativity theory)的诞生。

以下几节,我们将介绍在 19 世纪末曾经困扰物理学家的一些困难以及这些困难是怎样得到解决的。

1.2 黑体辐射和 Planck 的量子假说

1.2.1 热辐射

我们知道,灼热的物体能够发光,不同温度的物体发出不同频率(frequency)的光。例如,一个 10 W 的白炽灯泡发光时,钨丝的温度可达 2130 ℃, 灯光发黄,光线中长波(低频)光成分较多;一个 100 W 灯泡的钨丝发光时,温度可达 2580 ℃的高温,灯光发白,光线中的短波成分较多。由此可见,发光体的温度越高,辐射光的频率越大(波长越短)。这些物体发光是由于物体中的原子、分子的热振动引起的。温度越高,原子、分子的振动频率越大,发射光的频率也就越大。物体的这种发光过程叫作热辐射(thermo-radiation)。

并不是所有的发光过程都是热辐射。例如,日光灯、激光的发光过程并不是热辐射。这些光的波长与发光体的温度没有直接的关系。日光灯虽然发出耀眼的光,但灯管的温度并不高。这些发光过程是由于原子内部电子的能级跃迁引起的。

1.2.2 Rayleigh-Jeans 的黑体辐射理论

J. W. Rayleigh (1900 年)和 J. H. Jeans (1905 年)曾经研究过黑体热辐射过程的能谱。所谓黑体(black body)就是能够吸收照射到它上面全部光(电磁波)的理想物体。一个封闭的空腔(cavity)可近似地认为是黑体。

考虑一个黑体(图 1-1)。黑体的内壁不断地发射和吸收电磁波(辐射波),最后达到热平衡。设热辐射达到平衡时的温度为 T,在空腔单位体积中,频率在 $\nu \to \nu + d\nu$ 的热辐射能量用 $E_\nu d\nu$ 来表示。Rayleigh 曾根据经典电动力学和统计物理学的理论给出

$$E_\nu d\nu = \frac{8\pi\nu^2 kT d\nu}{c^3} = dn_0 \cdot \bar{\varepsilon} \tag{1-1}$$

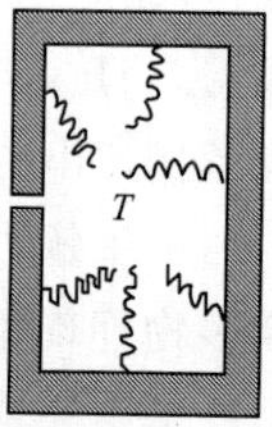

图 1-1

$$\bar{\varepsilon}=kT,\quad \mathrm{d}n_0=\frac{8\pi\nu^2}{c^3}\mathrm{d}\nu$$

其中，$\bar{\varepsilon}$ 为振子的平均能量；$\mathrm{d}n_0$ 为频率在 $\nu\to\nu+\mathrm{d}\nu$ 的振子(oscillator)数密度；$k=1.381\times10^{-23}\ \mathrm{J\cdot K^{-1}}$ 表示 Boltzmann 常数；$c=2.998\times10^{8}\ \mathrm{m\cdot s^{-1}}$ 为光速；ν 为原子、分子等振子的振动频率。式(1-1)叫作 Rayleigh-Jeans 的黑体辐射(black body radiation)公式。1905 年 Jeans 进一步证明了这个公式的正确性。

黑体辐射问题

Rayleigh-Jeans 公式在低频区可与实验很好地符合，但在高频区，公式与实验不符，且 $E=\int_0^{+\infty}E_\nu\mathrm{d}\nu\to\infty$，即单位体积的能量发散，而在实验中测得黑体辐射的能量密度是

$$E=aT^4\quad(a\text{ 为常数})\tag{1-2}$$

这一公式叫作 Stefan-Boltzmann 公式。当时，常数 a 只能通过实验确定。

1.2.3　Planck 的量子假说

为了解决 Rayleigh-Jeans 公式与实验事实不符的矛盾，1900 年，德国物理学家 M. Planck 提出了量子假说(quantum assumption)：物体吸收或发射的热辐射能量不像经典理论所主张的那样取连续值，而只能取一系列离散的值，即辐射腔中振子的能量是“量子”化的，每个振子的能量只能取

$$\varepsilon=h\nu=\hbar\omega\tag{1-3}$$

的整数倍。式(1-3)中的常数 $h=6.626\times10^{-34}\ \mathrm{J\cdot s}$，$\hbar=h/2\pi=1.055\times10^{-34}\ \mathrm{J\cdot s}$，后人称之为 Planck 常数。于是，在温度为 T 时，振子的平均能量

$$\bar{\varepsilon}=\sum_{n=0}^{+\infty}\varepsilon_n\mathrm{e}^{-\frac{\varepsilon_n}{kT}}\Big/\sum_{n=0}^{+\infty}\mathrm{e}^{-\frac{\varepsilon_n}{kT}}=\frac{h\nu}{\mathrm{e}^{h\nu/kT}-1},\quad \varepsilon_n=nh\nu\tag{1-4}$$

Planck 用式(1-4)代替经典统计物理中一维振子的平均能量 $\bar{\varepsilon}=kT$，给出了 Planck 黑体辐射公式

$$E_\nu\mathrm{d}\nu=\frac{8\pi\nu^2}{c^3}\cdot\frac{h\nu\mathrm{d}\nu}{\mathrm{e}^{h\nu/kT}-1}\tag{1-5}$$

由此可算出

$$E=\int_0^{+\infty}E_\nu\mathrm{d}\nu=aT^4,\quad a=\frac{\pi^2k^4}{15c^3\hbar^3}$$

这一结果不仅与实验值很好地符合，而且为 Stefan-Boltzmann 公式中出现的常数 a 提供了理论依据。

Planck 的能量量子化概念是经典物理学所没有的崭新概念，这一概念的引进使经典黑体辐射公式与实验事实之间的矛盾得到圆满解决。量子化概念的引进是人类认识微观世界物理规律的开端，是量子力学得以建立的基础，也正是量子力学这一名称的来源。

1.3 光电效应和 Einstein 的光量子假说

1.3.1 光电效应

首先接受 Planck 量子假说的是 Einstein。1905 年，Einstein 利用 Planck 的量子假说成功地解释了 Hertz H R 在 1887 年发现的光电效应(photoelectric effect)，并提出了光量子(light-quantum) 概念。

当光线照射到金属表面时，从金属表面逸出电子的现象叫光电效应。这一现象原则上并没有什么值得惊奇的地方，因为金属表面上的电子吸收光以后，电子的动能增加，以致电子能够克服金属表面的位能(脱出功)而逸出表面。然而，实验结果给出难以用经典物理学解释的现象。光电效应的实验装置如图 1-2 所示，K 是由某种待测金属制成的阴极，A 是阳极。实验表明，当光通过光电管的石英窗口 M 照射到金属表面 K 时，如果照射光的频率足够大，电路中就有电流，但如果照射光的频率小，光强再大也无电流。这就是说，入射光波的能量决定于光波的频率。这一实验事实与经典波动力学理论相矛盾。按经典波动力学理论，波的能量决定于波的振幅，与波的频率无关。

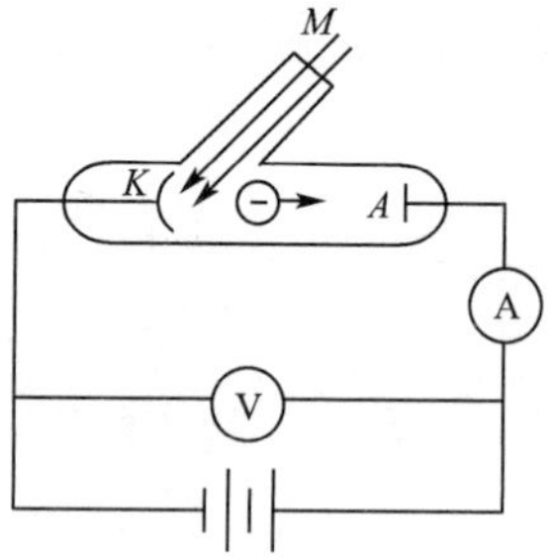

图 1-2

1.3.2 Einstein 的光量子假说

为了解释光电效应，1905 年 Einstein 提出光量子假说(light quantum assumption)：辐射场是由光量子组成，每一个光量子的能量

$$E=h\nu \tag{1-6}$$

Einstein 提出，光量子不仅具有确定的能量 $h\nu$，而且还具有确定的动量。他用相对论知识给出光量子的动量

$$p=\frac{h}{\lambda} \tag{1-7}$$

其中，λ 为光的波长(wave length)；h 为 Planck 常数。

引进光量子概念后，光电效应中出现的疑难问题立即得到解决。当光照射到金属表面时，金属中的自由电子吸收光，得到能量 $h\nu$。当这一能量大于脱出功 A 时，电子从金属表面逸出，逸出电子的动能为

$$\frac{1}{2}mv^2=h\nu-A \tag{1-8}$$

这就是说，逸出电子(光电子)的动能只与入射光的频率 ν 有关，与光的振幅(amplitude)无关，光强(振幅)只影响电子的流强。只有当入射光的频率足够大，光的能量 $h\nu>A$ 时，光电子才能从金属表面逸出。

Einstein 的光量子假说不仅成功解释了光电效应，而且还揭示出光的波粒二象性(wave

particle duality)，即光不仅具有波动性，而且还具有粒子性。关于微观粒子的波粒二象性将在第 2 章详细讨论。

Einstein、Debye 等人还利用能量量子化概念成功地解决了固体的比热等其他疑难问题。

1.4 Compton 散射

光的粒子性的另一个证明就是康普顿散射(Compton scattering)。1923 年，美国物理学家 Compton A H 研究 X 射线被石墨散射时发现，散射光中除了一部分原波长 X 光外，还产生了波长较长的光，且散射光波长的红移量随着散射角度的增加而增加。这种散射现象称为 Compton 散射。按照经典电磁理论的解释，X 射线作用到电子上，引起电子受迫振动，振动的电子向各个方向辐射电磁波，其频率与受迫振动频率相同，因此散射波波长不会发生改变。

为了解释这一现象，Compton 利用光量子的概念，将 X 射线被石墨散射看作 X 射线的光子与电子的碰撞。如图 1-3 所示，设能量为$\frac{hc}{\lambda_0}$的光子沿着 x 轴正方向传播，与位于原点 O 质量为 m_0 的静止的电子碰撞。碰撞后光子沿着 x 轴向上偏离 θ 角的方向出射，能量变为$\frac{hc}{\lambda}$(λ_0，λ 表示光子的波长)，而电子碰撞后速度变为 v，沿着 x 轴向下偏离 φ 角的方向运动。电子的能量在碰撞前后可表示为 m_0c^2 和 γm_0c^2，$\gamma=\frac{1}{\sqrt{1-\frac{v^2}{c^2}}}$为相对论因子。根据能量守恒：

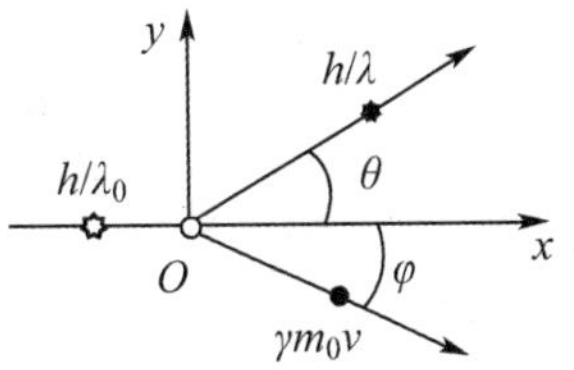

图 1-3

$$\frac{hc}{\lambda_0}+m_0c^2=\frac{hc}{\lambda}+\gamma m_0c^2 \tag{1-9}$$

再由动量守恒：

$$\frac{h}{\lambda_0}=\frac{h}{\lambda}\cos\theta+\gamma m_0v\cos\varphi \tag{1-10}$$

$$0=\frac{h}{\lambda}\sin\theta-\gamma m_0v\sin\varphi \tag{1-11}$$

求解方程(1-9)、(1-10)和(1-11)可得：

$$\lambda-\lambda_0=\frac{h}{m_0c}(1-\cos\theta) \tag{1-12}$$

此即 Compton 散射的理论公式。

Compton 散射的理论与实验的符合，不但证实了光的粒子性，也说明了爱因斯坦光量子能量[式(1-6)]和动量[式(1-7)]描述的正确性。Compton 因为这项工作获得了 1927 年的诺贝尔物理学奖。值得一提的是，中国物理学家吴有训在 Compton 散射的实验验证中发挥了重要的作用。从 Compton 散射公式(1-12)可以看出，光子散射波长的红移量只与散射角度有关，而与入射波长以及散射体的材料无关。吴有训当时正在读 Compton 的研究生，他测试了多种物质对 X 射线散射，全面验证了 Compton 散射，证明 Compton 散射公式的普适性。

1.5 原子的稳定性和 Bohr 的量子论

1.5.1 原子有核模型的困难

1911 年，E. Rutheford 通过 α 粒子散射实验建立了原子的有核模型。即原子由原子核(atomic nucleus)和电子(electron)组成，带负电的电子绕着带正电的原子核旋转。但是原子的有核模型却遇到了两大难题。

1. 原子的稳定性问题

根据经典电动力学，原子中作加速运动的电子要不断地辐射电磁波，因而电子的能量越来越小，轨道半径也越来越小，最后要落到原子核中去。这与原子的稳定性相矛盾。

2. 原子线光谱的起源问题

原子中的电子在圆周运动过程中由于其能量连续变化，发射光谱(spectrum)应该是连续谱，但实验所观察到的却是线光谱。例如，1885 年 Balmer 发现氢原子的可见光谱线频率有以下规律：

$$\nu=Rc\left(\frac{1}{n^2}-\frac{1}{m^2}\right),\quad n=2;m=3,4,5,\cdots \tag{1-13}$$

其中，$R=1.097\times10^7\ \text{m}^{-1}$为 Rydberg 常数。显然，由式(1-13)给出的光谱是线光谱。

1.5.2 Bohr 的量子论

为了解决这些矛盾，1913 年，年仅 28 岁的丹麦物理学家 Bohr 提出了原子的量子理论(quantum theory)。Bohr 的量子理论可概括如下：

(1) 原子只能稳定地存在于与离散(discrete)能量 $E_1,E_2,\cdots$相应的一系列状态中(图 1-4)。这些状态叫定态(stationary state)。处于定态的原子不辐射能量。

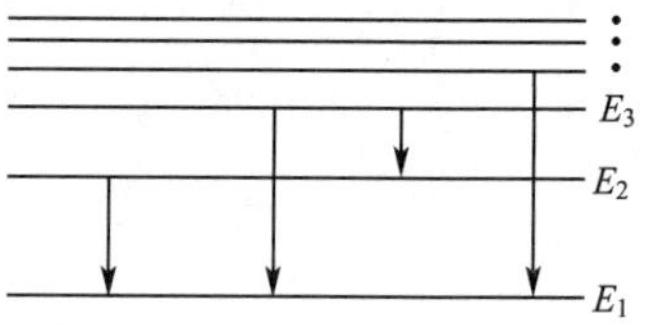

图 1-4

(2)原子只有在两个定态之间跃迁时才发射或吸收电磁波。发射或吸收电磁波的频率由频率条件(frequency condition)

$$\nu=\frac{E_m-E_n}{h} \tag{1-14}$$

所决定。

显然，Bohr 的原子论能够很好地解释原子的稳定性和原子的线光谱起源。

对应于各个定态的能量组成原子的能级(energy levels of atom)，最低能级的状态叫基态(ground state)。处于基态的原子不能自发发射光，但可以吸收光而跃迁(transition)到高能级(激发态，excited state)上去。处于高能级的原子可以跃迁到低能级并发射光。

原子的离散能量以及状态(定态)概念是量子力学特有的概念。能量的离散性质叫作能量的量子化(energy quantization),这是经典力学所没有的新的概念。

当年 Bohr 提出原子理论时,从半经典理论出发,把原子的各种状态与原子中电子运动的一些特定轨道相联系,每个轨道上的电子具有确定能量。Bohr 对电子圆轨道运动提出了轨道角动量的量子化条件(quantization condition):

$$J=n\hbar,\quad n=1,2,3,\cdots \tag{1-15}$$

根据式(1-15),Bohr 计算出电子的圆轨道运动的半径(见习题 1-8)

$$r_n=\frac{\hbar^2 n^2}{m_e Ze^2}\quad (\text{对氢原子},Z=1) \tag{1-16}$$

和各个能级的能量

$$E_n=-\frac{m_e Z^2 e^4}{2\hbar^2}\cdot\frac{1}{n^2} \tag{1-17}$$

其中,e 和 m_e 分别表示电子的电荷和质量,Z 表示原子序数。由式(1-16)可以算出氢原子的基态轨道半径

$$r_1=\frac{\hbar^2}{m_e e^2}\approx 0.53\times 10^{-10}\ \text{m}\quad (\text{Bohr 半径}) \tag{1-18}$$

由式(1-14)可以计算氢原子由能量为 E_m 的能级跃迁到能量为 E_n 的能级时所发射光的频率:

$$\nu=\frac{E_m-E_n}{h}=\frac{m_e e^4}{2\hbar^2\cdot h}\left(\frac{1}{n^2}-\frac{1}{m^2}\right)=Rc\left(\frac{1}{n^2}-\frac{1}{m^2}\right)\quad (m>n) \tag{1-19}$$

$$R\equiv\frac{2\pi^2 m_e e^4}{h^3 c}\qquad (\text{Rydberg 常数}) \tag{1-20}$$

方程(1-19)就是前面提到的氢原子的可见光谱线的频率规律式(1-13)。Bohr 量子论不仅成功地解释了当时实验上已发现的光谱线系,而且还预言了一些其他谱线系(如紫外区的谱线系)。

Bohr 理论是一个半经典理论,带有人为的性质。但这一理论(旧量子论)曾在历史上起到了非常重要的作用,现在已被量子力学所代替。

轨道角动量的更一般的量子化条件(A. Sommerfeld 等)可表示为

$$\oint p\,\mathrm{d}q = nh \tag{1-21}$$

其中,(p,q) 为正则动量和坐标,$\oint$ 为对周期运动积分一个周期(见习题 1-4)。

1.6　de Broglie 物质波

前面已经讲过,光量子(又称光子,photon)的能量 $E=h\nu$,动量 $p=\frac{h}{\lambda}$。光量子概念反映光子的粒子属性。但是,粒子的能量 E 和动量 p 又决定于反映波动性的频率(frequency)和波长(wavelength)。也就是说,这些关系式描述光子的波粒二象性。这与经典物理学的传统概念相违背。看来,为了描述微观粒子的运动,我们必须对一些传统概念重新考虑,建立

一种描述微观粒子运动的新理论体系。那么，光的波粒二象性能否推广到其他微观粒子（如电子、原子等）？基于这种考虑，1924 年 de Broglie 提出了物质波（matter wave）的概念。de Broglie 假定：像电子、原子等微观粒子也像光子一样具有波动性，波粒二象性是微观粒子的一个普遍性质，它们的能量和动量也像光子一样满足关系式

$$E=h\nu, \quad p=\frac{h}{\lambda} \tag{1-22}$$

一个质量为 m 的粒子，其波长

$$\lambda=\frac{h}{p}=\frac{h}{mv} \tag{1-23}$$

其中，v 为粒子的运动速度。

de Broglie 解释，由于 h 是一个很小的量，实物粒子的波长是非常短的，因此，宏观粒子的波动性不易体现出来，粒子的运动可以用经典力学描述。例如，用 150 V 电压加速的电子的波长可以达到 $\lambda\sim10^{-10}$ m，它是 X 射线波长的数量级，在宏观尺度范围内，物质波的波长太短，很难体现它的波动性。但在原子世界里（$r\sim10^{-10}$ m），其空间尺度与粒子的波长相当，物质（粒子）的波动性再也不能忽略。

de Broglie 物质波概念，赋予粒子以波动性质，阐明了粒子的波粒二象性。例如考虑一个电子，电子的粒子模型可以用电子的动量 p 和能量 E 描述其运动，而波动模型则用电子的波长 λ 和频率 ν 描述其运动。de Broglie 关系式（$E=h\nu, p=h/\lambda$）把同一粒子的粒子性和波动性统一在一起了。

1927 年，Davisson-Germer 的晶体衍射实验验证了电子的波动性，从而确立了微观粒子的波粒二象性质。

de Broglie 把电子的波动性应用到氢原子中的电子运动。他认为，电子波绕原子核传播一周以后，应形成衔接光滑的驻波，也就是说，圆周长应该是波长的整数倍：

$$2\pi r=n\lambda, \quad n=1,2,3,\cdots \tag{1-24}$$

这一关系叫作驻波条件（stationary wave condition）（图1-5）。驻波条件对任何一个束缚态体系都成立。由式（1-24）得 $\lambda=\frac{2\pi r}{n}$，代入到 $p=h/\lambda$ 中，则

$$\frac{2\pi r}{n}=\frac{h}{p}$$

或

$$J=n\hbar$$

这就是前面提到的 Bohr 的角动量量子化条件。

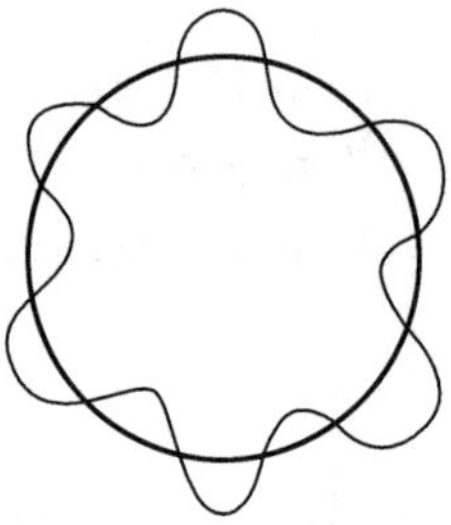

图 1-5

对于不闭合的任意区域，如一维方势阱内（见习题 1-2，1-3），波也要满足驻波条件：

$$a=\frac{\lambda}{2}n, \quad n=1,2,3,\cdots \tag{1-25}$$

其中，a 为区域的宽度。

继 Planck、Einstein 和 Bohr 的量子理论之后，de Broglie 提出的这一物质波的概念，在而后量子力学的建立过程中起到了非常重要的作用，因为支配微观粒子运动规律的 Schrödinger 方程是物质粒子的波所满足的波动方程，它建立在 de Broglie 的物质波概念的

基础上。

本章小结

习　题

1-1　利用 Planck 的量子假说证明，谐振子的平均能量

$$\bar{\varepsilon}=\frac{h\nu}{e^{h\nu/kT}-1}$$

1-2　设质量为 m 的粒子在阱宽为 a 的一维无限深势阱

$$V(x)=\begin{cases}\infty, & x<0, x>a\\ 0, & 0<x<a\end{cases}$$

中运动。试用 de Broglie 的驻波条件，求粒子能量的可能值。（图 1-6）

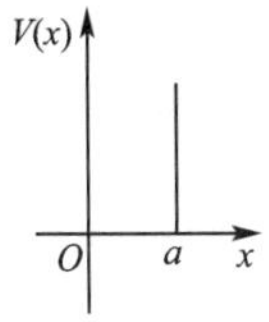

图 1-6

1-3　设粒子限制在长、宽、高分别为 a、b、c 的箱内运动，试用驻波条件求粒子能量的可能值。

1-4　设质量为 m 的粒子在谐振子势 $V(x)=\frac{1}{2}m\omega^2x^2$ 中运动，用量子化条件求粒子能量 E 的可能值。

1-5　设一个平面转子的转动惯量为 I，求能量的可能值。

1-6　一个正电子通过物质时，被原子捕获并与原子中的电子一道湮没产生光子：

$$e^+ + e^- \to 2\gamma$$

求所产生光子的 de Broglie 波长。已知：$m_e=9.1\times10^{-31}$ kg。

1-7　π^+ 介子衰变为 μ^+ 轻子和中微子（$m_\nu=0$）：

$$\pi^+ \to \mu^+ + \nu_\mu$$

求 μ^+ 轻子和中微子 ν 的 de Broglie 波长（考虑相对论效应）。

1-8　从角动量量子化条件 $J=n\hbar$ 推导出氢原子轨道半径 r_n 与能量 E_n。

第2章

波函数与 Schrödinger 方程

2.1 波函数及其统计诠释

2.1.1 波函数的统计诠释

前面已经谈到，微观粒子，比如电子，具有波粒二象性，也就是说电子既是粒子也是波，它是粒子和波动二重性的矛盾统一。但这里所说的粒子不再是经典概念中的粒子，波也不再是经典意义下的波。经典粒子，除了具有其质量、电荷、自旋、寿命等内禀属性外，它在空间运动时具有确定的轨道，在轨道上的任何一点都可给出确定的位置和动量。位置和动量确定每时每刻粒子的运动状态。而微观粒子虽然也具有质量、电荷、自旋、寿命等粒子的内禀属性，但它们在运动中不再具有确定的轨道，因为微观粒子的动量和坐标不能同时具有确定的值(见后)。在经典力学中，波动是某种实在的物理量或质点(如水波中的水分子)的周期性变化或运动。而微观粒子虽然具有波动性，但并不与某种实在的物理量在空间中的周期性变化或运动相联系。波的最本质的属性是干涉(interference)和衍射(diffraction)。干涉和衍射的本质在于波的相干(coherence)叠加 (superposition)性。微观粒子的波动性只是反映波动的最本质东西——相干叠加性。那么，微观粒子波动性的含意到底是什么?

1926 年，M. Born 提出概率波(probability wave)的概念，给出了描述微观粒子波动性的波函数(wave function)的统计诠释(statistical interpretation)。Born 提出：de Broglie 提出的物质波，或在 Schrödinger 方程(见后)中出现的波函数并不像经典波那样代表什么实在的物理量的波动，而是刻画微观粒子在空间概率分布的概率波。

为了说明概率波的概念，下面考虑双缝衍射实验。

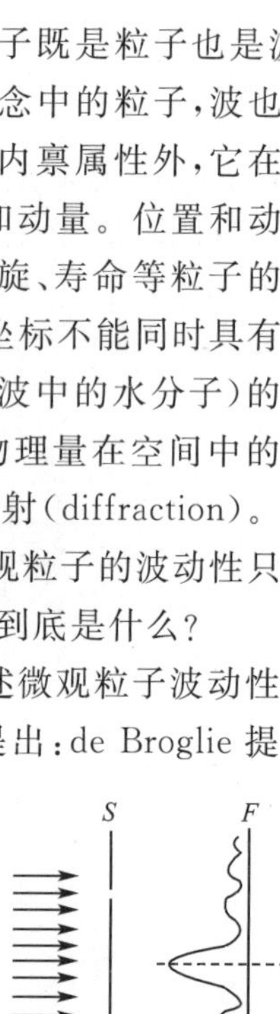

图 2-1

如图 2-1 所示，电子向挡板(screen)方向入射，挡板上有两条狭缝。从两条狭缝透射过去的电子打在挡板后边放置的感光底片(film)上。

实验表明，当大量电子束射入，经两条狭缝打在感光底片上时，在感光底片上出现衍射图样，如同 X 射线衍射中出现的图样一样。当电子束流很微弱，电子几乎是一个一个地经过双缝，则在感光底片上开始出现一个一个的亮点，这些亮点的分布看不出有什么规律性。但是，当电子流的持续时间足够长时，感光底片上出现的点子数目越来越多，就会发现有些地方点子很密（亮），有些地方点子很稀（暗），最后在感光底片上也出现和 X 射线衍射一样的明暗相间的图样。显然，如果入射的不是电子而是子弹，则子弹打在靶上的点子的密度分布应简单地等于从两条缝经过的子弹的点子密度之和，绝不会出现干涉现象。那么怎样解释电子的双缝衍射实验？

从以上实验事实我们可以得出如下两条结论：

第一，当电子束经两条狭缝，打在感光底片上时，在感光底片上出现衍射图样，说明电子的运动具有波动性，因为干涉和衍射是波动的最基本属性。

第二，在感光底片上的某一位置 $\boldsymbol{r}$ 附近衍射图样的强度与 $\boldsymbol{r}$ 点附近感光点子的数目成正比，而感光点子的数目与电子打在该点附近的概率成正比。因此，如果我们用 $\psi(\boldsymbol{r},t)$ 表示电子的波函数，则与经典情况相似，衍射图样的强度分布可用 $|\psi(\boldsymbol{r},t)|^2 \equiv \psi^*(\boldsymbol{r},t)\psi(\boldsymbol{r},t)$ 来表示。但这里的 $|\psi(\boldsymbol{r},t)|^2$ 的意义与经典波不同。$|\psi(\boldsymbol{r},t)|^2$ 不再表示经典意义上波的强度，而表示电子出现在 $\boldsymbol{r}$ 点附近的概率。更确切地说，$|\psi(\boldsymbol{r},t)|^2\mathrm{d}x\mathrm{d}y\mathrm{d}z$ 表示电子在 t 时刻出现在坐标 $\boldsymbol{r}$ 附近的体积元 $\mathrm{d}V=\mathrm{d}x\mathrm{d}y\mathrm{d}z$ 中的概率，$|\psi(\boldsymbol{r},t)|^2$ 代表坐标的概率密度（probability density），因此，$\psi(\boldsymbol{r},t)$ 所描述的波是一种概率波。这就是 Born 于 1926 年提出的波函数的统计诠释。它是量子力学的基本原理之一，它的正确性已被无数次的实验所验证。

由于微观粒子的波动性反映微观粒子运动的一种统计规律，物质波也叫作概率波，波函数 $\psi(\boldsymbol{r},t)$ 也常叫作概率波幅（probability amplitude）。它描述微观粒子的运动状态，也就是说，波函数 $\psi(\boldsymbol{r},t)$ 描述粒子的量子态（quantum state）。波函数一般来说是一个复函数，因此，波函数 $\psi(\boldsymbol{r},t)$ 本身不代表任何一个物理量，是一个不可观测量。但我们通过波函数 $\psi(\boldsymbol{r},t)$ 可以确定粒子位置的概率分布 $|\psi(\boldsymbol{r},t)|^2$。应该说，对粒子数守恒的体系，概率波概念正确地把微观粒子的粒子性与波动性统一起来了。

以上讨论的是单粒子的波函数。如果考虑由若干个粒子组成的多粒子体系，则描述体系量子态的波函数为

$$\psi(\boldsymbol{r}_1,\boldsymbol{r}_2,\cdots,\boldsymbol{r}_N,t) \tag{2-1}$$

其中，$\boldsymbol{r}_1,\boldsymbol{r}_2,\cdots,\boldsymbol{r}_N$ 分别表示第 1 个粒子，第 2 个粒子，…，第 N 个粒子的位置，它们都是 x，y，z 的函数，即 $\boldsymbol{r}_1(x_1,y_1,z_1)$，$\boldsymbol{r}_2(x_2,y_2,z_2)$，…，$\boldsymbol{r}_N(x_N,y_N,z_N)$。对多粒子体系

$$|\psi(\boldsymbol{r}_1,\boldsymbol{r}_2,\cdots,\boldsymbol{r}_N,t)|^2\mathrm{d}^3\boldsymbol{r}_1\mathrm{d}^3\boldsymbol{r}_2\cdots\mathrm{d}^3\boldsymbol{r}_N \tag{2-2}$$

表示：在同一个时刻 t，粒子 1 出现在小体积元 $\mathrm{d}^3\boldsymbol{r}_1=\mathrm{d}x_1\mathrm{d}y_1\mathrm{d}z_1$ 中，粒子 2 出现在 $\mathrm{d}^3\boldsymbol{r}_2=\mathrm{d}x_2\mathrm{d}y_2\mathrm{d}z_2$ 中，…，粒子 N 出现在 $\mathrm{d}^3\boldsymbol{r}_N=\mathrm{d}x_N\mathrm{d}y_N\mathrm{d}z_N$ 中的概率。

2.1.2　波函数的数学性质

如上所述，$|\psi(\boldsymbol{r},t)|^2$ 表示粒子在空间出现的概率密度。因此，粒子在空间各点出现的概率总和（总概率）应该为 1。这就是说波函数应满足归一化条件（normalization condition）：

$$\iiint_{\text{全空间}} |\psi(\boldsymbol{r},t)|^2\mathrm{d}x\mathrm{d}y\mathrm{d}z = 1 \tag{2-3}$$

归一化是概率波的特性,经典波不存在"归一化"的问题。我们看到,对于概率分布来说,重要的是空间各点概率密度的相对值,波函数乘上一个常数 c 以后,相对概率分布不改变,即

$$\left|\frac{c\psi(\boldsymbol{r}_1,t)}{c\psi(\boldsymbol{r}_2,t)}\right|^2=\left|\frac{\psi(\boldsymbol{r}_1,t)}{\psi(\boldsymbol{r}_2,t)}\right|^2 \tag{2-4}$$

换言之,$\psi(\boldsymbol{r},t)$和 $c\psi(\boldsymbol{r},t)$描述的是同一个概率波。这一性质叫作波函数的常数因子不定性。根据这一性质,如果

$$\iiint_{\text{全空间}} |\psi(\boldsymbol{r},t)|^2 \mathrm{d}x\mathrm{d}y\mathrm{d}z = A \quad (A\text{ 为常数})$$

则显然

$$\iiint_{\text{全空间}} \left|\frac{1}{\sqrt{A}}\psi(\boldsymbol{r},t)\right|^2 \mathrm{d}x\mathrm{d}y\mathrm{d}z = 1$$

式中

$$\psi'(\boldsymbol{r},t)\equiv\frac{1}{\sqrt{A}}\psi(\boldsymbol{r},t) \tag{2-5}$$

叫作归一化的波函数,$\frac{1}{\sqrt{A}}$叫作归一化常数(normalization constant)。波函数归一化与否不影响概率分布。

还应该提到,除了上述常数因子不定性外,波函数还有一个相因子(phase factor)不定性。因为,如前所述,具有物理意义的不是$\psi(\boldsymbol{r},t)$本身,而是$|\psi(\boldsymbol{r},t)|^2$,$\psi(\boldsymbol{r},t)$乘上一个相因子 $e^{i\alpha}$(α 为常数)以后,$|\psi(\boldsymbol{r},t)|^2$ 不会改变 ,而且,如果 $\psi(\boldsymbol{r},t)$是归一化的,则 $e^{i\alpha}\psi(\boldsymbol{r},t)$也是归一化的波函数,因此,$\psi(\boldsymbol{r},t)$和 $e^{i\alpha}\psi(\boldsymbol{r},t)$描述同一个概率波。但要注意,如果 $\psi(\boldsymbol{r},t)$是两个波函数之和,则不能随意改变它们之间的相对相位。

由以上讨论可知,波函数 $\psi(\boldsymbol{r},t)$具有如下数学性质:

(1)平方可积条件

$$\int |\psi(\boldsymbol{r},t)|^2 \mathrm{d}^3\boldsymbol{r} = \text{有限值} \tag{2-6}$$

(2)一般来说,波函数满足 $\psi(\boldsymbol{r},t)|_{r\to\infty}\to 0$。

(3)要求$|\psi(\boldsymbol{r},t)|^2$ 是单值函数。

(4)波函数及其各阶微商要具有连续性(但也有特例)。

对上述各个性质,我们将在以下各章的具体问题中再做解释。

2.2 平面波与波包

2.2.1 平面波

平面波(plane wave)描述自由粒子的量子态,也是最简单的波函数。平面波具有时、空周期性。我们知道,经典一维平面波的一般形式是

$$\psi(x,t)=A\mathrm{e}^{\mathrm{i}(kx-\omega t)}\quad (A\text{ 为常数}) \tag{2-7}$$

其中，k 为波数(wave number)，ω 为圆频率(angular frequency)。

平面波的空间周期性要求：

$$\psi(x,t)=\psi(x+\lambda,t) \tag{2-8}$$

即

$$A\mathrm{e}^{\mathrm{i}(kx-\omega t)}=A\mathrm{e}^{\mathrm{i}(kx+k\lambda-\omega t)} \tag{2-9}$$

由此得到

$$\mathrm{e}^{\mathrm{i}k\lambda}=1 \tag{2-10}$$

可见，$k\lambda$ 的非零最小值为 $k\lambda=2\pi$。因此

$$k=\frac{2\pi}{\lambda} \tag{2-11}$$

λ 就是平面波的波长(wave length)。

同理，从平面波的时间周期性

$$\psi(x,t)=\psi(x,t+T) \tag{2-12}$$

可以得到

$$\omega=\frac{2\pi}{T}=2\pi\nu \tag{2-13}$$

其中，T 为波的周期(period)，ν 为频率。

利用 de Broglie 物质波的概念，可以得到量子力学中自由粒子平面波的表达式。利用式(1-22)，可以把波数 k 和圆频率 ω 表示为

$$k=\frac{2\pi}{\lambda}=\frac{2\pi p_x}{h},\quad \omega=2\pi\nu=\frac{2\pi E}{h} \tag{2-14}$$

把式(2-14)代入式(2-7)得

$$\psi(x,t)=A\mathrm{e}^{\frac{2\pi\mathrm{i}}{h}(p_x x-Et)}=A\mathrm{e}^{\frac{\mathrm{i}}{\hbar}(p_x x-Et)}=\psi(x)\mathrm{e}^{-\frac{\mathrm{i}}{\hbar}Et} \tag{2-15}$$

其中

$$\psi(x)=A\mathrm{e}^{\frac{\mathrm{i}}{\hbar}p_x x} \tag{2-16}$$

表示沿 x 方向运动的自由粒子波函数的空间部分。同理，如果粒子沿 y 方向运动，则波函数的空间部分

$$\psi(y)=B\mathrm{e}^{\frac{\mathrm{i}}{\hbar}p_y y} \tag{2-17}$$

粒子沿 z 方向运动，则

$$\psi(z)=C\mathrm{e}^{\frac{\mathrm{i}}{\hbar}p_z z} \tag{2-18}$$

所以，对任意方向运动的自由粒子，其波函数为

$$\psi(\boldsymbol{r},t)=\frac{1}{(2\pi\hbar)^{3/2}}\mathrm{e}^{\frac{\mathrm{i}}{\hbar}(\boldsymbol{p}\cdot\boldsymbol{r}-Et)} \tag{2-19}$$

其中，$\frac{1}{(2\pi\hbar)^{3/2}}$为“归一化”常数(见后)。式(2-19)的 $\psi(\boldsymbol{r},t)$ 就是量子力学中自由粒子平面波的波函数，它具有确定的动量，因此叫作动量本征态(eigenstate of momentum)。具有确定坐标的波函数叫作坐标的本征态(eigenstate of coordinate)。在第 4 章我们将看到坐标的

本征态可以用 δ 函数表示出来：

$$\delta^3(\boldsymbol{r}-\boldsymbol{r}_0)=\frac{1}{(2\pi\hbar)^3}\int_{-\infty}^{+\infty}\mathrm{e}^{\frac{\mathrm{i}}{\hbar}\boldsymbol{p}\cdot(\boldsymbol{r}-\boldsymbol{r}_0)}\mathrm{d}^3\boldsymbol{p} \tag{2-20}$$

2.2.2 波 包

平面波是单色波(monochromatic wave)。绝对的单色波是不存在的，实际上存在的波是各种平面波的叠加。一维叠加波可以表示为

$$\psi(x,t)=\frac{1}{\sqrt{2\pi}}\int_{-\infty}^{+\infty}\varphi(k)\mathrm{e}^{\mathrm{i}(kx-\omega t)}\mathrm{d}k \tag{2-21}$$

如果 $\psi(x,t)$ 只有在空间的有限区域不为零，则称 $\psi(x,t)$ 为波包(wave packet)。一般来说，物质波是由许多平面波叠加而形成的波包。例如，Gauss 波包

$$\psi(x)=\mathrm{e}^{-\frac{1}{2}\alpha^2x^2} \tag{2-22}$$

主要集中在 $|x|\leqslant\frac{1}{\alpha}$ 的区域，波包的宽度 $\Delta x\sim\frac{1}{\alpha}$。

平面单色波

$$\psi(x,t)=A\mathrm{e}^{\mathrm{i}(kx-\omega t)}=A\mathrm{e}^{\mathrm{i}(px-Et)/\hbar}$$

中，把

$$\Phi=kx-\omega t \tag{2-23}$$

称为波的相位(phase)。波的等相位面(Φ=常数)是运动的平面。等相位面满足方程

$$\mathrm{d}\Phi=k\mathrm{d}x-\omega\mathrm{d}t=0$$

因此

$$v_{\mathrm{p}}=\frac{\mathrm{d}x}{\mathrm{d}t}=\frac{\omega}{k}=\frac{E}{p} \tag{2-24}$$

v_{p} 叫作相速度(phase velocity)，它是等相位面的移动速度。

再考虑波包。首先，如果波的圆频率 ω 和波数 k 互相独立，则波包

$$\psi(x,t)=\frac{1}{\sqrt{2\pi}}\int\varphi(k)\mathrm{e}^{\mathrm{i}(kx-\omega t)}\mathrm{d}k$$

可以写成定态形式

$$\psi(x,t)=g(x)\mathrm{e}^{-\mathrm{i}\omega t} \tag{2-25}$$

这时，波包稳定，不能传输能量。

但如果我们考虑色散介质中的波包，则由于圆频率 ω 是波数 k 的函数，波包可以写成

$$\psi(x,t)=\frac{1}{\sqrt{2\pi}}\int\varphi(k)\mathrm{e}^{\mathrm{i}[kx-\omega(k)t]}\mathrm{d}k \tag{2-26}$$

其相位

$$\Phi=kx-\omega(k)t \tag{2-27}$$

由 Φ 的极值条件

$$\frac{\mathrm{d}\Phi}{\mathrm{d}k}=x-\frac{\mathrm{d}\omega}{\mathrm{d}k}t=0$$

得到

$$x=\frac{\mathrm{d}\omega}{\mathrm{d}k}t=v_g t$$

其中

$$v_{\mathrm{g}}=\frac{\mathrm{d}\omega}{\mathrm{d}k} \tag{2-28}$$

称为波包的群速度(group velocity)。

相速度是不可观测量，群速度是实验上可观测量的。波包的群速度就是经典意义上的粒子的运动速度。下面举例说明相速度和群速度。

考虑一个具有确定能量 E 和动量 p，质量为 m 的自由电子的运动。自由电子的波函数可用平面波

$$\psi(x,t)=A\mathrm{e}^{\mathrm{i}(px-Et)/\hbar}$$

描述。其中

$$E=h\nu=\hbar\omega \tag{2-29}$$

$$p=\frac{h}{\lambda}=\hbar k \tag{2-30}$$

考虑相对论效应，E 和 p 也可以表示为

$$E=mc^2\Big/\sqrt{1-\frac{v^2}{c^2}},\quad p=mv\Big/\sqrt{1-\frac{v^2}{c^2}} \tag{2-31}$$

电子的 de Broglie 波的相速度就是等相位面的移动速度。由等相位条件

$$px-Et=\text{常数}$$

得到

$$p\mathrm{d}x-E\mathrm{d}t=0$$

因此，电子的 de Broglie 波的相速度

$$v_{\mathrm{p}}=\frac{\mathrm{d}x}{\mathrm{d}t}=\frac{E}{p}=\frac{c^2}{v} \tag{2-32}$$

其中，v 为电子的速度。

波的群速度

$$v_{\mathrm{g}}=\frac{\mathrm{d}\omega}{\mathrm{d}k}=\frac{\mathrm{d}E}{\mathrm{d}p} \tag{2-33}$$

但由于

$$E^2=p^2c^2+m^2c^4 \tag{2-34}$$

得到

$$2E\frac{\mathrm{d}E}{\mathrm{d}p}=2c^2p$$

因此，波的群速度

$$v_{\mathrm{g}}=\frac{\mathrm{d}E}{\mathrm{d}p}=\frac{pc^2}{E}=v \tag{2-35}$$

即群速度就是电子的速度。我们看到，

$$v_{\mathrm{p}}v_{\mathrm{g}}=c^2 \tag{2-36}$$

由于 $v_g=v$ 小于光速 c，相速 v_p 可以大于光速。对于真空中的电磁波，由于 $v_g=v=c$，所以相速也等于光速 c。

2.3 量子态及其表象

根据 Born 的统计诠释，波函数 $\psi(\boldsymbol{r},t)$ 是一种概率波，在空间坐标为 $\boldsymbol{r}$ 的位置上找到粒子的概率与 $|\psi(\boldsymbol{r},t)|^2$ 成正比。因此，$|\psi(\boldsymbol{r},t)|^2$ 代表粒子空间坐标的概率分布函数。在量子力学中常遇到的力学量(observable)除了坐标外还有动量、能量、角动量等。那么怎样描述这些力学量的概率分布？下面，我们讨论动量概率分布。

具有确定能量和动量的自由粒子的 de Broglie 波是平面单色波(monochromatic wave)，它具有确定的频率和波长。绝对的单色波是不存在的。因此我们经常要处理的波函数 $\psi(\boldsymbol{r},t)$ 描述的是波包，它是由许多平面单色波叠加而成，含有各种波长的分波(partial wave)，从而粒子的动量有相应的分布。与测量单粒子的坐标相似，我们可以设计某种实验装置测量粒子的动量(如晶体衍射实验)，来研究动量的概率分布。

与坐标的概率分布函数类似，我们可以用 $|\varphi(\boldsymbol{p},t)|^2$ 来表示动量的概率分布函数。$\varphi(\boldsymbol{p},t)$ 可以由 $\psi(\boldsymbol{r},t)$ 通过 Fourier 变换得到，即

$$\psi(\boldsymbol{r},t)=\frac{1}{(2\pi\hbar)^{3/2}}\int_{-\infty}^{+\infty}\varphi(\boldsymbol{p},t)\mathrm{e}^{\frac{\mathrm{i}}{\hbar}\boldsymbol{p}\cdot\boldsymbol{r}}\mathrm{d}^3\boldsymbol{p} \tag{2-37}$$

其逆变换是

$$\varphi(\boldsymbol{p},t)=\frac{1}{(2\pi\hbar)^{3/2}}\int_{-\infty}^{+\infty}\psi(\boldsymbol{r},t)\mathrm{e}^{-\frac{\mathrm{i}}{\hbar}\boldsymbol{p}\cdot\boldsymbol{r}}\mathrm{d}^3\boldsymbol{r} \tag{2-28}$$

给定 $\varphi(\boldsymbol{p},t)$ 以后，粒子的动量 $\boldsymbol{p}$ 的概率分布可由 $|\varphi(\boldsymbol{p},t)|^2$ 得到。

可以证明，动量空间中的波函数 $\varphi(\boldsymbol{p})$ 也满足归一化条件，即(省去变量 t)

$$\begin{aligned}\int_{-\infty}^{+\infty}|\varphi(\boldsymbol{p})|^2\mathrm{d}^3\boldsymbol{p}&=\iiint_{-\infty}^{+\infty}\int_{-\infty}^{+\infty}\psi^*(\boldsymbol{r})\psi(\boldsymbol{r}')\cdot\frac{1}{(2\pi\hbar)^3}\mathrm{e}^{\frac{\mathrm{i}}{\hbar}\boldsymbol{p}\cdot(\boldsymbol{r}-\boldsymbol{r}')}\mathrm{d}^3\boldsymbol{p}\mathrm{d}^3\boldsymbol{r}\mathrm{d}^3\boldsymbol{r}'\\&=\int_{-\infty}^{+\infty}\int_{-\infty}^{+\infty}\psi^*(\boldsymbol{r})\psi(\boldsymbol{r}')\delta^3(\boldsymbol{r}-\boldsymbol{r}')\mathrm{d}^3\boldsymbol{r}\mathrm{d}^3\boldsymbol{r}'\\&=\int_{-\infty}^{+\infty}|\psi(\boldsymbol{r})|^2\mathrm{d}^3\boldsymbol{r}\\&=1\end{aligned} \tag{2-39}$$

由以上讨论可知，只要给定波函数 $\psi(\boldsymbol{r},t)$，则粒子出现在位置 $\boldsymbol{r}$ 上的概率分布 $|\psi(\boldsymbol{r},t)|^2$ 就确定了。如果我们关心的是粒子的动量，则通过 $\varphi(\boldsymbol{p},t)$，粒子动量的概率分布 $|\varphi(\boldsymbol{p},t)|^2$ 也可以确定。而 $\varphi(\boldsymbol{p},t)$ 是由 $\psi(\boldsymbol{r},t)$ 通过 Fourier 变换得到(省去变量 t)：

$$\varphi(\boldsymbol{p})=\frac{1}{(2\pi\hbar)^{3/2}}\int_{-\infty}^{+\infty}\psi(\boldsymbol{r})\mathrm{e}^{-\frac{\mathrm{i}}{\hbar}\boldsymbol{p}\cdot\boldsymbol{r}}\mathrm{d}^3\boldsymbol{r} \tag{2-40}$$

与此类似，我们也可以确定其他力学量(如能量、角动量等)的概率分布。这就是说，只要给出波函数 $\psi(\boldsymbol{r})$，则该粒子的所有力学量的概率分布就确定了。由此可见，波函数 $\psi(\boldsymbol{r})$ 完全可以描述三维空间中粒子的状态，也就是说波函数 $\psi(\boldsymbol{r})$ 代表该粒子的量子态(quantum state)。同理，$\varphi(\boldsymbol{p})$ 也可以描述同一个粒子的状态，因此，$\varphi(\boldsymbol{p})$ 也代表该粒子的量子态。

由以上讨论可见，一个粒子的量子态既可以用 $\psi(\boldsymbol{r})$ 描述，又可以用 $\varphi(\boldsymbol{p})$ 或者用其他力

学量做变量描述。它们都是等价的，彼此之间有确定的变换关系。它们描述同一个量子态，只不过所用的表象（representation）不同而已。我们称 $\psi(\boldsymbol{r})$ 为量子态在坐标表象中的表示，$\varphi(\boldsymbol{p})$ 为同一个量子态在动量表象中的表示。但要注意，一般来说，微观粒子并不像经典粒子那样同时具有确定的坐标和动量。粒子的量子态只能给出力学量的确定概率分布，$|\psi(\boldsymbol{r})|^2$ 给出粒子坐标的概率分布，$|\varphi(\boldsymbol{p})|^2$ 给出粒子动量的概率分布。

2.4　量子态的相干叠加性和纠缠性

微观粒子或粒子体系的状态 —— 量子态，具有很多找不到经典对应的奇妙特性。这些特性为量子力学的应用提供了广阔的前景。量子信息论（见第 11 章）就是量子力学在信息科学中应用的产物。下面介绍量子态的一些奇妙特性。

2.4.1　量子态的相干叠加性与量子测量

如前所述，波函数描述一个粒子或粒子体系所处的量子态。上面所讲的自由粒子平面波的波函数描述自由粒子的量子态，它有确定的动量，从而是动量的本征态。但是波包不具有确定的动量。由式(2-21) 描述的波包，是由不同动量的平面波叠加而成，这些不同动量代表同一个粒子可能取的动量值。因此，如果对波包所描述的粒子进行动量测量，则所得到的测值是许多可能的动量当中的一个，可能是 p_1，也可能是 p_2 等。每次测量之前我们不可能判断测量结果，每次测量之后，下一次的测值也无法预测，也就是说测量结果并不是由体系的状态唯一地确定，测量结果是不确定的，测量结果之间不存在任何动力学因果关系，能够确定的只是各个动量值出现的概率分布，即 $|\varphi(\boldsymbol{p},t)|^2$。这种测量结果的不确定性是量子力学特有的性质之一，没有经典对应。那么，测量结果的不确定性根源在哪里？

测量结果的不确定性来自于量子态的叠加（superposition）性。比如说，用波包描述的量子态是同一粒子的不同动量本征态的相干叠加。叠加的本质在于态的相干性（coherence）。由于微观粒子的波动性，同一粒子的不同动量的本征态彼此之间是相干的，这些相干性导致态的叠加，其数学描述就是线性叠加式。叠加的数学描述方式随力学量的性质而不同，像动量这样一个连续变量的本征态的叠加是用式(2-21) 那样的积分形式表示。但如在 Bohr 量子理论中，原子能量可取离散值，形成离散谱，原子对应于不同能量的量子态（定态）就是能量本征态，这些态彼此相干，导致态的叠加。离散谱的叠加是用求和的方式描述。

例如，考虑一个二能级原子，它的两个能级的能量分别用 E_1 和 E_2 表示，相应的本征态用 ψ_{g} 和 ψ_{e} 来表示。则态的相干性导致体系的量子态为两态的叠加态：

$$\psi = c_1\psi_{\mathrm{g}} + c_2\psi_{\mathrm{e}} \tag{2-41}$$

如果在这一量子态下对能量进行测量，则所得结果必然是 E_1、E_2 当中的某一个，E_1 和 E_2 按一定的概率出现。每次测量结果究竟是哪个，我们无法确定（测量结果的不确定性），但测量结果的概率分布是确定的（由系数 c_n 决定，见后）。量子态的相干叠加性以及测量结果的这种概率特性叫态叠加原理（superposition principle of quantum states），它是量子力学的基本假设之一。

注意，量子力学的态叠加原理与经典力学中波的叠加原理有重要区别。在经典力学中波的叠加是两列波 ψ_1 和 ψ_2 的叠加，而在量子力学中态的叠加是同一个量子体系（如二能级原子）的两个可能状态 ψ_1 和 ψ_2 的相干叠加。在经典波动力学中，相同的两列波的叠加给出新的波，但在量子力学中，由于波函数的常数因子不确定性，相同态的叠加给不出新态。

如果对式(2-41) 所描述的二能级原子的量子态进行能量测量，则测量结果必然是 E_1 或者 E_2。如果测到的是确定的 E_1，那就说明测量后的体系处于本征值为 E_1 的本征态。也就是说，测量导致体系的相干性被破坏，体系塌缩(collapse) 到本征值为 E_1 的本征态，这是量子测量(quantum measurement) 的重要特性，它与经典测量截然不同。在经典物理中，对一个力学量的有效测量不影响体系的状态。但在量子力学中，对于量子体系进行某一力学量的测量时，测量将在可观测的意义上不可避免地导致体系相干性的破坏和量子态的塌缩，除非体系处于待测力学量的本征态。量子态的塌缩是一个不可逆的变化过程。因此可以说，测量过程是一个制备新的量子态的过程。这种由于测量或其他影响导致相干性消失的现象叫作退相干(decoherence)。对一个量子体系的某一力学量进行测量时，如果每次测量结果都给出同一个确定的测量值，说明该体系就处于该力学量的对应于测量值的本征态。

在前面所提到的电子的双缝衍射实验中，如果观测电子是从哪一个缝通过的，也就是说，如果得到关于电子运动的确切路径的信息，会发现电子的衍射图样就会消失。这是因为，关于电子运动的确切路径的信息体现了电子的粒子性，确切的粒子性信息排斥了电子的波动性，从而衍射图样将消失。当观测到电子的衍射图样时，衍射图样为我们提供了电子波动性的确切信息，从而排斥了电子粒子性的一面，我们就无法了解关于电子路径的信息。微观粒子波动性和粒子性之间的这种关系称为互补原理(complementary principle)。

2.4.2 量子态的纠缠性和非局域性

前面我们讨论了单粒子不同态之间的相干叠加。那么，多粒子体系，比如说两个粒子体系的量子态应怎样来描述？两个粒子体系的量子态怎样相干叠加？下面我们以两个二能级原子体系为例说明两个粒子体系量子态的相干叠加性，即纠缠性。

我们分别用 ψ_{1g} 和 ψ_{1e} 来表示第一个原子对应于两个能级的态函数，用 ψ_{2g} 和 ψ_{2e} 来表示第二个原子对应于两个能级的态函数，则两个原子体系的归一化的态函数可以表示为

$$\Phi = \frac{1}{\sqrt{2}}(\psi_{1g}\psi_{2g} + \psi_{1e}\psi_{2e}) \tag{2-42}$$

当然，两个原子体系态函数的形式不止这一种，其他形式不在这儿一一列举。我们看到，方程(2-42) 所描述的量子态不能分解成两个单粒子态的直积形式，也就是说，不能分解成

$$\Phi = (a_1\psi_{1g} + b_1\psi_{1e}) \otimes (a_2\psi_{2g} + b_2\psi_{2e}) \tag{2-43}$$

的形式。这就是说，两个原子彼此关联(correlation)，每个原子的状态不能单独地表示出来，量子态，式(2-42)，是两个原子共有的状态。这种性质叫作量子态的纠缠(entanglement) 性，它也是量子力学特有的奇妙特性之一。必须指出，已形成的纠缠性质(两个粒子的关联) 在两个粒子彼此分开，相距很远时依然存在，因为式(2-42) 所描述的纠缠态的不可分解性并不依赖于两个原子的空间坐标。

现在把处于纠缠态的两个原子分开，比如把一个原子放在 A 地，另一个原子拿到 B 地。这时，由于两个原子的关联，也就是说，由于量子态[式(2-42)]的纠缠性，当我们对其中的一个原子，如对在 A 地的原子进行能量测量时，B 地的原子状态必然受到影响。假如我们测得大连的原子能量为对应于 ψ_{1g} 的能量 E_1，则根据前面提到的量子测量原理，体系的量子态塌缩到式(2-42) 中的 $\psi_{1g}\psi_{2g}$ 态上，因此我们可以肯定，B 地的原子将处于 ψ_{2g} 态上。这是违背经典物理学常识的难以接受的结论。所以历史上称这种现象为 EPR 佯谬 (Einstein-Podorsky-Rosen paradox)。围绕这个佯谬，Einstein 和 Bohr 曾经进行了长期的争论。实验已证实：对处于纠缠态的两个子体系，如果对其中的一个子体系进行局域操作（如测量），则必然导致另一个子体系状态的改变这一奇妙特性的存在。这种性质叫作量子态的非局域性(non-locality)，这是量子力学特有的又一种奇妙特性。量子态的纠缠性和非局域性概念的澄清和实验验证是近年来量子力学的新进展，这些性质在量子信息学中具有非常重要的意义。对 EPR 佯谬、量子态的纠缠性和非局域性等我们将在第 11 章详细讨论。

2.5 不确定性关系

Born 对波函数的统计诠释把波粒二象性统一到概率波的概念上。在概率波概念中，把经典粒子和波的概念部分地保留，而抛弃另一部分内容。例如，在经典粒子的概念中，保留能量、动量等概念和质量、电荷、自旋、寿命等内禀属性，而抛弃了轨道概念和经典的状态($\boldsymbol{r},\boldsymbol{p}$)等概念。同样，在经典波的概念中保留波的相干叠加性而抛弃实在物理量的周期性运动概念，引进了概率波的概念。微观粒子轨道概念违背 Heisenberg 于 1927 年提出的不确定性关系 (uncertainty relation)。不确定性关系也是量子力学特有的概念，它是力学量的不确定度之间的关系。下面举例说明 Heisenberg 不确定性关系。

设电子束从左侧入射(图 2-2)，经一狭缝以后，落到缝后面的屏幕上(感光底片)，设缝宽为 Δx，则电子作为粒子，通过 Δx 范围内的哪一点是不确定的，即电子位置的不确定度是 Δx。同时，电子又具有波动性，经狭缝以后，波会发生衍射。这就是说，电子经狭缝以后，其前进方向偏离一角度 α，这样，电子的动量 p 在 x 方向上有不确定分量：

$$\Delta p = p\sin\alpha \tag{2-44}$$

如果考虑小角度，并设此时 $\alpha = \alpha_0$，$\sin\alpha_0 \approx \alpha_0$，则

$$\Delta p = p\sin\alpha_0 \approx p\alpha_0 \tag{2-45}$$

根据衍射原理，光程差(图 2-3)

$$\Delta x\sin\alpha_0 \approx \Delta x\alpha_0 = \lambda \tag{2-46}$$

由此得

$$\Delta p = p\alpha_0 = p\,\frac{\lambda}{\Delta x} = \frac{h}{\Delta x} \quad \left(\text{因 } p = \frac{h}{\lambda}\right)$$

即

$$\Delta p \cdot \Delta x \sim h \tag{2-47}$$

即坐标和动量的不确定度的乘积为 Planck 常数的量级，因此，如果 $\Delta p = 0$(动量完全确定)，则 $\Delta x \sim \infty$(坐标完全不确定) 或如果 $\Delta x = 0$，则 $\Delta p \sim \infty$。

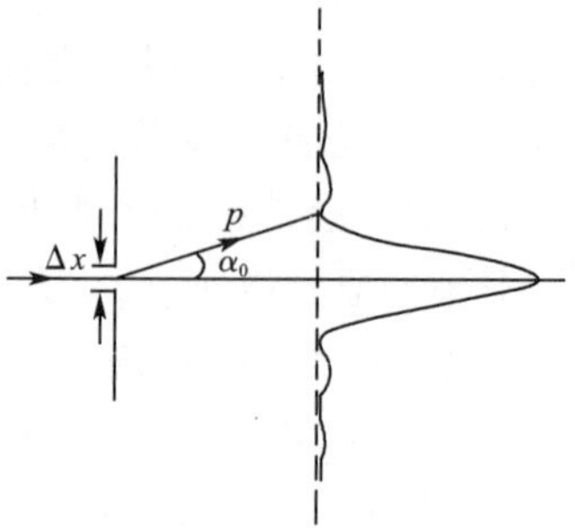

图 2-2

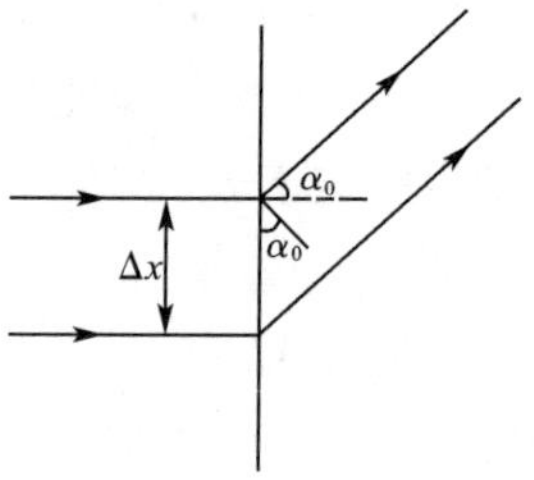

图 2-3

能量与时间之间也存在不确定关系。一个量子体系处于某一状态，它的能量有一个不确定范围，相应的这一状态的持续时间也有一个不确定度。

下面举例说明能量的不确定度 ΔE 和时间的不确定度 Δt 之间也有不确定性关系

$$\Delta E \cdot \Delta t \sim h \tag{2-48}$$

考虑一个高速运动的微观粒子，根据相对论，

$$E^2 = p^2c^2 + m_0^2c^4$$

$$2E\mathrm{d}E = 2pc^2\mathrm{d}p$$

利用式(2-31)得

$$\mathrm{d}E = \frac{pc^2}{E}\mathrm{d}p = v\mathrm{d}p$$

因此

$$\Delta E \cdot \Delta t = v\Delta p\Delta t = \Delta x \cdot \Delta p \sim h$$

当然，非相对论情况同样也可以证明不确定性关系。严格的证明表明

$$\Delta x \cdot \Delta p_x \geqslant \frac{\hbar}{2}, \quad \Delta y \cdot \Delta p_y \geqslant \frac{\hbar}{2}, \quad \Delta z \cdot \Delta p_z \geqslant \frac{\hbar}{2}, \quad \Delta E \cdot \Delta t \geqslant \frac{\hbar}{2} \tag{2-49}$$

式(2-49)就是 Heisenberg 不确定性关系。我们将在第 4 章给出不确定性关系的最一般表达式。

由以上讨论我们可以看到，微观粒子的坐标和动量不能同时具有确定的值，因此，微观粒子不像经典粒子那样具有确定的运动轨迹。这也是微观粒子区别于经典粒子的重要特性之一。美国物理学家 Wheeler J A 曾经对量子力学的这种“不确定的轨迹”给予了一种非常形象的描述。光子从入射点到探测点就像一条云雾缭绕的龙，龙的尾巴表示入射点，龙头表示探测点，而龙的身体部分全被云雾笼罩。

练习 1 求 Gauss 波包 $\psi(x) = \mathrm{e}^{-\frac{1}{2}\alpha^2x^2}$（$\alpha$ 为常数）的坐标和动量的不确定度及其关系。

解 由 $\psi(x)$ 求得坐标的概率分布 $|\psi(x)|^2 = \mathrm{e}^{-\alpha^2x^2}$。由图 2-4 可见，粒子出现的位置主要集中在 $|x| \leqslant \frac{1}{\alpha}$ 区域$\left(x = \frac{1}{\alpha}\text{ 代表使 } |\psi(x)|^2 \sim \frac{1}{\mathrm{e}}\text{ 的位置，特征长度}\right)$，因此 $\Delta x \sim \frac{1}{\alpha}$。由 $\psi(x)$ 可求动量表象中的 Gauss 波包：

$$\varphi(k)=\frac{1}{\sqrt{2\pi}}\int_{-\infty}^{+\infty}\mathrm{e}^{-\frac{1}{2}\alpha^2x^2}\mathrm{e}^{-\mathrm{i}kx}\mathrm{d}x=\frac{1}{\alpha}\mathrm{e}^{-\frac{k^2}{2\alpha^2}}\quad\left(k=\frac{p}{\hbar}\right)$$

因此

$$|\varphi(k)|^2=\frac{1}{\alpha^2}\mathrm{e}^{-\frac{k^2}{\alpha^2}}$$

可见

$$\Delta k\sim\alpha$$

由此得到

$$\Delta x\cdot\Delta k\sim 1,\quad \Delta x\cdot\Delta p\sim\hbar$$

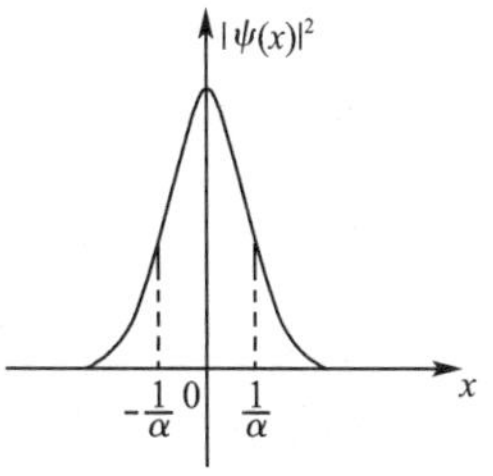

图 2-4

不确定性关系表明，微观粒子的坐标和动量不能同时具有完全确定的值，这是微观粒子波粒二象性的反映。因此，在描述微观粒子的运动状态时，经典的轨道概念就没有意义。不确定性关系中出现的 Planck 常数 h 限定了使用经典概念的范围。因为 h 很小，当 $h\to 0$ 时，$\Delta x\cdot\Delta p\sim 0$，坐标和动量可同时具有确定值，经典概念可以用了，或者说量子效应可以忽略。

练习 2　求一维自由粒子（平面波）的动量和坐标的不确定度。

练习 3　一维运动粒子的坐标的本征态（坐标表象中）

$$\psi_{x_0}(x)=\delta(x-x_0)$$

试求 Δx 和 Δp。

2.6　Schrödinger 方程

到目前为止，我们主要讨论了微观粒子的主要特性 —— 波粒二象性以及微观粒子量子态的一些重要特性。微观粒子的量子态用波函数 $\psi(\boldsymbol{r},t)$ 来描述，一旦确定 $\psi(\boldsymbol{r},t)$，则我们可以确定该粒子的任何一个力学量的概率分布，从而也可以计算这些力学量的平均值。

量子力学要解决的核心问题之一是体系的量子态随时间的变化规律以及力学量算符的本征值和本征函数问题。本节的目的在于介绍描述量子态随时间变化规律的动力学方程 —— Schrödinger 方程，同时引入力学量算符及其本征值、本征函数的明确定义。

Schrödinger 方程是 Schrödinger 于 1926 年在题为“量子化和本征值问题”的论文中引进的。Schrödinger 方程是低速微观粒子的运动所遵从的基本方程。Schrödinger 方程的地位与经典力学中的 Newton 运动方程和电动力学中的 Maxwell 方程相当，它是量子力学的最基本方程。和 Newton 运动方程一样，Schrödinger 方程并不是通过数学推理推出来的，应该说 Schrödinger 方程是量子力学的一个基本假设，它的正确性只能通过实验来验证。

2.6.1　单粒子在坐标表象中的 Schrödinger 方程

为了加深理解量子力学中物质波的意义，也为了引进一些力学量算符和它们的本征值、本征函数等概念，我们先从已知的自由粒子的波函数出发，“推导”波函数所满足的动力学微分方程 ——Schrödinger 方程。我们在 2.2 节中，从经典波函数出发，利用 de Broglie 物质波概念已给出自由粒子的波函数：

$$\psi(\boldsymbol{r},t)=A\mathrm{e}^{\frac{\mathrm{i}}{\hbar}(\boldsymbol{p}\cdot\boldsymbol{r}-Et)}=A\mathrm{e}^{\frac{\mathrm{i}}{\hbar}(p_x x+p_y y+p_z z-Et)} \tag{2-50}$$

其中，$\boldsymbol{p}$ 为粒子的三维动量，E 为粒子的能量。动量和能量满足关系式

$$E=\frac{\boldsymbol{p}^2}{2m}=\frac{1}{2m}(p_x^2+p_y^2+p_z^2) \tag{2-51}$$

我们的目的是寻找自由粒子的波函数所遵从的动力学微分方程。为此，先求方程(2-50)对时间的偏导数，则得

$$\frac{\partial\psi(\boldsymbol{r},t)}{\partial t}=-\frac{\mathrm{i}E}{\hbar}\psi(\boldsymbol{r},t)$$

或

$$\mathrm{i}\hbar\frac{\partial\psi(\boldsymbol{r},t)}{\partial t}=E\psi(\boldsymbol{r},t) \tag{2-52}$$

用同样的方法可以得到关于 x,y,z 的偏导：

$$\begin{cases}-\mathrm{i}\hbar\dfrac{\partial\psi(\boldsymbol{r},t)}{\partial x}=p_x\psi(\boldsymbol{r},t)\\-\mathrm{i}\hbar\dfrac{\partial\psi(\boldsymbol{r},t)}{\partial y}=p_y\psi(\boldsymbol{r},t)\\-\mathrm{i}\hbar\dfrac{\partial\psi(\boldsymbol{r},t)}{\partial z}=p_z\psi(\boldsymbol{r},t)\end{cases} \tag{2-53}$$

引进算符(operator)

$$\hat{H}=\mathrm{i}\hbar\frac{\partial}{\partial t} \tag{2-54}$$

$$\hat{p}_x=-\mathrm{i}\hbar\frac{\partial}{\partial x},\quad \hat{p}_y=-\mathrm{i}\hbar\frac{\partial}{\partial y},\quad \hat{p}_z=-\mathrm{i}\hbar\frac{\partial}{\partial z} \tag{2-55}$$

$$\hat{\boldsymbol{p}}=-\mathrm{i}\hbar\nabla=-\mathrm{i}\hbar\left(\boldsymbol{i}\frac{\partial}{\partial x}+\boldsymbol{j}\frac{\partial}{\partial y}+\boldsymbol{k}\frac{\partial}{\partial z}\right) \tag{2-56}$$

其中，$\hat{H}$代表能量的算符表示，称其为 Hamilton 算符或能量算符，$\hat{\boldsymbol{p}}$ 为动量在坐标表象中的算符表示，$\hat{p}_x$、$\hat{p}_y$、$\hat{p}_z$分别为动量算符的 x、y、z 分量。利用这些算符，方程(2-52) 和(2-53) 可以写成如下简单形式：

$$\begin{cases}\hat{H}\psi(\boldsymbol{r},t)=E\psi(\boldsymbol{r},t)\\\hat{p}_x\psi(\boldsymbol{r},t)=p_x\psi(\boldsymbol{r},t)\\\hat{p}_y\psi(\boldsymbol{r},t)=p_y\psi(\boldsymbol{r},t)\\\hat{p}_z\psi(\boldsymbol{r},t)=p_z\psi(\boldsymbol{r},t)\end{cases} \tag{2-57}$$

这组方程中第一式叫作能量本征值方程(eigenvalue equation)，其他各式为动量本征值方程。E、$p_i(i=x,y,z)$ 分别叫作能量和动量本征值，$\psi(\boldsymbol{r},t)$ 叫作本征函数(eigen function)。从数学上讲，一个算符$\hat{A}$ 的本征值方程$\hat{A}\psi=A\psi$ 只对一些特定的常数A 才成立。这时 ψ 叫作算符的本征值为 A 的本征函数，它是一个可微、有限的单值函数。一般来说，对算符$\hat{A}$，可存在有限个或无限多个本征值和本征函数。如果本征值方程中的$\hat{A}$ 表示一个力学量，ψ 表示一个量子态，则使方程得到满足的确定常数 A 就是力学量在量子态 ψ 下的测量值。由此可见，一个力学量具有确定测量值的量子态就是该力学量的本征态，描述本征态的波函数就是本征函数，它是相应力学量本征值方程的解。例如，自由粒子的平面波具有确定动量，因此，平面

波的波函数是动量算符 $\hat{p}_x$ 或 $\hat{p}_y$、$\hat{p}_z$ 的本征态，是动量本征值方程(2-57) 的解。

现将方程(2-51) 的两边分别作用于波函数 $\psi(\boldsymbol{r},t)$ 上，则

$$E\psi(\boldsymbol{r},t) = \frac{\boldsymbol{p}^2}{2m}\psi(\boldsymbol{r},t)$$

利用式(2-57)，把上式中的 E 和 $\boldsymbol{p}^2$ 分别用相应的算符代替，则得

$$\hat{H}\psi(\boldsymbol{r},t) = \frac{\hat{\boldsymbol{p}}^2}{2m}\psi(\boldsymbol{r},t)$$

或

$$\mathrm{i}\hbar\frac{\partial\psi(\boldsymbol{r},t)}{\partial t} = -\frac{\hbar^2}{2m}\nabla^2\psi(\boldsymbol{r},t) \tag{2-58}$$

上式中利用了

$$\hat{\boldsymbol{p}}^2 = -\hbar^2\left(\frac{\partial^2}{\partial x^2}+\frac{\partial^2}{\partial y^2}+\frac{\partial^2}{\partial z^2}\right) = -\hbar^2\nabla^2 \tag{2-59}$$

方程(2-58) 就是自由粒子平面波的 Schrödinger 方程。在方程(2-58) 中，$-\frac{\hbar^2}{2m}\nabla^2$ 表示量子力学中粒子的动能算符。

一般来说，自由粒子的波函数是波包，也就是说许多平面波的叠加(没有归一化)：

$$\psi(\boldsymbol{r},t) = \int\varphi(\boldsymbol{p})\mathrm{e}^{\frac{\mathrm{i}}{\hbar}(\boldsymbol{p}\cdot\boldsymbol{r}-Et)}\mathrm{d}^3\boldsymbol{p}$$

波包也满足 Schrödinger 方程，因为

$$\mathrm{i}\hbar\frac{\partial\psi(\boldsymbol{r},t)}{\partial t} = \int E\varphi(\boldsymbol{p})\mathrm{e}^{\frac{\mathrm{i}}{\hbar}(\boldsymbol{p}\cdot\boldsymbol{r}-Et)}\mathrm{d}^3\boldsymbol{p}$$

$$\begin{aligned}-\frac{\hbar^2}{2m}\nabla^2\psi(\boldsymbol{r},t) &= \int\frac{\boldsymbol{p}^2}{2m}\varphi(\boldsymbol{p})\mathrm{e}^{\frac{\mathrm{i}}{\hbar}(\boldsymbol{p}\cdot\boldsymbol{r}-Et)}\mathrm{d}^3\boldsymbol{p}\\ &= \int E\varphi(\boldsymbol{p})\mathrm{e}^{\frac{\mathrm{i}}{\hbar}(\boldsymbol{p}\cdot\boldsymbol{r}-Et)}\mathrm{d}^3\boldsymbol{p}\end{aligned}$$

因此

$$\mathrm{i}\hbar\frac{\partial\psi(\boldsymbol{r},t)}{\partial t} = -\frac{\hbar^2}{2m}\nabla^2\psi(\boldsymbol{r},t)$$

由此可见，方程(2-58)也是波包所遵从的 Schrödinger 方程。

考虑更一般的情况，即在势场 $V(r)$中运动的粒子，则体系的总能量

$$E = \frac{\boldsymbol{p}^2}{2m}+V(r) \tag{2-60}$$

因此，Schrödinger 方程变为

$$\mathrm{i}\hbar\frac{\partial\psi(\boldsymbol{r},t)}{\partial t} = \left[-\frac{\hbar^2}{2m}\nabla^2+V(r)\right]\psi(\boldsymbol{r},t) \tag{2-61}$$

其中，$-\frac{\hbar^2}{2m}\nabla^2+V(r)$表示体系的总能量，叫作能量算符或 Hamilton 算符。方程(2-61)就是 Schrödinger 波动方程的一般形式，它是低速运动的微观粒子所遵从的基本方程，它揭示了微观世界中物质运动的基本规律。我们看到，在 Schrödinger 方程中，能量、动量等力学量都以算符的形式出现。把力学量用算符表示，这是量子力学在数学方法上的重要特性之一。

Schrödinger方程是关于波函数 $\psi(\boldsymbol{r},t)$ 的线性方程，这就是说，如果 ψ_1 和 ψ_2 都是Schrödinger方程的解，则 $\psi=c_1\psi_1+c_2\psi_2$ 也是该 Schrödinger 方程的解。这一数学性质保证了态叠加原理的成立。

2.6.2 动量表象中的Schrödinger方程

下面以自由粒子的运动为例，建立粒子在动量空间中的 Schrödinger 方程。自由粒子在坐标表象中的 Schrödinger 方程为

$$\mathrm{i}\hbar\frac{\partial\psi(\boldsymbol{r},t)}{\partial t}=\frac{\hat{\boldsymbol{p}}^2}{2m}\psi(\boldsymbol{r},t)$$

因为我们考虑的是动量表象，上式中的动能 $\hat{\boldsymbol{p}}^2/2m$ 不必写成坐标表象中的算符 $-\hbar^2\nabla^2/2m$，而直接写成 $\boldsymbol{p}^2/2m$。方程两边乘 $\frac{1}{(2\pi\hbar)^{3/2}}\mathrm{e}^{-\frac{\mathrm{i}}{\hbar}\boldsymbol{p}\cdot\boldsymbol{r}}$ 并进行空间积分得

$$\mathrm{i}\hbar\frac{\partial}{\partial t}\int_{-\infty}^{+\infty}\frac{1}{(2\pi\hbar)^{3/2}}\psi(\boldsymbol{r},t)\mathrm{e}^{-\frac{\mathrm{i}}{\hbar}\boldsymbol{p}\cdot\boldsymbol{r}}\mathrm{d}^3\boldsymbol{r}=\int_{-\infty}^{+\infty}\frac{1}{(2\pi\hbar)^{3/2}}\frac{\boldsymbol{p}^2}{2m}\psi(\boldsymbol{r},t)\mathrm{e}^{-\frac{\mathrm{i}}{\hbar}\boldsymbol{p}\cdot\boldsymbol{r}}\mathrm{d}^3\boldsymbol{r}$$

但由于

$$\mathrm{i}\hbar\frac{\partial}{\partial t}\int_{-\infty}^{+\infty}\frac{1}{(2\pi\hbar)^{3/2}}\psi(\boldsymbol{r},t)\mathrm{e}^{-\frac{\mathrm{i}}{\hbar}\boldsymbol{p}\cdot\boldsymbol{r}}\mathrm{d}^3\boldsymbol{r}=\mathrm{i}\hbar\frac{\partial}{\partial t}\varphi(\boldsymbol{p},t)$$

$$\int_{-\infty}^{+\infty}\frac{1}{(2\pi\hbar)^{3/2}}\frac{\boldsymbol{p}^2}{2m}\psi(\boldsymbol{r},t)\mathrm{e}^{-\frac{\mathrm{i}}{\hbar}\boldsymbol{p}\cdot\boldsymbol{r}}\mathrm{d}^3\boldsymbol{r}=\frac{\boldsymbol{p}^2}{2m}\int_{-\infty}^{+\infty}\frac{1}{(2\pi\hbar)^{3/2}}\psi(\boldsymbol{r},t)\mathrm{e}^{-\frac{\mathrm{i}}{\hbar}\boldsymbol{p}\cdot\boldsymbol{r}}\mathrm{d}^3\boldsymbol{r}=\frac{\boldsymbol{p}^2}{2m}\varphi(\boldsymbol{p},t)$$

因此得

$$\mathrm{i}\hbar\frac{\partial\varphi(\boldsymbol{p},t)}{\partial t}=\frac{\boldsymbol{p}^2}{2m}\varphi(\boldsymbol{p},t)\tag{2-62}$$

方程(2-62)就是自由粒子在动量表象中的 Schrödinger 方程。

2.6.3 多粒子体系的 Schrödinger 方程

考虑质量分别为 $m_i(i=1,2,\cdots,N)$ 的 N 个粒子在一个势场中的运动。这时体系的波函数为

$$\psi(\boldsymbol{r}_1,\boldsymbol{r}_2,\cdots,\boldsymbol{r}_N,t)$$

设第 i 个粒子的势能为 $V_i(r_i)$，粒子之间的相互作用势的总和为 $U(\boldsymbol{r}_1,\boldsymbol{r}_2,\cdots,\boldsymbol{r}_N)$，则在坐标表象中的 Schrödinger 方程为

$$\mathrm{i}\hbar\frac{\partial\psi(\boldsymbol{r}_1,\boldsymbol{r}_2,\cdots,\boldsymbol{r}_N,t)}{\partial t}=\left[\sum_{i=1}^{N}\left(-\frac{\hbar^2}{2m_i}\nabla_i^2+V_i(r_i)\right)+U(\boldsymbol{r}_1,\boldsymbol{r}_2,\cdots,\boldsymbol{r}_N)\right]\psi(\boldsymbol{r}_1,\boldsymbol{r}_2,\cdots,\boldsymbol{r}_N,t)\tag{2-63}$$

其中

$$\nabla_i^2=\frac{\partial^2}{\partial x_i^2}+\frac{\partial^2}{\partial y_i^2}+\frac{\partial^2}{\partial z_i^2}\quad(i=1,2,\cdots,N)\tag{2-64}$$

例如，对于一个具有 Z 个电子的原子，原子核对第 i 个电子的 Coulomb 势(引力)为

$$V_i(r_i)=-\frac{Ze^2}{r_i}\tag{2-65}$$

而电子之间的相互作用势

$$U(\boldsymbol{r}_1,\boldsymbol{r}_2,\cdots,\boldsymbol{r}_z)=\sum_{i<j}\frac{e^2}{|\boldsymbol{r}_i-\boldsymbol{r}_j|}\tag{2-66}$$

从而 Schrödinger 方程为

$$\mathrm{i}\hbar\frac{\partial}{\partial t}\psi(\boldsymbol{r}_1,\boldsymbol{r}_2,\cdots,\boldsymbol{r}_z,t)=\left[\sum_{i=1}^{z}\left(-\frac{\hbar^2}{2m_i}\nabla_i^2-\frac{Ze^2}{r_i}\right)+\sum_{i<j}^{z}\frac{e^2}{|\boldsymbol{r}_i-\boldsymbol{r}_j|}\right]\psi(\boldsymbol{r}_1,\boldsymbol{r}_2,\cdots,\boldsymbol{r}_z,t)\tag{2-67}$$

这里我们取原子核的位置为坐标原点，无穷远处的势能为零。

2.7　连续性方程，力学量的平均值

2.7.1　连续性方程

非相对论量子力学研究的是低能粒子（其速度远小于光速，$v\ll c$）的运动规律，在粒子的相互作用和运动过程中没有粒子的产生或湮灭现象，即粒子数守恒。粒子数的守恒体现在概率守恒(probability conservation)。可以证明，在全空间找到粒子的概率之总和不随时间改变，即守恒：

$$\frac{\mathrm{d}}{\mathrm{d}t}\iiint_{全}|\psi(\boldsymbol{r},t)|^2\mathrm{d}^3\boldsymbol{r}=0\tag{2-68}$$

证明　取 Schrödinger 方程的复共轭[$V(r)$取实函数，见后]，

$$-\mathrm{i}\hbar\frac{\partial\psi^*(\boldsymbol{r},t)}{\partial t}=\left[-\frac{\hbar^2}{2m}\nabla^2+V(r)\right]\psi^*(\boldsymbol{r},t)\tag{2-69}$$

由 Schrödinger 方程(2-61)和其共轭方程(2-69)得到

$$\frac{\partial\psi(\boldsymbol{r},t)}{\partial t}=\frac{\mathrm{i}\hbar}{2m}\nabla^2\psi(\boldsymbol{r},t)-\frac{\mathrm{i}}{\hbar}V(r)\psi(\boldsymbol{r},t)\tag{2-70}$$

$$\frac{\partial\psi^*(\boldsymbol{r},t)}{\partial t}=-\frac{\mathrm{i}\hbar}{2m}\nabla^2\psi^*(\boldsymbol{r},t)+\frac{i}{\hbar}V(r)\psi^*(\boldsymbol{r},t)\tag{2-71}$$

设概率密度

$$\rho(\boldsymbol{r},t)\equiv|\psi(\boldsymbol{r},t)|^2=\psi^*(\boldsymbol{r},t)\psi(\boldsymbol{r},t)\tag{2-72}$$

则

$$\frac{\partial\rho(\boldsymbol{r},t)}{\partial t}=\psi^*(\boldsymbol{r},t)\frac{\partial\psi(\boldsymbol{r},t)}{\partial t}+\frac{\partial\psi^*(\boldsymbol{r},t)}{\partial t}\psi(\boldsymbol{r},t)\tag{2-73}$$

将式(2-70)和式(2-71)代入式(2-73)得到

$$\frac{\partial\rho}{\partial t}=\frac{\mathrm{i}\hbar}{2m}(\psi^*\nabla^2\psi-\psi\nabla^2\psi^*)=\frac{\mathrm{i}\hbar}{2m}\nabla\cdot(\psi^*\nabla\psi-\psi\nabla\psi^*)=-\nabla\cdot\boldsymbol{j}$$

或

$$\frac{\partial\rho}{\partial t}+\nabla\cdot\boldsymbol{j}=0\tag{2-74}$$

其中

$$j \equiv \frac{\mathrm{i}\hbar}{2m}(\psi\nabla\psi^* - \psi^*\nabla\psi) \tag{2-75}$$

叫作概率流密度(density of probability current)。方程(2-74)就是概率守恒定律的微分形式,也就是概率流的连续性方程(continuity equation)。

方程(2-74)的两边对某一空间区域 τ 积分得

$$\frac{\mathrm{d}}{\mathrm{d}t}\iiint_{\tau}\rho\mathrm{d}\tau = -\iiint_{\tau}\nabla\cdot \boldsymbol{j}\mathrm{d}\tau$$

但根据 Gauss 定理,此方程右边的积分可化为包围该区域的曲面 S 的面积分:

$$\iiint_{\tau}\nabla\cdot \boldsymbol{j}\mathrm{d}\tau = \oint_{S}\boldsymbol{j}\cdot\mathrm{d}\boldsymbol{S}$$

因此,概率守恒定律(conservation law of probability) 可写成如下积分形式:

$$\frac{\mathrm{d}}{\mathrm{d}t}\iiint_{\tau}\rho\mathrm{d}\tau = -\oint_{S}\boldsymbol{j}\cdot\mathrm{d}\boldsymbol{S} \tag{2-76}$$

此式说明,在闭区域 τ 中概率的改变率(增加) 等于单位时间内通过曲面 S 流入(负散度)τ 内的概率。概率在某一局域空间中的减少必然导致概率在其他局域中的增加。这就是概率守恒的局域特性。在场论中可以证明,概率守恒实际上是粒子数守恒的反映。量子力学所研究的体系都是粒子数守恒体系,在粒子之间的相互作用过程中无粒子的产生或湮没现象。

如果取 $\tau\to\infty$,即取全空间,则由于波函数 $\psi|_{r\to\infty}\to 0$,式(2-75)、式(2-76) 的右边趋于零,从而得

$$\frac{\mathrm{d}}{\mathrm{d}t}\iiint_{全}\rho\mathrm{d}^3\boldsymbol{r} = \frac{\mathrm{d}}{\mathrm{d}t}\iiint_{全}|\psi(\boldsymbol{r},t)|^2\mathrm{d}^3\boldsymbol{r} = 0 \tag{2-77}$$

即无粒子的产生与湮灭现象,总概率守恒。

2.7.2 力学量的平均值

当一个粒子处于波函数 $\psi(\boldsymbol{r})$ 所描述的量子态时,由于态的叠加,力学量的测量结果一般来说不确定,但力学量的可能测值具有确定概率分布,因此,力学量的平均值(expectation value) 也有确定值。例如,对已归一化的波函数 $\psi(\boldsymbol{r})$,坐标的平均值为

$$\bar{\boldsymbol{r}} = \int_{-\infty}^{+\infty}|\psi(\boldsymbol{r})|^2\boldsymbol{r}\mathrm{d}^3\boldsymbol{r} \tag{2-78}$$

势能 $V(r)$ 的平均值为

$$\overline{V} = \int_{-\infty}^{+\infty}|\psi(\boldsymbol{r})|^2 V(r)\mathrm{d}^3\boldsymbol{r} \tag{2-79}$$

以上都是标量函数的平均值。但像动量、角动量这些力学量是用算符来表示的,它们的平均值如何计算呢?可以证明,动量平均值

$$\overline{\boldsymbol{p}} = \int_{-\infty}^{+\infty}\psi^*(\boldsymbol{r})\,\hat{\boldsymbol{p}}\psi(\boldsymbol{r})\mathrm{d}^3\boldsymbol{r} = \int_{-\infty}^{+\infty}\psi^*(\boldsymbol{r})(-\mathrm{i}\hbar\nabla)\psi(\boldsymbol{r})\mathrm{d}^3\boldsymbol{r} \tag{2-80}$$

一般来说,力学量算符 $\hat{A}$ 的平均值为

$$\overline{A} = \int_{-\infty}^{+\infty}\psi^*(\boldsymbol{r})\,\hat{A}\psi(\boldsymbol{r})\mathrm{d}^3\boldsymbol{r} \tag{2-81}$$

例如，动能的平均值为

$$\overline{T}=\int_{-\infty}^{+\infty}\psi^{*}(\boldsymbol{r})\ \hat{T}\psi(\boldsymbol{r})\mathrm{d}^{3}\boldsymbol{r}=\int_{-\infty}^{+\infty}\psi^{*}(\boldsymbol{r})\left(-\frac{\hbar^{2}}{2m}\nabla^{2}\right)\psi(\boldsymbol{r})\mathrm{d}^{3}\boldsymbol{r} \tag{2-82}$$

角动量平均值为

$$\bar{\boldsymbol{l}}=\int_{-\infty}^{+\infty}\psi^{*}(\boldsymbol{r})\ \hat{\boldsymbol{l}}\psi(\boldsymbol{r})\mathrm{d}^{3}\boldsymbol{r} \tag{2-83}$$

其中，角动量算符

$$\hat{\boldsymbol{l}}=\boldsymbol{r}\times\hat{\boldsymbol{p}}=-\mathrm{i}\hbar\boldsymbol{r}\times\nabla$$

角动量算符$\hat{\boldsymbol{l}}$ 的 x,y,z 分量分别为

$$\begin{cases}\hat{l}_x=y\hat{p}_z-z\hat{p}_y=-\mathrm{i}\hbar\left(y\dfrac{\partial}{\partial z}-z\dfrac{\partial}{\partial y}\right)\\ \hat{l}_y=z\hat{p}_x-x\hat{p}_z=-\mathrm{i}\hbar\left(z\dfrac{\partial}{\partial x}-x\dfrac{\partial}{\partial z}\right)\\ \hat{l}_z=x\hat{p}_y-y\hat{p}_x=-\mathrm{i}\hbar\left(x\dfrac{\partial}{\partial y}-y\dfrac{\partial}{\partial x}\right)\end{cases} \tag{2-84}$$

能量平均值

$$\begin{aligned}\overline{E}&=\int\psi^{*}(\boldsymbol{r})\ \hat{H}\psi(\boldsymbol{r})\mathrm{d}^{3}\boldsymbol{r}\\&=\int\psi^{*}(\boldsymbol{r})\left[-\frac{\hbar^{2}}{2m}\nabla^{2}+V(r)\right]\psi(\boldsymbol{r})\mathrm{d}^{3}\boldsymbol{r}\end{aligned} \tag{2-85}$$

如果波函数没有归一化，则力学量$\hat{A}$ 的平均值为

$$\overline{A}=\frac{\int\psi^{*}\ \hat{A}\psi\mathrm{d}^{3}\boldsymbol{r}}{\int\psi^{*}\ \psi\mathrm{d}^{3}\boldsymbol{r}} \tag{2-86}$$

练习1　试证明动量平均值公式(2-80)。

证明　如果已知动量表象中的波函数 $\varphi(\boldsymbol{p})$，则动量的平均值很容易由公式

$$\overline{\boldsymbol{p}}=\int_{-\infty}^{+\infty}|\varphi(\boldsymbol{p})|^{2}\boldsymbol{p}\mathrm{d}^{3}\boldsymbol{p}=\int_{-\infty}^{+\infty}\varphi^{*}(\boldsymbol{p})\boldsymbol{p}\varphi(\boldsymbol{p})\mathrm{d}^{3}\boldsymbol{p}$$

求得。但在一般情况下往往给定坐标表象中的波函数 $\psi(\boldsymbol{r})$，在这种情况下可利用 Fourier 变换

$$\varphi(\boldsymbol{p})=\frac{1}{(2\pi\hbar)^{3/2}}\int_{-\infty}^{+\infty}\psi(\boldsymbol{r})\mathrm{e}^{-\mathrm{i}\boldsymbol{p}\cdot\boldsymbol{r}/\hbar}\mathrm{d}^{3}\boldsymbol{r}$$

求得动量平均值：

$$\begin{aligned}\overline{\boldsymbol{p}}&=\int_{-\infty}^{+\infty}\varphi^{*}(\boldsymbol{p})\boldsymbol{p}\varphi(\boldsymbol{p})\mathrm{d}^{3}\boldsymbol{p}\\&=\int_{-\infty}^{+\infty}\int_{-\infty}^{+\infty}\frac{1}{(2\pi\hbar)^{3/2}}\psi^{*}(\boldsymbol{r})\mathrm{e}^{\mathrm{i}\boldsymbol{p}\cdot\boldsymbol{r}/\hbar}\boldsymbol{p}\varphi(\boldsymbol{p})\mathrm{d}^{3}\boldsymbol{p}\mathrm{d}^{3}\boldsymbol{r}\\&=\int_{-\infty}^{+\infty}\int_{-\infty}^{+\infty}\frac{1}{(2\pi\hbar)^{3/2}}\psi^{*}(\boldsymbol{r})(-\mathrm{i}\hbar\nabla)\mathrm{e}^{\mathrm{i}\boldsymbol{p}\cdot\boldsymbol{r}/\hbar}\varphi(\boldsymbol{p})\mathrm{d}^{3}\boldsymbol{p}\mathrm{d}^{3}\boldsymbol{r}\\&=\int_{-\infty}^{+\infty}\psi^{*}(\boldsymbol{r})(-\mathrm{i}\hbar\nabla)\psi(\boldsymbol{r})\mathrm{d}^{3}\boldsymbol{r}\end{aligned}$$

$$= \int_{-\infty}^{+\infty} \psi^*(\boldsymbol{r})\ \hat{\boldsymbol{p}}\psi(\boldsymbol{r})\mathrm{d}^3\boldsymbol{r}$$

练习 2　给定归一化波函数 $\psi(\boldsymbol{r})$ 后，粒子坐标的平均值为

$$\bar{\boldsymbol{r}} = \int \psi^*(\boldsymbol{r})\boldsymbol{r}\psi(\boldsymbol{r})\mathrm{d}^3\boldsymbol{r}$$

也可以用 $\varphi(\boldsymbol{p})$ 来计算力学量 $\boldsymbol{r}$ 的平均值：

$$\begin{aligned}
\bar{\boldsymbol{r}} &= \int_{-\infty}^{+\infty} \psi^*(\boldsymbol{r})\boldsymbol{r}\psi(\boldsymbol{r})\mathrm{d}^3\boldsymbol{r} \\
&= \int_{-\infty}^{+\infty}\int_{-\infty}^{+\infty} \frac{1}{(2\pi\hbar)^{3/2}}\varphi^*(\boldsymbol{p})\mathrm{e}^{-\frac{\mathrm{i}}{\hbar}\boldsymbol{p}\cdot\boldsymbol{r}}\boldsymbol{r}\psi(\boldsymbol{r})\mathrm{d}^3\boldsymbol{r}\mathrm{d}^3\boldsymbol{p} \\
&= \int_{-\infty}^{+\infty}\int_{-\infty}^{+\infty} \frac{1}{(2\pi\hbar)^{3/2}}\varphi^*(\boldsymbol{p})\left(\mathrm{i}\hbar\frac{\partial}{\partial\boldsymbol{p}}\mathrm{e}^{-\frac{\mathrm{i}}{\hbar}\boldsymbol{p}\cdot\boldsymbol{r}}\right)\psi(\boldsymbol{r})\mathrm{d}^3\boldsymbol{r}\mathrm{d}^3\boldsymbol{p} \\
&= \int_{-\infty}^{+\infty} \varphi^*(\boldsymbol{p})\left(\mathrm{i}\hbar\frac{\partial}{\partial\boldsymbol{p}}\right)\varphi(\boldsymbol{p})\mathrm{d}^3\boldsymbol{p}
\end{aligned}$$

最后一步利用了

$$\varphi(\boldsymbol{p}) = \frac{1}{(2\pi\hbar)^{3/2}}\int_{-\infty}^{+\infty}\psi(\boldsymbol{r})\mathrm{e}^{-\frac{\mathrm{i}}{\hbar}\boldsymbol{p}\cdot\boldsymbol{r}}\mathrm{d}^3\boldsymbol{r}$$

可见，$\mathrm{i}\hbar\dfrac{\partial}{\partial\boldsymbol{p}}$ 是坐标 $\boldsymbol{r}$ 在动量表象中的表示。

本章小结

习　题

2-1　求证：如果 $\psi_1(x,t)$ 和 $\psi_2(x,t)$ 是同一个 Schrödinger 方程（具有相同的 Hamilton 量 $\hat{H}$）的解，则 $c_1\psi_1 + c_2\psi_2$ 也是该 Schrödinger 方程的解。

2-2　求出下列波函数的待定系数。

(1) $\psi(x) = A\sin\dfrac{\pi x}{a}$，　$|x| \leqslant a$

(2) $\psi(x) = Ax(a-x)$，　$|x| \leqslant a$

(3) $\psi(x) = A\mathrm{e}^{-\frac{\alpha^2 x^2}{2}}$，　$-\infty < x < +\infty$

2-3　一波函数满足高斯分布 $\psi(x) = A\mathrm{e}^{-\lambda(x-a)^2}$，$A$ 和 λ 为正的实数。

(1) 确定 A。

(2) 求出 $\langle x\rangle$，$\langle x^2\rangle$ 及 $\Delta x^2 = \langle x^2\rangle - \langle x\rangle^2$

(3) 求出 $\langle p\rangle$，$\langle p^2\rangle$ 及 $\Delta p^2 = \langle p^2\rangle - \langle p\rangle^2$

2-4　质量为 m 的粒子在势场 $V(r)$ 中运动。

(1) 证明粒子的能量平均值为 $\overline{E} = \int \mathrm{d}^3\boldsymbol{r}w$，其中

$$w = \frac{\hbar^2}{2m}\nabla\psi^* \cdot \nabla\psi + \psi^* V\psi \quad \text{（能量密度）}$$

(2) 证明能量守恒公式

$$\frac{\partial w}{\partial t} + \nabla\cdot\boldsymbol{s} = 0$$

其中

$$s = -\frac{\hbar^2}{2m}\left(\frac{\partial\psi^*}{\partial t}\nabla\psi + \frac{\partial\psi}{\partial t}\ \nabla\psi^*\right)\quad \text{（能流密度）}$$

2-5　设 ψ_1 和 ψ_2 是 Schrödinger 方程的两个解，证明

$$\frac{\mathrm{d}}{\mathrm{d}t}\int\psi_1^*(\boldsymbol{r},t)\psi_2(\boldsymbol{r},t)\mathrm{d}^3\boldsymbol{r} = 0$$

2-6　对于 Schrödinger 方程

$$\mathrm{i}\hbar\frac{\partial}{\partial t}\psi(\boldsymbol{r},t) = \left[-\frac{\hbar^2}{2m}\nabla^2 + V(r)\right]\psi(\boldsymbol{r},t)$$

求证只有当势能 $V(r)$ 为实函数时，连续性方程 $\frac{\partial\rho}{\partial t}+\nabla\cdot\boldsymbol{J}=0$ 才能得以满足。

如果势能不是实数，即 $V=V_0-\mathrm{i}\kappa$，V_0 和 κ 是实数，证明 $\frac{\mathrm{d}P(t)}{\mathrm{d}t}=-\frac{2\kappa}{\hbar}P(t)$ 或 $P(t)=P(0)\mathrm{e}^{-\frac{2\kappa t}{\hbar}}$，其中 $P(t)=\int_{-\infty}^{+\infty}\rho(\boldsymbol{r},t)\mathrm{d}^3\boldsymbol{r}$。

2-7　单粒子的薛定谔方程

$$\mathrm{i}\hbar\frac{\partial\psi(\boldsymbol{r},t)}{\partial t} = -\frac{\hbar^2}{2m}\nabla^2\psi(\boldsymbol{r},t) + [V_1(\boldsymbol{r}) + \mathrm{i}V_2(\boldsymbol{r})]\psi(\boldsymbol{r},t)$$

其中，V_1 与 V_2 为实函数，证明粒子的概率不守恒，并求出在空间 Ω 中粒子概率丧失或增加的速率。

第3章

不含时 Schrödinger 方程及其解法

3.1 不含时 Schrödinger 方程

方程是关于时间的一阶偏微分方程。因此，只要给定量子体系初始时刻的状态 $\psi(\boldsymbol{r},0)$，则原则上以后任何时刻的状态可以唯一地确定。这就是说，波函数或者量子态随时间的变化满足动力学因果关系。量子态的演化是一种幺正演化(unitary evolution) 过程，这与力学量测量结果的统计性质(测量结果之间无任何因果律) 不同。量子测量使体系的相干叠加性受到破坏，量子态瞬时塌缩到待测力学量的某一本征态，这一过程是一种非幺正演化过程。

虽然在原则上由初态 $\psi(\boldsymbol{r},0)$ 可以求解任意时刻的状态 $\psi(\boldsymbol{r},t)$，但在数学上，求解一般是很困难的。由于量子力学的很多实际问题中，体系的势能 $V(r)$ 不显含时间，我们可以用分离变量法比较简单地求解 Schrödinger 方程。

设 Schrödinger 方程的解为

$$\psi(\boldsymbol{r},t)=\psi(\boldsymbol{r})f(t) \tag{3-1}$$

代入到 Schrödinger 方程得

$$\frac{\mathrm{i}\hbar}{f(t)}\frac{\mathrm{d}f(t)}{\mathrm{d}t}=\frac{1}{\psi(\boldsymbol{r})}\left[-\frac{\hbar^2}{2m}\nabla^2+V(r)\right]\psi(\boldsymbol{r})\equiv E \tag{3-2}$$

其中，E 是不依赖于 $\boldsymbol{r}$ 和 t 的常数。由式(3-2) 我们得到两个独立方程：

$$\frac{\mathrm{d}f}{f}=-\frac{\mathrm{i}}{\hbar}E\mathrm{d}t \tag{3-3}$$

$$\left[-\frac{\hbar^2}{2m}\nabla^2+V(r)\right]\psi(\boldsymbol{r})=E\psi(\boldsymbol{r}) \tag{3-4}$$

方程(3-3) 的解为

$$f(t)\sim \mathrm{e}^{-\frac{\mathrm{i}}{\hbar}Et} \tag{3-5}$$

至于方程(3-4)，必须给定 $V(r)$ 才可以解。设其解为 $\psi_E(\boldsymbol{r})$，则 Schrödinger 方程的解为

$$\psi(\boldsymbol{r},t)=\psi_E(\boldsymbol{r})\mathrm{e}^{-\frac{\mathrm{i}}{\hbar}Et} \tag{3-6}$$

称方程(3-4) 为不含时(time-independent)Schrödinger 方程。量子力学中的很多问题，首先要解不含时 Schrödinger 方程来确定 $\psi_E(\boldsymbol{r})$。$\psi_E(\boldsymbol{r})$ 确定，方程(3-6) 中的 $\psi(\boldsymbol{r},t)$ 也就确定了。形如方程(3-6) 的状态称为定态(stationary state)。

在 Schrödinger 方程中，

$$\hat{H}=\left[-\frac{\hbar^2}{2m}\nabla^2+V(r)\right] \tag{3-7}$$

代表体系的动能和势能之和(算符形式)，也就是体系的总能量。因此，$\hat{H}$ 叫作能量算符或 Hamilton 算符。利用$\hat{H}$，Schrödinger 方程可以改写成

$$\mathrm{i}\hbar\frac{\partial\psi(\boldsymbol{r},t)}{\partial t}=\hat{H}\psi(\boldsymbol{r},t)\quad(\text{含时}) \tag{3-8}$$

$$\hat{H}\psi(\boldsymbol{r})=E\psi(\boldsymbol{r})\quad(\text{不含时}) \tag{3-9}$$

式(3-9)就是能量本征值方程(eigenvalue equation)。因此，前面引进的常数 E 实际上就是能量本征值(energy eigenvalue)，相应的解 $\psi_E(\boldsymbol{r})$ 具有确定能量 E，叫能量算符的本征值为 E 的本征函数(eigenfunction)。可见，如果在初始时刻 $t=0$，体系处于某一个能量本征态，则任一时刻的波函数

$$\psi(\boldsymbol{r},t)=\psi(\boldsymbol{r},0)\mathrm{e}^{-\frac{\mathrm{i}}{\hbar}Et}=\psi_E(\boldsymbol{r})\mathrm{e}^{-\frac{\mathrm{i}}{\hbar}Et} \tag{3-10}$$

很容易验证，处于定态的粒子具有如下性质：

① 粒子坐标的概率分布 $\rho(\boldsymbol{r})=|\psi(\boldsymbol{r},t)|^2$ 以及概率流密度 $\boldsymbol{j}=\frac{\mathrm{i}\hbar}{2m}(\psi\nabla\psi^*-\psi^*\nabla\psi)$ 不随时间改变。

② 任何力学量(不显含时间)的平均值

$$\overline{A}=\int\psi^*(\boldsymbol{r},t)\hat{A}\psi(\boldsymbol{r},t)\mathrm{d}^3\boldsymbol{r}=\int\psi^*(\boldsymbol{r})\hat{A}\psi(\boldsymbol{r})\mathrm{d}^3\boldsymbol{r}$$

不随时间改变。

③ 任何力学量的概率分布不随时间改变(详见第 6 章)。

如果体系的初态不是能量本征态，而是能量本征态的叠加

$$\psi(\boldsymbol{r},0)=\sum_n c_n\psi_n(\boldsymbol{r}) \tag{3-11}$$

则

$$\psi(\boldsymbol{r},t)=\sum_n c_n\psi_n(\boldsymbol{r})\mathrm{e}^{-\frac{\mathrm{i}}{\hbar}E_nt} \tag{3-12}$$

也满足 Schrödinger 方程，因为

$$\begin{aligned}\mathrm{i}\hbar\frac{\partial\psi(\boldsymbol{r},t)}{\partial t}&=\sum_n c_nE_n\psi_n(\boldsymbol{r})\mathrm{e}^{-\frac{\mathrm{i}}{\hbar}E_nt}\\&=\sum_n c_n\hat{H}\psi_n\mathrm{e}^{-\frac{\mathrm{i}}{\hbar}E_nt}\\&=\hat{H}\sum_n c_n\psi_n\mathrm{e}^{-\frac{\mathrm{i}}{\hbar}E_nt}\\&=\hat{H}\psi(\boldsymbol{r},t)\end{aligned} \tag{3-13}$$

但这种状态不具有确定能量，因此不是定态。

3.2　定态问题的一般讨论

在继续介绍量子力学的基本原理之前，本节先用不含时的 Schrödinger 方程处理一类最

简单的问题——定态问题，以便帮助读者理解前面已经介绍的基本原理，掌握 Schrödinger 方程的解法，为进一步学习量子力学的其他基本原理打下基础。

定态问题主要讨论在势场 $V(r)$ 的作用下运动粒子的不含时 Schrödinger 方程的解。这类问题可以分为两类：

(1) 粒子被束缚在势场 $V(r)$ 中运动——束缚态(bound state) 问题。在这种情况下，粒子的能量一般取离散的值。束缚态问题主要解决能量本征值和本征函数问题。

(2) 具有确定能量的粒子从无穷远处入射到势场并被势场散射后远离散射中心——散射问题。这种情况下，粒子的能量一般取连续值。散射问题主要求解散射振幅和散射截面。

无论是哪种情况，我们都要解 Schrödinger 方程。本章主要讨论束缚态问题。作为第二类问题，本章将介绍势垒穿透，其他散射问题将在第 10 章讨论。

下面，先讨论一维定态问题的一些最基本的处理方法。

设质量为 m 的粒子束缚在势场 $V(x)$ 中做一维运动，则 Schrödinger 方程为

$$\mathrm{i}\hbar\frac{\partial\psi(x,t)}{\partial t}=\left[-\frac{\hbar^2}{2m}\frac{\partial^2}{\partial x^2}+V(x)\right]\psi(x,t) \tag{3-14}$$

对于定态，即具有确定能量 E 的状态，波函数的形式为

$$\psi(x,t)=\psi(x)\mathrm{e}^{-\frac{\mathrm{i}}{\hbar}Et}$$

代入到式(3-14) 后得到关于 $\psi(x)$ 的不含时 Schrödinger 方程

$$\left[-\frac{\hbar^2}{2m}\frac{\mathrm{d}^2}{\mathrm{d}x^2}+V(x)\right]\psi(x)=E\psi(x)$$

或

$$\frac{\mathrm{d}^2\psi(x)}{\mathrm{d}x^2}+\frac{2m}{\hbar^2}[E-V(x)]\psi(x)=0 \tag{3-15}$$

方程(3-15) 是能量本征值方程，因此，一维定态问题归结为求解一维能量本征值方程。要注意，在求解一维能量本征值方程(3-15) 时，根据式(2-6) 中介绍的波函数的数学性质，束缚态波函数要满足：

(1) 归一化条件 $\int_{-\infty}^{+\infty}|\psi(x)|^2\mathrm{d}x=1$；

(2) $\lim_{x\to\pm\infty}\psi(x)=0$；

(3) 在不同势能区域之间的边界上 $\psi(x)$ 连续，在有限势能边界上 $\mathrm{d}\psi(x)/\mathrm{d}x$ 连续。

一维定态波函数的连续性

对二维或三维问题，同样可以利用以上条件，只不过要进行二维或三维的微积分。

量子力学主要讨论粒子数守恒(概率守恒) 体系，在第 2 章我们已证明，只有当势函数 $V(r)$ 是实函数时，概率守恒(连续性方程) 才被满足(见第 2 章习题)。因此，在量子力学的实际问题中我们要处理的势函数一般都是实函数，如不做特别声明，都认为 $V(r)$ 是实函数，即 $V^*(r)=V(r)$。

3.3　一维无限深方势阱，宇称

设一质量为 m 的粒子在一维无限深方势阱(square potential well)

$$V(x)=\begin{cases}0, & -\frac{a}{2}<x<\frac{a}{2}\\ \infty, & x<-\frac{a}{2},x>\frac{a}{2}\end{cases} \tag{3-16}$$

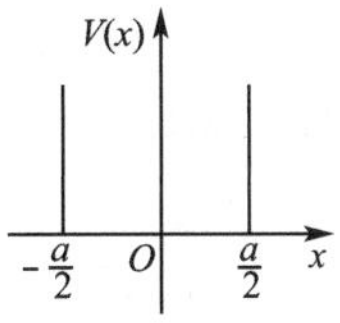

图 3-1

中运动(图 3-1)，其中 a 为阱宽。下面利用波函数的性质，解不含时 Schrödinger方程，求粒子的能量本征值与本征函数。

设粒子的波函数为 $\psi(x)$，则粒子的能量本征值方程(不含时 Schrödinger方程)为

$$\frac{d^2\psi(x)}{dx^2}+\frac{2m}{\hbar^2}(E-V)\psi(x)=0 \tag{3-17}$$

显然，由于势壁无限高，粒子不能越过阱外，因此，阱外的波函数 $\psi_{外}(x)=0$。

在阱内，因 $V(x)=0$，不含时 Schrödinger 方程变为

$$\frac{d^2\psi}{dx^2}+\frac{2mE}{\hbar^2}\psi=0 \tag{3-18}$$

或者

$$\frac{d^2\psi}{dx^2}+k^2\psi=0,\quad k^2\equiv\frac{2mE}{\hbar^2} \tag{3-19}$$

此方程的一般解为

$$\psi(x)=A\sin kx+B\cos kx \tag{3-20}$$

边界条件：根据波函数在边界 $x=\pm\frac{a}{2}$处的连续性，

$$\psi\left(-\frac{a}{2}\right)=\psi_{外}\left(-\frac{a}{2}\right)=0,\quad \psi\left(\frac{a}{2}\right)=\psi_{外}\left(\frac{a}{2}\right)=0 \tag{3-21}$$

由此得到

$$\begin{cases}-A\sin\frac{ka}{2}+B\cos\frac{ka}{2}=0\\ A\sin\frac{ka}{2}+B\cos\frac{ka}{2}=0\end{cases} \tag{3-22}$$

因此，可能的解为

$$A\sin\frac{ka}{2}=0 \text{ 和 } B\cos\frac{ka}{2}=0 \tag{3-23}$$

A 和 B 不能同时为 0。因为，如果 $A=B=0$，则 $\psi(x)\equiv 0$，这是没有物理意义的解。因此，可能的解只有

$$A\neq 0,\quad \sin\frac{ka}{2}=0$$

由此得

$$ka=n\pi,\quad n=2,4,6,\cdots \tag{3-24}$$

或者

$$B\neq 0,\quad \cos\frac{ka}{2}=0$$

由此得

$$ka=n\pi,\quad n=1,3,5,\cdots \tag{3-25}$$

因此,阱内粒子的能量本征函数:

$$\psi_n(x)=A\sin\frac{n\pi x}{a},\quad n=2,4,6,\cdots \tag{3-26}$$

或者

$$\psi_n(x)=B\cos\frac{n\pi x}{a},\quad n=1,3,5,\cdots \tag{3-27}$$

把 $k=\frac{n\pi}{a}$代入到k^2 的定义式(3-19),得到粒子的能量本征值

$$E_n=\frac{\hbar^2\pi^2 n^2}{2ma^2},\quad n=1,2,3,\cdots \tag{3-28}$$

由归一化条件

$$\int_{-\infty}^{+\infty}|\psi(x)|^2\mathrm{d}x=1 \tag{3-29}$$

得到

$$\int_{-a/2}^{a/2}A^2\sin^2\frac{n\pi x}{a}\mathrm{d}x=1,\quad A=\sqrt{\frac{2}{a}} \tag{3-30}$$

$$\int_{-a/2}^{a/2}B^2\cos^2\frac{n\pi x}{a}\mathrm{d}x=1,\quad B=\sqrt{\frac{2}{a}} \tag{3-31}$$

因此,最后得到粒子的能量本征函数为

$$\psi_n(x)=\begin{cases}\sqrt{\dfrac{2}{a}}\sin\dfrac{n\pi x}{a}, & n=2,4,6,\cdots\\ \sqrt{\dfrac{2}{a}}\cos\dfrac{n\pi x}{a}, & n=1,3,5,\cdots\end{cases} \tag{3-32}$$

由以上讨论可知,限制在无限深方势阱中粒子的能量只能取一系列离散的值 $E_n(n=1,2,3,\cdots)$,相应的能量本征函数由式(3-32)给出。这是束缚态粒子能量量子化的一个具体例子。我们还可以看到,阱内粒子的最低能量为 $E_1=\frac{\hbar^2\pi^2}{2ma^2}\neq 0$。这是因为,如果 $E_n=0$ 说明 $n=0$,从而 $\psi_n(x)=0$,这是不可能的,因为静止的波是不存在的。这是微观粒子波动性的必然结果。利用关系式 $k=2\pi/\lambda$,我们很容易验证,对每一个 $\psi_n(x)$,驻波条件 $a=\frac{\lambda}{2}n(n=1,2,3,\cdots)$都得到满足。我们看到,在势阱中粒子的波函数可看作沿 x 方向和 $-x$ 方向行进的两列平面波(行波)相干叠加而成的驻波。

宇称

如果一个函数在空间反演变换 $x\longrightarrow -x$ 下改变符号,则我们称该函数具有奇宇称

(odd parity)；反之，称该函数具有偶宇称(even parity)。并非所有的函数都具有确定宇称。从式(3-32)我们可以看到，对空间反演变换 $x \longrightarrow -x$，方程 $\psi_n(x)=\sqrt{\frac{2}{a}}\sin\frac{n\pi x}{a}$的解改变符号，但方程 $\psi_n(x)=\sqrt{\frac{2}{a}}\cos\frac{n\pi x}{a}$的解不改变符号。由此可见，在一维无限深对称方势阱中运动粒子的波函数具有两种可能的宇称。

可以证明，如果一维势函数 $V(x)$ 具有空间反演对称性，也就是说 $V(x)=V(-x)$，而且对于确定的能量本征值 E，只有一个本征函数与之对应(无简并)，则该本征函数必有确定的宇称。

证明　当 $V(x)=V(-x)$ 时，很容易验证，如果 $\psi(x)$ 是对应于能量本征值 E 的本征函数，则 $\psi(-x)$ 也是对应于本征值 E 的本征函数(读者可自己验证)。因此，$\psi(x)$ 和 $\psi(-x)$ 描述同一个量子态，应最多差一个常因子 c。因此，如果用 $\hat{P}$ 来代表空间反演变换算符，应有

$$\hat{P}\psi(x)=\psi(-x)=c\psi(x) \tag{3-33}$$

对式(3-33)再作用一次 $\hat{P}$，则

$$\hat{P}^2\psi(x)=c\hat{P}\psi(x)=c^2\psi(x)=\psi(x) \tag{3-34}$$

因此得到

$$c^2=1, \quad c=\pm 1 \tag{3-35}$$

也就是说，宇称算符 $\hat{P}$ 具有两个本征值 1 和 −1。

对应于 $c=1$ 的解满足

$$\hat{P}\psi(x)=\psi(-x)=\psi(x) \tag{3-36}$$

因此具有偶宇称。

对应于 $c=-1$ 的解满足

$$\hat{P}\psi(x)=\psi(-x)=-\psi(x) \tag{3-37}$$

因此具有奇宇称。这就是说，$\psi(x)$ 具有确定的宇称 1 或者 −1。

3.4　一维有限深对称方势阱

考虑质量为 m 的粒子在有限深对称方势阱(图 3-2)

$$V(x)=\begin{cases} V_0, & x<-\frac{a}{2} \\ 0, & -\frac{a}{2}<x<\frac{a}{2} \\ V_0, & x>\frac{a}{2} \end{cases} \tag{3-38}$$

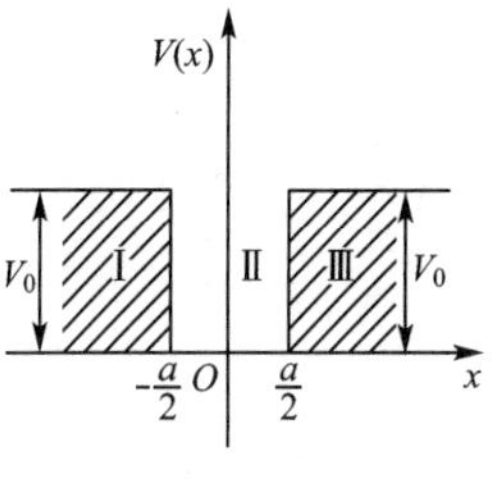

图 3-2

中运动，其中，a 为阱宽，V_0 为势阱高度。为了求粒子的能量本征值与本征函数，以下我们只考虑束缚态问题($E<V_0$，$E>0$)。

从经典物理学考虑，由于 $E<V_0$，在阱外(Ⅰ区和Ⅲ区)不会出现

粒子，因此，$\psi_{\mathrm{I}}=\psi_{\mathrm{III}}=0$。但从量子力学考虑情况则不同。

在Ⅰ区和Ⅲ区，$V(x)=V_0$，且由于 $E<V_0$，Schrödinger 方程可写成

$$\frac{\mathrm{d}^2\psi}{\mathrm{d}x^2}-\frac{2m}{\hbar^2}(V_0-E)\psi=0 \tag{3-39}$$

或

$$\frac{\mathrm{d}^2\psi}{\mathrm{d}x^2}-\beta^2\psi=0,\quad \beta^2\equiv\frac{2m(V_0-E)}{\hbar^2} \tag{3-40}$$

此方程的一般解为

$$\psi(x)=A\mathrm{e}^{\beta x}+B\mathrm{e}^{-\beta x} \tag{3-41}$$

但考虑到束缚态波函数的性质 $\psi(x)|_{x\to\pm\infty}\to 0$，

在Ⅰ区$\left(x<-\frac{a}{2}\right)$，

$$\psi_{\mathrm{I}}=A\mathrm{e}^{\beta x} \tag{3-42}$$

在Ⅲ区$\left(x>\frac{a}{2}\right)$，

$$\psi_{\mathrm{III}}=B\mathrm{e}^{-\beta x} \tag{3-43}$$

其中，A、B 为待定系数。可见，尽管 $E<V_0$，阱外仍以一定概率出现粒子，且粒子出现的概率随$|x|$的增加按指数规律衰减。

在Ⅱ区$\left(-\frac{a}{2}<x<\frac{a}{2}\right)$，由于 $V(x)=0$，波函数 $\psi_{\mathrm{II}}(x)$满足具有振动特性的方程

$$\frac{\mathrm{d}^2\psi_{\mathrm{II}}}{\mathrm{d}x^2}+k^2\psi_{\mathrm{II}}=0,\quad k^2\equiv\frac{2mE}{\hbar^2} \tag{3-44}$$

方程(3-44)的通解为

$$\psi_{\mathrm{II}}(x)=C'\mathrm{e}^{\mathrm{i}kx}+D'\mathrm{e}^{-\mathrm{i}kx}$$

由于势能 $V(x)$具有空间反演对称性，$V(x)=V(-x)$，根据前面所介绍的定理，方程的解必具有确定宇称。为了使 $\psi_{\mathrm{II}}(x)$具有确定宇称(偶或奇)，必有 $C'=D'$或 $D'=-C'$。

当 $C'=D'\equiv C/2$ 时，

$$\psi_{\mathrm{II}}(x)=\frac{C}{2}(\mathrm{e}^{\mathrm{i}kx}+\mathrm{e}^{-\mathrm{i}kx}) \tag{3-45}$$

$\psi_{\mathrm{II}}(x)$具有偶宇称。

当 $D'=-C'\equiv-D/2\mathrm{i}$ 时，

$$\psi_{\mathrm{II}}(x)=\frac{D}{2\mathrm{i}}(\mathrm{e}^{\mathrm{i}kx}-\mathrm{e}^{-\mathrm{i}kx}) \tag{3-46}$$

$\psi_{\mathrm{II}}(x)$具有奇宇称。因此，在区域Ⅱ的解为

$$\psi_{\mathrm{II}}(x)=\begin{cases}C\cos kx\\ D\sin kx\end{cases} \tag{3-47}$$

下面利用边界条件求能量本征值。可以证明，在有限势能边界$\left(x=\pm\frac{a}{2}\right)$，不仅 $\psi(x)$连续，而且 $\psi'(x)$也连续。因此，对于偶宇称态，有(例如在 $x=\frac{a}{2}$处)

$$\begin{cases} \psi_{\mathrm{II}}\left(\frac{a}{2}\right)=\psi_{\mathrm{III}}\left(\frac{a}{2}\right) \\ \psi'_{\mathrm{II}}\left(\frac{a}{2}\right)=\psi'_{\mathrm{III}}\left(\frac{a}{2}\right) \end{cases} \tag{3-48}$$

即

$$\begin{cases} C\cos\frac{ka}{2}=Be^{-\frac{\beta a}{2}} \\ -Ck\sin\frac{ka}{2}=-\beta Be^{-\frac{\beta a}{2}} \end{cases} \tag{3-49}$$

因此得到

$$k\tan\frac{ka}{2}=\beta \quad \rightarrow \quad \frac{ka}{2}\tan\frac{ka}{2}=\frac{\beta a}{2} \tag{3-50}$$

从 $x=-\frac{a}{2}$ 处的波函数连续性条件可得到同样的结果。引进无量纲参数 ξ、η:

$$\xi=\frac{ka}{2},\quad \eta=\frac{\beta a}{2} \tag{3-51}$$

则式(3-50)化为

$$\xi\tan\xi=\eta \tag{3-52}$$

把式(3-40)和式(3-44)所定义的 β 和 k 代入到 ξ 和 η 的定义式(3-51)得

$$\xi^2+\eta^2=\frac{mV_0a^2}{2\hbar^2} \tag{3-53}$$

利用图解法可以求联立方程组(3-52)、(3-53)的解 ξ、η,从而可以确定 k 和 β,再由式(3-40)和式(3-44)最后求得能量本征值 E。

对奇宇称态,由 $x=\frac{a}{2}$ 处的连续性条件

$$\psi_{\mathrm{II}}\left(\frac{a}{2}\right)=\psi_{\mathrm{III}}\left(\frac{a}{2}\right)$$

$$\psi'_{\mathrm{II}}\left(\frac{a}{2}\right)=\psi'_{\mathrm{III}}\left(\frac{a}{2}\right)$$

或

$$\begin{cases} D\sin\frac{ka}{2}=Be^{-\beta\frac{a}{2}} \\ Dk\cos\frac{ka}{2}=-B\beta e^{-\beta\frac{a}{2}} \end{cases} \tag{3-54}$$

因此得

$$-k\cot\frac{ka}{2}=\beta \quad \rightarrow \quad -\frac{ka}{2}\cot\frac{ka}{2}=\frac{\beta a}{2}$$

用 ξ、η 表示,则上式变为

$$-\xi\cot\xi=\eta \tag{3-55}$$

它与方程

$$\xi^2+\eta^2=\frac{mV_0a^2}{2\hbar^2} \tag{3-56}$$

联立求解可求出能量本征值 E。

从图 3-3 可以看出，对于偶宇称态，无论 V_0a^2 多小(圆的半径小)，两个方程至少有一个交点，即方程组有一个根，因此至少有一个束缚态存在，其宇称为 1。当 V_0a^2 增大，使 $\xi^2+\eta^2=\frac{mV_0a^2}{2\hbar^2}\geqslant\pi^2$，则出现第一激发态。随着 V_0a^2 的增加，依次出现更高的激发态。

奇宇称态情况不同。从图 3-4 可见，只有当

$$\xi^2+\eta^2=\frac{mV_0a^2}{2\hbar^2}\geqslant\frac{\pi^2}{4} \tag{3-57}$$

即 $V_0a^2\geqslant\frac{\pi^2\hbar^2}{2m}$ 时，才能出现基态能级。

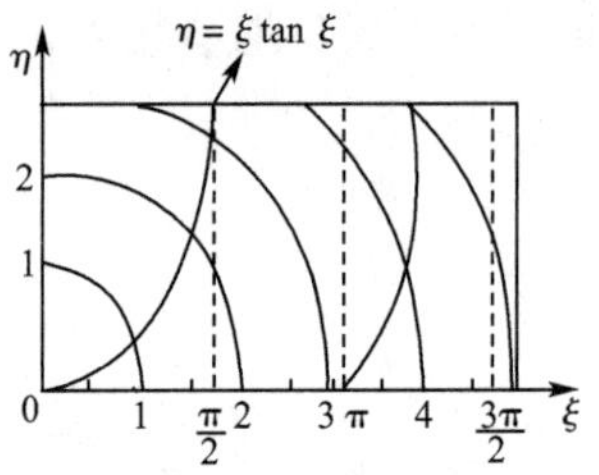

图 3-3

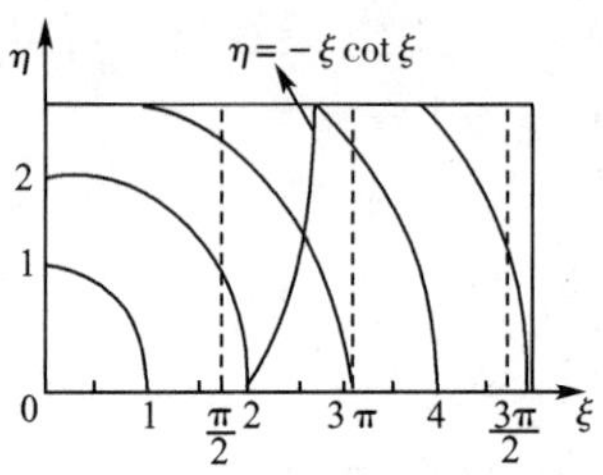

图 3-4

假如 $E\ll V_0$，从而 $\beta\gg k$，则由式(3-50)(偶宇称态)，$\tan\frac{ka}{2}\sim\infty$，因此

$$ka=n\pi,\quad n=1,3,5,\cdots \tag{3-58}$$

由此得到束缚态能级

$$E_n=\frac{\hbar^2k^2}{2m}=\frac{\hbar^2\pi^2n^2}{2ma^2}\quad(\text{等于无限深势阱能量}) \tag{3-59}$$

可以验证，对奇宇称态可得到同样的结论。

下面以偶宇称态为例讨论粒子出现在阱内外的概率和归一化常数。

由归一化条件

$$2C^2\int_0^{a/2}\cos^2kx\,\mathrm{d}x+2B^2\int_{a/2}^{+\infty}\mathrm{e}^{-2\beta x}\,\mathrm{d}x=1 \tag{3-60}$$

得到

$$\frac{a}{2}C^2\left(1+\frac{\sin ka}{ka}\right)+B^2\frac{\mathrm{e}^{-\beta a}}{\beta}=1$$

或

$$C^2\left[\frac{a}{2}\left(1+\frac{\sin ka}{ka}\right)+\frac{B^2}{C^2}\frac{\mathrm{e}^{-\beta a}}{\beta}\right]=1 \tag{3-61}$$

其中，第一项为粒子出现在阱内的概率，第二项为粒子出现在阱外的概率。可见，尽管粒子的能量 $E<V_0$，粒子可以按一定的概率出现在阱外。由 $\psi(x)$ 在 $x=a/2$ 处的连续条件

$$\psi_{内}\left(\frac{a}{2}\right)=\psi_{外}\left(\frac{a}{2}\right)$$

得到

$$\frac{B}{C}=e^{\frac{\beta a}{2}}\cos\frac{ka}{2} \tag{3-62}$$

因此，式(3-61)变为

$$C^2\left[\frac{a}{2}\left(1+\frac{\sin ka}{ka}\right)+\frac{1}{\beta}\cos^2\frac{ka}{2}\right]=1 \tag{3-63}$$

由此我们可以确定归一化系数 C，进而可确定 B(略)。如果我们取

$$\begin{aligned}\psi_{内}(x)&=\cos kx\\ \psi_{外}(x)&=\frac{B}{C}e^{-\beta|x|}\end{aligned} \tag{3-64}$$

则粒子出现在阱内、外的概率分别为(没有归一化)

$$P_{内}=2\int_0^{\frac{a}{2}}\cos^2 kx\,dx=\frac{a}{2}\left(1+\frac{\sin ka}{ka}\right) \tag{3-65}$$

$$P_{外}=2\int_{\frac{a}{2}}^{+\infty}\frac{B^2}{C^2}e^{-2\beta x}\,dx=\frac{1}{\beta}\cos^2\frac{ka}{2} \tag{3-66}$$

可见，当 $E\ll V_0$(k 小 β 大)时，$P_{内}\approx a$，$P_{外}\approx 0$。

如果 $E>V_0$，则粒子在阱外区的波函数满足具有振动特性的方程

$$\frac{d^2\psi}{dx^2}+\frac{2m}{\hbar^2}(E-V_0)\psi=0$$

而且粒子的波函数不受特殊限制，如在 x 趋于无穷大时波函数趋于 0 等要求，因此，波函数为散射波或者透射波等自由粒子的波函数(见 3.6 节最后的讨论)，粒子的能量可取连续值。

3.5　一维 δ 势阱

考虑质量为 m 的粒子在 δ 势阱(图 3-5)

$$V(x)=-V_0\delta(x)\quad(V_0>0) \tag{3-67}$$

中运动时的束缚态能级和波函数。

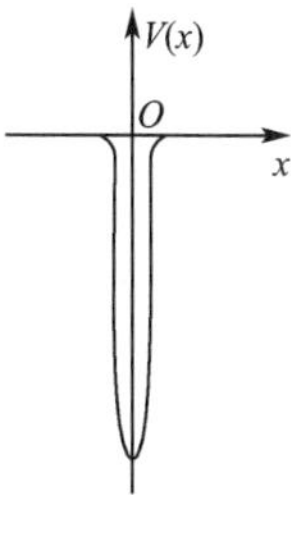

图 3-5

在 δ 势阱内，粒子的 Schrödinger 方程为

$$\frac{d^2\psi}{dx^2}+\frac{2m}{\hbar^2}[E+V_0\delta(x)]\psi=0 \tag{3-68}$$

根据 δ 函数的性质，如果 $x\neq 0$，则 $V(x)=0$。这时，若 $E>0$，则粒子自由运动，是游离态，能量取连续值。只有在 $E<0$ 时才有束缚态存在，能量取离散值。以下只讨论束缚态($E<0$)。由于势 $V(x)=V(-x)$，即势为偶函数，根据前面介绍的定理，束缚态波函数 $\psi(x)$ 必有确定的宇称。

我们先讨论 $\psi'(x)$ 在 $x=0$ 附近的行为。为此，将式(3-68)从 $-\varepsilon$ 到 ε 积分(ε 为无穷小量)，则由于

$$\begin{cases} \lim\limits_{\varepsilon\to 0}\int_{-\varepsilon}^{\varepsilon}\frac{\mathrm{d}^2\psi}{\mathrm{d}x^2}\mathrm{d}x = \psi'(\varepsilon)-\psi'(-\varepsilon)\mid_{\varepsilon\to 0} = \psi'(0^+)-\psi'(0^-) \\ \lim\limits_{\varepsilon\to 0}\int_{-\varepsilon}^{\varepsilon}\psi(x)\mathrm{d}x = \psi(0)\cdot 2\varepsilon = 0 \\ \lim\limits_{\varepsilon\to 0}\int_{-\varepsilon}^{\varepsilon}\delta(x)\psi(x)\mathrm{d}x = \psi(0) \end{cases} \tag{3-69}$$

式(3-68)的积分结果为

$$\psi'(0^+)-\psi'(0^-)=-\frac{2mV_0}{\hbar^2}\psi(0) \tag{3-70}$$

式(3-70)表示 $\psi(x)$的微商 $\psi'(x)$在 $x=0$ 点两侧的跃变关系，也就是说，$\psi'(x)$在 $x=0$ 处不连续，尽管 $\psi(x)$要在 $x=0$ 处连续。

在 $x\neq 0$ 处的 Schrödinger 方程为

$$\frac{\mathrm{d}^2\psi}{\mathrm{d}x^2}-k^2\psi=0 \tag{3-71}$$

其中

$$k=\frac{\sqrt{-2mE}}{\hbar}\quad (E<0) \tag{3-72}$$

式(3-71)的解为 $\psi\sim \mathrm{e}^{\pm kx}$，但考虑到 $\psi|_{x\to\pm\infty}\to 0$(束缚态波函数的性质)

$$\begin{cases}\psi=A\mathrm{e}^{-kx}, & x>0\\ \psi=B\mathrm{e}^{+kx}, & x<0\end{cases} \tag{3-73}$$

(1)偶宇称态

显然，$A=B\equiv C$ 时，

$$\psi(x)=\begin{cases}C\mathrm{e}^{-kx}, & x>0\\ C\mathrm{e}^{kx}, & x<0\end{cases} \tag{3-74}$$

具有偶宇称。此解在 $x=0$ 两侧的导数为

$$\psi'(0^+)=-Ck,\quad \psi'(0^-)=Ck \tag{3-75}$$

因此，利用 $\psi'(x)$在 $x=0$ 处的跃变条件式(3-70)和 $\psi(0)=C$，得到

$$-2Ck=-\frac{2mV_0C}{\hbar^2},\quad k=\frac{mV_0}{\hbar^2}$$

从而得到束缚态的能级

$$E=-\frac{\hbar^2k^2}{2m}=-\frac{mV_0^2}{2\hbar^2} \tag{3-76}$$

可见，δ 势阱中只有一个束缚态能级。

由归一化条件得

$$C^2\left[\int_{-\infty}^{0}\mathrm{e}^{2kx}\mathrm{d}x+\int_{0}^{+\infty}\mathrm{e}^{-2kx}\mathrm{d}x\right]=1,\quad C=\sqrt{k}$$

因此最后得到归一化的波函数

$$\psi(x)=\begin{cases}\sqrt{k}\,\mathrm{e}^{-kx}, & x>0\\ \sqrt{k}\,\mathrm{e}^{kx}, & x<0\end{cases} \tag{3-77}$$

因 $\psi(x)$(图 3-6)的特征长度(使 $\mathrm{e}^{-kx}\sim\mathrm{e}^{-1}$ 的 x)$L=1/k=\hbar^2/mV_0$，粒子在 $x>L$ 和 $x<$

$-L$ 处出现的概率为

$$P_{外} = 2\int_L^{+\infty} |\psi|^2 \mathrm{d}x = 2k\int_{1/k}^{+\infty} \mathrm{e}^{-2kx}\mathrm{d}x = \mathrm{e}^{-2} \tag{3-78}$$

粒子在 $-L<x<L$ 处出现的概率

$$P_{内} = 2k\int_0^L \mathrm{e}^{-2kx}\mathrm{d}x = 1-\mathrm{e}^{-2} \tag{3-79}$$

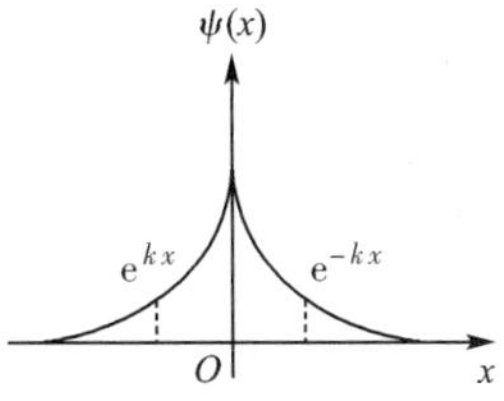

图 3-6

(2)奇宇称态

由式(3-73)可知,对奇宇称态,$A=-B\equiv D$,因此

$$\psi(x)=\begin{cases} D\mathrm{e}^{-kx}, & x>0 \\ -D\mathrm{e}^{kx}, & x<0 \end{cases}$$

由 $\psi(x)$ 在 $x=0$ 处的连续性条件得,$D\mathrm{e}^0=-D\mathrm{e}^0$,$D=0$,因此

$$\psi(x)=0 \tag{3-80}$$

这就是说,奇宇称的束缚态是不存在的。

3.6　一维方势垒

设质量为 m,能量为 E 的粒子沿 x 轴的正方向向方势垒入射(图 3-7)。方势垒(barrier)

$$V(x)=\begin{cases} V_0, & 0<x<a \\ 0, & x<0, x>a \end{cases} \tag{3-81}$$

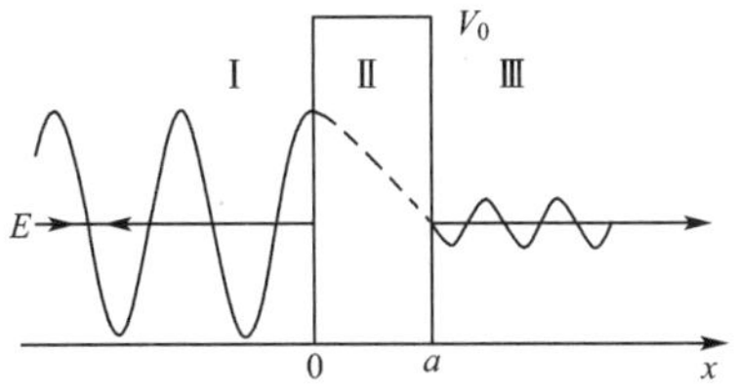

图 3-7

以下求粒子在Ⅰ、Ⅱ、Ⅲ区的波函数以及粒子被势垒的反射、透射系数。

可以把问题分成 $E<V_0$ 和 $E>V_0$ 两种情况讨论。

(1)$E<V_0$

按照经典力学,$E<V_0$ 时,粒子不能透过势垒,将被势垒反射回去。但在量子力学中,由于粒子的波动性,粒子可按一定的概率穿透势垒出现在Ⅲ区,也可以按一定的概率被势垒反射。

在Ⅰ区,Schrödinger 方程为

$$\frac{\mathrm{d}^2\psi_{\mathrm{I}}}{\mathrm{d}x^2}+\frac{2mE}{\hbar^2}\psi_{\mathrm{I}}=0 \tag{3-82}$$

在Ⅱ区,Schrödinger 方程为

$$\frac{\mathrm{d}^2\psi_{\mathrm{II}}}{\mathrm{d}x^2}-\frac{2m}{\hbar^2}(V_0-E)\psi_{\mathrm{II}}=0 \tag{3-83}$$

在Ⅲ区，Schrödinger 方程为

$$\frac{d^2\psi_{Ⅲ}}{dx^2}+\frac{2mE}{\hbar^2}\psi_{Ⅲ}=0 \tag{3-84}$$

方程(3-82)的通解为

$$\psi_{Ⅰ}=A_{Ⅰ}e^{ikx}+B_1 e^{-ikx},\quad k^2\equiv\frac{2mE}{\hbar^2} \tag{3-85}$$

考虑到波函数的常数因子不确定性$\left(\psi_{Ⅰ}\rightarrow\frac{1}{A_{Ⅰ}}\psi_{Ⅰ}\right)$，方程的解可改写为

$$\psi_{Ⅰ}=e^{ikx}+Re^{-ikx} \tag{3-86}$$

其中，e^{ikx}代表沿 x 轴的入射波；e^{-ikx}表示反射波。显然在第Ⅲ区($x>a$)只有正向波，无反射波，因此

$$\psi_{Ⅲ}=Se^{ikx}\quad（透射波） \tag{3-87}$$

在Ⅱ区的非振动性方程(3-83)的通解为

$$\psi_{Ⅱ}=Ae^{lx}+Be^{-lx},\quad l^2\equiv\frac{2m(V_0-E)}{\hbar^2} \tag{3-88}$$

为了求反射和透射系数，下面先计算入射波的概率流密度 j_i：

$$\begin{aligned}j_i&=\frac{i\hbar}{2m}\left(\psi\frac{\partial}{\partial x}\psi^*-\psi^*\frac{\partial}{\partial x}\psi\right)\\&=\frac{i\hbar}{2m}\left(e^{ikx}\frac{\partial}{\partial x}e^{-ikx}-e^{-ikx}\frac{\partial}{\partial x}e^{ikx}\right)\\&=\frac{i\hbar}{2m}(-ik-ik)\\&=\frac{k\hbar}{m}=\frac{p}{m}=v\end{aligned} \tag{3-89}$$

同样可以求反射波的概率流密度 j_r：

$$j_r=\frac{i\hbar}{2m}|R|^2\left(e^{-ikx}\frac{\partial}{\partial x}e^{ikx}-e^{ikx}\frac{\partial}{\partial x}e^{-ikx}\right)=-|R|^2v \tag{3-90}$$

透射波的概率流密度 j_t：

$$j_t=\frac{i\hbar}{2m}|S|^2\left(e^{ikx}\frac{\partial}{\partial x}e^{-ikx}-e^{-ikx}\frac{\partial}{\partial x}e^{ikx}\right)=|S|^2v \tag{3-91}$$

利用这些概率流密度，反射系数(reflectivity)和透射系数(transmittivity)分别为

$$\begin{aligned}&反射系数\ F\equiv\frac{|j_r|}{|j_i|}=|R|^2\\&透射系数\ T\equiv\frac{|j_t|}{|j_i|}=|S|^2\end{aligned} \tag{3-92}$$

边界条件：在 $x=0$ 处，

$$\begin{aligned}\psi_{Ⅰ}(0)&=\psi_{Ⅱ}(0)\\\psi'_{Ⅰ}(0)&=\psi'_{Ⅱ}(0)\end{aligned} \tag{3-93}$$

即

$$\begin{aligned}1+R&=A+B\\ik(1-R)&=l(A-B)\end{aligned} \tag{3-94}$$

由此得

$$\begin{cases} A=\frac{1}{2}\left[\left(1+\frac{\mathrm{i}k}{l}\right)+R\left(1-\frac{\mathrm{i}k}{l}\right)\right] \\ B=\frac{1}{2}\left[\left(1-\frac{\mathrm{i}k}{l}\right)+R\left(1+\frac{\mathrm{i}k}{l}\right)\right] \end{cases} \tag{3-95}$$

同理，在 $x=a$ 处，

$$\psi_{\mathrm{II}}(a)=\psi_{\mathrm{III}}(a)$$

$$\psi'_{\mathrm{II}}(a)=\psi'_{\mathrm{III}}(a)$$

即

$$\begin{cases} A\mathrm{e}^{la}+B\mathrm{e}^{-la}=S\mathrm{e}^{\mathrm{i}ka} \\ A\mathrm{e}^{la}-B\mathrm{e}^{-la}=\frac{\mathrm{i}k}{l}S\mathrm{e}^{\mathrm{i}ka} \end{cases} \tag{3-96}$$

由此得

$$\begin{cases} A=\frac{S}{2}\left(1+\frac{\mathrm{i}k}{l}\right)\mathrm{e}^{\mathrm{i}ka-la} \\ B=\frac{S}{2}\left(1-\frac{\mathrm{i}k}{l}\right)\mathrm{e}^{\mathrm{i}ka+la} \end{cases} \tag{3-97}$$

从式(3-95)和式(3-97)中消去 A、B 得

$$\begin{cases} \left(1+\frac{\mathrm{i}k}{l}\right)+R\left(1-\frac{\mathrm{i}k}{l}\right)=S\left(1+\frac{\mathrm{i}k}{l}\right)\mathrm{e}^{\mathrm{i}ka-la} \\ \left(1-\frac{\mathrm{i}k}{l}\right)+R\left(1+\frac{\mathrm{i}k}{l}\right)=S\left(1-\frac{\mathrm{i}k}{l}\right)\mathrm{e}^{\mathrm{i}ka+la} \end{cases} \tag{3-98}$$

或

$$S\mathrm{e}^{\mathrm{i}ka-la}=1+R\left[\frac{1-(\mathrm{i}k/l)}{1+(\mathrm{i}k/l)}\right]$$

$$S\mathrm{e}^{\mathrm{i}ka+la}=1+R\left[\frac{1+(\mathrm{i}k/l)}{1-(\mathrm{i}k/l)}\right]$$

因此

$$\frac{S\mathrm{e}^{\mathrm{i}ka-la}-1}{S\mathrm{e}^{\mathrm{i}ka+la}-1}=\left[\frac{1-(\mathrm{i}k/l)}{1+(\mathrm{i}k/l)}\right]^2$$

由此解出

$$S\mathrm{e}^{\mathrm{i}ka}=\frac{-2\mathrm{i}k/l}{[1-(k/l)^2]\sinh la-(2\mathrm{i}k/l)\cosh la}$$

因此，透射系数

$$T=|S|^2=\frac{4k^2l^2}{(k^2-l^2)^2\sinh^2 la+4k^2l^2\cosh^2 la}$$

$$=\frac{4k^2l^2}{(k^2+l^2)^2\sinh^2 la+4k^2l^2} \tag{3-99}$$

如果从式(3-98)中消去 S，则可算出反射系数

$$|R|^2=\frac{(k^2+l^2)^2\sinh^2 la}{(k^2+l^2)^2\sinh^2 la+4k^2l^2} \tag{3-100}$$

可见

$$|R|^2+|S|^2=1 \tag{3-101}$$

也就是说反射概率和透射概率之和为 1。

从以上结果我们可以看出，即使 $E<V_0$，一般来说 T 不为 0，微观粒子也能够穿透比粒子的能量 E 更高的势垒 V_0。这种现象叫作隧穿效应(tunneling effect)。这种现象是经典力学所没有的，是一种量子效应。它说明，由于粒子的概率波特性，只要势垒高度有限，在势垒后面(第Ⅲ区)，粒子就可以按一定的概率出现。

当 $la\gg 1$ 时，

$$T\sim\frac{\text{当 } la\gg 1}{\sinh la\approx \mathrm{e}^{la}/2}\rightarrow\frac{16k^2l^2}{(k^2+l^2)^2}\mathrm{e}^{-2la}=\frac{16E(V_0-E)}{V_0^2}\exp\left[-\frac{2a}{\hbar}\sqrt{2m(V_0-E)}\right] \tag{3-102}$$

从式(3-102)可以看出，透射系数 T 随 m、a 及(V_0-E)的增大而按指数规律减小。因此，在宏观条件下，与$\hbar$相比，a、m、V_0-E 都很大，$T\rightarrow 0$，隧穿效应体现不出来。

(2)$E>V_0$

如果 $E>V_0$，则 Schrödinger 方程(3-83)将变为具有振动特性的方程，因此，$l^2=2m(V_0-E)/\hbar^2$ 中的 l 应变为 $\mathrm{i}\sqrt{2m(E-V_0)}/\hbar\equiv \mathrm{i}l'$。利用 $\sinh(\mathrm{i}l'a)=\mathrm{i}\sin(l'a)$可求得透射系数[见式(3-99)]

$$T=\frac{4k^2l'^2}{(k^2-l'^2)^2\sin^2(l'a)+4k^2l'^2}=\left[1+\frac{1}{4}\left(\frac{k}{l'}-\frac{l'}{k}\right)^2\sin^2(l'a)\right]^{-1} \tag{3-103}$$

利用以上结果，我们也可以讨论粒子被势阱$(V_0\rightarrow -V_0)$的散射与透射。这时透射系数仍然由式(3-103)给出，但要把式(3-103)中的 l'换成 $l'=\sqrt{2m(E+V_0)}/\hbar$。可以验证，粒子也可以按一定的概率被势阱散射，这也是一种量子效应。

1962 年由 Josephson B D 发现的所谓 Josephson 节是量子隧穿效应的一个例子。将两块超导体用一绝缘层隔开，如果绝缘层较厚，电流则不能通过绝缘层。但如果绝缘层足够薄，则超导体中的电子对按一定的概率“穿透”绝缘层形成电流。这是宏观量子隧穿效应的一个例子。

3.7 一维 δ 势垒

设一质量为 m 的粒子$(E>0)$从左入射(图 3-8)，碰到 δ 势垒

$$V(x)=V_0\delta(x)\quad (V_0>0) \tag{3-104}$$

这时，粒子按一定的概率被势垒反射和透射。下面求反射系数和透射系数。

在 $x=0$ 的附近，不含时 Schrödinger 方程为

$$\frac{\mathrm{d}^2\psi}{\mathrm{d}x^2}+\frac{2m}{\hbar^2}[E-V_0\delta(x)]\psi=0 \tag{3-105}$$

由方程(3-105)的积分可得到 $\psi'(x)$在 $x=0$ 处的跃变条件

$$\psi'(0^+)-\psi'(0^-)=\frac{2mV_0}{\hbar^2}\psi(0) \tag{3-106}$$

在 $x\neq 0$ 处，$V(x)=0$，因此方程(3-105)变为

$$\frac{\mathrm{d}^2\psi}{\mathrm{d}x^2}+k^2\psi(x)=0,\quad k^2=\frac{2mE}{\hbar^2} \tag{3-107}$$

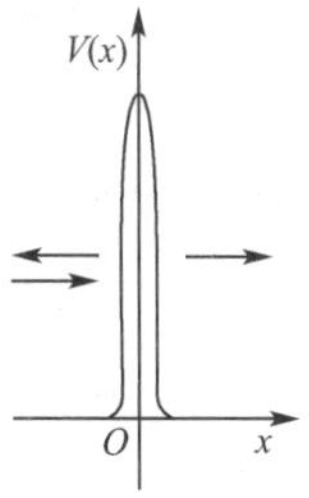

图 3-8

和方势垒类似，方程(3-107)的解为

$$\psi(x)=\begin{cases}\mathrm{e}^{\mathrm{i}kx}+R\mathrm{e}^{-\mathrm{i}kx}, & x<0\\ S\mathrm{e}^{\mathrm{i}kx}, & x>0\end{cases} \tag{3-108}$$

由 $x=0$ 处的边界条件，即

$$\begin{cases}\psi(0^+)=\psi(0^-)\\ \psi'(0^+)-\psi'(0^-)=\dfrac{2mV_0}{\hbar^2}\psi(0)\end{cases} \tag{3-109}$$

得到

$$\begin{cases}1+R=S\\ 1-R=S+\dfrac{2\mathrm{i}mV_0S}{\hbar^2k}\end{cases}$$

由此得到

$$S=\left(1+\frac{\mathrm{i}mV_0}{\hbar^2k}\right)^{-1},\quad R=-\frac{\mathrm{i}mV_0}{\hbar^2k}\bigg/\left(1+\frac{\mathrm{i}mV_0}{\hbar^2k}\right) \tag{3-110}$$

因此(因为入射波的系数已取为 1，$|S|^2$ 就是透射系数)，透射系数和反射系数分别为

$$\begin{cases}|S|^2=\left(1+\dfrac{mV_0^2}{2\hbar^2E}\right)^{-1}\\ |R|^2=\dfrac{mV_0^2}{2\hbar^2E}\bigg/\left(1+\dfrac{mV_0^2}{2\hbar^2E}\right)\\ |R|^2+|S|^2=1\end{cases} \tag{3-111}$$

虽然，在 $x=0$ 点，ψ' 不连续，但粒子流密度是连续的，因为

$$j_x=\frac{i\hbar}{2m}\left(\psi\frac{\partial\psi^*}{\partial x}-\psi^*\frac{\partial\psi}{\partial x}\right)$$

在 0^+(由 $0+\varepsilon\to 0$)点和 0^-(由 $0-\varepsilon\to 0$)点(读者自己证明)，

$$\begin{cases}j_x(0^+)=\dfrac{\hbar k}{m}|S|^2\\ j_x(0^-)=\dfrac{\hbar k}{m}|S|^2\end{cases} \tag{3-112}$$

即

$$j_x(0^+)=j_x(0^-)\quad(\text{连续}) \tag{3-113}$$

3.8　二维方势阱

本节讨论一质量为 m 的粒子在二维无限深方势阱(图 3-9)

$$V(x,y)=\begin{cases}0 & (0<x<a,0<y<b)\\ \infty & (x>a,y>b;x<0,y<0)\end{cases} \tag{3-114}$$

中运动时的能量本征值和本征函数。

粒子的能量本征值方程为

$$\left(\frac{\partial^2}{\partial x^2}+\frac{\partial^2}{\partial y^2}\right)\psi(x,y)+\frac{2m}{\hbar^2}[E-V(x,y)]\psi(x,y)=0 \quad (3\text{-}115)$$

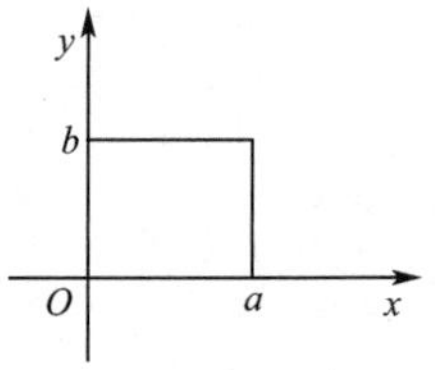

图 3-9

在阱外，显然 $\psi_{外}(x,y)=0$。在阱内，因 $V(x,y)=0$，Schrödinger 方程化为

$$\frac{\partial^2\psi}{\partial x^2}+\frac{\partial^2\psi}{\partial y^2}+\frac{2mE}{\hbar^2}\psi=0 \quad (3\text{-}116)$$

边界条件：

$$\psi(0,y)=\psi(a,y)=0 \quad (3\text{-}117)$$

$$\psi(x,0)=\psi(x,b)=0 \quad (3\text{-}118)$$

为了分离变量，设 $\psi(x,y)=X(x)Y(y)$ 并代入方程(3-116)，得

$$Y(y)\frac{\partial^2 X(x)}{\partial x^2}+X(x)\frac{\partial^2 Y(y)}{\partial y^2}+\frac{2mE}{\hbar^2}X(x)Y(y)=0 \quad (3\text{-}119)$$

或者

$$-\frac{1}{X(x)}\frac{\mathrm{d}^2 X(x)}{\mathrm{d}x^2}=\frac{1}{Y(y)}\frac{\mathrm{d}^2 Y(y)}{\mathrm{d}y^2}+\frac{2mE}{\hbar^2}\equiv k^2 \quad (3\text{-}120)$$

方程两边分别为 x 和 y 的独立方程，由此得到

$$\frac{\mathrm{d}^2 X}{\mathrm{d}x^2}+k^2 X=0 \quad (3\text{-}121)$$

$$\frac{\mathrm{d}^2 Y}{\mathrm{d}y^2}+l^2 Y=0,\quad l^2\equiv\frac{2mE}{\hbar^2}-k^2 \quad (3\text{-}122)$$

方程的解为

$$X(x)=A\sin(kx+\delta_1) \quad (3\text{-}123)$$

$$Y(y)=B\sin(ly+\delta_2) \quad (3\text{-}124)$$

其中，δ_1、δ_2 为待定常数。分离变量后，边界条件变为

$$X(0)Y(y)=X(a)Y(y)=0\rightarrow X(0)=X(a)=0 \quad (3\text{-}125)$$

$$X(x)Y(0)=X(x)Y(b)=0\rightarrow Y(0)=Y(b)=0 \quad (3\text{-}126)$$

因为 A、B 不能为 0，利用 $X(0)=0$ 得

$$\sin\delta_1=0$$

故

$$\delta_1=0$$

同理可得

$$\delta_2=0$$

再利用 $X(a)=0$ 得

$$\sin ka=0$$

故

$$ka=n\pi,\quad n=1,2,3,\cdots$$

同理可得

$$lb=m\pi,\quad m=1,2,3,\cdots$$

由此得到

$$X(x)=A\sin\frac{n\pi}{a}x,\quad Y(y)=B\sin\frac{m\pi}{b}y \tag{3-127}$$

因此

$$\psi(x,y)=C\sin\frac{n\pi x}{a}\sin\frac{m\pi y}{b} \tag{3-128}$$

把 $k=\frac{n\pi}{a}$ 和 $l=\frac{m\pi}{b}$ 代入到 l^2 和 k^2 的关系式得能量本征值

$$E_{n,m}=\frac{\hbar^2\pi^2}{2m}\left(\frac{n^2}{a^2}+\frac{m^2}{b^2}\right) \tag{3-129}$$

由归一化条件 $\int_{-\infty}^{+\infty}\int_{-\infty}^{+\infty}|\psi(x,y)|^2\mathrm{d}x\mathrm{d}y=1$ 得

$$C^2\int_0^a\sin^2\frac{n\pi x}{a}\mathrm{d}x\int_0^b\sin^2\frac{m\pi y}{b}\mathrm{d}y=1,\quad C=\frac{2}{\sqrt{ab}} \tag{3-130}$$

最后得归一化的波函数(能量本征函数)

$$\psi(x,y)=\frac{2}{\sqrt{ab}}\sin\frac{n\pi}{a}x\sin\frac{m\pi}{b}y\quad(m,n=1,2,3,\cdots) \tag{3-131}$$

3.9 谐振子

3.9.1 一维谐振子

在经典力学中,我们曾经讲过一维简谐振动(harmonic oscillation)。例如,一个与弹簧连在一起的小球在平衡位置附近的往复运动可视为一维简谐振动。小球的运动在回复力 $F=-kx$ 的作用下进行。因此,小球的运动方程为

$$m\frac{\mathrm{d}^2x}{\mathrm{d}t^2}=-kx$$

或

$$\frac{\mathrm{d}^2x}{\mathrm{d}t^2}+\omega^2x=0,\quad \omega^2=\frac{k}{m}$$

方程的解为(取初相位为 0)

$$x=x_0\sin\omega t$$

小球运动时具有动能 $T=\frac{p^2}{2m}$ 外,还具有势能

$$V=-\int_0^x F\mathrm{d}x=\int_0^x kx\,\mathrm{d}x=\frac{1}{2}kx^2$$

因此,小球的总能量

$$E=\frac{p^2}{2m}+\frac{1}{2}kx^2$$

在自然界中,任何在平衡位置附近的微振动(三维振动)都可以分解成几个独立的一维

简谐振动。例如,分子的振动或晶体内原子在晶格平衡位置附近的振动,辐射场的振动等,适当选择坐标系之后可分解成几个相互独立的一维简谐振动。因此,研究一维谐振子的运动规律是研究复杂振动的基础。

微观粒子的微振动要遵从量子力学规律。本节将讨论微观粒子的简谐振动,建立其Schrödinger 方程,求解谐振子的能量本征值和本征函数。

和经典力学中一样,一维谐振子的总能量

$$E=\frac{p^2}{2m}+\frac{1}{2}m\omega^2x^2 \tag{3-132}$$

把动量平方用算符 $p^2\to-\hbar^2\frac{\mathrm{d}^2}{\mathrm{d}x^2}$代替,则一维谐振子的 Hamilton 量

$$\hat{H}=-\frac{\hbar^2}{2m}\frac{\mathrm{d}^2}{\mathrm{d}x^2}+\frac{1}{2}m\omega^2x^2 \tag{3-133}$$

因此,谐振子的 Schrödinger 方程(能量本征值方程)为

$$\left(-\frac{\hbar^2}{2m}\frac{\mathrm{d}^2}{\mathrm{d}x^2}+\frac{1}{2}m\omega^2x^2\right)\psi(x)=E\psi(x) \tag{3-134}$$

谐振子的运动相当于一个质量为 m 的粒子束缚在势阱 $V(x)=\frac{1}{2}m\omega^2x^2$ 中(无限深势阱)的运动。粒子束缚在势阱中运动,满足波函数 $\psi(x)$在 $x\to\pm\infty$时的渐近行为

$$\psi(x)\big|_{x\to\pm\infty}\to0 \tag{3-135}$$

为了简化方程(3-134),引进无量纲的参量

$$\alpha=\sqrt{\frac{m\omega}{\hbar}},\quad \xi=\alpha x,\quad \lambda=E\Big/\left(\frac{\hbar\omega}{2}\right) \tag{3-136}$$

则方程化为

$$\frac{\mathrm{d}^2\psi}{\mathrm{d}\xi^2}+(\lambda-\xi^2)\psi=0 \tag{3-137}$$

为了解这个变系数二阶常微分方程,先考查 $\psi(\xi)$在 $\xi\to\pm\infty$时的渐近行为(asymptotic behavior),找出满足 $\psi(\xi)\big|_{\xi\to\pm\infty}\to0$ 的解。因为 $\xi\to\pm\infty$时,$\lambda=$常数,可以忽略,方程(3-137)变为

$$\frac{\mathrm{d}^2\psi}{\mathrm{d}\xi^2}-\xi^2\psi=0 \tag{3-138}$$

我们看到,$\psi(\xi)\sim\mathrm{e}^{\pm\frac{1}{2}\xi^2}$是这个方程的解,但考虑到 $\psi(\xi)$在 $\xi\to\pm\infty$时有限的要求,舍去 $\mathrm{e}^{\frac{1}{2}\xi^2}$,因此,方程(3-138)的解为

$$\psi(\xi)=H(\xi)\mathrm{e}^{-\frac{1}{2}\xi^2} \tag{3-139}$$

其中,$H(\xi)$是保证 $\psi(\xi)$在 ξ 的任何值下有限的某种函数。如果能够确定 $H(\xi)$,则能量本征函数 $\psi(\xi)$也就确定了。由式(3-139)得

$$\begin{cases}\dfrac{\mathrm{d}\psi}{\mathrm{d}\xi}=\left(-\xi H+\dfrac{\mathrm{d}H}{\mathrm{d}\xi}\right)\mathrm{e}^{-\frac{1}{2}\xi^2}\\[2ex]\dfrac{\mathrm{d}^2\psi}{\mathrm{d}\xi^2}=\left(-H-2\xi\dfrac{\mathrm{d}H}{\mathrm{d}\xi}+\xi^2H+\dfrac{\mathrm{d}^2H}{\mathrm{d}\xi^2}\right)\mathrm{e}^{-\frac{1}{2}\xi^2}\end{cases} \tag{3-140}$$

把式(3-140)代入方程(3-137)得

$$\frac{\mathrm{d}^2 H}{\mathrm{d}\xi^2}-2\xi\frac{\mathrm{d}H}{\mathrm{d}\xi}+(\lambda-1)H=0 \tag{3-141}$$

方程(3-141)叫作 Hermite 方程。Hermite 方程在 $\xi=0$ 点有限，即 $\xi=0$ 是常点，因此 $H(\xi)$ 可在 $\xi=0$ 点附近进行级数展开：

$$H(\xi)=a_0\xi^s+a_1\xi^{s+1}+a_2\xi^{s+2}+\cdots=\sum_{\nu=0}^{+\infty}a_\nu\xi^{s+\nu} \tag{3-142}$$

其中，$a_0\neq0$，s 为正整数或者 0。$H(\xi)$从 ξ^s 项开始，且 $s\geqslant0$，因此在 ξ 的幂级数展开式中不会出现负幂次项，从而保证 $H(\xi)$有限的要求。我们求得

$$\begin{cases}\dfrac{\mathrm{d}H}{\mathrm{d}\xi}=sa_0\xi^{s-1}+(s+1)a_1\xi^s+(s+2)a_2\xi^{s+1}+\cdots+(s+\nu)a_\nu\xi^{s+\nu-1}+\\ \qquad(s+\nu+1)a_{\nu+1}\xi^{s+\nu}+(s+\nu+2)a_{\nu+2}\xi^{s+\nu+1}+\cdots\\ \dfrac{\mathrm{d}^2H}{\mathrm{d}\xi^2}=s(s-1)a_0\xi^{s-2}+s(s+1)a_1\xi^{s-1}+(s+1)(s+2)a_2\xi^s+\cdots+\\ \qquad(s+\nu)(s+\nu-1)a_\nu\xi^{s+\nu-2}+(s+\nu+1)(s+\nu)a_{\nu+1}\xi^{s+\nu-1}+\cdots\end{cases} \tag{3-143}$$

把式(3-143)代入方程(3-141)并整理得

$$\begin{aligned}&s(s-1)a_0\xi^{s-2}+s(s+1)a_1\xi^{s-1}+a_2(s+1)(s+2)\xi^s+\cdots+\\&(s+\nu+2)(s+\nu+1)a_{\nu+2}\xi^{s+\nu}+\cdots\\=&(2s+1-\lambda)a_0\xi^s+\cdots+(2s-\lambda+2\nu+1)a_\nu\xi^{s+\nu}+\cdots\end{aligned} \tag{3-144}$$

此方程等式两边的同次幂项系数应相等，因此得到 ξ^{s-2} 次幂系数和 ξ^{s-1} 次幂系数为 0，即

$$\begin{cases}s(s-1)a_0=0\\ s(s+1)a_1=0\end{cases} \tag{3-145}$$

因为 $a_0\neq0$，s 只能是 0 或 1。因此，由式(3-145)的第二式得 $s=0$ 或 $a_1=0$，或 $s=a_1=0$(同时为 0)。

再比较任意项 $\xi^{s+\nu}$项的系数可以得到

$$a_{\nu+2}=\frac{2s+2\nu-\lambda+1}{(s+\nu+1)(s+\nu+2)}a_\nu \tag{3-146}$$

这是一个关于展开系数 a_ν 的递推公式(recursion formula)。

从式(3-146)可以看到，当 $\nu\to\infty$时，

$$\left.\frac{a_{\nu+2}}{a_\nu}\right|_{\nu\to\infty}=\left.\frac{2s+2\nu-\lambda+1}{(s+\nu+1)(s+\nu+2)}\right|_{\nu\to\infty}\approx\frac{2\nu}{\nu^2}=\frac{2}{\nu} \tag{3-147}$$

级数 $H(\xi)$的这个性质很像函数 e^{ξ^2} 的性质，因为

$$\mathrm{e}^{\xi^2}=1+\xi^2+\frac{1}{2!}\xi^4+\cdots+\frac{1}{\left(\frac{\nu}{2}\right)!}\xi^\nu+\frac{1}{\left(\frac{\nu}{2}+1\right)!}\xi^{\nu+2}+\cdots$$

它的 $\xi^{\nu+2}$项和 ξ^ν 项系数之比在 $\nu\to\infty$时，

$$\frac{1\Big/\left(\frac{\nu}{2}+1\right)!}{1\Big/\left(\frac{\nu}{2}\right)!}=\frac{\left(\frac{\nu}{2}\right)!}{\left(\frac{\nu}{2}+1\right)!}=\left.\frac{1}{\frac{\nu}{2}+1}\right|_{\nu\to\infty}\approx\frac{2}{\nu}$$

但是，如果我们用 e^{ξ^2} 来代替 $H(\xi)$，则当 $\xi\to\infty$时，$H(\xi)\to\infty$，从而 $\psi(\xi)\to\infty$，不符合波函数

有限的要求。我们可以断定，$H(\xi)$的展开式必须在某一项中断，使 $H(\xi)$变为一个多项式，以保证 $\psi(\xi)$的有限性要求。这就是说，对某一 $\nu=\nu'$，必有

$$2s+2\nu'+1-\lambda=0 \tag{3-148}$$

或

$$\lambda=2(s+\nu')+1=2n+1, \quad n=s+\nu'=0,1,2,\cdots \tag{3-149}$$

所以，我们由 $\lambda=E\Big/\left(\frac{1}{2}\hbar\omega\right)$和式(3-149)得到谐振子的能级

$$E_n=\left(n+\frac{1}{2}\right)\hbar\omega, \quad n=0,1,2,\cdots \tag{3-150}$$

由式(3-150)可以看出，谐振子的能量是离散的(与 Planck 假说一致)，是量子化的。特别要指出的是它的基态能量($n=0$ 时的能量)不为 0，即

$$E_0=\frac{1}{2}\hbar\omega \tag{3-151}$$

这是粒子波动性的必然结果(经典振子的最低能量为 0)，这一结果体现静止的波是不存在的。如果不考虑零点能(基态能量)，谐振子的能量为 $E_n=n\hbar\omega=nh\nu$，这一结果与 Planck 的能量量子化假说完全一致。我们通过解 Schrödinger 方程得到了谐振子的量子化的能量，验证了 Planck 能量量子化概念的正确性。

中断以后的多项式叫作 Hermite 多项式(polynomials)(厄米多项式)，记作 $H_n(\xi)$。因此，我们最后得到谐振子对应于能量本征值 E_n 的能量本征函数

$$\psi_n(\xi)=N_n\mathrm{e}^{-\frac{1}{2}\xi^2}H_n(\xi)=N_n\mathrm{e}^{-\frac{1}{2}\alpha^2x^2}H_n(\alpha x) \tag{3-152}$$

其中，N_n 为归一化系数。

下面，我们给出厄米多项式的主要性质并求出归一化常数 N_n。

1. 厄米多项式的主要性质

(1) Hermite 多项式 $H_n(\xi)$满足微分方程

$$\frac{\mathrm{d}^2H_n}{\mathrm{d}\xi^2}-2\xi\frac{\mathrm{d}H_n}{\mathrm{d}\xi}+2nH_n=0 \tag{3-153}$$

(2) $H_n(\xi)$满足递推关系(recursion relation)

$$H_{n+1}-2\xi H_n+2nH_{n-1}=0 \tag{3-154}$$

$$\frac{\mathrm{d}H_n(\xi)}{\mathrm{d}\xi}=2nH_{n-1}(\xi) \tag{3-155}$$

(3) Hermite 多项式满足关系式

$$\int_{-\infty}^{+\infty}H_m(\xi)H_n(\xi)\mathrm{e}^{-\xi^2}\mathrm{d}\xi=\sqrt{\pi}2^nn!\delta_{mn} \tag{3-156}$$

(4) $H_n(\xi)$可以写成

$$H_n(\xi)=(-1)^n\mathrm{e}^{\xi^2}\frac{\mathrm{d}^n}{\mathrm{d}\xi^n}(\mathrm{e}^{-\xi^2}) \tag{3-157}$$

常用的前 4 个厄米多项式为

$$H_0(\xi)=1, \quad H_1(\xi)=2\xi, \quad H_2(\xi)=4\xi^2-2, \quad H_3(\xi)=8\xi^3-12\xi \tag{3-158}$$

2. 归一化常数 N_n

由波函数的归一化条件

$$\int_{-\infty}^{+\infty}\psi^*(x)\psi(x)\mathrm{d}x=1$$

得

$$N_n^2\cdot\frac{1}{\alpha}\int_{-\infty}^{+\infty}\mathrm{e}^{-\xi^2}H_n^2(\xi)\mathrm{d}\xi=1$$

或

$$\frac{1}{N_n^2}=\frac{1}{\alpha}\int_{-\infty}^{+\infty}\mathrm{e}^{-\xi^2}H_n^2(\xi)\mathrm{d}\xi \tag{3-159}$$

把式(3-157)代入此式得

$$\frac{1}{N_n^2}=\frac{1}{\alpha}\int_{-\infty}^{+\infty}(-1)^nH_n(\xi)\frac{\mathrm{d}^n}{\mathrm{d}\xi^n}(\mathrm{e}^{-\xi^2})\mathrm{d}\xi$$

进行分部积分得

$$\begin{aligned}\frac{1}{N_n^2}&=\frac{1}{\alpha}(-1)^nH_n(\xi)\frac{\mathrm{d}^{n-1}}{\mathrm{d}\xi^{n-1}}(\mathrm{e}^{-\xi^2})\Big|_{-\infty}^{+\infty}+\\&\quad\frac{1}{\alpha}(-1)^{n+1}\int_{-\infty}^{+\infty}\frac{\mathrm{d}H_n(\xi)}{\mathrm{d}\xi}\frac{\mathrm{d}^{n-1}}{\mathrm{d}\xi^{n-1}}(\mathrm{e}^{-\xi^2})\mathrm{d}\xi\\&=\frac{(-1)^{n+1}}{\alpha}\int_{-\infty}^{+\infty}\frac{\mathrm{d}H_n(\xi)}{\mathrm{d}\xi}\frac{\mathrm{d}^{n-1}}{\mathrm{d}\xi^{n-1}}(\mathrm{e}^{-\xi^2})\mathrm{d}\xi\end{aligned}$$

再进行 $n-1$ 次分部积分得

$$\frac{1}{N_n^2}=\frac{(-1)^{2n}}{\alpha}\int_{-\infty}^{+\infty}\frac{\mathrm{d}^nH_n(\xi)}{\mathrm{d}\xi^n}\mathrm{e}^{-\xi^2}\mathrm{d}\xi$$

利用式(3-155)很容易证明

$$\frac{\mathrm{d}^nH_n(\xi)}{\mathrm{d}\xi^n}=2^n\cdot n! \tag{3-160}$$

从而

$$\frac{1}{N_n^2}=\frac{2^n\cdot n!}{\alpha}\int_{-\infty}^{+\infty}\mathrm{e}^{-\xi^2}\mathrm{d}\xi=\frac{2^n\cdot n!}{\alpha}2\Gamma\left(\frac{1}{2}\right)=\frac{2^n\cdot n!\sqrt{\pi}}{\alpha}$$

最后得到

$$N_n=\left(\frac{\alpha}{2^n\cdot n!\sqrt{\pi}}\right)^{\frac{1}{2}} \tag{3-161}$$

一维谐振子的前 4 个能量本征函数如下：

$$\begin{cases}\psi_0(x)=\dfrac{\sqrt{\alpha}}{\pi^{1/4}}\mathrm{e}^{-\frac{1}{2}\alpha^2x^2}\\[2ex]\psi_1(x)=\dfrac{\sqrt{2\alpha}}{\pi^{1/4}}\alpha x\mathrm{e}^{-\frac{1}{2}\alpha^2x^2}\\[2ex]\psi_2(x)=\dfrac{1}{\pi^{1/4}}\sqrt{\dfrac{\alpha}{2}}(2\alpha^2x^2-1)\mathrm{e}^{-\frac{1}{2}\alpha^2x^2}\\[2ex]\psi_3(x)=\dfrac{\sqrt{3\alpha}}{\pi^{1/4}}\alpha x\left(1-\dfrac{2}{3}\alpha^2x^2\right)\mathrm{e}^{-\frac{1}{2}\alpha^2x^2}\end{cases} \tag{3-162}$$

讨论：

(1)宇称

由式(3-152)和式(3-157)看到，当 $x \to -x$ 时：

对 n＝偶数，有 $\psi_n(x)=\psi_n(-x)$，偶宇称(even parity)。

对 n＝奇数，有 $\psi_n(x)=-\psi_n(-x)$，奇宇称(odd parity)。

即

$$\psi_n(x)=(-1)^n\psi_n(-x)$$

这就是说，谐振子有确定宇称 P：

$$P=(-1)^n$$

即

$$P\psi_n(x)=(-1)^n\psi_n(-x) \tag{3-163}$$

(2)概率分布

下面以谐振子的基态为例说明粒子坐标的概率分布。处于基态的谐振子坐标的概率分布函数为

$$w \equiv |\psi_0(x)|^2=\frac{\alpha}{\sqrt{\pi}}e^{-\alpha^2x^2} \tag{3-164}$$

这种分布叫 Gauss 分布。由此我们可求振子出现概率最大的位置。由于

$$\frac{dw}{dx}=\frac{d|\psi_0(x)|^2}{dx}=-\frac{\alpha^3}{\sqrt{\pi}}e^{-\alpha^2x^2}\cdot 2x$$

因此，使 $\frac{dw}{dx}=0$ 的坐标 $x=0$，即在坐标原点处出现振子的概率最大。对于激发态 $\psi_1(x)$，$\psi_2(x)$，…同样可以讨论坐标概率分布问题。图 3-10 给出了 $\psi_0(x)$、$\psi_1(x)$、$\psi_2(x)$的坐标概率分布。可以看到，不同态的概率分布截然不同。

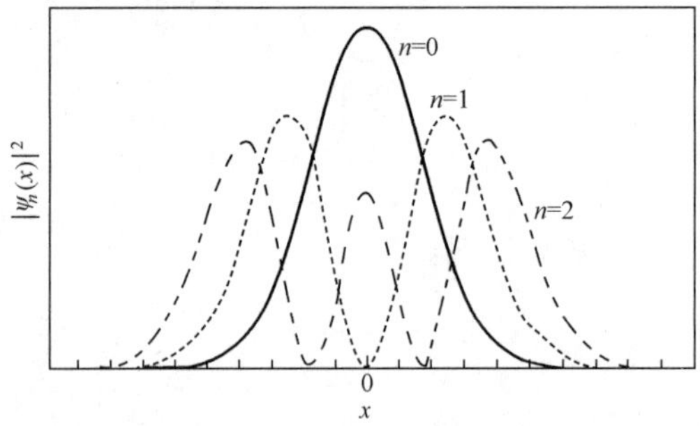

图 3-10

(3)零点能

如前所述，谐振子的基态能量(叫零点能，zero point energy)不为零体现振子的波动性。我们也可以利用不确定性关系估算谐振子的零点能。利用坐标和动量的不确定性关系

$$(\Delta x)^2\cdot(\Delta p)^2 \geqslant \frac{\hbar^2}{4}$$

可以证明能量的平均值为

$$\langle E\rangle=\frac{(\Delta\hat{p})^2}{2m}+\frac{1}{2}m\omega^2(\Delta x)^2 \tag{3-165}$$

使$\langle E\rangle$取极小的$(\Delta x)^2$的值可由极值条件

$$\frac{\mathrm{d}\langle E\rangle}{\mathrm{d}(\Delta x)^2}=\frac{1}{2}m\omega^2-\frac{\hbar^2}{8m(\Delta x)^4}=0$$

计算。求得$(\Delta x)^2=\hbar/2m\omega$，因此，谐振子的零点能

$$\langle E\rangle=\frac{\hbar\omega}{4}+\frac{\hbar\omega}{4}=\frac{\hbar\omega}{2} \tag{3-166}$$

3.9.2 三维谐振子

下面讨论三维各向同性谐振子的能量本征值和本征函数。

三维谐振子的能量本征值方程为

$$\nabla^2\psi+\frac{2m}{\hbar^2}\left[E-\frac{1}{2}m\omega^2(x^2+y^2+z^2)\right]\psi=0 \tag{3-167}$$

其中

$$V(x,y,z)=\frac{1}{2}m\omega^2(x^2+y^2+z^2) \tag{3-168}$$

为谐振子的势。引进无量纲参数ξ、η、ζ，并定义

$$\xi=\alpha x,\quad \eta=\alpha y,\quad \zeta=\alpha z,\quad \alpha\equiv\sqrt{\frac{m\omega}{\hbar}} \tag{3-169}$$

则能量本征值方程简化为

$$\frac{\partial^2\psi}{\partial\xi^2}+\frac{\partial^2\psi}{\partial\eta^2}+\frac{\partial^2\psi}{\partial\zeta^2}+[\lambda-(\xi^2+\eta^2+\zeta^2)]\psi=0 \tag{3-170}$$

其中

$$\lambda=\frac{2E}{\hbar\omega} \tag{3-171}$$

为了分离变量，设$\psi(\xi,\eta,\zeta)=X(\xi)Y(\eta)Z(\zeta)$，则由式(3-170)得

$$\frac{1}{X}\frac{\mathrm{d}^2X}{\mathrm{d}\xi^2}+\frac{1}{Y}\frac{\mathrm{d}^2Y}{\mathrm{d}\eta^2}+\frac{1}{Z}\frac{\mathrm{d}^2Z}{\mathrm{d}\zeta^2}+[\lambda-(\xi^2+\eta^2+\zeta^2)]=0$$

或

$$\frac{1}{X}\left[\frac{\mathrm{d}^2X}{\mathrm{d}\xi^2}+(\lambda-\xi^2)X\right]=-\frac{1}{Y}\left[\frac{\mathrm{d}^2Y}{\mathrm{d}\eta^2}-\eta^2Y\right]-\frac{1}{Z}\left[\frac{\mathrm{d}^2Z}{\mathrm{d}\zeta^2}-\zeta^2Z\right] \tag{3-172}$$

此式只有在等式两边均为常数时成立，设其常数为$\lambda-\lambda_x$，则我们可以得到

$$\begin{cases}\dfrac{\mathrm{d}^2X}{\mathrm{d}\xi^2}+(\lambda_x-\xi^2)X=0\\[2ex]\dfrac{1}{Y}\left[\dfrac{\mathrm{d}^2Y}{\mathrm{d}\eta^2}-\eta^2Y\right]+\dfrac{1}{Z}\left[\dfrac{\mathrm{d}^2Z}{\mathrm{d}\zeta^2}-\zeta^2Z\right]=\lambda_x-\lambda\end{cases} \tag{3-173}$$

把第二式改写成

$$\frac{1}{Y}\left[\frac{\mathrm{d}^2 Y}{\mathrm{d}\eta^2}-\eta^2 Y\right]=-\frac{1}{Z}\left[\frac{\mathrm{d}^2 Z}{\mathrm{d}\zeta^2}-\zeta^2 Z\right]+\lambda_x-\lambda\equiv-\lambda_y$$

则得

$$\frac{1}{Y}\left[\frac{\mathrm{d}^2 Y}{\mathrm{d}\eta^2}-\eta^2 Y\right]=-\lambda_y$$

$$\frac{1}{Z}\left[\frac{\mathrm{d}^2 Z}{\mathrm{d}\zeta^2}-\zeta^2 Z\right]=-\lambda+\lambda_x+\lambda_y\equiv-\lambda_z$$

或

$$\frac{\mathrm{d}^2 Y}{\mathrm{d}\eta^2}+(\lambda_y-\eta^2)Y=0 \tag{3-174}$$

$$\frac{\mathrm{d}^2 Z}{\mathrm{d}\zeta^2}+(\lambda_z-\zeta^2)Z=0 \tag{3-175}$$

方程(3-173)的第 1 式、式(3-174)、式(3-175)分别为谐振子在 x、y、z 方向的振动方程，它们的解的形式与一维谐振子相同。因此得

$$X_{n_x}(\xi)=N_{n_x}H_{n_x}(\xi)\mathrm{e}^{-\frac{1}{2}\alpha^2x^2} \quad (\xi=\alpha x) \tag{3-176}$$

$$Y_{n_y}(\eta)=N_{n_y}H_{n_y}(\eta)\mathrm{e}^{-\frac{1}{2}\alpha^2y^2} \quad (\eta=\alpha y) \tag{3-177}$$

$$Z_{n_z}(\zeta)=N_{n_z}H_{n_z}(\zeta)\mathrm{e}^{-\frac{1}{2}\alpha^2z^2} \quad (\zeta=\alpha z) \tag{3-178}$$

其中，$n_x, n_y, n_z=0,1,2,\cdots$。且有

$$\lambda_x=2n_x+1,\quad \lambda_y=2n_y+1,\quad \lambda_z=2n_z+1 \tag{3-179}$$

整个体系的能量本征函数为

$$\begin{aligned}\psi(x,y,z)&=X(\alpha x)Y(\alpha y)Z(\alpha z)\\&=N_nH_{n_x}(\alpha x)H_{n_y}(\alpha y)H_{n_z}(\alpha z)\mathrm{e}^{-\frac{1}{2}\alpha^2(x^2+y^2+z^2)}\end{aligned} \tag{3-180}$$

其中，$N_n=N_{n_x}N_{n_y}N_{n_z}$。谐振子的能量本征值

$$E=\frac{1}{2}\lambda\hbar\omega=\frac{1}{2}(\lambda_x+\lambda_y+\lambda_z)\hbar\omega=\left(n_x+n_y+n_z+\frac{3}{2}\right)\hbar\omega \tag{3-181}$$

可见，三维谐振子的基态能量 $E_0=\frac{3}{2}\hbar\omega$（不简并），但激发态，比如说，对应于 $E=\frac{5}{2}\hbar\omega$ 的态有三种可能：

$$(n_x,n_y,n_z)=(1,0,0),(0,1,0),(0,0,1)$$

也就是说，$E=\frac{5}{2}\hbar\omega$ 的能级是 3 度简并(degenerate)，或者说简并度为 3。

本章小结

习 题

3-1 设 $\psi(x)$ 是一维运动粒子的不含时 Schrödinger 方程的能量本征值为 E 的解。求证：$\psi^*(x)$ 也是不含时 Schrödinger 方程的能量本征值为 E 的解。

3-2 在解束缚态 Schrödinger 方程时，对同一个能量本征值 E，如果方程具有两个或两个以上的独立的波函数解，则我们说该能级是简并的(degenerate)。如果只有一个独立解，则叫无简并。在无简并情况下

试证明：一维不含时 Schrödinger 方程的解为实函数。

3-3 设势 $V(x)$ 具有空间反演(space reverse)不变性，即 $V(-x)=V(x)$。试证明，如果 $\psi(x)$ 是不含时 Schrödinger 方程的能量为 E 的解，则 $\psi(-x)$ 也是能量为 E 的一个解。

3-4 一粒子在一维方势阱 $V(x)$ 中运动。$V(x)$ 具有空间反演不变性，即 $V(x)=V(-x)$，求证，该粒子的不含时 Schrödinger 方程的任何解都可以用具有确定宇称的解来表示。

3-5 设一个质量为 m 的粒子在势场 $V(x)$ 中作一维运动，其能量本征值和本征函数分别为 E_n，ψ_n，$n=1,2,3,\cdots$。求证：对于 $m\neq n$，$\int_{-\infty}^{+\infty}\psi_m^*(x)\psi_n(x)\mathrm{d}x=0$。

3-6 对一维运动的粒子，设 $\psi_1(x)$ 和 $\psi_2(x)$ 均为不含时 Schrödinger 方程的具有相同能量 E 的解，求证：$\psi_1\psi_2'-\psi_2\psi_1'=$常数。

3-7 设质量为 m 的粒子在阱宽为 a 的一维无限深势阱

$$V(x)=\begin{cases}\infty, & x<0,x>a\\ 0, & 0<x<a\end{cases}$$

中运动(图 3-11)，求粒子的能量本征值和本征函数。

3-8 设粒子($E>0$)从左边入射，被如图 3-12 所示的势阱[在 $x<0$ 区，$V(x)=-V_0$；$x>0$ 区，$V(x)=0$]散射。求反射系数。

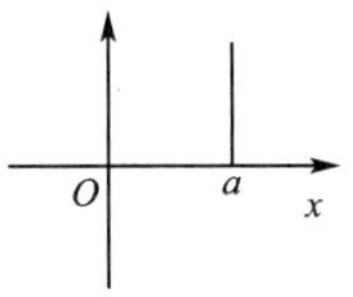

图 3-11

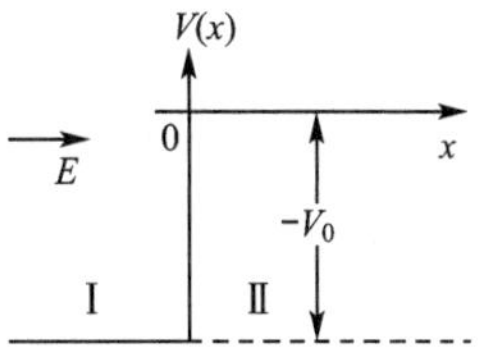

图 3-12

3-9 设粒子在无限深方势阱

$$V(x)=\begin{cases}0, & 0<x<a\\ \infty, & x<0,x>a\end{cases}$$

中运动。

(1)求坐标的概率分布和概率最大的位置；

(2)证明 $\overline{x}=\dfrac{a}{2}$；

(3)证明 $(\Delta x)^2=\overline{(x-\overline{x})^2}=\overline{x^2}-\overline{x}^2=\dfrac{a^2}{12}\left(1-\dfrac{6}{n^2\pi^2}\right)$；

(4)求动量平均值 $\overline{p}$。

3-10 一维无限深势阱中运动粒子的波函数为

$$\psi(x)=\frac{4}{\sqrt{a}}\sin\frac{\pi x}{a}\cos^2\frac{\pi x}{a}\quad(0<x<a)$$

试求：在此任意态下，粒子能量的可能测值和相应的概率。

3-11 接上题，起始粒子处于基态和第一激发态的叠加态，写为 $\psi(0)=A(2\psi_1+\psi_2)$，求：

(1)A 及 t 时刻粒子的状态 $\psi(x,t)$；

(2)坐标空间粒子出现的概率分布以及概率分布最大的位置；

(3)测量能量各得到什么值，概率是多少？

(4)粒子的平均能量。

3-12 在阱宽为 a 的无限深势阱($0\leqslant x\leqslant a$)中粒子处于基态,现迅速将势阱右壁拉至 $x=2a$ 处,求粒子在 t 时刻的状态。

3-13 一个质量为 m 的粒子在势阱:

$$V(x)=\begin{cases}\infty, & x<0\\ -\dfrac{32\hbar^2}{ma^2}, & 0\leqslant x\leqslant a\\ 0, & x>a\end{cases}$$

(1)有多少个束缚态?

(2)对于能量最大的束缚态,粒子在 $x>a$ 处发现的概率是多大?

3-14 粒子以能量 E 入射一个双 δ 势垒,求反射和透射概率以及发生完全透射的条件。

3-15 利用厄米多项式的递推关系

$$H_{n+1}(\xi)-2\xi H_n(\xi)+2nH_{n-1}(\xi)=0 \tag{1}$$

和

$$H_n'(\xi)=2nH_{n-1}(\xi) \tag{2}$$

证明:(1) $x\psi_n(x)=\dfrac{1}{\alpha}\left[\sqrt{\dfrac{n}{2}}\psi_{n-1}(x)+\sqrt{\dfrac{n+1}{2}}\psi_{n+1}(x)\right]$

(2) $\dfrac{\mathrm{d}}{\mathrm{d}x}\psi_n(x)=\alpha\left[\sqrt{\dfrac{n}{2}}\psi_{n-1}(x)-\sqrt{\dfrac{n+1}{2}}\psi_{n+1}(x)\right]$

3-16 利用上题的结果,求:

(1)在 $\psi_n(x)$ 态下,一维谐振子的坐标 x 和动量 $\hat{p}$ 的平均值;

(2)在 $\psi_n(x)$ 态下,一维谐振子势能的平均值;

(3)在 $\psi_n(x)$ 态下,一维谐振子动能的平均值。

3-17 带电谐振子(电荷为 q)受到 z 方向外电场 ε 的作用,其势能为

$$V(x,y,z)=\frac{1}{2}m\omega^2(x^2+y^2+z^2)-q\varepsilon z$$

求其能量本征值。

3-18 设粒子在势阱(图 3-13)

$$V(x)=\begin{cases}\infty, & x<0\\ \dfrac{1}{2}m\omega^2x^2, & x>0\end{cases}$$

中运动,求粒子的能级。

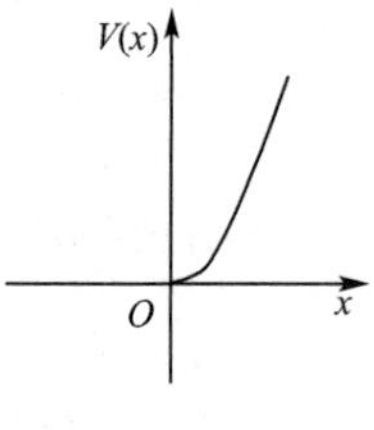

图 3-13

3-19 求一维谐振子处于基态($n=0$)和第一激发态($n=1$)时的能量,坐标的概率分布和概率最大的位置。

3-20 平面转子的能量 $E=\dfrac{l_z^2}{2I}$(见第 1 章习题 1-4),对应的能量算符(Hamilton 算符)

$$\hat{H}=\frac{\hat{l}_z^2}{2I},\quad \hat{l}_z=-\mathrm{i}\hbar\frac{\partial}{\partial\varphi}$$

求平面转子的波函数(量子态)。

3-21 一个一维自由粒子的初态 $\psi(x,0)=\mathrm{e}^{\frac{\mathrm{i}}{\hbar}p_0x}$,求 $\psi(x,t)$。

第4章

力学量算符的本征值和本征函数

4.1 线性算符的性质及其运算法则

在第 2 章我们已引进了力学量算符的概念。如在坐标表象中，坐标这个力学量用算符$\hat{x}$(简写为 x)表示，动量用算符$\hat{\boldsymbol{p}}=-\mathrm{i}\hbar\nabla$表示，能量用算符$\hat{\boldsymbol{H}}=-\frac{\hbar^2}{2m}\nabla^2+V(r)$表示等。把力学量用算符表示，这是量子力学的特征之一。这些力学量算符的本征值就是经典意义上的坐标、动量、能量等。我们曾提到，量子力学的核心问题之一是求解力学量算符的本征值和本征函数。求解力学量算符的本征值和本征函数，首先要掌握力学量算符的性质和运算法则。为此，本节先介绍在量子力学中常用的算符及其运算法则。

4.1.1 线性算符

设$\hat{\boldsymbol{A}}$表示一个算符，则满足如下运算法则的算符$\hat{\boldsymbol{A}}$称为线性算符(linear operators)：

$$\hat{A}\sum_n c_n\psi_n=\sum_n c_n\hat{A}\psi_n \quad (n=1,2,3,\cdots,f) \tag{4-1}$$

其中，$\{\psi_n, n=1,2,\cdots,f\}$ 为 f 个任意波函数，$\{c_n\}$ 为 f 个任意复常数。例如，动量算符$\hat{\boldsymbol{p}}=-\mathrm{i}\hbar\nabla$ 就是线性算符，因为

$$\hat{\boldsymbol{p}}\sum_n c_n\psi_n=\sum_n c_n\hat{\boldsymbol{p}}\psi_n=\sum_n c_n(-\mathrm{i}\hbar\nabla\psi_n)$$

在量子力学中常见的力学量算符如坐标、动量、能量、角动量等算符都是线性算符。当然，并不是所有算符都是线性算符。例如，取复共轭、取根号等运算(算符) 都不是线性的。如果取复共轭用算符 $\hat{C}$ 表示，则

$$\hat{C}\sum_n c_n\psi_n=\sum_n c_n^*\psi_n^*$$

显然它不遵从式(4-1) 的要求，因此不是线性算符。

如果两个线性算符$\hat{A}$、$\hat{B}$ 相等，则有$\hat{A}\psi=\hat{B}\psi$，其中，ψ 为任意波函数。

线性算符遵从加法分配律、交换律和结合律。设$\hat{A}$、$\hat{B}$、$\hat{C}$ 为线性算符，则

$$(\hat{A}+\hat{B})\psi=\hat{A}\psi+\hat{B}\psi \qquad \text{(分配律)} \tag{4-2}$$

$$\hat{A}+\hat{B}=\hat{B}+\hat{A} \qquad \text{(交换律)} \tag{4-3}$$

$$(\hat{A}+\hat{B})+\hat{C}=\hat{A}+(\hat{B}+\hat{C}) \qquad \text{(结合律)} \tag{4-4}$$

显然,线性算符之和仍为线性算符。

线性算符遵从乘法分配律和结合律:

$$\hat{A}(\hat{B}+\hat{C})=\hat{A}\hat{B}+\hat{A}\hat{C} \quad (分配律) \tag{4-5}$$

$$(\hat{A}\hat{B})\hat{C}=\hat{A}(\hat{B}\hat{C}) \quad (结合律) \tag{4-6}$$

但一般来说,算符的乘法不满足交换律,即

$$\hat{A}\hat{B}\neq\hat{B}\hat{A}$$

不满足交换律的算符$\hat{A}$、$\hat{B}$称为互为不对易。如果两个算符$\hat{A}$和$\hat{B}$满足$\hat{A}\hat{B}=\hat{B}\hat{A}$,则称$\hat{A}$、$\hat{B}$互为对易(commute)。对易关系简记为

$$[\hat{A},\hat{B}]\equiv\hat{A}\hat{B}-\hat{B}\hat{A}=0 \quad (对易) \tag{4-7}$$

$$[\hat{A},\hat{B}]\equiv\hat{A}\hat{B}-\hat{B}\hat{A}\neq 0 \quad (不对易) \tag{4-8}$$

算符的对易与不对易,在物理上反映算符所描述力学量的不同性质。

利用线性算符的分配律、结合律和交换律,很容易证明如下常用到的代数恒等式:

$$[\hat{A},\hat{B}]=-[\hat{B},\hat{A}] \tag{4-9}$$

$$\begin{aligned}[\hat{A},\hat{B}+\hat{C}]&=\hat{A}(\hat{B}+\hat{C})-(\hat{B}+\hat{C})\hat{A}\\&=\hat{A}\hat{B}+\hat{A}\hat{C}-\hat{B}\hat{A}-\hat{C}\hat{A}\\&=[\hat{A},\hat{B}]+[\hat{A},\hat{C}]\end{aligned} \tag{4-10}$$

$$\begin{aligned}[\hat{A},\hat{B}\hat{C}]&=\hat{A}\hat{B}\hat{C}-\hat{B}\hat{C}\hat{A}\\&=\hat{A}\hat{B}\hat{C}-\hat{B}\hat{A}\hat{C}+\hat{B}\hat{A}\hat{C}-\hat{B}\hat{C}\hat{A}\\&=[\hat{A},\hat{B}]\hat{C}+\hat{B}[\hat{A},\hat{C}]\end{aligned} \tag{4-11}$$

同理,

$$[\hat{A}\hat{B},\hat{C}]=\hat{A}[\hat{B},\hat{C}]+[\hat{A},\hat{C}]\hat{B} \tag{4-12}$$

Jacobi 恒等式:

$$[\hat{A},[\hat{B},\hat{C}]]+[\hat{B},[\hat{C},\hat{A}]]+[\hat{C},[\hat{A},\hat{B}]]=0 \tag{4-13}$$

证明 原式$=[\hat{A},\hat{B}\hat{C}-\hat{C}\hat{B}]+[\hat{B},\hat{C}\hat{A}-\hat{A}\hat{C}]+[\hat{C},\hat{A}\hat{B}-\hat{B}\hat{A}]$

$=[\hat{A},\hat{B}\hat{C}]-[\hat{A},\hat{C}\hat{B}]+[\hat{B},\hat{C}\hat{A}]-[\hat{B},\hat{A}\hat{C}]+[\hat{C},\hat{A}\hat{B}]-[\hat{C},\hat{B}\hat{A}]$

$=\hat{A}\hat{B}\hat{C}-\hat{B}\hat{C}\hat{A}-\hat{A}\hat{C}\hat{B}+\hat{C}\hat{B}\hat{A}+\hat{B}\hat{C}\hat{A}-\hat{C}\hat{A}\hat{B}-\hat{B}\hat{A}\hat{C}+\hat{A}\hat{C}\hat{B}+$
$\hat{C}\hat{A}\hat{B}-\hat{A}\hat{B}\hat{C}-\hat{C}\hat{B}\hat{A}+\hat{B}\hat{A}\hat{C}=0$

4.1.2 算符的逆

如果算符$\hat{A}$、$\hat{B}$满足

$$\hat{A}\hat{B}=\hat{B}\hat{A}=I(单位算符) \tag{4-14}$$

则称$\hat{A}$和$\hat{B}$互为逆(inverse)。这时算符$\hat{A}$的逆($\hat{B}$)记作$\hat{A}^{-1}$。所以

$$\hat{A}\hat{A}^{-1}=\hat{A}^{-1}\hat{A}=I \tag{4-15}$$

显然,如果

$$\hat{A}\psi=\varphi$$

则,$\hat{A}^{-1}\hat{A}\psi=\hat{A}^{-1}\varphi$,因此,如果$\hat{A}^{-1}$存在,

$$\psi=\hat{A}^{-1}\varphi \tag{4-16}$$

如果$\hat{A}$ 和 $\hat{B}$ 均存在逆，则

$$(\hat{A}\hat{B})^{-1} = \hat{B}^{-1}\hat{A}^{-1} \tag{4-17}$$

这是因为对$\hat{A}\hat{B}$，

$$\hat{A}\hat{B}(\hat{A}\hat{B})^{-1} = I$$

而

$$\hat{A}\hat{B}\hat{B}^{-1}\hat{A}^{-1} = \hat{A}\hat{A}^{-1} = I$$

4.1.3　算符的转置

在讨论算符的转置（transpose）之前，为以后的表述方便，先定义波函数的标积（scalar product）：

$$(\psi,\varphi) \equiv \int \psi^* \varphi \, d\tau, \quad d\tau \text{ 为体积元} \tag{4-18}$$

标积具有如下性质：

$$\begin{cases} (\psi,\psi) = \int \psi^* \psi d\tau = \int |\psi|^2 d\tau \geqslant 0 \\ (\psi,\varphi)^* = \int (\psi^* \varphi)^* d\tau = \int \psi\varphi^* d\tau = (\varphi,\psi) \\ (\psi, c_1\varphi_1 + c_2\varphi_2) = \int \psi^* (c_1\varphi_1 + c_2\varphi_2) d\tau = c_1(\psi,\varphi_1) + c_2(\psi,\varphi_2) \\ (c_1\psi_1 + c_2\psi_2, \varphi) = \int (c_1^*\psi_1^* + c_2^*\psi_2^*)\varphi \, d\tau = c_1^*(\psi_1,\varphi) + c_2^*(\psi_2,\varphi) \end{cases} \tag{4-19}$$

其中，c_1、c_2 为任意复常数，所有积分是在全空间进行的。

利用标积，一个力学量$\hat{A}$ 的平均值可以表示为

$$\overline{A} = \int \psi^* \hat{A}\psi \, d\tau = (\psi, \hat{A}\psi)$$

一个算符$\hat{A}$ 的转置定义为

$$\int \psi^* \tilde{\hat{A}}\varphi \, d\tau = \int \varphi \hat{A}\psi^* \, d\tau \tag{4-20}$$

或者

$$(\psi, \tilde{\hat{A}}\varphi) = (\varphi^*, \hat{A}\psi^*) \tag{4-21}$$

式中，ψ、φ 为任意两个波函数。例如，$\widetilde{\dfrac{\partial}{\partial x}} = -\dfrac{\partial}{\partial x}$，因为

$$\int_{-\infty}^{+\infty} \psi^* \left(-\frac{\partial}{\partial x}\right)\varphi \, d\tau = -\psi^*\varphi\Big|_{-\infty}^{+\infty} + \int_{-\infty}^{+\infty} \varphi \frac{\partial}{\partial x}\psi^* \, d\tau = \int_{-\infty}^{+\infty} \varphi \frac{\partial}{\partial x}\psi^* \, d\tau$$

此结果与定义式(4-20) 比较得，$\widetilde{\dfrac{\partial}{\partial x}} = -\dfrac{\partial}{\partial x}$，由此还可证明$\tilde{\hat{p}}_x = -\hat{p}_x$。

可以证明

$$\widetilde{\hat{A}\hat{B}} = \tilde{\hat{B}}\tilde{\hat{A}} \tag{4-22}$$

4.1.4 算符的厄米共轭与厄米算符

1. 厄米共轭

一个算符$\hat{A}$的厄米共轭(Hermitian conjugation) 定义为

$$\hat{A}^{\dagger} = \widetilde{\hat{A}}^{*} \tag{4-23}$$

它满足

$$(\psi,\hat{A}^{\dagger}\varphi) = (\hat{A}\psi,\varphi) \tag{4-24}$$

因为

$$\begin{aligned}(\psi,\hat{A}^{\dagger}\varphi) &= \int\psi^{*}\ \widetilde{\hat{A}}^{*}\varphi\,\mathrm{d}\tau = \int(\psi\widetilde{\hat{A}}\varphi^{*})^{*}\,\mathrm{d}\tau = \int(\varphi^{*}\ \hat{A}\psi)^{*}\,\mathrm{d}\tau \\ &= \int\varphi\hat{A}^{*}\psi^{*}\,\mathrm{d}\tau = (\hat{A}\psi,\varphi)\end{aligned}$$

利用式(4-24),

$$[\psi,(\hat{A}\hat{B})^{\dagger}\varphi] = (\hat{A}\hat{B}\psi,\varphi) = (\hat{B}\psi,\hat{A}^{\dagger}\varphi) = (\psi,\hat{B}^{\dagger}\hat{A}^{\dagger}\varphi)$$

由此可见

$$(\hat{A}\hat{B})^{\dagger} = \hat{B}^{\dagger}\hat{A}^{\dagger} \tag{4-25}$$

2. 厄米算符

如果一个算符$\hat{A}$的厄米共轭$\hat{A}^{\dagger}$满足

$$\hat{A}^{\dagger} = \hat{A} \tag{4-26}$$

或根据式(4-24)

$$(\psi,\hat{A}^{\dagger}\varphi) = (\psi,\hat{A}\varphi) = (\hat{A}\psi,\varphi) \tag{4-27}$$

则称$\hat{A}$为厄米算符(Hermitian operator)。

厄米算符的和显然也是厄米算符,但两个厄米算符之积不一定是厄米的。例如,设$\hat{A}$、$\hat{B}$为厄米算符,即$\hat{A}^{\dagger} = \hat{A}$,$\hat{B}^{\dagger} = \hat{B}$,则

$$(\hat{A}\hat{B})^{\dagger} = \hat{B}^{\dagger}\hat{A}^{\dagger} = \hat{B}\hat{A} \neq \hat{A}\hat{B}$$

除非

$$[\hat{A},\hat{B}] = 0$$

由此可见,互为对易的两个厄米算符之积是一个厄米算符。

在实际上可观测的力学量如坐标、动量、能量、角动量等的观测值必须是实数。各个力学量的平均值也必须是实数。这就要求,这些力学量的算符必须是厄米算符,因为在任何量子态下,厄米算符的平均值必为实数:

$$\overline{A} = (\psi,\hat{A}\psi) = (\hat{A}\psi,\psi) = (\psi,\hat{A}\psi)^{*} = \overline{A}^{*} \tag{4-28}$$

厄米算符与非厄米算符

4.1.5 幺正算符

如果一个算符$\hat{A}$满足

$$\hat{A}^{\dagger} = \hat{A}^{-1} \tag{4-29}$$

则我们称$\hat{A}$为幺正算符(unitary operator)。显然,如果$\hat{A}$是幺正算符,则

$$\hat{A}\hat{A}^{\dagger} = \hat{A}^{\dagger}\hat{A} = I \tag{4-30}$$

例如，当$\hat{H}$为厄米算符时，$\hat{U} = e^{i\hat{H}t}$是幺正算符，因为

$$\hat{U}^{\dagger} = (e^{i\hat{H}t})^{\dagger} = e^{-i\hat{H}t} = (e^{i\hat{H}t})^{-1}$$

因此

$$\hat{U}^{\dagger}\hat{U} = \hat{U}\hat{U}^{\dagger} = I \tag{4-31}$$

故$\hat{U}$是幺正的。

我们将看到，在量子力学中常见的各种变换，包括 Fourier 变换，量子态随时间的演化（变换）都是幺正变换，表示这些变换的算符都是幺正算符。

练习

设$\hat{U} = \hat{A} + i\hat{B}$为幺正算符，$\hat{A}$、$\hat{B}$为厄米算符。试证明，$\hat{A}^2 + \hat{B}^2 = I$，$[\hat{A},\hat{B}] = 0$。

证明　$\hat{U}^{\dagger} = \hat{A}^{\dagger} - i\hat{B}^{\dagger} = \hat{A} - i\hat{B}$，因此，$\hat{U}\hat{U}^{\dagger} = \hat{A}^2 + \hat{B}^2 - i[\hat{A},\hat{B}] = 1$，$\hat{U}^{\dagger}\hat{U} = \hat{A}^2 + \hat{B}^2 + i[\hat{A},\hat{B}] = 1$，由此可得到，$\hat{A}^2 + \hat{B}^2 = 1$，$[\hat{A},\hat{B}] = 0$。

4.2　量子力学的基本对易关系

坐标、动量和角动量是量子力学中最基本的力学量，这些力学量之间的对易关系是研究其他相关力学量之间对易关系的基础，是量子力学的最基本的对易关系（commutation relation）。下面讨论它们之间的对易关系。

4.2.1　坐标和动量的对易关系

设x、y、z和$\hat{p}_x$、$\hat{p}_y$、$\hat{p}_z$分别代表三个坐标和三个动量算符，则由于

$$x\hat{p}_x\psi = -i\hbar x\frac{\partial\psi}{\partial x}$$

$$\hat{p}_x x\psi = -i\hbar\frac{\partial}{\partial x}(x\psi) = -i\hbar\psi - i\hbar x\frac{\partial\psi}{\partial x}$$

因此

$$(x\hat{p}_x - \hat{p}_x x)\psi = i\hbar\psi \tag{4-32}$$

因为ψ是任意选取的波函数，故式(4-32)说明

$$x\hat{p}_x - \hat{p}_x x = i\hbar$$

或

$$[x,\hat{p}_x] = i\hbar \tag{4-33}$$

同理，我们可以证明

$$[y,\hat{p}_y] = i\hbar \tag{4-34}$$

$$[z,\hat{p}_z] = i\hbar \tag{4-35}$$

由于x、y、z各为独立变量，很容易证明

$$\begin{cases}[x, \hat{p}_y] = [x, \hat{p}_z] = 0 \\ [y, \hat{p}_x] = [y, \hat{p}_z] = 0 \\ [z, \hat{p}_x] = [z, \hat{p}_y] = 0\end{cases} \tag{4-36}$$

概括式(4-33) ~ 式(4-36)，我们得到坐标和动量的基本对易关系：

$$[\boldsymbol{r}_\alpha, \boldsymbol{r}_\beta] = 0$$

$$[\hat{p}_\alpha, \hat{p}_\beta] = 0$$

$$[\boldsymbol{r}_\alpha, \hat{p}_\beta] = \mathrm{i}\hbar\delta_{\alpha\beta} \tag{4-37}$$

这里 $\alpha, \beta = x, y, z; \boldsymbol{r}_x = x, \boldsymbol{r}_y = y, \boldsymbol{r}_z = z$。式(4-37) 是量子力学的最基本的对易关系。

练习

(1) 试证明：$[\hat{p}_x, f(x)] = -\mathrm{i}\hbar\dfrac{\partial f}{\partial x}$。

证明　把 $[\hat{p}_x, f(x)]$ 作用到任意波函数 $\varphi(x)$，则

$$\begin{aligned}[\hat{p}_x, f(x)]\varphi(x) &= p_x(f\varphi) - fp_x\varphi = p_xf\cdot\varphi + fp_x\varphi - fp_x\varphi \\ &= p_xf\cdot\varphi = -\mathrm{i}\hbar\frac{\partial f}{\partial x}\cdot\varphi\end{aligned}$$

但因 $\varphi(x)$ 是任意选取的，因此 $[\hat{p}_x, f(x)] = -\mathrm{i}\hbar\dfrac{\partial f}{\partial x}$。

(2) 试证明：$[\hat{p}_x^2, f(x)] = -\hbar^2\dfrac{\partial^2 f}{\partial x^2} - 2\mathrm{i}\hbar\dfrac{\partial f}{\partial x}\hat{p}_x$。

证明　把 $[\hat{p}_x^2, f(x)]$ 作用到任意波函数 $\varphi(x)$ 得

$$\begin{aligned}[\hat{p}_x^2, f]\varphi &= \hat{p}_x[\hat{p}_x, f]\varphi + [\hat{p}_x, f]\hat{p}_x\varphi \\ &= \hat{p}_x[\hat{p}_x(f\varphi)] - \hat{p}_x(f\hat{p}_x\varphi) + \hat{p}_x(f\hat{p}_x\varphi) - f\hat{p}_x^2\varphi \\ &= \hat{p}_x(\hat{p}_xf\cdot\varphi + f\hat{p}_x\varphi) - \hat{p}_xf\cdot\hat{p}_x\varphi - f\hat{p}_x^2\varphi + \hat{p}_xf\hat{p}_x\varphi + f\hat{p}_x^2x\varphi - f\hat{p}_x^2\varphi \\ &= \hat{p}_x^2f\cdot\varphi + \hat{p}_xf\hat{p}_x\varphi + f\hat{p}_x^2\varphi - f\hat{p}_x^2\varphi + \hat{p}_xf\hat{p}_x\varphi \\ &= -\hbar^2\frac{\partial^2 f}{\partial x^2}\varphi - 2\mathrm{i}\hbar\frac{\partial f}{\partial x}\hat{p}_x\varphi \\ &= \left(-\hbar^2\frac{\partial^2 f}{\partial x^2} - 2\mathrm{i}\hbar\frac{\partial f}{\partial x}\hat{p}_x\right)\varphi\end{aligned}$$

故得

$$[\hat{p}_x^2, f(x)] = -\hbar^2\frac{\partial^2 f}{\partial x^2} - 2\mathrm{i}\hbar\frac{\partial f}{\partial x}\hat{p}_x$$

4.2.2　角动量的基本对易关系

轨道角动量算符的定义为

$$\hat{\boldsymbol{l}} = \hat{\boldsymbol{r}} \times \hat{\boldsymbol{p}} = \begin{vmatrix} \boldsymbol{i} & \boldsymbol{j} & \boldsymbol{k} \\ x & y & z \\ \hat{p}_x & \hat{p}_y & \hat{p}_z \end{vmatrix}$$

其中

$$\hat{\boldsymbol{r}} = x\boldsymbol{i} + y\boldsymbol{j} + z\boldsymbol{k}, \quad \hat{\boldsymbol{p}} = \hat{p}_x\boldsymbol{i} + \hat{p}_y\boldsymbol{j} + \hat{p}_z\boldsymbol{k}$$

由此可见，$\hat{\boldsymbol{l}}$ 的 x、y、z 分量分别为

$$\hat{l}_x = y\hat{p}_z - z\hat{p}_y = -\mathrm{i}\hbar\left(y\frac{\partial}{\partial z} - z\frac{\partial}{\partial y}\right) \tag{4-38}$$

$$\hat{l}_y = z\hat{p}_x - x\hat{p}_z = -\mathrm{i}\hbar\left(z\frac{\partial}{\partial x} - x\frac{\partial}{\partial z}\right) \tag{4-39}$$

$$\hat{l}_z = x\hat{p}_y - y\hat{p}_x = -\mathrm{i}\hbar\left(x\frac{\partial}{\partial y} - y\frac{\partial}{\partial x}\right) \tag{4-40}$$

根据上述定义，可证明如下对易关系：

(1) 角动量与坐标的对易关系

利用式(4-36)、式(4-37)容易证明

$$[\hat{l}_x, x] = 0, [\hat{l}_x, y] = \mathrm{i}\hbar z, [\hat{l}_x, z] = -\mathrm{i}\hbar y$$

$$[\hat{l}_y, x] = -\mathrm{i}\hbar z, [\hat{l}_y, y] = 0, [\hat{l}_y, z] = \mathrm{i}\hbar x$$

$$[\hat{l}_z, x] = \mathrm{i}\hbar y, [\hat{l}_z, y] = -\mathrm{i}\hbar x, [\hat{l}_z, z] = 0$$

例如

$$[\hat{l}_x, y] = [y\hat{p}_z - z\hat{p}_y, y] = [y\hat{p}_z, y] - [z\hat{p}_y, y] = -z[\hat{p}_y, y] = \mathrm{i}\hbar z$$

上述对易式可概括为

$$[\hat{l}_\alpha, \boldsymbol{r}_\beta] = \mathrm{i}\hbar\varepsilon_{\alpha\beta\gamma}\boldsymbol{r}_\gamma \tag{4-41}$$

其中，$\alpha, \beta, \gamma = x, y, z$；$\boldsymbol{r}_x = x, \boldsymbol{r}_y = y, \boldsymbol{r}_z = z$。$\varepsilon_{\alpha\beta\gamma}$ 是一个三阶完全反对称单位张量(unit tensor)，叫作 Levi-Civita 符号。$\varepsilon_{\alpha\beta\gamma}$ 满足

$$\begin{cases} \varepsilon_{xyz} = 1 \\ \varepsilon_{xyz} = -\varepsilon_{yxz} = -\varepsilon_{xzy} \end{cases} \tag{4-42}$$

即 α、β、γ 中的任何一个指标与其他指标每交换一次就改变一次符号，任何两个指标重复时 $\varepsilon = 0$。

(2) 角动量与动量的对易关系

利用式(4-36)、式(4-37)同样可以证明角动量和动量之间的对易关系：

$$[\hat{l}_x, \hat{p}_x] = [\hat{l}_y, \hat{p}_y] = [\hat{l}_z, \hat{p}_z] = 0$$

$$[\hat{l}_x, \hat{p}_y] = \mathrm{i}\hbar\hat{p}_z, \quad [\hat{l}_y, \hat{p}_z] = \mathrm{i}\hbar\hat{p}_x, \quad [\hat{l}_z, \hat{p}_x] = \mathrm{i}\hbar\hat{p}_y$$

$$[\hat{l}_x, \hat{p}_z] = -\mathrm{i}\hbar\hat{p}_y, \quad [\hat{l}_y, \hat{p}_x] = -\mathrm{i}\hbar\hat{p}_z, \quad [\hat{l}_z, \hat{p}_y] = -\mathrm{i}\hbar\hat{p}_x$$

以上对易式可概括为

$$[\hat{l}_\alpha, \hat{p}_\beta] = \mathrm{i}\hbar\varepsilon_{\alpha\beta\gamma}\hat{p}_\gamma \tag{4-43}$$

其中，$\varepsilon_{\alpha\beta\gamma}$ 的定义同上。

(3) 角动量的各分量之间的对易式

可以证明

$$\begin{cases} [\hat{l}_x, \hat{l}_x] = [\hat{l}_y, \hat{l}_y] = [\hat{l}_z, \hat{l}_z] = 0 \\ [\hat{l}_x, \hat{l}_y] = \mathrm{i}\hbar\hat{l}_z, \quad [\hat{l}_y, \hat{l}_z] = \mathrm{i}\hbar\hat{l}_x, \quad [\hat{l}_z, \hat{l}_x] = \mathrm{i}\hbar\hat{l}_y \end{cases} \tag{4-44}$$

或概括为

$$[\hat{l}_\alpha,\hat{l}_\beta]=\mathrm{i}\hbar\varepsilon_{\alpha\beta\gamma}\hat{l}_\gamma \tag{4-45}$$

式(4-44)的后三个对易式也可以写成矢量积的形式：

$$\hat{\boldsymbol{l}}\times\hat{\boldsymbol{l}}=\mathrm{i}\hbar\hat{\boldsymbol{l}} \tag{4-46}$$

其中

$$\hat{\boldsymbol{l}}=\hat{l}_x\boldsymbol{i}+\hat{l}_y\boldsymbol{j}+\hat{l}_z\boldsymbol{k} \tag{4-47}$$

如果我们定义角动量的平方算符$\hat{\boldsymbol{l}}^2$，则可以证明，$\hat{\boldsymbol{l}}^2$ 与$\hat{\boldsymbol{l}}$ 的各个分量都对易。即

$$[\hat{\boldsymbol{l}}^2,\hat{l}_\alpha]=0,\quad \alpha=x,y,z \tag{4-48}$$

其中

$$\hat{\boldsymbol{l}}^2=\hat{l}_x^2+\hat{l}_y^2+\hat{l}_z^2 \tag{4-49}$$

如果再定义

$$\hat{l}_+=\hat{l}_x+\mathrm{i}\hat{l}_y,\quad \hat{l}_-=\hat{l}_x-\mathrm{i}\hat{l}_y \tag{4-50}$$

则可以证明

$$\begin{cases}[\hat{l}_z,\hat{l}_\pm]=\pm\hbar\hat{l}_\pm\\ [\hat{l}_+,\hat{l}_-]=2\hbar\hat{l}_z\end{cases} \tag{4-51}$$

4.3 厄米算符的本征值和本征函数系

回顾前面所讲过的内容我们可以看到，量子态和力学量是量子力学的两个最基本的概念。

量子态用波函数 $\psi(\boldsymbol{r},t)$ 描述，波函数 $\psi(\boldsymbol{r},t)$ 随时间的演化满足Schrödinger 方程，Schrödinger 方程遵从动力学决定论，即初始时刻的波函数决定以后任意时刻的波函数。但要注意，波函数一般来说是复函数，是一个不可观测量，波函数不代表任何物理量。

任何可观测的力学量都可用相应的厄米算符表示。这些算符的本征值就是经典意义上的力学量的值。由于力学量算符的本征值一般来说不止一个，对力学量的每次测量只能给出这些本征值当中的某一个，测量结果并不由测量前体系的状态唯一地确定。因此，量子力学在本质上不遵从经典意义上的动力学决定论。

4.3.1 厄米算符的本征值方程

在第2章讲到，如果量子体系处于一种特殊状态，在此状态下力学量$\hat{A}$具有确定测值，则称这种状态为力学量$\hat{A}$的本征态(eigenstate)，所得到的测值称为该力学量的本征值。如果把算符$\hat{A}$的本征函数记作 ψ_n，本征值记为 A_n，则本征值方程为

$$\hat{A}\psi_n=A_n\psi_n \tag{4-52}$$

一个力学量算符(厄米算符)的本征值和本征函数一般来说不止一个，甚至是无穷多个。当对一个量子态进行力学量$\hat{A}$的测量时，所得的测值必定是力学量$\hat{A}$的所有本征值当中的

某一个，这是量子力学的基本假设之一。可以证明，对应于$\hat{A}$ 的这些本征值 A_n，不论简并与否，总有一组线性独立的本征函数$\{\psi_n, n=1,2,3,\cdots\}$ 存在，这些本征函数可构成一组正交、归一、完备的本征函数系。如果厄米算符的本征值无简并，这一组本征函数系是唯一的；如果本征值是简并的，则可以存在许多组本征函数系，这是一个较复杂的数学问题，不在这里加以证明。下面证明两个重要定理。

定理 1　厄米算符的本征值必为实数。

证明　设 ψ_n 是力学量算符$\hat{A}$ 的归一化的本征函数，则在 ψ_n 所描述的量子态下，

$$\overline{A} = (\psi_n, \hat{A}\psi_n) = A_n(\psi_n, \psi_n) = A_n \tag{4-53}$$

但我们已证明，厄米算符的平均值 $\overline{A}$ 必为实数，因此 A_n 也必为实数。

定理 1 说明，为了保证本征值为实数，要求力学量的算符必须为厄米算符。

定理 2　厄米算符的属于不同本征值的本征函数彼此正交。

证明　设 ψ_n 和 ψ_m 为厄米算符$\hat{A}$ 的本征值分别为 A_n、A_m 的本征函数，则

$$\hat{A}\psi_m = A_m\psi_m, \quad \hat{A}\psi_n = A_n\psi_n \tag{4-54}$$

要证明$\hat{A}$ 的属于不同本征值的本征函数 ψ_m 和 ψ_n 正交，就要证明

$$(\psi_m, \psi_n) = \int \psi_m^*(\boldsymbol{r})\psi_n(\boldsymbol{r})\mathrm{d}\tau = 0 \tag{4-55}$$

为此，式(4-54) 的第一式取复共轭，则得

$$\hat{A}^*\psi_m^* = A_m\psi_m^* \tag{4-56}$$

再求上式与 ψ_n 的标积得

$$(\hat{A}\psi_m, \psi_n) = A_m(\psi_m, \psi_n) \tag{4-57}$$

由于$\hat{A}$ 是厄米算符，式(4-57) 的左边可以写成

$$(\hat{A}\psi_m, \psi_n) = (\psi_m, \hat{A}\psi_n) = A_n(\psi_m, \psi_n) \tag{4-58}$$

由式(4-57) 和式(4-58) 得

$$(A_m - A_n)(\psi_m, \psi_n) = 0 \tag{4-59}$$

但因为 A_m 和 A_n 是两个不同本征值，$A_m \neq A_n$，因此

$$(\psi_m, \psi_n) = 0 \tag{4-60}$$

4.3.2　本征值方程的几种解法

下面以一维谐振子为例，介绍本征值方程的三种解法。

一维谐振子的 Hamilton 算符为

$$\hat{H} = \frac{\hat{p}_x^2}{2m} + \frac{1}{2}m\omega^2x^2 \tag{4-61}$$

一维谐振子的能量本征值方程为

$$\hat{H}\psi = E\psi \tag{4-62}$$

1. 解微分方程的方法

求解方程(4-62) 的第一种方法就是在第 3 章所介绍的解微分方程

$$\left(-\frac{\hbar^2}{2m}\frac{\mathrm{d}^2}{\mathrm{d}x^2} + \frac{1}{2}m\omega^2x^2\right)\psi = E\psi \tag{4-63}$$

或者解

$$\frac{d^2\psi}{d\xi^2}+(\lambda-\xi^2)\psi=0 \tag{4-64}$$

的方法。其中 ξ 和 λ 由方程(3-136) 给出。在第 3 章我们已求解二阶微分方程(4-64),得到谐振子的能量本征值

$$E=\left(n+\frac{1}{2}\right)\hbar\omega,\quad n=0,1,2,3,\cdots$$

本征函数由式(3-152) 给出。

2. Heisenberg 代数方法

为求解方程式(4-62),现将 Hamilton 量 $\hat{H}$ 进行如下因式分解:

$$\begin{aligned}\hat{H}&=\frac{\hat{p}_x^2}{2m}+\frac{1}{2}m\omega^2x^2\\&=\hbar\omega\left(\sqrt{\frac{m\omega}{2\hbar}}x-\frac{\mathrm{i}}{\sqrt{2m\omega\hbar}}\hat{p}_x\right)\left(\sqrt{\frac{m\omega}{2\hbar}}x+\frac{\mathrm{i}}{\sqrt{2m\omega\hbar}}\hat{p}_x\right)+\frac{1}{2}\hbar\omega\\&=\left(a^\dagger a+\frac{1}{2}\right)\hbar\omega\end{aligned} \tag{4-65}$$

其中

$$a=\sqrt{\frac{m\omega}{2\hbar}}x+\frac{\mathrm{i}}{\sqrt{2m\omega\hbar}}\hat{p}_x \tag{4-66}$$

$$a^\dagger=\sqrt{\frac{m\omega}{2\hbar}}x-\frac{\mathrm{i}}{\sqrt{2m\omega\hbar}}\hat{p}_x \tag{4-67}$$

是互为厄米共轭的两个算符。利用量子力学的基本对易关系

$$[x,\hat{p}_x]=\mathrm{i}\hbar$$

可以证明

$$[a,a^\dagger]=1 \tag{4-68}$$

引进厄米算符

$$N=a^\dagger a \tag{4-69}$$

并将算符 N 的本征态记作 $\psi_n\equiv|n\rangle$,对应的本征值记作 n ,则 N 的本征值方程为

$$N|n\rangle=a^\dagger a|n\rangle=n|n\rangle \tag{4-70}$$

利用对易关系式(4-68) 容易证明

$$[N,a]=-a \tag{4-71}$$

$$[N,a^\dagger]=a^\dagger \tag{4-72}$$

将式(4-71) 作用于 N 的本征态,得到

$$[N,a]|n\rangle=-a|n\rangle \tag{4-73}$$

但同时

$$[N,a]|n\rangle=Na|n\rangle-aN|n\rangle=Na|n\rangle-na|n\rangle \tag{4-74}$$

比较式(4-73) 和式(4-74) 得到

$$N(a|n\rangle)=(n-1)(a|n\rangle) \tag{4-75}$$

式(4-75) 说明,$a|n\rangle$ 也是 N 的本征态,本征值为 $n-1$。同理

$$[N,a^2]\mid n\rangle = -2a^2\mid n\rangle \tag{4-76}$$

但同时

$$[N,a^2]\mid n\rangle = Na^2\mid n\rangle - a^2N\mid n\rangle = Na^2\mid n\rangle - na^2\mid n\rangle \tag{4-77}$$

比较式(4-76) 和式(4-77)，得

$$N(a^2\mid n\rangle) = (n-2)(a^2\mid n\rangle) \tag{4-78}$$

因此，$a^2\mid n\rangle$ 也是算符 N 的本征态，相应的本征值为 $n-2$。以此类推，我们可以得到 N 的一系列本征态 $\mid n\rangle, a\mid n\rangle, a^2\mid n\rangle, \cdots$，相应的本征值为 $n,\ n-1, n-2, \cdots$。可见，算符 a 对 $\mid n\rangle$ 的作用使 N 的本征值降 1。

由平均值公式，对 N 的任意本征态 $\psi_n \equiv\mid n\rangle$，

$$\overline{N} = n = (\psi_n, a^\dagger a\psi_n) = (a\psi_n, a\psi_n) \geqslant 0 \tag{4-79}$$

这就是说，N 的本征值必须为 0 或大于 0 的实数。设 N 的最小本征值为 n_0，相应本征态为$\mid n_0\rangle$，则必有

$$a\mid n_0\rangle = 0 \tag{4-80}$$

$$N\mid n_0\rangle = a^\dagger a\mid n_0\rangle = 0 \tag{4-81}$$

式(4-81) 说明，$\mid n_0\rangle$ 为 N 的本征值为 0 的本征态，因此记作 $\mid n_0\rangle \equiv\mid 0\rangle$。

利用对易关系式(4-72)，同样可以证明

$$\begin{cases} Na^\dagger\mid n\rangle = (n+1)a^\dagger\mid n\rangle \\ N(a^\dagger)^2\mid n\rangle = (n+2)(a^\dagger)^2\mid n\rangle \\ \vdots \end{cases} \tag{4-82}$$

由此可见，$\mid n\rangle, a^\dagger\mid n\rangle, (a^\dagger)^2\mid n\rangle, \cdots$，也是 N 的本征态，本征值分别为 $n, n+1, n+2, \cdots$，$a^\dagger$ 对 $\mid n\rangle$ 的作用使 N 的本征值增加 1。因此，如果从 $\mid 0\rangle$ 态开始，逐次用 $a^\dagger, (a^\dagger)^2\cdots$ 作用于 $\mid 0\rangle$ 态，则得到 N 的一系列本征态

$$\mid 0\rangle, a^\dagger\mid 0\rangle, (a^\dagger)^2\mid 0\rangle, \cdots \tag{4-83}$$

N 的相应本征值为

$$n = 0,1,2,\cdots \tag{4-84}$$

利用式(4-65) 和式(4-70)，一维谐振子的能量本征值方程

$$\hat{H}\mid n\rangle = E\mid n\rangle \tag{4-85}$$

变为

$$\hbar\omega\left(N+\frac{1}{2}\right)\mid n\rangle = E\mid n\rangle \tag{4-86}$$

即

$$\left(n+\frac{1}{2}\right)\hbar\omega\mid n\rangle = E\mid n\rangle \tag{4-87}$$

由此得到，谐振子的能量

$$E_n = \left(n+\frac{1}{2}\right)\hbar\omega,\quad n = 0,1,2,\cdots \tag{4-88}$$

这一结果与第一种方法给出的结果一致。我们把 $n=0$ 的态 $\mid 0\rangle$ 称为谐振子的基态(ground state)，基态的能量 $E_0 = \dfrac{1}{2}\hbar\omega$，基态的能量也叫作零点能。

不考虑零点能$\frac{1}{2}\hbar\omega$时，谐振子的第n个能级的能量$E_n = n\hbar\omega$可认为是n个能量为$\hbar\omega$的谐振子的总能量。因此，算符N的本征值n称为粒子数，N称为粒子数算符(particle number operator)，$|n\rangle$称为量子态在粒子数表象中的表示。对这一问题的细节只能在高等量子力学中(二次量子化理论)才能得到更圆满的解释。

3. 矩阵方法

如果我们能把能量本征值方程

$$\hat{H}\psi = E\psi \tag{4-89}$$

中的 Hamilton 算符$\hat{H}$表示成一个矩阵形式，波函数$\psi = \sum_k a_k\psi_k$表示成一个列矢量：

$$\psi = \begin{pmatrix} a_1 \\ a_2 \\ \vdots \end{pmatrix} \tag{4-90}$$

其中，

$$a_k = (\psi_k, \psi) \tag{4-91}$$

则能量本征值方程变为矩阵形式：

$$\sum_k (H_{jk} - E\delta_{jk})a_k = 0 \tag{4-92}$$

方程(4-92)是a_k所满足的线性齐次方程组，方程组有非零解的条件是矩阵的行列式值等于0，即

$$|H_{jk} - E\delta_{jk}| = 0 \tag{4-93}$$

此方程称为久期方程(secular equation)。解久期方程，我们就可以求出 Hamilton 算符$\hat{H}$的本征值和本征函数。这一方法将在第 5 章详细介绍。

简并

在求解本征值方程，特别是在求解能量本征值方程时，我们往往遇到本征值的简并(degenerate)问题。设一力学量算符$\hat{A}$的本征值方程为

$$\hat{A}\psi_{n\alpha} = A_n\psi_{n\alpha}, \quad \alpha = 1,2,3,\cdots,f_n \tag{4-94}$$

也就是说，力学量算符$\hat{A}$的属于本征值A_n的本征函数有f_n个，这时我们称本征值A_n为f_n重简并的，或简并度为f_n。例如，一维自由粒子的能量本征值方程

$$\hat{H}\psi = E\psi, \quad \hat{H} = -\frac{\hbar^2}{2m}\frac{\mathrm{d}^2}{\mathrm{d}x^2}$$

的解为$\psi \sim \mathrm{e}^{\pm ikx}$，$E = \frac{\hbar^2k^2}{2m}$，这就是说，对能量$E$，有两个本征函数$\mathrm{e}^{ikx}$和$\mathrm{e}^{-ikx}$，因此，能量是二重简并的。一般来说，简并态的本征函数$\psi_{n\alpha}(\alpha = 1,2,3,\cdots,f_n)$不一定彼此正交，但可以通过它们的适当的线性组合使之彼此正交。即构造

$$\varphi_{n\beta} = \sum_{\alpha=1}^{f_n} a_{\beta\alpha}\psi_{n\alpha}, \quad \beta = 1,2,3,\cdots,f_n \tag{4-95}$$

使f_n个新的函数$\varphi_{n\beta}(\beta = 1,2,3,\cdots,f_n)$彼此正交

$$(\varphi_{n\beta},\varphi_{n\beta'}) = \delta_{\beta\beta'} \tag{4-96}$$

$\delta_{\beta\beta'}$ 共有 $f_n \times f_n$ 个元素，其中 f_n 个元素为 1，其他$\frac{1}{2}(f_n^2 - f_n) = \frac{1}{2}f_n(f_n - 1)$ 个元素为 0，因此共有$\frac{1}{2}f_n(f_n + 1)$ 个条件可用来找到一组 $a_{\beta\alpha}$，确定 $\varphi_{n\beta}$，使方程(4-96) 得到满足。

可以证明，$\varphi_{n\beta}$ 仍为$\hat{A}$ 的本征态，本征值为 A_n，因为

$$\hat{A}\varphi_{n\beta} = \sum_{\alpha=1}^{f_n} a_{\beta\alpha}\hat{A}\psi_{n\alpha} = A_n\sum_{\alpha=1}^{f_n} a_{\beta\alpha}\psi_{n\alpha} = A_n\varphi_{n\beta} \tag{4-97}$$

4.4　量子涨落和不确定性关系的一般表达式

设一个力学量算符$\hat{A}$(厄米算符) 的平均值为 $\overline{A}$，显然$\hat{A} - \overline{A}$ 的平均值

$$\overline{\hat{A} - \overline{A}} = [\psi,(\hat{A} - \overline{A})\psi] = (\psi,\hat{A}\psi) - (\psi,\overline{A}\psi) = 0$$

为了描述实际存在的量子涨落(不确定度)，定义

$$\Delta A \equiv \sqrt{\overline{(\hat{A} - \overline{A})^2}} = \sqrt{\overline{\hat{A}^2} - \overline{A}^2} \tag{4-98}$$

为力学量$\hat{A}$ 的量子涨落(quantum fluctuation) 或叫作不确定度。其中

$$\overline{(\hat{A} - \overline{A})^2} = [\psi,(\hat{A} - \overline{A})^2\psi]$$

由于$\hat{A}$ 是厄米算符，且 $\overline{A}$ 是实数，$\hat{A} - \overline{A}$ 也是厄米算符。因此

$$\begin{aligned}\overline{(\hat{A} - \overline{A})^2} &= [(\hat{A} - \overline{A})\psi,(\hat{A} - \overline{A})\psi] \\ &= \int |(\hat{A} - \overline{A})\psi|^2 \mathrm{d}^3\boldsymbol{r} \geqslant 0\end{aligned} \tag{4-99}$$

可见，不确定度 $\Delta A \geqslant 0$。显然，如果一个量子体系处于某一力学量$\hat{A}$ 的本征态，量子涨落 $\Delta A = 0$。

现在考虑另一个力学量 $\hat{B}$，并设其平均值为 $\overline{B}$，则力学量 $\hat{B}$ 的不确定度

$$\Delta B = \sqrt{\overline{(\hat{B} - \overline{B})^2}} = \sqrt{\overline{\hat{B}^2} - \overline{B}^2} \geqslant 0 \tag{4-100}$$

可以证明，不确定度 ΔA 和 ΔB 满足关系式

$$\Delta A \cdot \Delta B \geqslant \frac{1}{2}|\overline{[\hat{A},\hat{B}]}|$$

证明　设$\hat{A}\hat{B}$ 的期待值$(\psi,\hat{A}\hat{B}\psi) = x + \mathrm{i}y$，其中 x,y 为实数，则

$$(\psi,\hat{A}\hat{B}\psi)^\dagger = (\psi,\hat{B}^\dagger\hat{A}^\dagger\psi) = (\psi,\hat{B}\hat{A}\psi) = x - \mathrm{i}y$$

因此

$$(\psi,[\hat{A},\hat{B}]\psi) = 2\mathrm{i}y,\quad (\psi,\{\hat{A},\hat{B}\}\psi) = 2x$$

由此可得

$$|(\psi,[\hat{A},\hat{B}]\psi)|^2 + |(\psi,\{\hat{A},\hat{B}\}\psi)|^2 = 4|(\psi,\hat{A}\hat{B}\psi)|^2 \tag{4-101}$$

从而

$$|(\psi,[\hat{A},\hat{B}]\psi)|^2 \leqslant 4|(\psi,\hat{A}\hat{B}\psi)|^2$$

利用 Cauchy-Schwarz 不等式

$$|(\psi,\hat{A}\hat{B}\psi)|^2 \leqslant (\psi,\hat{A}^2\psi)(\psi,\hat{B}^2\psi) \tag{4-102}$$

原不等式可以改写成

$$|(\psi,[\hat{A},\hat{B}]\psi)|^2 \leqslant 4(\psi,\hat{A}^2\psi)(\psi,\hat{B}^2\psi)$$

或

$$\overline{\hat{A}^2}\cdot\overline{\hat{B}^2} \geqslant \frac{1}{4}|\overline{[\hat{A},\hat{B}]}|^2$$

用$\hat{A}-\overline{A}$ 和 $\hat{B}-\overline{B}$ 分别代替上式中的$\hat{A}$ 和$\hat{B}$，并利用式(4-98)，式(4-100) 和$[\hat{A}-\overline{A},\hat{B}-\overline{B}]=[\hat{A},\hat{B}]$，最后得到

$$\Delta A\cdot\Delta B \geqslant \frac{1}{2}|\overline{[\hat{A},\hat{B}]}| \tag{4-103}$$

式(4-103) 就是 Heisenberg 不确定关系的最一般表达式。在 2.6 节所介绍的不确定关系式(2-49) 是式(4-103) 的特例。例如，设$\hat{A}=x,\hat{B}=p_x$，则利用量子力学的基本对易式$[x,p_x]=\mathrm{i}\hbar$ 可得

$$\Delta x\cdot\Delta p_x \geqslant \frac{1}{2}|\overline{[x,\hat{p}_x]}| = \frac{1}{2}|\overline{\mathrm{i}\hbar}| = \frac{\hbar}{2} \tag{4-104}$$

海森堡不确定关系

这就是式(2-49)。

如果力学量 $\hat{B}$ 代表一个量子力学体系的 Hamilton 算符$\hat{H}$，则能量的不确定度 ΔE 和力学量$\hat{A}$ 的不确定度 ΔA 满足

$$\Delta E\cdot\Delta A \geqslant \frac{1}{2}|\overline{[\hat{H},\hat{A}]}| \tag{4-105}$$

其中

$$\Delta E=\sqrt{\overline{\hat{H}^2}-\overline{H}^2},\quad \Delta A=\sqrt{\overline{\hat{A}^2}-\overline{A}^2}$$

可以证明[见式(6-2)]

$$\frac{\mathrm{d}}{\mathrm{d}t}\overline{A}=\frac{1}{\mathrm{i}\hbar}\overline{[\hat{A},\hat{H}]} \tag{4-106}$$

式(4-105) 可以写成

$$\Delta E\cdot\Delta A \geqslant \frac{\hbar}{2}\left|\frac{\mathrm{d}}{\mathrm{d}t}\overline{A}\right|$$

或

$$\Delta E\cdot\frac{\Delta A}{|\mathrm{d}\overline{A}/\mathrm{d}t|} \geqslant \frac{\hbar}{2} \tag{4-107}$$

在式(4-107) 中，$\dfrac{\Delta A}{|\mathrm{d}\overline{A}/\mathrm{d}t|}$ 代表$\overline{A}$改变 ΔA 所需要的时间间隔，记作 Δt，因此式(4-107) 变为

$$\Delta E\cdot\Delta t \geqslant \frac{\hbar}{2} \tag{4-108}$$

式(4-108) 就是能量 - 时间不确定关系。ΔE 代表能量的不确定度，它并非测量误差，而代表一个量子态可能的能量不确定范围。Δt 代表同一量子态不稳定性持续的时间，与 ΔE 紧密相连，因此也叫作不稳定束缚态的特征时间。例如，一个原子的高能态(激发态) 一般是不稳定的。处于激发态的原子停留在该激发态的时间就是激发态的寿命，也就是特征时间 Δt。

因此，激发态的能量也有一个不确定度 ΔE，ΔE 和 Δt 满足上述不确定关系。ΔE 也叫不稳定能级的能级宽度。

处于基态的原子是稳定的，它的能量不确定度 $\Delta E=0$，从而时间的不确定度，也就是基态的寿命(特征时间)为无穷大。因此，我们可以说，任何一个短时间内发生的不稳定现象必有能量的不确定性。

4.5　力学量算符在球坐标系中的表示

在量子力学中，经常需要考虑坐标、动量、角动量等力学量算符在球坐标系(spherical polar coordinate)中的表示。本节将讨论这些力学量在球坐标系中的表示。

如图 4-1 所示，在球坐标系中，坐标

$$x=r\sin\theta\cos\varphi$$
$$y=r\sin\theta\sin\varphi$$
$$z=r\cos\theta$$

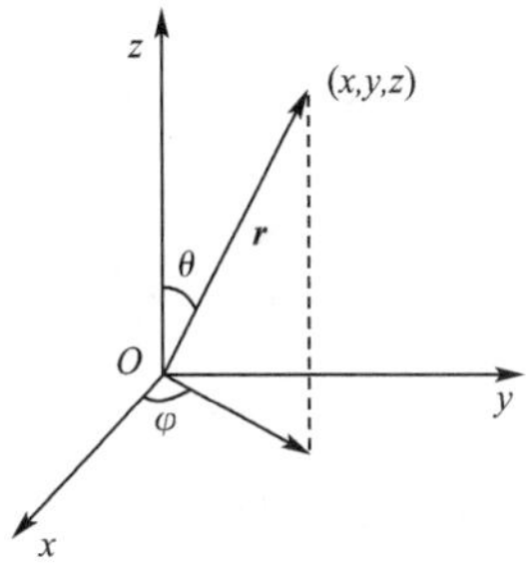

图 4-1

在球坐标系中，Hamilton 算符 ∇ 和 Laplace 算符 ∇^2 分别为

$$\nabla=\frac{\partial}{\partial r}\boldsymbol{e}_r+\frac{1}{r}\frac{\partial}{\partial\theta}\boldsymbol{e}_\theta+\frac{1}{r\sin\theta}\frac{\partial}{\partial\varphi}\boldsymbol{e}_\varphi \tag{4-109}$$

$$\nabla^2=\frac{1}{r^2}\frac{\partial}{\partial r}\left(r^2\frac{\partial}{\partial r}\right)+\frac{1}{r^2}\left[\frac{1}{\sin\theta}\frac{\partial}{\partial\theta}\left(\sin\theta\frac{\partial}{\partial\theta}\right)+\frac{1}{\sin^2\theta}\frac{\partial^2}{\partial\varphi^2}\right] \tag{4-110}$$

其中，$\boldsymbol{e}_r$、$\boldsymbol{e}_\theta$、$\boldsymbol{e}_\varphi$ 分别为 r、θ、φ 方向的单位矢量。如果设

$$\nabla_r^2\equiv\frac{1}{r^2}\frac{\partial}{\partial r}\left(r^2\frac{\partial}{\partial r}\right) \tag{4-111}$$

$$\nabla_{\theta,\varphi}^2\equiv\frac{1}{\sin\theta}\frac{\partial}{\partial\theta}\left(\sin\theta\frac{\partial}{\partial\theta}\right)+\frac{1}{\sin^2\theta}\frac{\partial^2}{\partial\varphi^2} \tag{4-112}$$

则

$$\nabla^2=\nabla_r^2+\frac{1}{r^2}\nabla_{\theta,\varphi}^2 \tag{4-113}$$

因此，不含时 Schrödinger 方程在球坐标系中的表示为

$$\left(\nabla_r^2+\frac{1}{r^2}\nabla_{\theta,\varphi}^2\right)\psi(r,\theta,\varphi)+\frac{2m}{\hbar^2}[E-V(r)]\psi(r,\theta,\varphi)=0 \tag{4-114}$$

动量算符在球坐标系中的表示为

$$\hat{\boldsymbol{p}}=-\mathrm{i}\hbar\nabla=-\mathrm{i}\hbar\left(\frac{\partial}{\partial r}\boldsymbol{e}_r+\frac{1}{r}\frac{\partial}{\partial\theta}\boldsymbol{e}_\theta+\frac{1}{r\sin\theta}\frac{\partial}{\partial\varphi}\boldsymbol{e}_\varphi\right) \tag{4-115}$$

动能算符在球坐标系中的表示为

$$\begin{aligned}\hat{T}&=-\frac{\hbar^2}{2m}\nabla^2\\&=-\frac{\hbar^2}{2m}\left\{\frac{1}{r^2}\frac{\partial}{\partial r}\left(r^2\frac{\partial}{\partial r}\right)+\frac{1}{r^2}\left[\frac{1}{\sin\theta}\frac{\partial}{\partial\theta}\left(\sin\theta\frac{\partial}{\partial\theta}\right)+\frac{1}{\sin^2\theta}\frac{\partial^2}{\partial\varphi^2}\right]\right\}\end{aligned}$$

$$= -\frac{\hbar^2}{2m}\left[\frac{1}{r^2}\frac{\partial}{\partial r}\left(r^2\frac{\partial}{\partial r}\right) - \frac{\hat{\boldsymbol{l}}^2}{\hbar^2 r^2}\right] \tag{4-116}$$

在式(4-116)中,$\hat{\boldsymbol{l}}^2$ 代表角动量平方算符在球坐标系中的表示,见式(4-120)。

下面着重讨论角动量算符$\hat{l}_x$、$\hat{l}_y$、$\hat{l}_z$ 和$\hat{\boldsymbol{l}}^2$ 在球坐标系中的表示。可以证明,角动量在球坐标系中的表示为

$$\hat{l}_x = \mathrm{i}\hbar\left(\sin\varphi\frac{\partial}{\partial\theta} + \cot\theta\cos\varphi\frac{\partial}{\partial\varphi}\right) \tag{4-117}$$

$$\hat{l}_y = \mathrm{i}\hbar\left(-\cos\varphi\frac{\partial}{\partial\theta} + \cot\theta\sin\varphi\frac{\partial}{\partial\varphi}\right) \tag{4-118}$$

$$\hat{l}_z = -\mathrm{i}\hbar\frac{\partial}{\partial\varphi} \tag{4-119}$$

$$\hat{\boldsymbol{l}}^2 = -\hbar^2\left[\frac{1}{\sin\theta}\frac{\partial}{\partial\theta}\left(\sin\theta\frac{\partial}{\partial\theta}\right) + \frac{1}{\sin^2\theta}\frac{\partial^2}{\partial\varphi^2}\right] = -\hbar^2\nabla^2_{\theta,\varphi} \tag{4-120}$$

证明　由于矢径

$$\boldsymbol{r} = x\boldsymbol{i} + y\boldsymbol{j} + z\boldsymbol{k} = r(\sin\theta\cos\varphi\,\boldsymbol{i} + \sin\theta\sin\varphi\,\boldsymbol{j} + \cos\theta\,\boldsymbol{k}) \tag{4-121}$$

$\boldsymbol{r}$ 方向的单位矢量

$$\boldsymbol{e}_r = \frac{\partial\boldsymbol{r}}{\partial r} = \sin\theta\cos\varphi\,\boldsymbol{i} + \sin\theta\sin\varphi\,\boldsymbol{j} + \cos\theta\,\boldsymbol{k} \tag{4-122}$$

与 $\boldsymbol{r}$ 正交的两个单位矢量 $\boldsymbol{e}_\theta$、$\boldsymbol{e}_\varphi$ 分别为

$$\boldsymbol{e}_\theta = \frac{\partial\boldsymbol{r}}{\partial\theta}\Big/\left|\frac{\partial\boldsymbol{r}}{\partial\theta}\right|,\quad \boldsymbol{e}_\varphi = \frac{\partial\boldsymbol{r}}{\partial\varphi}\Big/\left|\frac{\partial\boldsymbol{r}}{\partial\varphi}\right| \tag{4-123}$$

但

$$\frac{\partial\boldsymbol{r}}{\partial\theta} = r(\cos\theta\cos\varphi\,\boldsymbol{i} + \cos\theta\sin\varphi\,\boldsymbol{j} - \sin\theta\,\boldsymbol{k})$$

$$\left|\frac{\partial\boldsymbol{r}}{\partial\theta}\right| = [r^2(\cos^2\theta\cos^2\varphi + \cos^2\theta\sin^2\varphi + \sin^2\theta)]^{\frac{1}{2}} = r$$

故

$$\boldsymbol{e}_\theta = \frac{1}{r}\frac{\partial\boldsymbol{r}}{\partial\theta} = \cos\theta\cos\varphi\,\boldsymbol{i} + \cos\theta\sin\varphi\,\boldsymbol{j} - \sin\theta\,\boldsymbol{k} \tag{4-124}$$

同理

$$\frac{\partial\boldsymbol{r}}{\partial\varphi} = r(-\sin\theta\sin\varphi\,\boldsymbol{i} + \sin\theta\cos\varphi\,\boldsymbol{j})$$

故

$$\left|\frac{\partial\boldsymbol{r}}{\partial\varphi}\right| = [r^2(\sin^2\theta\sin^2\varphi + \sin^2\theta\cos^2\varphi)]^{\frac{1}{2}} = r\sin\theta$$

$$\boldsymbol{e}_\varphi = \frac{1}{r\sin\theta}\frac{\partial\boldsymbol{r}}{\partial\varphi} = -\sin\varphi\,\boldsymbol{i} + \cos\varphi\,\boldsymbol{j} \tag{4-125}$$

因此,球坐标系和直角坐标系单位矢量之间的关系可以写成

$$\begin{pmatrix}\boldsymbol{e}_r\\ \boldsymbol{e}_\theta\\ \boldsymbol{e}_\varphi\end{pmatrix} = \begin{pmatrix}\sin\theta\cos\varphi & \sin\theta\sin\varphi & \cos\theta\\ \cos\theta\cos\varphi & \cos\theta\sin\varphi & -\sin\theta\\ -\sin\varphi & \cos\varphi & 0\end{pmatrix}\begin{pmatrix}\boldsymbol{i}\\ \boldsymbol{j}\\ \boldsymbol{k}\end{pmatrix} \tag{4-126}$$

利用以上结果,角动量算符可以表示成

$$\hat{\boldsymbol{l}} = -\mathrm{i}\hbar \boldsymbol{r}\times\nabla$$
$$= -\mathrm{i}\hbar\{(\boldsymbol{r}_\theta\nabla_\varphi - \boldsymbol{r}_\varphi\nabla_\theta)\boldsymbol{e}_r + (\boldsymbol{r}_\varphi\nabla_r - \boldsymbol{r}_r\nabla_\varphi)\boldsymbol{e}_\theta + (\boldsymbol{r}_r\nabla_\theta - \boldsymbol{r}_\theta\nabla_r)\boldsymbol{e}_\varphi\} \tag{4-127}$$

又

$$\boldsymbol{r}_\varphi = \boldsymbol{r}_\theta = 0,\quad \boldsymbol{r}_r = r,\quad \nabla_r = \frac{\partial}{\partial r},\quad \nabla_\theta = \frac{1}{r}\frac{\partial}{\partial\theta},\quad \nabla_\varphi = \frac{1}{r\sin\theta}\frac{\partial}{\partial\varphi} \tag{4-128}$$

代入上式得

$$\hat{\boldsymbol{l}} = -\mathrm{i}\hbar\left(\boldsymbol{e}_\varphi\frac{\partial}{\partial\theta} - \boldsymbol{e}_\theta\frac{1}{\sin\theta}\frac{\partial}{\partial\varphi}\right)$$
$$= -\mathrm{i}\hbar\left[(-\sin\varphi\,\boldsymbol{i} + \cos\varphi\boldsymbol{j})\frac{\partial}{\partial\theta} - (\cos\theta\cos\varphi\,\boldsymbol{i} + \cos\theta\sin\varphi\boldsymbol{j} - \sin\theta\boldsymbol{k})\frac{1}{\sin\theta}\frac{\partial}{\partial\varphi}\right]$$
$$= -\mathrm{i}\hbar\left[\left(-\sin\varphi\frac{\partial}{\partial\theta} - \cot\theta\cos\varphi\frac{\partial}{\partial\varphi}\right)\boldsymbol{i} + \left(\cos\varphi\frac{\partial}{\partial\theta} - \cot\theta\sin\varphi\frac{\partial}{\partial\varphi}\right)\boldsymbol{j} + \frac{\partial}{\partial\varphi}\boldsymbol{k}\right] \tag{4-129}$$

因此得到

$$\hat{l}_x = i\hbar\left(\sin\varphi\frac{\partial}{\partial\theta} + \cot\theta\cos\varphi\frac{\partial}{\partial\varphi}\right) \tag{4-130}$$

$$\hat{l}_y = \mathrm{i}\hbar\left(-\cos\varphi\frac{\partial}{\partial\theta} + \cot\theta\sin\varphi\frac{\partial}{\partial\varphi}\right) \tag{4-131}$$

$$\hat{l}_z = -\mathrm{i}\hbar\frac{\partial}{\partial\varphi} \tag{4-132}$$

又因

$$\hat{\boldsymbol{l}} = -\mathrm{i}\hbar\left(\boldsymbol{e}_\varphi\frac{\partial}{\partial\theta} - \boldsymbol{e}_\theta\frac{1}{\sin\theta}\frac{\partial}{\partial\varphi}\right)$$

角动量的平方算符

$$\hat{\boldsymbol{l}}^2 = \hat{\boldsymbol{l}}\cdot\hat{\boldsymbol{l}} = -\hbar^2\left(\boldsymbol{e}_\varphi\frac{\partial}{\partial\theta} - \boldsymbol{e}_\theta\frac{1}{\sin\theta}\frac{\partial}{\partial\varphi}\right)\left(\boldsymbol{e}_\varphi\frac{\partial}{\partial\theta} - \boldsymbol{e}_\theta\frac{1}{\sin\theta}\frac{\partial}{\partial\varphi}\right)$$
$$= -\hbar^2\left(\boldsymbol{e}_\varphi\frac{\partial\boldsymbol{e}_\varphi}{\partial\theta}\frac{\partial}{\partial\theta} + \frac{\partial^2}{\partial\theta^2} - \frac{1}{\sin\theta}\boldsymbol{e}_\theta\cdot\frac{\partial\boldsymbol{e}_\varphi}{\partial\varphi}\frac{\partial}{\partial\theta} - \frac{1}{\sin\theta}\boldsymbol{e}_\varphi\cdot\frac{\partial\boldsymbol{e}_\theta}{\partial\theta}\frac{\partial}{\partial\varphi} + \right.$$
$$\left.\frac{1}{\sin^2\theta}\boldsymbol{e}_\theta\cdot\frac{\partial\boldsymbol{e}_\theta}{\partial\varphi}\frac{\partial}{\partial\varphi} + \frac{1}{\sin^2\theta}\frac{\partial^2}{\partial\varphi^2}\right)$$

考虑到

$$\boldsymbol{e}_\varphi\cdot\frac{\partial\boldsymbol{e}_\varphi}{\partial\theta} = \boldsymbol{e}_\varphi\cdot 0 = 0$$

$$\boldsymbol{e}_\theta\cdot\frac{\partial\boldsymbol{e}_\varphi}{\partial\varphi} = (\cos\theta\cos\varphi\,\boldsymbol{i} + \cos\theta\sin\varphi\boldsymbol{j} - \sin\theta\boldsymbol{k})(-\cos\varphi\,\boldsymbol{i} - \sin\varphi\boldsymbol{j})$$
$$= -\cos\theta\cos^2\varphi - \cos\theta\sin^2\varphi + 0 = -\cos\theta$$

$$\boldsymbol{e}_\varphi\cdot\frac{\partial\boldsymbol{e}_\theta}{\partial\theta} = (-\sin\varphi\,\boldsymbol{i} + \cos\varphi\boldsymbol{j})(-\sin\theta\cos\varphi\,\boldsymbol{i} - \sin\theta\sin\varphi\boldsymbol{j} - \cos\theta\boldsymbol{k})$$
$$= \sin\varphi\sin\theta\cos\varphi - \cos\varphi\sin\theta\sin\varphi = 0$$

$$\boldsymbol{e}_\theta\cdot\frac{\partial\boldsymbol{e}_\theta}{\partial\varphi} = (\cos\theta\cos\varphi\,\boldsymbol{i} + \cos\theta\sin\varphi\boldsymbol{j} - \sin\theta\boldsymbol{k})(-\cos\theta\sin\varphi\,\boldsymbol{i} + \cos\theta\cos\varphi\boldsymbol{j})$$

$$= -\cos^2\theta\cos\varphi\sin\varphi + \cos^2\theta\sin\varphi\cos\varphi = 0$$

最后得到

$$\begin{aligned}\hat{\boldsymbol{l}}^2 &= -\hbar^2\left\{\frac{\partial^2}{\partial\theta^2} + \cot\theta\frac{\partial}{\partial\theta} + \frac{1}{\sin^2\theta}\frac{\partial^2}{\partial\varphi^2}\right\}\\ &= -\hbar^2\left[\frac{1}{\sin\theta}\frac{\partial}{\partial\theta}\left(\sin\theta\frac{\partial}{\partial\theta}\right) + \frac{1}{\sin^2\theta}\frac{\partial^2}{\partial\varphi^2}\right]\end{aligned} \tag{4-133}$$

因为$\hat{\boldsymbol{l}}$与 r 无关,因此我们可以得到对易关系

$$[\hat{\boldsymbol{l}}, r^2] = [\hat{\boldsymbol{l}}, V(r)] = 0 \tag{4-134}$$

又由

$$\hat{\boldsymbol{p}}^2 = -\hbar^2\nabla^2 = -\hbar^2\left[\frac{1}{r^2}\frac{\partial}{\partial r}\left(r^2\frac{\partial}{\partial r}\right) - \frac{\hat{\boldsymbol{l}}^2}{\hbar^2 r^2}\right] \tag{4-135}$$

得到对易式

$$[\hat{\boldsymbol{l}}, \hat{\boldsymbol{p}}^2] = 0, \quad [\hat{\boldsymbol{l}}, \hat{H}] = 0 \tag{4-136}$$

4.6 力学量算符的共同本征函数系

当我们对一个量子体系进行某一力学量$\hat{A}$ 的测量时,如果该量子体系处于$\hat{A}$ 的某一本征态,则测量结果是确定的。但在该本征态下如果进行另一个力学量 $\hat{B}$ 的测量,则测量结果一般来说是不确定的。显然,如果两个力学量具有共同本征函数系,则体系可处于两个力学量的共同本征态,两个力学量有可能同时具有确定值。那么,什么条件下两个力学量$\hat{A}$ 和 $\hat{B}$ 能够具有共同本征函数系(set of simultaneous eigenfunctions)?

下面证明,如果两个力学量$\hat{A}$和 $\hat{B}$对易,则它们具有共同本征函数系。

设一力学量算符$\hat{A}$ 的本征函数系为$\{\psi_n, n = 1,2,3,\cdots\}$,属于本征值 A_n(非简并)的本征函数为 ψ_n,则其本征值方程为

$$\hat{A}\psi_n = A_n\psi_n$$

如果另一个力学量算符 $\hat{B}$与$\hat{A}$ 对易,$[\hat{A}, \hat{B}] = 0$,则

$$\hat{A}(\hat{B}\psi_n) = \hat{B}(\hat{A}\psi_n) = A_n(\hat{B}\psi_n) \tag{4-137}$$

可见,$\hat{B}\psi_n$ 也是$\hat{A}$ 的本征值为 A_n 的本征函数。但因 A_n 不简并,ψ_n 和 $\hat{B}\psi_n$ 应表示同一个量子态,至多差一个常因子。如果把此常因子记作 B_n,则

$$\hat{B}\psi_n = B_n\psi_n \tag{4-138}$$

这就说明 ψ_n 不仅是$\hat{A}$ 的本征函数,同时也是$\hat{B}$ 的本征值为 B_n 的本征函数。因为 ψ_n 是任意选取的,因此$\{\psi_n, n = 1,2,3,\cdots\}$是力学量$\hat{A}$ 和$\hat{B}$ 的共同本征函数系。在 ψ_n 所描述的共同本征态下,力学量$\hat{A}$ 和 $\hat{B}$ 可同时具有确定值。

对简并情况同样可以证明,互为对易的力学量算符具有共同本征函数系。

反过来,如果力学量算符$\hat{A}$ 和 $\hat{B}$ 具有共同本征函数系$\{\psi_n, n = 1,2,3,\cdots\}$,即对任一 ψ_n,

$$\hat{A}\psi_n = A_n\psi_n, \quad \hat{B}\psi_n = B_n\psi_n \tag{4-139}$$

则

$$[\hat{A},\hat{B}]\psi_n = (\hat{A}\hat{B}-\hat{B}\hat{A})\psi_n = \hat{A}\hat{B}\psi_n - \hat{B}\hat{A}\psi_n$$
$$= \hat{A}B_n\psi_n - \hat{B}A_n\psi_n = (A_nB_n - B_nA_n)\psi_n = 0$$

因为 ψ_n 是任意选定的本征函数，上述结果表明，对任一波函数 $\psi = \sum_n a_n\psi_n$，

$$[\hat{A},\hat{B}]\psi = 0 \tag{4-140}$$

因此

$$[\hat{A},\hat{B}] = 0$$

可见，如果力学量算符$\hat{A}$ 和 $\hat{B}$ 具有完备的共同本征函数系，则$\hat{A}$ 与 $\hat{B}$ 对易。要注意，式(4-140)说明，算符$[\hat{A},\hat{B}]$对 ψ 的作用结果为 0，而不是二者的乘积等于 0。因此，对一个特定的 ψ_0，虽然$\hat{A}$ 和$\hat{B}$ 不对易，但有可能$[\hat{A},\hat{B}]\psi_0 = 0$。例如，角动量算符$\hat{l}_x$ 和$\hat{l}_y$ 虽然不对易，但如果我们选取 $\psi = z$，则$[\hat{l}_x,\hat{l}_y]z = 0$，但 $\psi = z$ 并非$\hat{l}_x$ 和$\hat{l}_y$的共同本征函数。

推广到更一般情况。设有一组彼此独立的厄米算符$(\hat{A}_1,\hat{A}_2,\cdots)$互为对易，则我们可以找到它们的一组完备(complete)的共同本征函数系$\{\psi_n, n = 1,2,\cdots\}$，体系的任何一个状态 ψ 均可以用 ψ_n 来展开：

$$\psi = \sum_n a_n\psi_n \tag{4-141}$$

如果 ψ_n 是连续谱，如动量本征函数，则将上式求和改换成 Fourier 积分。这时，我们称力学量$\{A_1,A_2,\cdots\}$构成力学量的完全集(complete set of observable)。

利用厄米算符本征函数的正交、归一性(ortho-normality)，即

$$(\psi_m,\psi_n) = \delta_{mn} \tag{4-142}$$

可以得到

$$(\psi,\psi) = \left(\sum_m a_m\psi_m, \sum_n a_n\psi_n\right) = \sum_m\sum_n a_m^* a_n(\psi_m,\psi_n)$$
$$= \sum_m\sum_n a_m^* a_n\delta_{mn} = \sum_n |a_n|^2 = 1 \tag{4-143}$$

由此可见，$|a_n|^2$ 代表体系在 ψ 态下力学量$\hat{A}$ 的测值为 A_n 的概率。这是波函数统计诠释的最一般的数学表达式。

下面，举例说明力学量完全集和力学量算符的共同本征函数系。

4.6.1 一维谐振子的能量本征函数

一维谐振子的能量本征函数 $\psi_n = N_n e^{-\frac{1}{2}\alpha^2x^2}H_n(\xi), n = 0,1,2,\cdots$。所有的$\{\psi_n, n = 0,1,2,\cdots\}$构成一维谐振子能量算符的一组正交、归一、完备的本征函数系，任何一个态 ψ 都可以用 ψ_n 展开：

$$\psi = \sum_n a_n\psi_n, \quad (\psi_m,\psi_n) = \delta_{mn} \tag{4-144}$$

由于$\{\psi_n, n = 0,1,2,\cdots\}$是能量算符$\hat{H}$ 的本征函数系，因此$\hat{H}$ 本身就构成力学量的完全集。

4.6.2 动量$\{\hat{p}_x,\hat{p}_y,\hat{p}_z\}$的共同本征函数

前面已看到，动量的三个分量$\hat{p}_x$、$\hat{p}_y$、$\hat{p}_z$ 互为对易，$[\hat{p}_\alpha,\hat{p}_\beta]=0, \alpha,\beta = x,y,z$，因此，$\hat{p}_x$、$\hat{p}_y$、

$\hat{p}_z$ 构成力学量的完全集，可以具有共同本征函数，它们的共同本征函数就是沿 $\boldsymbol{r}$ 方向行进的平面波（具有确定动量 $\boldsymbol{p}$），

$$\psi_{\boldsymbol{p}}(\boldsymbol{r}) = \frac{1}{(2\pi\hbar)^{3/2}} e^{\frac{i}{\hbar}\boldsymbol{p}\cdot\boldsymbol{r}} = \frac{1}{(2\pi\hbar)^{3/2}} e^{\frac{i}{\hbar}(xp_x+yp_y+zp_z)} \tag{4-145}$$

容易证明

$$\hat{p}_x\psi_{\boldsymbol{p}}(\boldsymbol{r}) = -i\hbar\frac{\partial}{\partial x}\psi_{\boldsymbol{p}}(\boldsymbol{r}) = p_x\psi_{\boldsymbol{p}}(\boldsymbol{r})$$

$$\hat{p}_y\psi_{\boldsymbol{p}}(\boldsymbol{r}) = -i\hbar\frac{\partial}{\partial y}\psi_{\boldsymbol{p}}(\boldsymbol{r}) = p_y\psi_{\boldsymbol{p}}(\boldsymbol{r})$$

$$\hat{p}_z\psi_{\boldsymbol{p}}(\boldsymbol{r}) = -i\hbar\frac{\partial}{\partial z}\psi_{\boldsymbol{p}}(\boldsymbol{r}) = p_z\psi_{\boldsymbol{p}}(\boldsymbol{r}) \tag{4-146}$$

因此，$\psi_{\boldsymbol{p}}(\boldsymbol{r})$ 是 $\hat{p}_x$、$\hat{p}_y$、$\hat{p}_z$ 的本征值分别为 p_x、p_y、p_z 的共同本征函数。任何一个波函数 $\psi(\boldsymbol{r})$ 都可用 $\psi_{\boldsymbol{p}}(\boldsymbol{r})$ 进行 Fourier 展开：

$$\psi(\boldsymbol{r}) = \frac{1}{(2\pi\hbar)^{3/2}}\int_{-\infty}^{+\infty}\varphi(\boldsymbol{p})e^{\frac{i}{\hbar}\boldsymbol{p}\cdot\boldsymbol{r}}d^3\boldsymbol{p} \tag{4-147}$$

4.6.3 坐标 $\{x,y,z\}$ 的共同本征函数

坐标 x,y,z 互为对易，它们具有共同本征函数，它们的共同本征函数是

$$\delta^3(\boldsymbol{r}-\boldsymbol{r}_0) = \delta(x-x_0)\delta(y-y_0)\delta(z-z_0) \tag{4-148}$$

因为，根据 δ-函数的性质，

$$\begin{aligned} x\delta^3(\boldsymbol{r}-\boldsymbol{r}_0) &= x\delta(x-x_0)\delta(y-y_0)\delta(z-z_0) \\ &= x_0\delta(x-x_0)\delta(y-y_0)\delta(z-z_0) \\ &= x_0\delta^3(\boldsymbol{r}-\boldsymbol{r}_0) \end{aligned} \tag{4-149}$$

同理

$$\begin{aligned} y\delta^3(\boldsymbol{r}-\boldsymbol{r}_0) &= y_0\delta^3(\boldsymbol{r}-\boldsymbol{r}_0) \\ z\delta^3(\boldsymbol{r}-\boldsymbol{r}_0) &= z_0\delta^3(\boldsymbol{r}-\boldsymbol{r}_0) \end{aligned} \tag{4-150}$$

因此，$\delta^3(\boldsymbol{r}-\boldsymbol{r}_0)$ 是坐标 x、y、z 的本征值分别为 x_0、y_0、z_0 的共同本征函数。

4.6.4 角动量算符 $(\hat{l}^2,\hat{l}_z)$ 的共同本征函数，球谐函数

前面已讲到，角动量的平方算符 $\hat{\boldsymbol{l}}^2$ 和角动量的三个分量 $\hat{l}_x$、$\hat{l}_y$、$\hat{l}_z$ 对易，即

$$[\hat{\boldsymbol{l}}^2,\hat{l}_\alpha] = 0 \quad (\alpha = x,y,z) \tag{4-151}$$

因此，$\hat{\boldsymbol{l}}^2$ 和 $\hat{l}_\alpha$ $(\alpha = x,y,z)$ 可具有共同本征函数。现在我们来求 $\hat{\boldsymbol{l}}^2$ 和 $\hat{l}_z$ 的共同本征函数。

我们先求 $\hat{l}_z$ 的本征函数。设 $\Phi(\varphi)$ 为 $\hat{l}_z$ 的本征函数，则 $\hat{l}_z$ 的本征值方程为

$$-i\hbar\frac{\partial\Phi}{\partial\varphi} = l_z\Phi \quad (\hat{l}_z\Phi = l_z\Phi) \tag{4-152}$$

其解为

$$\Phi = Ce^{\frac{i}{\hbar}l_z\varphi} \tag{4-153}$$

C 为归一化常数。当 $\varphi \to \varphi + 2\pi$ 时，应有 $\Phi(\varphi) = \Phi(\varphi + 2\pi)$。取 $\varphi = 0$，得

$$e^{\frac{i}{\hbar} l_z 2\pi} = 1, \quad \frac{l_z}{\hbar} = m \quad (m = 0, \pm 1, \pm 2, \cdots)$$

因此 $\hat{l}_z$ 的本征值

$$l_z = m\hbar \quad (m = 0, \pm 1, \pm 2, \cdots) \tag{4-154}$$

本征函数为

$$\Phi_m = Ce^{im\varphi} \tag{4-155}$$

由归一化条件 $\int_0^{2\pi} |\Phi_m|^2 d\varphi = 1$ 得

$$C = \frac{1}{\sqrt{2\pi}} \tag{4-156}$$

因此 $\hat{l}_z$ 的归一化本征函数为

$$\Phi_m = \frac{1}{\sqrt{2\pi}} e^{im\varphi} \tag{4-157}$$

Φ_m 满足正交、归一性：

$$(\Phi_m, \Phi_n) = \frac{1}{2\pi} \int_0^{2\pi} e^{i(n-m)\varphi} d\varphi = \delta_{m,n} \tag{4-158}$$

下面求 $\hat{\boldsymbol{l}}^2$ 和 $\hat{l}_z$ 的共同本征函数。

设共同本征函数为 $Y(\theta, \varphi)$，则本征值方程为

$$\hat{\boldsymbol{l}}^2 Y(\theta, \varphi) = k^2 Y(\theta, \varphi) \tag{4-159}$$

$$\hat{l}_z Y(\theta, \varphi) = m\hbar Y(\theta, \varphi)$$

其中，k^2 为 $\hat{\boldsymbol{l}}^2$ 的本征值。把式(4-133) 的 $\hat{\boldsymbol{l}}^2$ 代入式(4-159)，并设

$$\lambda = \frac{k^2}{\hbar^2} \tag{4-160}$$

则 $\hat{\boldsymbol{l}}^2$ 的本征值方程变为

$$\frac{1}{\sin\theta} \frac{\partial}{\partial\theta}\left(\sin\theta \frac{\partial Y}{\partial\theta}\right) + \frac{1}{\sin^2\theta} \frac{\partial^2 Y}{\partial\varphi^2} + \lambda Y = 0 \tag{4-161}$$

我们要求方程(4-161) 在全区域($0 \leqslant \theta \leqslant \pi, 0 \leqslant \varphi \leqslant 2\pi$) 内具有有限的解。令

$$Y(\theta, \varphi) = \Theta(\theta)\Phi(\varphi) \tag{4-162}$$

并代入式(4-161) 得

$$\frac{\sin\theta}{\Theta} \frac{d}{d\theta}\left(\sin\theta \frac{d\Theta}{d\theta}\right) + \lambda\sin^2\theta = -\frac{1}{\Phi} \frac{d^2\Phi}{d\varphi^2}$$

因为此方程两边各为不同变量的函数，只有当方程两边均为一常数时方程才成立，设其常数为 m^2，则得

$$\frac{d^2\Phi}{d\varphi^2} = -m^2\Phi \tag{4-163}$$

$$\frac{1}{\sin\theta} \frac{d}{d\theta}\left(\sin\theta \frac{d\Theta}{d\theta}\right) + \left(\lambda - \frac{m^2}{\sin^2\theta}\right)\Theta = 0 \tag{4-164}$$

式(4-163) 的解为

$$\Phi_m(\varphi)=\frac{1}{\sqrt{2\pi}}\mathrm{e}^{\mathrm{i}m\varphi}\quad(m=0,\pm1,\pm2,\cdots)\tag{4-165}$$

其中，m 称为磁量子数(magnetic quantum number)。$\Phi_m(\varphi)$ 就是式(4-157) 中给出的 $\hat{l}_z$ 的本征函数。

为了求解式(4-164)，作变量代换

$$\xi=\cos\theta\quad(0\leqslant\theta\leqslant\pi,-1\leqslant\xi\leqslant1)\tag{4-166}$$

并习惯上令 $\Theta(\theta)\equiv P(\xi)$，则我们得到

$$\frac{\mathrm{d}}{\mathrm{d}\theta}=\frac{\mathrm{d}\xi}{\mathrm{d}\theta}\frac{\mathrm{d}}{\mathrm{d}\xi}=-\sin\theta\frac{\mathrm{d}}{\mathrm{d}\xi}=-(1-\xi^2)^{\frac{1}{2}}\frac{\mathrm{d}}{\mathrm{d}\xi}\tag{4-167}$$

因此，原方程变为

$$\frac{\mathrm{d}}{\mathrm{d}\xi}\left[(1-\xi^2)\frac{\mathrm{d}P}{\mathrm{d}\xi}\right]+\left(\lambda-\frac{m^2}{1-\xi^2}\right)P=0\tag{4-168}$$

方程(4-168) 叫作连带(associated)Legendre方程。方程(4-168) 有两个奇点 $\xi=\pm1$。通过对 $P(\xi)$ 在奇点附近解的分析可知，$P(\xi)$ 具有如下形式时，它在 ξ 的全区域有限(见数学物理方程)：

$$P(\xi)=(1-\xi^2)^{\frac{|m|}{2}}v(\xi)\tag{4-169}$$

把 $P(\xi)$ 代入到式(4-168) 便得到关于 $v(\xi)$ 的方程

$$(1-\xi^2)\frac{\mathrm{d}^2v}{\mathrm{d}\xi^2}-2(|m|+1)\xi\frac{\mathrm{d}v}{\mathrm{d}\xi}+(\lambda-|m|-m^2)v(\xi)=0\tag{4-170}$$

$\xi=0$ 是此方程的常点。在零点附近把 $v(\xi)$ 级数展开：

$$v(\xi)=\sum_{\nu=0}^{+\infty}a_\nu\xi^\nu\tag{4-171}$$

并代入到式(4-170)，比较 ξ^ν 的同次幂系数得

$$(\nu+2)(\nu+1)a_{\nu+2}=[\nu(\nu-1)+2(|m|+1)\nu-\lambda+|m|+m^2]a_\nu$$

或

$$a_{\nu+2}=\frac{\nu(\nu-1)+2(|m|+1)\nu-\lambda+|m|+m^2}{(\nu+2)(\nu+1)}a_\nu\tag{4-172}$$

可以证明，如果级数式(4-171)包括无穷多项，则 $v(\xi)$发散。为了使 $v(\xi)$有限，令 $a_0=0$，则偶次幂项消失。再令奇次幂项在某一项，比如 $\nu=\nu'$项中断(即当$\nu=\nu'$时，$a_{\nu+2}=0$，$a_\nu|_{\nu=\nu'}\neq0$)，则得

$$\nu'(\nu'-1)+2(|m|+1)\nu'-\lambda+|m|+m^2=0\tag{4-173}$$

由此得到

$$\lambda=(\nu'+|m|)(\nu'+|m|+1)=l(l+1),l=\nu'+|m|\tag{4-174}$$

可见，因为 k、$|m|$都是 0 或正整数，l 和 m 只能取

$$l=0,1,2,\cdots;\quad m=0,\pm1,\pm2,\cdots,\pm l\tag{4-175}$$

l 叫作角量子数(orbital-angular momentum quantum number)。因此，只有 $\lambda=l(l+1)$时，方程(4-168)才有有限解。

把 $\lambda=l(l+1)$代入式(4-168)得

$$\frac{\mathrm{d}}{\mathrm{d}\xi}\left[(1-\xi^2)\frac{\mathrm{d}P}{\mathrm{d}\xi}\right]+\left[l(l+1)-\frac{m^2}{1-\xi^2}\right]P=0 \tag{4-176}$$

在这个连带 Legendre 方程中，$m=0$ 时的方程

$$\frac{\mathrm{d}}{\mathrm{d}\xi}\left[(1-\xi^2)\frac{\mathrm{d}P}{\mathrm{d}\xi}\right]+l(l+1)P=0 \tag{4-177}$$

叫作 Legendre 方程，其解 $P_l(\xi)$ 叫作 Legendre 多项式。Legendre 多项式 $P_l(\xi)$ 由下式给出：

$$P_l(\xi)=\frac{1}{2^l\cdot l!}\frac{\mathrm{d}^l}{\mathrm{d}\xi^l}(\xi^2-1)^l \tag{4-178}$$

方程(4-176)的解叫作 m 阶 l 次连带 Legendre 多项式，记作 $P_l^{|m|}(\xi)$，它的表达式为

$$P_l^{|m|}(\xi)=(1-\xi^2)^{\frac{|m|}{2}}\frac{\mathrm{d}^{|m|}}{\mathrm{d}\xi^{|m|}}P_l(\xi) \tag{4-179}$$

把 $\lambda=l(l+1)$ 代入式(4-160)($\lambda=k^2/\hbar^2$)，得 $\hat{\boldsymbol{l}}^2$ 的本征值为

$$k^2=l(l+1)\hbar^2$$

相应的本征函数就是球谐函数(spherical harmonic function)

$$Y_{lm}(\theta,\varphi)=N_{lm}P_l^{|m|}(\cos\theta)\mathrm{e}^{\mathrm{i}m\varphi} \tag{4-180}$$

其中，归一化系数 N_{lm} 由 $Y_{lm}(\theta,\varphi)$ 的正交归一性

$$\int_0^{2\pi}\int_0^{\pi}Y_{l'm'}^*(\theta,\varphi)Y_{lm}(\theta,\varphi)\sin\theta\mathrm{d}\theta\mathrm{d}\varphi=\delta_{ll'}\delta_{mm'} \tag{4-181}$$

决定，可以算出

$$N_{lm}=\sqrt{\frac{(l-|m|)!\ (2l+1)}{(l+|m|)!\ 4\pi}} \tag{4-182}$$

当磁量子数取负值$(-|m|)$时，可以证明

$$P_l^{-|m|}(\xi)=(-1)^{|m|}\frac{(l-|m|)!}{(l+|m|)!}P_l^{|m|}(\xi) \tag{4-183}$$

$P_l^m(\xi)$满足正交归一性条件：

$$\int_{-1}^{1}P_l^{|m|}(\xi)P_{l'}^{|m|}(\xi)\mathrm{d}\xi=\frac{(l+|m|)!}{(l-|m|)!}\frac{2}{(2l+1)}\delta_{ll'},\quad m=-l,-l+1,\cdots,l-1,l \tag{4-184}$$

习惯上，把角量子数为 $l=0,1,2,3,4,\cdots$ 的量子态分别称为 $s,p,d,f,g\cdots$态。

因为磁量子数 $m=0,\pm1,\pm2,\cdots,\pm l$，因此当 $l\neq0$ 时，对应于一个 l，有 $2l+1$ 个不同的 m。这就是说，对一个 $\hat{\boldsymbol{l}}^2$ 的本征值 $k^2=l(l+1)\hbar^2$，存在 $f=2l+1$ 个具有不同 m 的量子态。因此 $\hat{\boldsymbol{l}}^2$ 的本征值是

$$f=2l+1 \tag{4-185}$$

度简并的。可见，要完全确定一个量子态，必须同时指定 l 和 m 才可能。对确定的 l、m，Y_{lm} 是 $\hat{\boldsymbol{l}}^2$ 和 $\hat{l}_z$ 的共同本征函数，其本征值方程为

$$\hat{\boldsymbol{l}}^2Y_{lm}(\theta,\varphi)=l(l+1)\hbar^2Y_{lm}(\theta,\varphi)$$

$$\hat{l}_zY_{lm}(\theta,\varphi)=m\hbar Y_{lm}(\theta,\varphi)$$

所有的 Y_{lm} 构成 $\hat{\boldsymbol{l}}^2$ 和 $\hat{l}_z$ 的共同本征函数系。

下面列出前几个球谐函数,以备后用:

$$
\begin{cases}
Y_{0,0}=\dfrac{1}{\sqrt{4\pi}} \\
Y_{1,1}=-\sqrt{\dfrac{3}{8\pi}}\sin\theta e^{i\varphi}, \quad Y_{1,0}=\sqrt{\dfrac{3}{4\pi}}\cos\theta, \quad Y_{1,-1}=\sqrt{\dfrac{3}{8\pi}}\sin\theta e^{-i\varphi} \\
Y_{2,2}=\sqrt{\dfrac{15}{32\pi}}\sin^2\theta e^{2i\varphi}, \quad Y_{2,1}=-\sqrt{\dfrac{15}{8\pi}}\sin\theta\cos\theta e^{i\varphi} \\
Y_{2,0}=\sqrt{\dfrac{5}{16\pi}}(3\cos^2\theta-1) \\
Y_{2,-1}=\sqrt{\dfrac{15}{8\pi}}\sin\theta\cos\theta e^{-i\varphi}, \quad Y_{2,-2}=\sqrt{\dfrac{15}{32\pi}}\sin^2\theta e^{-2i\varphi}
\end{cases}
\tag{4-186}
$$

4.7 Dirac δ 函数和连续谱本征函数的“归一化”

在量子力学中最常见的力学量是粒子的坐标、动量、角动量和能量。我们已经看到,角动量量子数(l,m 等)取离散值(discrete value),能量的本征值(E_n)在束缚态问题中取离散值,但在非束缚态问题中取连续值(如自由粒子的能量)。本征值取离散值的力学量本征函数,如能量本征函数 $\psi_n(n=1,2,3,\cdots)$,具有正交、归一性,即

$$(\psi_m,\psi_n)=\delta_{mn} \quad (\text{Kronecker } \delta \text{ 函数}) \tag{4-187}$$

也就是说,离散谱的本征函数是可以归一化的。

但是,坐标、动量等力学量的本征值 x、p 是取连续值,因此它们构成连续谱。这些连续谱的本征函数是不能归一化的。例如,一维运动的自由粒子的平面波是动量本征态,其动量取连续值($p=-\infty\rightarrow+\infty$),对应的动量本征函数为

$$\psi_p(x)=\frac{1}{(2\pi\hbar)^{1/2}}e^{\frac{i}{\hbar}px}$$

由此可得

$$(\psi_p,\psi_p)=\int_{-\infty}^{+\infty}|\psi_p(x)|^2dx=\frac{1}{2\pi\hbar}\int_{-\infty}^{+\infty}dx\rightarrow\infty \tag{4-188}$$

也就是说,动量的本征函数 $\psi_p(x)$ 是不能归一化的。

当然,任何真实的(实际存在的)波函数都不是严格的平面波,而是由许多平面波叠加而成的波包。因此不存在平面波的归一化问题。但实际上处理这些波包时,数学上往往用平面波代替,因此需要“归一化”。那么怎样对连续谱的本征函数进行“归一化”?

连续谱本征函数的“归一化”通常用 Dirac δ 函数进行。

4.7.1 Dirac δ 函数及其性质

1. δ 函数的定义

δ 函数的定义

$$\delta(x-x_0)=\begin{cases}0, & x\neq x_0 \\ \infty, & x=x_0\end{cases} \tag{4-189}$$

如图 4-2 所示，且满足

$$\int_{-\infty}^{+\infty}\delta(x-x_0)\mathrm{d}x=1 \tag{4-190}$$

δ 函数是从一些物理问题中抽象出来的。例如，设把一电量为 $q=1$ 的点电荷放在坐标系的 $x=x_0$ 点上，则在全空间中的电荷密度分布 $\rho(x)$ 可表示为

$$\rho(x-x_0)=\begin{cases}0, & x\neq x_0\\ \infty, & x=x_0\end{cases} \tag{4-191}$$

但是总电荷

$$q=\int_{-\infty}^{+\infty}\rho(x-x_0)\mathrm{d}x=1 \tag{4-192}$$

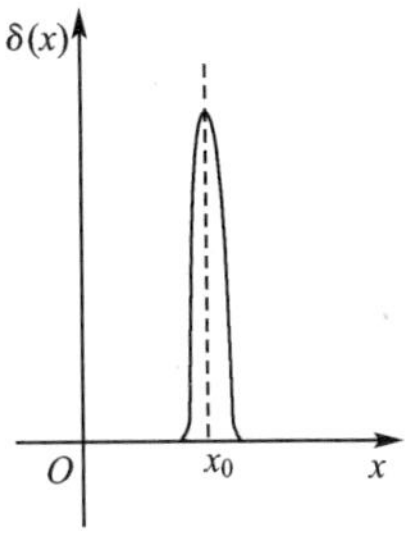

图 4-2

可见，$\rho(x)$是一个具有特殊性质的函数。这些问题的一般化的数学定义就是 Dirac 的 δ 函数。δ 函数在量子力学、量子场论等许多领域被广泛应用。

2. δ 函数的性质

(1) $\displaystyle\int_{-\infty}^{+\infty}f(x)\delta(x-x_0)\mathrm{d}x=f(x_0)$　(4-193)

这是因为，对任何一个连续函数 $f(x)$，$f(x)\delta(x-x_0)$ 除了在 $x=x_0$ 以外的所有点为零。因此$\int f(x)\delta(x-x_0)\mathrm{d}x$ 的值可用它在$x=x_0$ 的值 $f(x_0)$ 代替。此式也可以作为δ函数的定义式。作为本性质的特例，

$$\int f(x)\delta(x)\mathrm{d}x=f(0)$$

(2) $\delta(x)=\delta(-x)$　(4-194)

这是因为

$$\int_{-\infty}^{+\infty}f(x)\delta(-x)\mathrm{d}x=\int_{+\infty}^{-\infty}f(-x)\delta(x)\mathrm{d}(-x)=\int_{-\infty}^{+\infty}f(-x)\delta(x)\mathrm{d}x$$
$$=f(0)=\int_{-\infty}^{+\infty}f(x)\delta(x)\mathrm{d}x$$

因此 $\delta(x)=\delta(-x)$，δ 函数是偶函数。

(3) $\delta(ax)=\dfrac{1}{|a|}\delta(x)$，$a$ 为任意常数　(4-195)

因为，考虑到 $\delta(x)=\delta(-x)$，$\int\delta(ax)\mathrm{d}x=\dfrac{1}{|a|}\int\delta(ax)\mathrm{d}|a|(ax)=\dfrac{1}{|a|}\int\delta(x)\mathrm{d}x$。因此得

$$\delta(ax)=\frac{1}{|a|}\delta(x)$$

(4) $x\delta(x)=0$　(4-196)

这是因为，对任意的 $f(x)$，$\int_{-\infty}^{+\infty}f(x)x\delta(x)\mathrm{d}x=0$，因此，$x\delta(x)=0$。

(5) $x\dfrac{\mathrm{d}}{\mathrm{d}x}\delta(x)=-\delta(x)$　(4-197)

这是因为

$$\int_{-\infty}^{+\infty} x \frac{\mathrm{d}}{\mathrm{d}x}\delta(x)\mathrm{d}x = x\delta(x)\Big|_{-\infty}^{+\infty} - \int_{-\infty}^{+\infty}\delta(x)\mathrm{d}x = -\int_{-\infty}^{+\infty}\delta(x)\mathrm{d}x$$

由此得 $x\frac{\mathrm{d}}{\mathrm{d}x}\delta(x) = -\delta(x)$。作为本性质的推广，

$$(x-x_0)\frac{\partial}{\partial x}\delta(x-x_0) = -\delta(x-x_0)$$

(6) $\int\delta(x-a)\delta(x-b)\mathrm{d}x = \delta(a-b)$ (4-198)

(7) $\delta[(x-a)(x-b)] = \frac{1}{|a-b|}[\delta(x-a)+\delta(x-b)], a\neq b$ (4-199)

(8)
$$\begin{aligned}\delta(x^2-a^2) &= \frac{1}{2|a|}[\delta(x-a)+\delta(x+a)]\\ &= \frac{1}{2|x|}[\delta(x-a)+\delta(x+a)]\end{aligned} \tag{4-200}$$

作为本性质的特例，

$$|x|\delta(x^2) = \delta(x) \tag{4-201}$$

按照 Fourier 积分公式，对于分段连续函数 $f(x)$，

$$\frac{1}{2\pi\hbar}\int_{-\infty}^{+\infty}\mathrm{d}x\int_{-\infty}^{+\infty}\mathrm{d}p f(x)\mathrm{e}^{\frac{\mathrm{i}}{\hbar}p(x-x_0)} = f(x_0) \tag{4-202}$$

此式与$\int f(x)\delta(x-x_0)\mathrm{d}x = f(x_0)$ 比较得 δ 函数的另一种表示式

$$\delta(x-x_0) = \frac{1}{2\pi\hbar}\int_{-\infty}^{+\infty}\mathrm{e}^{\frac{\mathrm{i}}{\hbar}p(x-x_0)}\mathrm{d}p \tag{4-203}$$

更一般地

$$\delta^3(\boldsymbol{r}-\boldsymbol{r}_0) = \frac{1}{(2\pi\hbar)^3}\iiint_{-\infty}^{+\infty}\mathrm{e}^{\frac{\mathrm{i}}{\hbar}\boldsymbol{p}\cdot(\boldsymbol{r}-\boldsymbol{r}_0)}\mathrm{d}^3\boldsymbol{p} \tag{4-204}$$

其中

$$\delta^3(\boldsymbol{r}-\boldsymbol{r}_0) = \delta(x-x_0)\delta(y-y_0)\delta(z-z_0) \tag{4-205}$$

4.7.2 连续谱本征函数的“归一化”

1. 动量本征函数的“归一化”

动量本征函数(一维)为 $\psi_p(x) = \frac{1}{(2\pi\hbar)^{1/2}}\mathrm{e}^{\frac{\mathrm{i}}{\hbar}px}$，因此

$$(\psi_p, \psi_{p'}) = \frac{1}{2\pi\hbar}\int\mathrm{e}^{\frac{\mathrm{i}}{\hbar}(p'-p)x}\mathrm{d}x = \delta(p'-p) \tag{4-206}$$

这样，动量本征函数用 δ 函数“归一化”了。

对三维运动的自由粒子，因为动量本征函数为

$$\psi_p(\boldsymbol{r}) = \frac{1}{(2\pi\hbar)^{3/2}}\mathrm{e}^{\frac{\mathrm{i}}{\hbar}\boldsymbol{p}\cdot\boldsymbol{r}}$$

因此

$$[\psi_{\boldsymbol{p}}(\boldsymbol{r}),\psi_{\boldsymbol{p}'}(\boldsymbol{r})]=\frac{1}{(2\pi\hbar)^3}\int \mathrm{e}^{\frac{\mathrm{i}}{\hbar}(\boldsymbol{p}'-\boldsymbol{p})\cdot\boldsymbol{r}}\mathrm{d}^3\boldsymbol{r}=\boldsymbol{\delta}^3(\boldsymbol{p}'-\boldsymbol{p}) \tag{4-207}$$

也用 δ 函数“归一化”了。

2. 坐标本征函数的“归一化”

利用 δ 函数的性质 $x\delta(x)=0$，把 $x\to x-x_0$，则

$$(x-x_0)\delta(x-x_0)=0$$

或

$$x\delta(x-x_0)=x_0\delta(x-x_0) \tag{4-208}$$

这就是坐标 x 的本征值方程，$\delta(x-x_0)$ 是坐标 x 的本征值为 x_0 的本征函数。如果记作

$$\psi_{x_0}(x)\equiv\delta(x-x_0) \tag{4-209}$$

则坐标 x 的本征函数的“归一化”可表示为

$$(\psi_{x_0},\psi_{x'_0})=\int\delta(x-x_0)\delta(x-x'_0)\mathrm{d}x=\delta(x_0-x'_0) \tag{4-210}$$

这样，坐标的本征函数也用 δ 函数“归一化”了。同理，对坐标的本征函数 $\delta^3(\boldsymbol{r}-\boldsymbol{r}_0)$ 可“归一化”为

$$\int\delta^3(\boldsymbol{r}-\boldsymbol{r}_0)\delta^3(\boldsymbol{r}-\boldsymbol{r}'_0)\mathrm{d}^3\boldsymbol{r}=\delta^3(\boldsymbol{r}_0-\boldsymbol{r}'_0) \tag{4-211}$$

***3. 箱归一化**

连续谱本征函数的“归一化”问题也可以用所谓的箱归一化(box normalization) 方法解决。例如，对动量本征函数的归一化(一维)，先假定粒子局限在$\left[-\frac{L}{2},\frac{L}{2}\right]$的区域，使问题化成束缚态问题，然后让 $L\to\infty$。此时，波函数$\psi_p(x)\sim\mathrm{e}^{\frac{\mathrm{i}}{\hbar}px}$，满足周期性条件

$$\psi_p\left(-\frac{L}{2}\right)=\psi_p\left(\frac{L}{2}\right) \tag{4-212}$$

因为，根据动量算符的厄米性，对任何波函数 ψ 和 φ，

$$(\varphi,\hat{p}\psi)=(\hat{p}\varphi,\psi)$$

或

$$\int_{-\frac{L}{2}}^{\frac{L}{2}}\varphi^*\left(-\mathrm{i}\hbar\frac{\mathrm{d}}{\mathrm{d}x}\right)\psi\mathrm{d}x=\int_{-\frac{L}{2}}^{\frac{L}{2}}\left(-\mathrm{i}\hbar\frac{\mathrm{d}}{\mathrm{d}x}\varphi\right)^*\psi\mathrm{d}x \tag{4-213}$$

因此

$$\mathrm{i}\hbar\int_{-\frac{L}{2}}^{\frac{L}{2}}\left(\frac{\mathrm{d}\varphi^*}{\mathrm{d}x}\psi+\varphi^*\frac{\mathrm{d}\psi}{\mathrm{d}x}\right)\mathrm{d}x=\mathrm{i}\hbar\int_{-\frac{L}{2}}^{\frac{L}{2}}\frac{\mathrm{d}}{\mathrm{d}x}(\varphi^*\psi)\mathrm{d}x=0$$

由此得到

$$\varphi^*(x)\psi(x)\Big|_{-L/2}^{L/2}=0 \tag{4-214}$$

考虑到 $\psi(L)\big|_{L\to\infty}=0$ 的要求，假定对有限的 L，$\psi(L)$ 和 $\varphi(L)\neq0$，因此方程(4-214) 只有在

$$\psi\left(-\frac{L}{2}\right)=\psi\left(\frac{L}{2}\right) \tag{4-215}$$

$$\varphi\left(-\frac{L}{2}\right)=\varphi\left(\frac{L}{2}\right) \tag{4-216}$$

时才成立。也就是说，波函数满足周期性条件。由此得到

$$\mathrm{e}^{-\frac{\mathrm{i}}{\hbar}\frac{L}{2}p}=\mathrm{e}^{\frac{\mathrm{i}}{\hbar}\frac{L}{2}p} \tag{4-217}$$

或

$$e^{\frac{i}{\hbar}Lp} = 1, \quad \frac{pL}{\hbar} = 2\pi n, \quad n = 0, \pm 1, \pm 2, \cdots$$

因此

$$p \equiv p_n = \frac{2\pi n\,\hbar}{L} = \frac{nh}{L} \tag{4-218}$$

这就是说，在束缚态下，粒子的动量取分立值，相应的动量本征函数为

$$\psi_{p_n}(x) = \frac{1}{\sqrt{L}} e^{\frac{i}{\hbar}p_n x} = \frac{1}{\sqrt{L}} e^{\frac{i2\pi n x}{L}} \tag{4-219}$$

它满足正交归一性条件

$$\int_{-L/2}^{L/2} \psi_{p_n}^*(x)\psi_{p_m}(x)\,dx = \frac{1}{L}\int e^{\frac{i2\pi x}{L}(m-n)}\,dx = \delta_{m,n} \tag{4-220}$$

在处理具体问题时，为避免计算过程中出现的动量本征函数的归一化问题，可以用箱归一化波函数 $\psi_{p_n}(x)$ 代替不能归一化的 $\psi_p(x)$，在计算的最后让 $L \to \infty$。$L \to \infty$ 时，P_n 将连续变化，$\psi_p(x)$ 的内积将归结为 δ 函数。

本章小结

习　题

4-1　设 $f(x)$ 是可微函数，试利用基本对易式 $[x, \hat{p}_x] = i\hbar$ 证明：

(1) $[x, \hat{p}_x^2 f(x)] = 2i\hbar \hat{p}_x f(x)$；

(2) $[x, \hat{p}_x f(x) \hat{p}_x] = i\hbar[f(x)\hat{p}_x + \hat{p}_x f(x)]$；

(3) $[\hat{p}_x, \hat{p}_x^2 f(x)] = -i\hbar \hat{p}_x^2 \frac{df}{dx}$；

(4) $[\hat{p}_x, \hat{p}_x f(x) \hat{p}_x] = -i\hbar \hat{p}_x \frac{df}{dx}\hat{p}_x$。

4-2　设 $F(x,p) = \sum_{m,n=0}^{+\infty} C_{mn}x^m p^n$（$x,p$ 的整函数），求证：

$$[p, F] = -i\hbar\frac{\partial F}{\partial x}, \quad [x, F] = i\hbar\frac{\partial F}{\partial p}$$

4-3　求证：$\hat{\boldsymbol{p}} \times \hat{\boldsymbol{l}} + \hat{\boldsymbol{l}} \times \hat{\boldsymbol{p}} = 2i\hbar\,\hat{\boldsymbol{p}}$。

4-4　定义反对易式 $\{\hat{A}, \hat{B}\} \equiv \hat{A}\hat{B} + \hat{B}\hat{A}$，试证：

(1) $[\hat{A}\hat{B}, \hat{C}] = \hat{A}\{\hat{B}, \hat{C}\} - \{\hat{A}, \hat{C}\}\hat{B}$；　(2) $[\hat{A}, \hat{B}\hat{C}] = \{\hat{A}, \hat{B}\}\hat{C} - \hat{B}\{\hat{A}, \hat{C}\}$。

4-5　证明：$\widetilde{\hat{A}\hat{B}} = \tilde{\hat{B}}\tilde{\hat{A}}$，　$(\hat{A}\hat{B})^{-1} = \hat{B}^{-1}\hat{A}^{-1}$

4-6　证明：$e^{\hat{A}}Be^{-\hat{A}} = \hat{B} + [A,B] + \frac{1}{2!}\{A,[A,B]\} + \frac{1}{3!}[A,[A,[A,B]]] + \cdots$

4-7　玻色子的湮灭算符为 $\hat{a}$，宇称算符为 $\hat{\Pi} = e^{i\pi\hat{a}^\dagger\hat{a}}$，令 $\hat{x} = \frac{1}{\sqrt{2}}(\hat{a}^\dagger + \hat{a})$，证明 $\hat{\Pi}^\dagger\hat{x}\hat{\Pi} = -\hat{x}$。

4-8　证明：$\{[A,B],A\} = \{[A,B],B\} = 0$

$$e^{A+B} = e^A e^B e^{-\frac{1}{2}[A,B]}$$

4-9　证明力学量 x 与 $F(p_x)$ 的不确定度关系

$$\sqrt{\overline{(\Delta x)^2}\;\overline{(\Delta F)^2}} \geqslant \frac{\hbar}{2}\left|\overline{\frac{\partial F}{\partial p_x}}\right|$$

4-10　求证：$\psi_1 = y + \mathrm{i}z$，$\psi_2 = z + \mathrm{i}x$，$\psi_3 = x + \mathrm{i}y$ 分别为角动量算符 $\hat{l}_x$、$\hat{l}_y$、$\hat{l}_z$ 的本征值为 $\hbar$ 的本征函数。

4-11　求证：$\psi(xyz) = x + y + z$ 是角动量平方算符 $\hat{\boldsymbol{l}}^2$ 的本征值为 $2\hbar^2$ 的本征函数。

4-12　设一粒子的波函数为 $\psi(\theta,\varphi) = \dfrac{1}{\sqrt{4\pi}}(\mathrm{e}^{\mathrm{i}\varphi}\sin\theta + \cos\theta)$。试求：

(1) 在该态下，$\hat{l}_z$ 的可能测值和各个值出现的概率；

(2) $\hat{l}_z$ 的平均值。

4-13　一个在球对称势场中运动粒子的波函数为

$$\psi(x,y,z) = k(x + y + 2z)\mathrm{e}^{-\alpha r}$$

其中，k、α 为实常数，$r = (x^2 + y^2 + z^2)^{\frac{1}{2}}$。试求：

(1) 粒子的角动量量子数 l；

(2) $\hat{l}_z$ 的可能测值及其相应的概率；

(3) $\hat{l}_z$ 的平均值。

提示：利用球谐函数

$$Y_{00} = \frac{1}{\sqrt{4\pi}},\quad Y_{10} = \sqrt{\frac{3}{4\pi}}\cos\theta,\quad Y_{1\pm1} = \mp\sqrt{\frac{3}{8\pi}}\sin\theta\mathrm{e}^{\pm\mathrm{i}\varphi}$$

4-14　设 $\hat{U}$ 是一个幺正算符，求证 $\hat{H} = \mathrm{i}\hbar\dfrac{\mathrm{d}\hat{U}}{\mathrm{d}t}\cdot\hat{U}^\dagger$ 是厄米算符。

4-15　求证：两个厄米算符 $\hat{A}$ 和 $\hat{B}$ 同时被同一个幺正算符 $\hat{U}$ 对角化的必要条件是 $\hat{A}$ 和 $\hat{B}$ 对易。

4-16　反厄米算符满足 $\hat{Q}^\dagger = -\hat{Q}$，证明：

(1) 反厄米算符的期望值为虚数；

(2) 反厄米算符的本征值为虚数；

(3) 两个厄米算符的对易子为反厄米算符。

4-17　设一算符 $\hat{a}$ 具有性质 $\hat{a}^2 = 0$，$\{\hat{a},\hat{a}^\dagger\} = 1$。求证：

(1) $\hat{N} \equiv \hat{a}^\dagger\hat{a}$ 是一个厄米算符；

(2) $\hat{N}^2 = \hat{N}$；

(3) $\hat{N}$ 的本征值为 0 或者 1；

(4) $[\hat{N},\hat{a}] = -\hat{a}$，$[\hat{N},\hat{a}^\dagger] = \hat{a}^\dagger$。

4-18　在阱宽为 a 的无限深势阱 $(0 \leqslant x \leqslant a)$ 中粒子的能量本征值和本征函数分别为

$$E_n = \frac{n^2\hbar^2\pi^2}{2ma^2},\quad \psi_n = \sqrt{\frac{2}{a}}\sin\frac{n\pi x}{a}\quad (n = 1,2,3,\cdots)$$

假设粒子处于状态 $\psi(x,0) = Ax(a - x)$，

(1) 求该状态下，能量测值为 E_1 的概率；

(2) 求 $\psi(x,t)$。

4-19　一维谐振子的基态 $(n = 0)$ 波函数为 $\psi_0(x) = \sqrt{\dfrac{\alpha}{\sqrt{\pi}}}\mathrm{e}^{-\frac{1}{2}\alpha^2x^2}$，求在该态下的涨落 $(\Delta x)^2$ 和 $(\Delta p)^2$，并证明 $\Delta x\cdot\Delta p \sim \dfrac{\hbar}{2}$。注：$(\Delta x)^2 \equiv \overline{(x - \overline{x})^2} = \overline{x^2} - \overline{x}^2$。

4-20　已知 $|n\rangle$ 为粒子数算符的本征态，证明 $|\alpha\rangle = \mathrm{e}^{-\frac{1}{2}|\alpha|^2}\sum_{n=0}^{\infty}\dfrac{\alpha^n}{\sqrt{n!}}|n\rangle$ 为湮灭算符 $\hat{a}$ 的本征态且本征值为 α，其中 α 为复数。

第5章

态矢量和力学量算符的表象变换

5.1　量子态的矢量表示及其表象变换

5.1.1　量子态的矢量表示

在第 4 章我们已经谈到，如果一组彼此独立且互为对易的力学量算符——力学量完全集$\{\hat{G}_1,\hat{G}_2,\cdots\}\in\hat{G}$的共同本征函数系为$\{\psi_n,n=1,2,3,\cdots\}$，则$\{\psi_n,n=1,2,3,\cdots\}$满足

$$(\psi_m,\psi_n)=\delta_{mn}\quad\text{（正交、归一性）}\tag{5-1}$$

如果我们以$\{\psi_n,n=1,2,3,\cdots\}$为基矢(basis vector)，构造一个 n 维复矢量空间(n 可以无穷大)，则任何一个态函数(state function)$\psi(\boldsymbol{r})$可以用$\{\psi_n,n=1,2,3,\cdots\}$展开：

$$\psi=\sum_n a_n\psi_n\quad\text{（完备性）}\tag{5-2}$$

且对任何态函数可定义标积[见式(4-19)]。这时，我们称这个空间为 Hilbert 空间，任何一个态函数 ψ 都可以看作 Hilbert 空间中的一个态矢量(state vector)。例如，线性谐振子能量算符$\hat{H}$的本征函数系$\{\psi_n,n=1,2,3,\cdots\}$可以张开成 Hilbert 空间，任何态函数 ψ 都可认为以$\{\psi_n,n=1,2,3,\cdots\}$为基矢的 Hilbert 空间中的一个态矢量。因为$\{\psi_n\}$是能量算符的本征态，因此$\{\psi_n\}$叫作能量表象中的基矢。

值得一提的是，虽然从 1925 年到 1928 年间，由于 de Broglie、Schrödinger、Heisenberg 和 Dirac 等人的杰出工作，量子力学的理论体系已基本建立，Born 对波函数的统计诠释使人们明确了微观粒子内禀属性和波函数物理意义的认识，但是当时的量子力学并没有建立在严格的数学基础上，量子力学的背景空间也并没有明确定义。我们知道，为了描述物体随时间的运动，需要定义理论体系的背景空间。Newton 力学的背景空间是欧氏空间或相空间(Euclidean space or phase space)，相对论力学的背景空间是 Minkowski 空间或 Riemann 空间。这些背景空间决定理论体系的度规，有了确定的度规(metric)，物理理论才能用数学方法去完整地描述。那么，量子力学的背景空间是什么呢？量子力学在建立初期并没有回答这个问题。

为了回答这个问题，1932 年，年仅 29 岁的美籍匈牙利数学家和理论物理学家 von Neumann 在他的名著《量子力学的数学基础》(*Mathematical Foundation of Quantum Mechanics*)中，以当时的物理学家还不太熟悉的抽象 Hilbert 空间作为背景空间，成功地创建了逻辑

严密的量子力学理论。抽象 Hilbert 背景空间和通常的三维空间的本质区别在于抽象 Hilbert 背景空间与量子力学的测量问题直接联系在一起。von Neumann 在他的这一名著中，不仅用现代数学方法建立了数学意义上严格的量子力学理论体系，而且对量子测量问题给予了精辟论述。他的理论对近年来兴起的量子信息论具有重要的指导意义。关于 Hilbert 空间理论我们不在这里详细论述。

如果式(5-2)中的一组展开系数 $a_1, a_2, \cdots$ 被确定，态矢量 ψ 也就确定。因此，态矢量 ψ 也可以表示成 Hilbert 空间中的一个列矢量

$$\begin{pmatrix} a_1 \\ a_2 \\ \vdots \end{pmatrix} \tag{5-3}$$

式(5-3)叫作态矢在$\hat{G}$表象中的表示。任何一组力学量完全集$(\hat{G}_1, \hat{G}_2, \cdots) \in \hat{G}$的共同本征函数系$\{\psi_n, n=1,2,3,\cdots\}$都可以构成该表象中的一组正交、归一、完备的基矢，任何一个量子态都可以表示为该表象中的列矢量，列矢量的任意分量

$$a_k = (\psi_k, \psi) \tag{5-4}$$

显然，如果所采取的表象不同，基矢也不同。例如，在另一表象$(\hat{G}'_1, \hat{G}'_2, \cdots) \in \hat{G}'$中的一组基矢为$\{\psi'_n, n=1,2,3,\cdots\}$，则在$\hat{G}'$表象中，同一个态矢量 ψ 可以用$\{\psi'_n\}$展开：

$$\psi = \sum_n a'_n \psi'_n \tag{5-5}$$

$\{\psi'_n\}$满足正交、归一条件

$$(\psi'_m, \psi'_n) = \delta_{mn} \tag{5-6}$$

这时，同一个态矢量在该表象中的表示为

$$\begin{pmatrix} a'_1 \\ a'_2 \\ \vdots \end{pmatrix} \tag{5-7}$$

其中

$$a'_k = (\psi'_k, \psi) \tag{5-8}$$

5.1.2　态矢量的表象变换

通过上面的讨论我们看到，式(5-3)和式(5-7)是同一个量子态 ψ 在两个不同表象中的矢量表示。那么，两个不同表象中的态矢量之间的变化关系如何呢？为了找出它们之间的变换关系，我们先回顾一下在平面直角坐标系中的坐标变换。

如图 5-1 所示，设一个平面直角坐标系 x_1-O-x_2 中的 x_1、x_2 方向的单位矢量分别为 $\boldsymbol{e}_1$ 和 $\boldsymbol{e}_2$，则 $\boldsymbol{e}_1$ 和 $\boldsymbol{e}_2$ 构成一组正交、归一、完备的基矢。因为

$$(\boldsymbol{e}_i, \boldsymbol{e}_j) = \delta_{ij}, \quad i,j=1,2 \tag{5-9}$$

而且在平面中的任何一个矢量都可以用它来展开，

$$\boldsymbol{A} = A_1 \boldsymbol{e}_1 + A_2 \boldsymbol{e}_2 \tag{5-10}$$

其中

$$A_1=(\boldsymbol{e}_1,\boldsymbol{A}),\quad A_2=(\boldsymbol{e}_2,\boldsymbol{A}) \tag{5-11}$$

A_1、A_2 被确定之后，矢量 **A** 就完全确定。矢量 **A** 可以用一个列矢

$$\boldsymbol{A}=\begin{pmatrix}A_1\\A_2\end{pmatrix} \tag{5-12}$$

来表示。

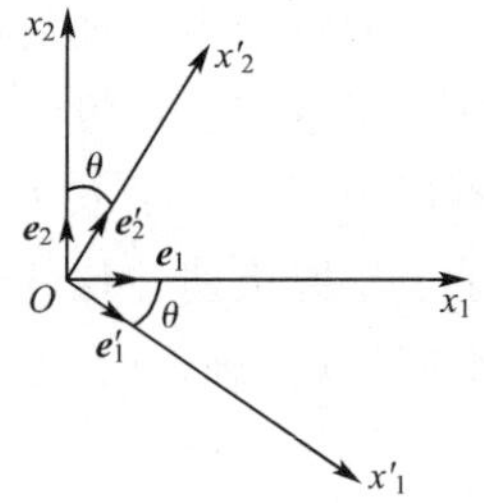

图 5-1

考虑另一个坐标系 x_1'-O-x_2'，它是把原坐标系绕 z 轴转动 θ 角而成。设 x_1'、x_2' 方向的单位矢量为 $\boldsymbol{e}_1'$、$\boldsymbol{e}_2'$，则

$$(\boldsymbol{e}_i',\boldsymbol{e}_j')=\delta_{ij},\quad i,j=1,2 \tag{5-13}$$

而且矢量 **A** 也可以用 $\boldsymbol{e}_1'$，$\boldsymbol{e}_2'$ 展开：

$$\boldsymbol{A}=A_1'\boldsymbol{e}_1'+A_2'\boldsymbol{e}_2' \tag{5-14}$$

因此 $\boldsymbol{e}_1'$、$\boldsymbol{e}_2'$ 构成一组正交、归一、完备的基矢。这时矢量 **A** 在 x_1'-O-x_2' 系中的表示为

$$\boldsymbol{A}=\begin{pmatrix}A_1'\\A_2'\end{pmatrix} \tag{5-15}$$

现在让我们找出(A_1'，A_2')和(A_1，A_2)之间的关系。由于它们是同一矢量 **A** 在两个不同坐标系中的表示，

$$A_1'\boldsymbol{e}_1'+A_2'\boldsymbol{e}_2'=A_1\boldsymbol{e}_1+A_2\boldsymbol{e}_2 \tag{5-16}$$

取 $\boldsymbol{e}_1'$ 和式(5-16)的标积得

$$A_1'=A_1(\boldsymbol{e}_1',\boldsymbol{e}_1)+A_2(\boldsymbol{e}_1',\boldsymbol{e}_2) \tag{5-17}$$

再取 $\boldsymbol{e}_2'$ 和式(5-16)的标积得

$$A_2'=A_1(\boldsymbol{e}_2',\boldsymbol{e}_1)+A_2(\boldsymbol{e}_2',\boldsymbol{e}_2) \tag{5-18}$$

式(5-17) 和式(5-18)也可以写成

$$\begin{pmatrix}A_1'\\A_2'\end{pmatrix}=\begin{pmatrix}(\boldsymbol{e}_1',\boldsymbol{e}_1) & (\boldsymbol{e}_1',\boldsymbol{e}_2)\\(\boldsymbol{e}_2',\boldsymbol{e}_1) & (\boldsymbol{e}_2',\boldsymbol{e}_2)\end{pmatrix}\begin{pmatrix}A_1\\A_2\end{pmatrix} \tag{5-19}$$

如果用转角 θ 表示，则得我们熟知的变换式

$$\begin{pmatrix}A_1'\\A_2'\end{pmatrix}=\begin{pmatrix}\cos\theta & -\sin\theta\\\sin\theta & \cos\theta\end{pmatrix}\begin{pmatrix}A_1\\A_2\end{pmatrix} \tag{5-20}$$

可以用完全类似的方法讨论态矢 ψ 在$\hat{G}$表象和$\hat{G}'$表象中表示之间的关系。由于两种表示代表同一态矢量

$$\sum_l a_l'\psi_l' = \sum_k a_k\psi_k \tag{5-21}$$

取 ψ_m' 和式(5-21) 的标积，则得

$$左 = (\psi_m',\sum_l a_l'\psi_l') = \sum_l a_l'(\psi_m',\psi_l') = a_m'$$

$$右 = (\psi_m',\sum_k a_k\psi_k) = \sum_k(\psi_m',\psi_k)a_k = \sum_k S_{mk}a_k$$

也就是说

$$a_m' = \sum_k S_{mk}a_k,\quad m,k=1,2,3\cdots \tag{5-22}$$

其中

$$S_{mk}=(\psi'_m,\psi_k) \tag{5-23}$$

因此，最后得到态矢在两种表象中表示之间的关系——态的表象变换：

$$\begin{pmatrix} a'_1 \\ a'_2 \\ \vdots \end{pmatrix}=\begin{pmatrix} S_{11} & S_{12} & \cdots \\ S_{21} & S_{22} & \cdots \\ \vdots & \vdots & \end{pmatrix}\begin{pmatrix} a_1 \\ a_2 \\ \vdots \end{pmatrix} \tag{5-24}$$

或者可以简写成

$$\boldsymbol{a}'=\hat{S}\boldsymbol{a} \tag{5-25}$$

其中

$$\boldsymbol{a}'=\begin{pmatrix} a'_1 \\ a'_2 \\ \vdots \end{pmatrix},\quad \boldsymbol{a}=\begin{pmatrix} a_1 \\ a_2 \\ \vdots \end{pmatrix},\quad \hat{S}=\begin{pmatrix} S_{11} & S_{12} & \cdots \\ S_{21} & S_{22} & \cdots \\ \vdots & \vdots & \end{pmatrix} \tag{5-26}$$

从式(5-23)可以看到，$\hat{S}$ 矩阵的矩阵元是由两种表象的基矢之间的标积组成。因此，表象变换反映两组基矢之间的变换关系。$\hat{S}$ 矩阵确定之后，任何一个量子态在两种表象中表示之间的变换关系就确定。

可以证明，$\hat{S}$ 矩阵是一个幺正矩阵。因为

$$\begin{aligned} S_{mk}&=(\psi'_m,\psi_k)=\int\psi'^*_m\,\psi_k\mathrm{d}^3\boldsymbol{r} \\ S^*_{mk}&=(\psi'_m,\psi_k)^*=\int\psi'_m\psi^*_k\,\mathrm{d}^3\boldsymbol{r} \end{aligned} \tag{5-27}$$

因此

$$\begin{aligned} (\hat{S}^\dagger\hat{S})_{mk}&=\sum_n S^\dagger_{mn}S_{nk}=\sum_n S^*_{nm}S_{nk}=\sum_n(\psi'_n,\psi_m)^*(\psi'_n,\psi_k) \\ &=\sum_n\int\psi'_n(\boldsymbol{r})\psi^*_m(\boldsymbol{r})\mathrm{d}^3\boldsymbol{r}\int\psi'^*_n(\boldsymbol{r}')\psi_k(\boldsymbol{r}')\mathrm{d}^3\boldsymbol{r}' \\ &=\iint\sum_n\psi'_n(\boldsymbol{r})\psi'^*_n(\boldsymbol{r}')\psi^*_m(\boldsymbol{r})\psi_k(\boldsymbol{r}')\mathrm{d}^3\boldsymbol{r}\mathrm{d}^3\boldsymbol{r}' \\ &=\iint\delta^3(\boldsymbol{r}-\boldsymbol{r}')\psi^*_m(\boldsymbol{r})\psi_k(\boldsymbol{r}')\mathrm{d}^3\boldsymbol{r}\mathrm{d}^3\boldsymbol{r}' \\ &=\int\psi^*_m(\boldsymbol{r})\psi_k(\boldsymbol{r})\mathrm{d}^3\boldsymbol{r} \\ &=(\psi_m,\psi_k)=\delta_{mk} \end{aligned} \tag{5-28}$$

这里利用了 $\sum_n\psi'_n(\boldsymbol{r})\psi'^*_n(\boldsymbol{r}')=\delta^3(\boldsymbol{r}-\boldsymbol{r}')$。式(5-28)说明$\hat{S}^\dagger\hat{S}=I$。同样可证明 $\hat{S}\hat{S}^\dagger=I$，$\hat{S}$ 是幺正矩阵，因此，态矢量的表象变换是一种幺正变换。

5.2　力学量的矩阵表示及其表象变换

5.2.1　力学量的矩阵表示

上一节已讨论，任何一个量子态可以用给定表象中的本征函数系$\{\psi_n\}$所张开 Hilbert 空

间中的一个列矢量来表示。Hilbert 空间中任何矢量的变换一般靠力学量算符对矢量的作用来完成。这种变换要满足形如式(5-24)的变换,因此力学量要用矩阵形式表示出来。下面,我们讨论力学量的矩阵表示(matrix representation)以及它们的表象变换(transformation of representation)。

设在以$\{\psi_n\}$为基矢的某一表象$\hat{G}$中,两个态矢量φ和ψ是通过某一力学量算符$\hat{L}$联系在一起:

$$\varphi = \hat{L}\psi \tag{5-29}$$

因为ψ和φ都是在同一表象中的不同矢量,它们都可以用基矢$\{\psi_n(\boldsymbol{r}), n = 1,2,\cdots\}$展开:

$$\psi = \sum_l a_l \psi_l$$

$$\varphi = \sum_k b_k \psi_k \tag{5-30}$$

把ψ和φ的展开式代入式(5-29)得

$$\sum_k b_k \psi_k = \sum_l a_l \hat{L}\psi_l \tag{5-31}$$

取ψ_m和式(5-31)的标积得

$$\sum_k b_k (\psi_m, \psi_k) = \sum_l a_l (\psi_m, \hat{L}\psi_l)$$

由此得到

$$b_m = \sum_l L_{ml} a_l \tag{5-32}$$

其中

$$L_{ml} \equiv (\psi_m, \hat{L}\psi_l) \tag{5-33}$$

式(5-32)可用矩阵形式表示:

$$\begin{pmatrix} b_1 \\ b_2 \\ \vdots \end{pmatrix} = \begin{pmatrix} L_{11} & L_{12} & \cdots \\ L_{21} & L_{22} & \cdots \\ \vdots & \vdots & \end{pmatrix} \begin{pmatrix} a_1 \\ a_2 \\ \vdots \end{pmatrix} \tag{5-34}$$

或

$$\boldsymbol{b} = \hat{L}\boldsymbol{a} \tag{5-35}$$

其中

$$\boldsymbol{b} = \begin{pmatrix} b_1 \\ b_2 \\ \vdots \end{pmatrix}, \quad \boldsymbol{a} = \begin{pmatrix} a_1 \\ a_2 \\ \vdots \end{pmatrix}, \quad \hat{L} = \begin{pmatrix} L_{11} & L_{12} & \cdots \\ L_{21} & L_{22} & \cdots \\ \vdots & \vdots & \end{pmatrix} \tag{5-36}$$

式(5-36)中的$\hat{L}$就是算符$\hat{L}$在$\hat{G}$表象中的矩阵表示,它的矩阵元由式(5-33)给出。注意,在式(5-36)中的$\boldsymbol{a}$和$\boldsymbol{b}$都是同一表象$\hat{G}$中的两个态矢。

由式(5-33)我们可以看出,矩阵$\hat{L}$在自身表象($\hat{L}$表象)中,由于$\hat{L}\psi_n = L_n\psi_n$,是一个对角化矩阵,主对角线上的元素就是$\hat{L}$的本征值。

5.2.2　力学量算符的表象变换

设$\hat{L}$在某一表象，如$\hat{G}$表象中的矩阵元为

$$L_{mn} = (\psi_m, \hat{L}\psi_n) \tag{5-37}$$

而在另一个表象，如$\hat{G}'$表象中的矩阵元为

$$L'_{kl} = (\psi'_k, \hat{L}\psi'_l) \tag{5-38}$$

为了求 L'_{kl} 和 L_{mn} 之间的关系，先把$\hat{G}'$表象中的基矢 ψ'_k 用$\hat{G}$表象中的基矢 ψ_m 展开，

$$\psi'_k = \sum_m a_m^{(k)} \psi_m \tag{5-39}$$

利用式(5-23)

$$a_m^{(k)} = (\psi_m, \psi'_k) = S_{km}^* \tag{5-40}$$

因此

$$\begin{cases} \psi'_k = \sum\limits_m S_{km}^* \psi_m \\ \psi'^*_k = \sum\limits_m S_{km} \psi_m^* \end{cases} \tag{5-41}$$

把式(5-41)代入式(5-38)，得

$$\begin{aligned} L'_{kl} &= (\psi'_k, \hat{L}\psi'_l) = \Big(\sum_m S_{km}^* \psi_m, \hat{L}\sum_n S_{ln}^* \psi_n\Big) \\ &= \sum_m \sum_n S_{km}(\psi_m, \hat{L}\psi_n) S_{ln}^* \\ &= \sum_m \sum_n S_{km} L_{mn} S_{nl}^\dagger = (\hat{S}\hat{L}S^\dagger)_{kl} \end{aligned} \tag{5-42}$$

或

$$\hat{L}' = \hat{S}\hat{L}\hat{S}^\dagger = \hat{S}\hat{L}\hat{S}^{-1} \tag{5-43}$$

式(5-43)就是同一力学量算符$\hat{L}$在两种不同表象中矩阵表示之间的变换关系——力学量算符的表象变换。可见，表象变换是一种幺正变换，表象变换不改变算符的本征值和迹(trace)。

5.3　量子力学的矩阵形式

从前两节的讨论可知，如果一力学量的完全集确定，就可以张开以力学量完全集的共同本征函数系$\{\psi_n, n = 1,2,3,\cdots\}$为基矢的 Hilbert 空间，任何一个量子态都可以用 Hilbert 空间中的一个列矢

$$\boldsymbol{a} = \begin{pmatrix} a_1 \\ a_2 \\ \vdots \end{pmatrix} \tag{5-44}$$

来表示，其中，$a_k = (\psi_k, \psi)$，$\psi = \sum\limits_n a_n \psi_n$。同样，任何一个力学量$\hat{L}$可以用

$$L_{mn} = (\psi_m, \hat{L}\psi_n) \tag{5-45}$$

为矩阵元的矩阵来表示。这样，量子力学的主要公式，如平均值公式、本征值方程、

Schrödinger 方程等均可以用矩阵形式表示出来。

5.3.1 平均值公式的矩阵形式

设$\{\psi_n, n=1,2,3,\cdots\}$为某一给定表象$\hat{G}$中的基矢，则任一量子态$\psi$可表示成

$$\psi = \sum_n a_n\psi_n \tag{5-46}$$

在量子态ψ下，力学量$\hat{L}$的平均值为

$$\overline{L} = (\psi, \hat{L}\psi) = \sum_m\sum_n a_m^*(\psi_m, \hat{L}\psi_n)a_n = \sum_m\sum_n a_m^* L_{mn} a_n \tag{5-47}$$

用矩阵形式：

$$\overline{L} = (a_1^*, a_2^* \cdots)\begin{pmatrix} L_{11} & L_{12} & \cdots \\ L_{21} & L_{22} & \cdots \\ \vdots & \vdots & \end{pmatrix}\begin{pmatrix} a_1 \\ a_2 \\ \vdots \end{pmatrix} = \boldsymbol{a}^\dagger \hat{L}\boldsymbol{a} \tag{5-48}$$

其中

$$\boldsymbol{a} = \begin{pmatrix} a_1 \\ a_2 \\ \vdots \end{pmatrix}, \quad \hat{L} = \begin{pmatrix} L_{11} & L_{12} & \cdots \\ L_{21} & L_{22} & \cdots \\ \vdots & \vdots & \end{pmatrix} \tag{5-49}$$

由此可见，在$\hat{L}$的自身表象中，由于

$$(\psi_m, \hat{L}\psi_n) = (\psi_m, L_n\psi_n) = L_n\delta_{mn}$$

$\hat{L}$的平均值

$$\overline{L} = \sum_m\sum_n a_m^* L_n \delta_{mn} a_n = \sum_m |a_m|^2 L_m \tag{5-50}$$

其中，L_m代表$\hat{L}$的本征值，$|a_m|^2$代表力学量$\hat{L}$的测值为L_m的概率。可见，力学量的平均值也可以用该力学量的本征值及其相应的概率表示。

5.3.2 本征值方程的矩阵形式

力学量算符$\hat{L}$的本征值方程为

$$\hat{L}\psi = L\psi \tag{5-51}$$

把$\psi = \sum_n a_n\psi_n$代入此方程，得

$$\sum_n a_n \hat{L}\psi_n = L\sum_n a_n\psi_n \tag{5-52}$$

取ψ_m和上式的标积得

$$\sum_n a_n(\psi_m, \hat{L}\psi_n) = L\sum_n a_n(\psi_m, \psi_n) = L\sum_n a_n\delta_{mn} \tag{5-53}$$

因为$(\psi_m, \hat{L}\psi_n) = L_{mn}$，上式变为

$$\sum_n (L_{mn} - L\delta_{mn})a_n = 0 \tag{5-54}$$

方程(5-54)就是本征值方程的矩阵形式。这个方程是关于$a_n(n=1,2,3,\cdots)$的线性齐次方

程组。此方程具有非平庸解的必要条件是

$$\det(L_{mn} - L\delta_{mn}) = 0 \tag{5-55}$$

或

$$\begin{vmatrix} L_{11}-L & L_{12} & L_{13} & \cdots \\ L_{21} & L_{22}-L & L_{23} & \cdots \\ L_{31} & L_{32} & L_{33}-L & \cdots \\ \vdots & \vdots & \vdots & \end{vmatrix} = 0 \tag{5-56}$$

这个方程叫作久期方程(secular equation)。解久期方程，我们可以求出本征值 L。如果 Hilbert 空间是 N 维的，则因为力学量算符 $\hat{L}$ 是厄米算符，本征值 L 必为实数，因此方程必有 N 个实根 $L_n(n=1,2,3,\cdots,N)$。把所求出的 N 个本征值 L_n 分别代入式(5-54)可以解出 N 个列矢 $\boldsymbol{a}$：

$$\begin{pmatrix} a_1^{(1)} \\ a_2^{(1)} \\ \vdots \\ a_N^{(1)} \end{pmatrix}, \quad \begin{pmatrix} a_1^{(2)} \\ a_2^{(2)} \\ \vdots \\ a_N^{(2)} \end{pmatrix}, \quad \cdots, \quad \begin{pmatrix} a_1^{(N)} \\ a_2^{(N)} \\ \vdots \\ a_N^{(N)} \end{pmatrix} \tag{5-57}$$

以上就是在第 4 章所提及的解本征值方程的矩阵方法。

5.3.3 Schrödinger 方程的矩阵形式

在 Schrödinger 方程

$$\mathrm{i}\hbar \frac{\partial \psi(\boldsymbol{r},t)}{\partial t} = \hat{H}\psi(\boldsymbol{r},t) \tag{5-58}$$

中的 $\psi(\boldsymbol{r},t)$ 可以用某一表象 $\hat{G}$ 中的基矢 $\{\psi_n(\boldsymbol{r}), n=1,2,\cdots\}$ 展开：

$$\psi(\boldsymbol{r},t) = \sum_n a_n(t)\psi_n(\boldsymbol{r}) \tag{5-59}$$

代入到 Schrödinger 方程得

$$\mathrm{i}\hbar \sum_n \frac{\mathrm{d}a_n(t)}{\mathrm{d}t}\psi_n(\boldsymbol{r}) = \sum_n a_n(t)\,\hat{H}\psi_n(\boldsymbol{r}) \tag{5-60}$$

取 $\psi_m(\boldsymbol{r})$ 和上式的标积得

$$\mathrm{i}\hbar \sum_n \frac{\mathrm{d}a_n(t)}{\mathrm{d}t}(\psi_m,\psi_n) = \sum_n a_n(t)(\psi_m,\hat{H}\psi_n)$$

或

$$\mathrm{i}\hbar \frac{\mathrm{d}a_m(t)}{\mathrm{d}t} = \sum_n H_{mn}a_n(t), \quad H_{mn} = (\psi_m,\hat{H}\psi_n) \tag{5-61}$$

写成矩阵形式，式(5-61)变为

$$\mathrm{i}\hbar \frac{\mathrm{d}}{\mathrm{d}t}\begin{pmatrix} a_1(t) \\ a_2(t) \\ \vdots \end{pmatrix} = \begin{pmatrix} H_{11} & H_{12} & \cdots \\ H_{21} & H_{22} & \cdots \\ \vdots & \vdots & \end{pmatrix}\begin{pmatrix} a_1(t) \\ a_2(t) \\ \vdots \end{pmatrix} \tag{5-62}$$

或者

$$\mathrm{i}\hbar\frac{\mathrm{d}\boldsymbol{a}(t)}{\mathrm{d}t}=\hat{H}\boldsymbol{a}(t) \tag{5-63}$$

其中

$$\boldsymbol{a}=\begin{pmatrix}a_1\\a_2\\\vdots\end{pmatrix},\quad \hat{H}=\begin{pmatrix}H_{11}&H_{12}&\cdots\\H_{21}&H_{22}&\cdots\\\vdots&\vdots&\end{pmatrix} \tag{5-64}$$

方程(5-62)或(5-63)就是Schrödinger方程在$\hat{G}$表象中的矩阵形式。如果所采取的表象是能量表象，即$\hat{G}=\hat{H}$，则由于

$$H_{mn}=(\psi_m,\hat{H}\psi_n)=E_n\delta_{mn} \tag{5-65}$$

方程(5-62)变为

$$\mathrm{i}\hbar\frac{\mathrm{d}}{\mathrm{d}t}\begin{pmatrix}a_1\\a_2\\\vdots\end{pmatrix}=\begin{pmatrix}E_1&0&\cdots&0\\0&E_2&\cdots&0\\\vdots&\vdots&&\vdots\\0&0&\cdots&E_n\end{pmatrix}\begin{pmatrix}a_1\\a_2\\\vdots\end{pmatrix} \tag{5-66}$$

即在能量表象中，Hamilton算符是对角化的，对角线上的元素就是能量本征值。

练习　求一维谐振子的坐标x、动量p和Hamilton量$\hat{H}$在能量表象中的矩阵表示。

在第3章习题中我们已证明，对谐振子的能量本征函数ψ_n，

$$x\psi_n=\frac{1}{\alpha}\left[\sqrt{\frac{n}{2}}\psi_{n-1}+\sqrt{\frac{n+1}{2}}\psi_{n+1}\right]$$

$$\frac{\mathrm{d}}{\mathrm{d}x}\psi_n=\alpha\left[\sqrt{\frac{n}{2}}\psi_{n-1}-\sqrt{\frac{n+1}{2}}\psi_{n+1}\right]$$

由此可得，谐振子的坐标x在能量表象中的矩阵元为

$$\begin{aligned}x_{mn}&\equiv(\psi_m,x\psi_n)\\&=\frac{1}{\alpha}\left[\sqrt{\frac{n+1}{2}}(\psi_m,\psi_{n+1})+\sqrt{\frac{n}{2}}(\psi_m,\psi_{n-1})\right]\\&=\frac{1}{\alpha}\left[\sqrt{\frac{n+1}{2}}\delta_{m,n+1}+\sqrt{\frac{n}{2}}\delta_{m,n-1}\right]\quad(m,n=0,1,2,\cdots)\end{aligned}$$

动量p在能量表象中的矩阵元为

$$\begin{aligned}p_{mn}&\equiv(\psi_m,p\psi_n)=\left(\psi_m,-\mathrm{i}\hbar\frac{\mathrm{d}}{\mathrm{d}x}\psi_n\right)\\&=\mathrm{i}\hbar\alpha\left[\sqrt{\frac{n+1}{2}}(\psi_m,\psi_{n+1})-\sqrt{\frac{n}{2}}(\psi_m,\psi_{n-1})\right]\\&=\mathrm{i}\hbar\alpha\left(\sqrt{\frac{n+1}{2}}\delta_{m,n+1}-\sqrt{\frac{n}{2}}\delta_{m,n-1}\right)\quad(m,n=0,1,2,\cdots)\end{aligned}$$

Hamilton 算符$\hat{H}$在能量表象(自身表象)中的矩阵元为

$$H_{mn}=(\psi_m,\hat{H}\psi_n)=E_n\delta_{mn}=\left(n+\frac{1}{2}\right)\hbar\omega\delta_{mn}$$

由此可得,x、p、$\hat{H}$的矩阵表示为

$$x=\frac{1}{\alpha}\begin{pmatrix} 0 & \frac{1}{\sqrt{2}} & 0 & 0 & \cdots \\ \frac{1}{\sqrt{2}} & 0 & 1 & 0 & \cdots \\ 0 & 1 & 0 & \sqrt{\frac{3}{2}} & \cdots \\ 0 & 0 & \sqrt{\frac{3}{2}} & 0 & \cdots \\ \vdots & \vdots & \vdots & \vdots & \end{pmatrix},\quad p=\mathrm{i}\,\hbar\alpha\begin{pmatrix} 0 & -\frac{1}{\sqrt{2}} & 0 & 0 & \cdots \\ \frac{1}{\sqrt{2}} & 0 & -1 & 0 & \cdots \\ 0 & 1 & 0 & -\sqrt{\frac{3}{2}} & \cdots \\ 0 & 0 & \sqrt{\frac{3}{2}} & 0 & \cdots \\ \vdots & \vdots & \vdots & \vdots & \end{pmatrix}$$

$$\hat{H}=\hbar\omega\begin{pmatrix} \frac{1}{2} & 0 & 0 & \cdots \\ 0 & \frac{3}{2} & 0 & \cdots \\ 0 & 0 & \frac{5}{2} & \cdots \\ \vdots & \vdots & \vdots & \end{pmatrix}$$

5.4 量子力学的 Dirac 描述

我们已介绍了量子力学的两种描述方法。一是 Schrödinger 的波动力学,它用 Schrödinger方程描述物质波(波函数)随时间的演化规律;另一种是 Heisenberg 的矩阵力学。1925 年,Heisenberg 采用能量表象给出量子力学的矩阵形式,人们称之为矩阵力学。在矩阵力学中,把量子态用 Hilbert 空间中的列矢表示,力学量用矩阵表示,并用幺正变换来描述体系量子态随时间的变化。

1928 年,英国物理学家 Dirac 引进了描述量子力学的一种新方法(他自己称之为符号法)。这一方法可以用简洁精巧的方式表述量子力学,而且在不涉及具体表象的情况下也可以讨论一些问题。

下面介绍 Dirac 符号和量子力学的 Dirac 描述方法。

5.4.1 Dirac 符号

前面已指出,可以用 Hilbert 空间中的一个矢量(态矢量)来标记一个量子态,用厄米算符标记力学量。这就是说,把量子态这个物理概念用数学中的矢量描述,把力学量这个物理概念用数学中的一个算符来描述。但这些描述都涉及具体的表象。

现在,引进符号“$|\rangle$”,叫作“ket”(右矢或刃矢),它是不涉及具体表象的抽象 Hilbert 空间中的一个矢量,标记量子态。例如:

$|\psi\rangle$:表示波函数 ψ 所描述的态矢量;

$|x'\rangle$:表示本征值为 x'的坐标本征态;

$|p'\rangle$:表示本征值为 p'的动量本征态;

$|k\rangle$:表示能量本征值为 E_k 的能量本征态;

$|lm\rangle$:表示角动量$\hat{\boldsymbol{l}}^2$ 和$\hat{l}_z$ 的本征值分别为 $l(l+1)\hbar^2$ 和 $m\hbar$的共同本征态…。

“bra”,“$\langle|$”(左矢或刁矢),也是 Hilbert 空间中的一个抽象态矢,它是 ket$|\rangle$的厄米共轭态,因此$\langle\psi|$表示$|\psi\rangle$的厄米共轭态,$\langle x'|$表示$|x'\rangle$的厄米共轭态…。有了这些定义之后,我们就可以构造叠加态,如

$$|R\rangle=c_1|A\rangle+c_2|B\rangle \tag{5-67}$$

其中,$|A\rangle$、$|B\rangle$代表某种特定态矢,$|R\rangle$是它们的叠加态。c_1 和 c_2 是任意复常数。注意,$-|R\rangle$和$|R\rangle$代表同一量子态,“$-$”并不代表矢量的方向。

5.4.2 基本运算规则

1. 标积

态矢$|\psi\rangle$和$|\varphi\rangle$的标积记作$\langle\varphi|\psi\rangle$,它代表数。可见,完整的括号$\langle$bracket$\rangle$代表一个数,不完整的括号、$|ket\rangle$和$\langle$bra$|$代表态矢量。标积$\langle\varphi|\psi\rangle$的复共轭为

$$\langle\varphi|\psi\rangle^*=\langle\psi|\varphi\rangle \tag{5-68}$$

正交、归一性:对离散谱,正交、归一性用 Kronecker δ 函数表示。如

$$\langle k|l\rangle=\delta_{kl} \tag{5-69}$$

代表两个态矢$|k\rangle$、$|l\rangle$的正交、归一性。

如果是连续谱,正交、归一性可用 Dirac δ 函数表示。如

$$\langle x'|x''\rangle=\delta(x'-x'') \tag{5-70}$$

$$\langle p'|p''\rangle=\delta(p'-p'') \tag{5-71}$$

2. 线性算符

设一个态矢$|\varphi\rangle$是通过一个算符$\hat{L}$作用到另一个态矢$|\psi\rangle$得到的,即

$$|\varphi\rangle=\hat{L}|\psi\rangle \tag{5-72}$$

这时,如果算符$\hat{L}$具有性质

$$\hat{L}\{c_1|\psi_1\rangle+c_2|\psi_2\rangle\}=c_1\hat{L}|\psi_1\rangle+c_2\hat{L}|\psi_2\rangle \tag{5-73}$$

则$\hat{L}$是一个线性算符。

在以上所介绍的概念的基础上,如果再引进具体的表象,量子力学的所有公式都可以用 Dirac 符号表示。

设在某一具体表象$\hat{G}$中,基矢为$\{\psi_k,k=1,2,\cdots\}$。如果用 Dirac 符号$\{|k\rangle,k=1,2,\cdots\}$表示这一基矢,则任意态矢$|\psi\rangle$可展开为

$$|\psi\rangle=\sum_k a_k|k\rangle \quad (完备性) \tag{5-74}$$

系数 a_k 可由

$$a_k = \langle k \mid \psi\rangle \quad (k = 1,2,\cdots) \tag{5-75}$$

求得。一组 $\{a_k, k = 1,2,\cdots\}$ 确定 $\mid \psi\rangle$ 在该表象中的表示，常用一列矢

$$\boldsymbol{a} = \begin{pmatrix} a_1 \\ a_2 \\ \vdots \end{pmatrix} = \begin{pmatrix} \langle 1 \mid \psi\rangle \\ \langle 2 \mid \psi\rangle \\ \vdots \end{pmatrix} \tag{5-76}$$

表示。

把式(5-75)代入式(5-74)，则任一态矢可表示成

$$\mid \psi\rangle = \sum_k \mid k\rangle\langle k \mid \psi\rangle \tag{5-77}$$

由此可见

$$\sum_k \mid k\rangle\langle k \mid = I \tag{5-78}$$

也就是说 $\sum_k \mid k\rangle\langle k \mid$ 是一个单位算符(unit operator)。算符

$$P_k \equiv \mid k\rangle\langle k \mid \tag{5-79}$$

叫作投影算符(projection operator)，因为

$$P_k \mid \psi\rangle = \mid k\rangle\langle k \mid \psi\rangle = a_k \mid k\rangle \tag{5-80}$$

它是式(5-74)展开式的第 k 项，也就是 $\mid \psi\rangle$ 的第 k 分量，P_k 算符把 $\mid \psi\rangle$ 投影到第 k 分量$a_k \mid k\rangle$。

如果基矢是连续谱 $\mid x'\rangle$ 或 $\mid p'\rangle$，则单位算符分别为

$$\int \mid x'\rangle\langle x' \mid \mathrm{d}x' \text{ 和} \int \mid p'\rangle\langle p' \mid \mathrm{d}p' \tag{5-81}$$

投影算符分别为

$$P(x') = \mid x'\rangle\langle x' \mid, \quad P(p') = \mid p'\rangle\langle p' \mid \tag{5-82}$$

利用单位算符，某些计算变得非常简单。例如，在某一表象$\hat{G}$ 中，基矢为$\{\mid k\rangle, k = 1,2,\cdots\}$，则两个态矢量 $\mid \varphi\rangle$ 和 $\mid \psi\rangle$ 可用$\{\mid k\rangle, k = 1,2,\cdots\}$ 展开：

$$\mid \varphi\rangle = \sum_k b_k \mid k\rangle$$

$$\mid \psi\rangle = \sum_k a_k \mid k\rangle$$

由于

$$b_k = \langle k \mid \varphi\rangle, \quad a_k = \langle k \mid \psi\rangle \tag{5-83}$$

因此，标积

$$\langle \varphi \mid \psi\rangle = \sum_k \langle \varphi \mid k\rangle\langle k \mid \psi\rangle = \sum_k \langle k \mid \varphi\rangle^* \langle k \mid \psi\rangle = \sum_k b_k^* a_k \tag{5-84}$$

或者

$$\langle \varphi \mid \psi\rangle = \boldsymbol{b}^\dagger \boldsymbol{a} \tag{5-85}$$

假如某一力学量算符$\hat{L}$ 作用在态矢 $\mid \psi\rangle$ 得到态矢 $\mid \varphi\rangle$，即

$$\mid \varphi\rangle = \hat{L} \mid \psi\rangle \tag{5-86}$$

则$\hat{L}$ 在以$\{\mid k\rangle, k = 1,2,\cdots\}$ 为基矢的表象$\hat{G}$ 中的矩阵元可以表示为

$$L_{kl}=\langle k\mid\hat{L}\mid l\rangle \tag{5-87}$$

在这一具体表象中

$$\left.\begin{aligned}|\varphi\rangle=\sum_k b_k\mid k\rangle,\quad b_k=\langle k\mid\varphi\rangle\\ |\psi\rangle=\sum_k a_k\mid k\rangle,\quad a_k=\langle k\mid\psi\rangle\end{aligned}\right\} \tag{5-88}$$

因此

$$b_k=\langle k\mid\varphi\rangle=\langle k\mid\hat{L}\mid\psi\rangle=\sum_l\langle k\mid\hat{L}\mid l\rangle\langle l\mid\psi\rangle$$

即

$$b_k=\sum_l L_{kl}a_l \tag{5-89}$$

5.4.3 量子力学公式的 Dirac 符号描述

1. 平均值公式

在量子态 $|\psi\rangle$ 下，力学量$\hat{L}$ 的平均值为

$$\overline{L}=\langle\psi\mid\hat{L}\mid\psi\rangle \tag{5-90}$$

在具体表象$\{|k\rangle\}$ 中

$$\overline{L}=\langle\psi\mid\hat{L}\mid\psi\rangle=\sum_{k,l}\langle\psi\mid k\rangle\langle k\mid\hat{L}\mid l\rangle\langle l\mid\psi\rangle=\sum_{k,l}a_k^*L_{kl}a_l$$

或者

$$\overline{L}=\boldsymbol{a}^{\dagger}\hat{L}\boldsymbol{a} \tag{5-91}$$

这一结果与式(5-48) 完全相同。

2. 本征值方程

对某一力学量$\hat{L}$ 的本征值方程

$$\hat{L}\mid\psi\rangle=L\mid\psi\rangle \tag{5-92}$$

取$\{|k\rangle\}$ 表象，并求 $|k\rangle$ 和上式的标积得：

左： $\langle k\mid\hat{L}\mid\psi\rangle=\sum_l\langle k\mid\hat{L}\mid l\rangle\langle l\mid\psi\rangle=\sum_l L_{kl}a_l$

右： $\langle k\mid L\mid\psi\rangle=L\langle k\mid\psi\rangle=La_k$

因此

$$\sum_l(L_{kl}-L\delta_{kl})a_l=0 \tag{5-93}$$

它与本征值方程的矩阵形式(5-54) 等价。

3. Schrödinger 方程

用 Dirac 符号，Schrödinger 方程为

$$\mathrm{i}\hbar\frac{\partial}{\partial t}\mid\psi\rangle=\hat{H}\mid\psi\rangle \tag{5-94}$$

在$\{|k\rangle\}$ 表象中，求 $|k\rangle$ 与上式的标积得

$$\mathrm{i}\hbar\frac{\partial}{\partial t}\langle k\mid\psi\rangle=\langle k\mid\hat{H}\mid\psi\rangle=\sum_l\langle k\mid\hat{H}\mid l\rangle\langle l\mid\psi\rangle$$

因此

$$\mathrm{i}\hbar\frac{\partial a_k}{\partial t}=\sum_l H_{kl}a_l$$

或

$$\mathrm{i}\hbar\frac{\mathrm{d}}{\mathrm{d}t}\begin{pmatrix}a_1\\a_2\\\vdots\end{pmatrix}=\begin{pmatrix}H_{11}&H_{12}&\cdots\\H_{21}&H_{22}&\cdots\\\vdots&\vdots&\end{pmatrix}\begin{pmatrix}a_1\\a_2\\\vdots\end{pmatrix}\tag{5-95}$$

此式也可以写成与式(5-63)完全相同的形式：

$$\mathrm{i}\hbar\frac{\mathrm{d}\boldsymbol{a}}{\mathrm{d}t}=\hat{H}\boldsymbol{a}\tag{5-96}$$

5.4.4　表象变换

1. 态的表象变换

设一态矢量 $|\psi\rangle$ 在 $\{|k\rangle\}$ 表象中的表示为

$$\boldsymbol{a}=\begin{pmatrix}a_1\\a_2\\\vdots\end{pmatrix},\quad a_k=\langle k|\psi\rangle\tag{5-97}$$

同一态矢在 $\{|k'\rangle\}$ 表象中的表示为

$$\boldsymbol{a}'=\begin{pmatrix}a_1'\\a_2'\\\vdots\end{pmatrix},\quad a_k'=\langle k'|\psi\rangle\tag{5-98}$$

为了求在两个不同表象 $\{|k\rangle,k=1,2,\cdots\}$ 和 $\{|k'\rangle,k'=1,2,\cdots\}$ 中态矢 $|\psi\rangle$ 的表示之间的关系，求 $|k'\rangle$ 和 $|\psi\rangle$ 的标积得

$$\langle k'|\psi\rangle=\sum_k\langle k'|k\rangle\langle k|\psi\rangle\tag{5-99}$$

因此

$$a_k'=\sum_k S_{k'k}a_k,\quad S_{k'k}\equiv\langle k'|k\rangle\tag{5-100}$$

注意，$|k\rangle$ 和 $|k'\rangle$ 是属于不同表象的基矢。式(5-100)的矩阵形式为

$$\begin{pmatrix}a_1'\\a_2'\\\vdots\end{pmatrix}=\begin{pmatrix}S_{11}&S_{12}&\cdots\\S_{21}&S_{22}&\cdots\\\vdots&\vdots&\end{pmatrix}\begin{pmatrix}a_1\\a_2\\\vdots\end{pmatrix}\tag{5-101}$$

或

$$\boldsymbol{a}'=\hat{S}\boldsymbol{a}\tag{5-102}$$

可以证明，$\hat{S}$ 是一个幺正矩阵，即

$$\hat{S}^\dagger\hat{S}=\hat{S}\hat{S}^\dagger=I$$

因为

$$(\hat{S}^\dagger\hat{S})_{kl}=\sum_{j'}S_{kj'}^\dagger S_{j'l}=\sum_{j'}S_{j'k}^*S_{j'l}=\sum_{j'}\langle j'|k\rangle^*\langle j'|l\rangle$$

$$= \sum_{j'} \langle k \mid j' \rangle \langle j' \mid l \rangle = \langle k \mid l \rangle = \delta_{kl} \tag{5-103}$$

由此可见

$$\hat{S}^{\dagger} \hat{S} = I \tag{5-104}$$

同理，可以证明

$$(\hat{S}\hat{S}^{\dagger})_{kl} = \delta_{kl}, \quad \hat{S}\hat{S}^{\dagger} = I \tag{5-105}$$

2. 力学量算符的表象变换

设在以$\{| k \rangle, k = 1,2,\cdots\}$为基矢的表象中，某一算符$\hat{L}$的矩阵元为$L_{kl} = \langle k \mid \hat{L} \mid l \rangle$，而$\hat{L}$在以$\{| k' \rangle, k' = 1,2,\cdots\}$为基矢的表象中的矩阵元为$L'_{k'l'} = \langle k' \mid \hat{L} \mid l' \rangle$，则

算符的表象变换

$$\begin{aligned} L'_{k'l'} &= \langle k' \mid \hat{L} \mid l' \rangle = \sum_{k} \sum_{l} \langle k' \mid k \rangle \langle k \mid \hat{L} \mid l \rangle \langle l \mid l' \rangle \\ &= \sum_{k} \sum_{l} S_{k'k} L_{kl} S^{*}_{l'l} = \sum_{k} \sum_{l} S_{k'k} L_{kl} S^{\dagger}_{ll'} = (\hat{S}\hat{L}\hat{S}^{\dagger})_{k'l'} \end{aligned} \tag{5-106}$$

或可简写为

$$\hat{L}' = \hat{S}\hat{L}\hat{S}^{\dagger} = \hat{S}\hat{L}\hat{S}^{-1} \tag{5-107}$$

由以上讨论可知，量子力学的三种描述方法 —— 波动力学、矩阵力学和 Dirac 符号法都是等价的。

练习

1. 坐标表象中的动量本征态(一维粒子)

在 Dirac 方法中，本征值为p'的动量本征态记作$| p' \rangle$。$| p' \rangle$不体现具体表象。如果想描述坐标表象中的动量本征态，则$| p' \rangle$变为

$$\langle x \mid p' \rangle \equiv \psi_{p'}(x) = \frac{1}{\sqrt{2\pi\hbar}} e^{\frac{i}{\hbar} p'x}$$

此即我们熟悉的自由粒子的动量本征态。在 Dirac 方法中的$| x' \rangle$代表本征值为x'的坐标本征态，不带表象。在坐标表象中，坐标的本征态$| x' \rangle$变为

$$\langle x \mid x' \rangle \equiv \psi_{x'}(x) = \delta(x - x')$$

2. 动量表象中的坐标本征态

在 Dirac 方法中，$| x' \rangle$代表本征值为x'的坐标本征态，$| x' \rangle$不涉及具体表象。在动量表象中，坐标的本征态$| x' \rangle$变为

$$\langle p \mid x' \rangle \equiv \psi_{x'}(p) = \frac{1}{\sqrt{2\pi\hbar}} e^{-\frac{i}{\hbar} px'}$$

类似地，动量本征态在动量表象中的表示为

$$\langle p \mid p' \rangle \equiv \psi_{p'}(p) = \delta(p - p')$$

3. 坐标表象与动量表象之间的表象变换(Fourier 变换)

在 Dirac 方法中，态矢$| \psi \rangle$不涉及表象。如果想在坐标x表象中表示该态矢，则记作

$$\langle x \mid \psi \rangle \equiv \psi(x)$$

$\psi(x)$ 就是我们常用的坐标表象中的波函数，由此得

$$\psi^*(x)=\langle x\mid\psi\rangle^*=\langle\psi\mid x\rangle$$

类似地，在动量表象中的 $|\psi\rangle$ 为

$$\langle p\mid\psi\rangle\equiv\psi(p)$$

$$\psi^*(p)=\langle p\mid\psi\rangle^*=\langle\psi\mid p\rangle$$

同一量子态 $|\psi\rangle$ 在两种表象中的变换式为

$$\psi(x)=\langle x\mid\psi\rangle=\int\langle x\mid p\rangle\langle p\mid\psi\rangle\mathrm{d}p$$

把

$$\langle x\mid p\rangle=\frac{1}{\sqrt{2\pi\hbar}}\mathrm{e}^{\frac{\mathrm{i}}{\hbar}px},\quad\langle p\mid\psi\rangle=\psi(p)$$

代入到上式得

$$\psi(x)=\frac{1}{\sqrt{2\pi\hbar}}\int\psi(p)\mathrm{e}^{\frac{\mathrm{i}}{\hbar}px}\mathrm{d}p$$

这就是把 $\psi(x)$ 用动量本征态展开的 Fourier 变换式，其逆变换为

$$\psi(p)=\langle p\mid\psi\rangle=\int\langle p\mid x\rangle\langle x\mid\psi\rangle\mathrm{d}x$$

但由于

$$\langle p\mid x\rangle=\langle x\mid p\rangle^*=\frac{1}{\sqrt{2\pi\hbar}}\mathrm{e}^{-\frac{\mathrm{i}}{\hbar}px},\quad\langle x\mid\psi\rangle=\psi(x)$$

因此

$$\psi(p)=\frac{1}{\sqrt{2\pi\hbar}}\int\psi(x)\mathrm{e}^{-\frac{\mathrm{i}}{\hbar}px}\mathrm{d}x$$

利用连续谱的单位算符，两个态矢的标积

$$\langle\varphi\mid\psi\rangle=\int\langle\varphi\mid x\rangle\langle x\mid\psi\rangle\mathrm{d}x=\int\varphi^*(x)\psi(x)\mathrm{d}x=(\varphi,\psi)$$

4. Fourier 变换的幺正性

如果把 $\langle x\mid p\rangle$ 理解为矩阵 $\hat{S}$ 的矩阵元 S_{xp}，即

$$S_{xp}\equiv\langle x\mid p\rangle,\quad S^*_{xp}\equiv\langle p\mid x\rangle$$

则可以证明，Fourier 变换是一种幺正变换：

$$\begin{aligned}(\hat{S}^\dagger\hat{S})_{p'p''}&=\int S^\dagger_{p'x}S_{xp''}\mathrm{d}x=\int S^*_{xp'}S_{xp''}\mathrm{d}x\\&=\int\langle x\mid p'\rangle^*\langle x\mid p''\rangle\mathrm{d}x=\int\langle p'\mid x\rangle\langle x\mid p''\rangle\mathrm{d}x\\&=\langle p'\mid p''\rangle=\delta(p'-p'')\end{aligned}$$

$$\begin{aligned}(\hat{S}^\dagger\hat{S})_{x'x''}&=\int S^\dagger_{x'p}S_{px''}\mathrm{d}p=\int S^*_{px'}S_{px''}\mathrm{d}p=\int\langle p\mid x'\rangle^*\langle p\mid x''\rangle\mathrm{d}p\\&=\int\langle x'\mid p\rangle\langle p\mid x''\rangle\mathrm{d}p=\langle x'\mid x''\rangle=\delta(x'-x'')\end{aligned}$$

同理可以证明

$$(\hat{S}\hat{S}^\dagger)_{p'p''}=\delta(p'-p''),\quad(\hat{S}\hat{S}^\dagger)_{x'x''}=\delta(x'-x'')$$

由此可见,Fourier 变换也是一种幺正变换。

5. 求证:(1) 在坐标表象中,动量的矩阵元 $\langle x' \mid \hat{p} \mid x'' \rangle = -\mathrm{i}\hbar \dfrac{\partial}{\partial x'}\delta(x'-x'')$

(2) 在动量表象中,坐标的矩阵元 $\langle p' \mid x \mid p'' \rangle = \mathrm{i}\hbar \dfrac{\partial}{\partial p'}\delta(p'-p'')$

证明　(1) 由基本对易式 $[x,\hat{p}] = \mathrm{i}\hbar$ 得

$$\langle x' \mid [x,\hat{p}] \mid x'' \rangle = \mathrm{i}\hbar \langle x' \mid x'' \rangle = \mathrm{i}\hbar\delta(x'-x'')$$

但因为

$$\langle x' \mid [x,\hat{p}] \mid x'' \rangle = \langle x' \mid x\hat{p} \mid x'' \rangle - \langle x' \mid \hat{p}x \mid x'' \rangle = (x'-x'')\langle x' \mid \hat{p} \mid x'' \rangle$$

因此,

$$(x'-x'')\langle x' \mid \hat{p} \mid x'' \rangle = \mathrm{i}\hbar\delta(x'-x'')$$

利用 δ 函数的性质(5),

$$(x-x'')\frac{\partial}{\partial x}\delta(x-x'') = -\delta(x-x'')$$

因此,原式等号右边的 $\delta(x'-x'')$ 可以改写成

$$\delta(x'-x'') = -(x'-x'')\frac{\partial}{\partial x'}\delta(x'-x'')$$

从而最后得到

$$\langle x' \mid \hat{p} \mid x'' \rangle = -\mathrm{i}\hbar\frac{\partial}{\partial x'}\delta(x'-x'')$$

(2) 利用基本对易式 $[x,\hat{p}] = \mathrm{i}\hbar$,

$$\langle p' \mid [x,\hat{p}] \mid p'' \rangle = \mathrm{i}\hbar\langle p' \mid p'' \rangle = \mathrm{i}\hbar\delta(p'-p'')$$

但等式的左边

$$\begin{aligned}\langle p' \mid [x,\hat{p}] \mid p'' \rangle &= \langle p' \mid x\hat{p} \mid p'' \rangle - \langle p' \mid \hat{p}x \mid p'' \rangle \\ &= p''\langle p' \mid x \mid p'' \rangle - p'\langle p' \mid x \mid p'' \rangle \\ &= (p''-p')\langle p' \mid x \mid p'' \rangle\end{aligned}$$

利用

$$(p'-p'')\frac{\partial}{\partial p'}\delta(p'-p'') = -\delta(p'-p'')$$

得到

$$(p''-p')\langle p' \mid x \mid p'' \rangle = \mathrm{i}\hbar(p''-p')\frac{\partial}{\partial p'}\delta(p'-p'')$$

也就是说

$$\langle p' \mid x \mid p'' \rangle = \mathrm{i}\hbar\frac{\partial}{\partial p'}\delta(p'-p'')$$

利用以上的结果,还可以证明

$$\langle x' \mid \hat{p}^n \mid x'' \rangle = \left(-\mathrm{i}\hbar\frac{\partial}{\partial x'}\right)^n\delta(x'-x'')$$

$$\langle p' \mid x^n \mid p'' \rangle = \left(\mathrm{i}\hbar\frac{\partial}{\partial p'}\right)^n\delta(p'-p'')$$

$$\langle x' \mid f(x) \mid x'' \rangle = f(x')\delta(x'-x'')$$

$$\langle p' \mid f(p) \mid p'' \rangle = f(p')\delta(p'-p'')$$

6. 一维运动粒子的 Hamilton 为 $\hat{H}=\frac{\hat{\boldsymbol{p}}^2}{2m}+V(x)$

①写出 x 表象中 x, p 和 $\hat{H}$ 的矩阵元。

②写出 p 表象中 x, p, $\hat{H}$ 的矩阵元。

解　①在坐标表象中(x 表象)的坐标本征函数 $\delta(x-x')$ 在 Dirac 方法中即为 $|x'\rangle$。因此

$$x_{x'x''}=\langle x'|x|x''\rangle=x''\langle x'|x''\rangle=x''\delta(x'-x'')$$

$$p_{x'x''}=\langle x'|\hat{p}|x''\rangle=-\mathrm{i}\hbar\frac{\partial}{\partial x'}\delta(x'-x'')$$

$$H_{x'x''}=\langle x'|\hat{H}|x''\rangle=\langle x'|\frac{\hat{p}^2}{2m}|x''\rangle+\langle x'|V(x)|x''\rangle$$

$$=-\frac{\hbar^2}{2m}\langle x'|\frac{\partial^2}{\partial x^2}|x''\rangle+V(x')\delta(x'-x'')$$

$$=-\frac{\hbar^2}{2m}\frac{\partial^2}{\partial x'^2}\delta(x'-x'')+V(x')\delta(x'-x'')$$

②

$$x_{p'p''}=\langle p'|x|p''\rangle=\mathrm{i}\hbar\langle p'|\frac{\partial}{\partial p}|p''\rangle=\mathrm{i}\hbar\frac{\partial}{\partial p'}\delta(p'-p'')$$

$$p_{p'p''}=\langle p'|p|p''\rangle=p'\langle p'|p''\rangle=p'\delta(p'-p'')$$

$$H_{p'p''}=\langle p'|\hat{H}|p''\rangle=\langle p'|\frac{\hat{p}^2}{2m}|p''\rangle+\langle p'|V(\mathrm{i}\hbar\frac{\partial}{\partial p})|p''\rangle$$

$$=\frac{p'^2}{2m}\delta(p'-p'')+V(\mathrm{i}\hbar\frac{\partial}{\partial p'})\delta(p'-p'')$$

在以上计算中，利用了练习 5 的结果。

本章小结

习　题

5-1　求自由粒子的坐标 x、动量 $\hat{p}_x$ 和 Hamilton 量 $\hat{H}$ 在 x 表象中的矩阵元。

5-2　求在动量表象中 x、$\hat{p}_x$ 和 $\hat{H}=\frac{\hat{p}_x^2}{2m}+V(x)$ 的矩阵元。

5-3　证明：在 $\hat{l}_z$ 的本征态 $|m\rangle$ 下，$\hat{l}_x=\hat{l}_y=0$。

5-4　求 $(\hat{\boldsymbol{l}}^2,\hat{l}_z)$ 的共同本征态 $|lm\rangle$ 下，$\hat{l}_x^2$ 和 $\hat{l}_y^2$ 的平均值。

5-5　在 $(\hat{\boldsymbol{l}}^2,\hat{l}_z)$ 的共同本征态 Y_{10} 下，求 $\hat{l}_x$ 的可能测值及相应的概率。

5-6　一维无限深势阱中的粒子，初态为

$$\psi(x,0)=\frac{1}{\sqrt{3}}[\psi_1(x)+\sqrt{2}\psi_2(x)]\quad(\psi_1,\psi_2\text{ 对应的能级为 }E_1,E_2)$$

求：(1)利用时间演化算符求 $\psi(x,t)$；(2) t 时刻粒子处于 ψ_1 的概率；(3) $\overline{H}$；(4) $\overline{H^2}$。

5-7　一个谐振子的初始状态为其基态和第一激发态的叠加态

$$\psi(x,0)=A[\psi_0(x)+\mathrm{e}^{\mathrm{i}\varphi}\psi_1(x)]$$

(1) 求 A；

(2) 给出 $\psi(x,t)$ 和 $|\psi(x,t)|^2$；

(3) 计算 Δx 和 Δp。

5-8 一个体系 $\hat{H}=\hbar\begin{pmatrix}0 & \Omega\\ \Omega & 0\end{pmatrix}$。(1)求其本征值、本征态；(2)起始态为 $|\psi(0)\rangle=\begin{pmatrix}1\\0\end{pmatrix}$，求 $|\psi(t)\rangle$；(3)起始处于 $|\psi(0)\rangle=\frac{1}{\sqrt{3}}\begin{pmatrix}1\\ \sqrt{2}\end{pmatrix}$，求 $|\psi(t)\rangle$。

5-9 一个三能级系统的哈密顿量为 $\hat{H}=\hbar\omega\begin{pmatrix}a & 0 & b\\ 0 & c & 0\\ b & 0 & a\end{pmatrix}$。

(1) 如果起始系统处于 $|\psi(0)\rangle=\begin{pmatrix}0\\1\\0\end{pmatrix}$，求 $|\psi(t)\rangle$。

(2) 如果起始系统处于 $|\psi(0)\rangle=\begin{pmatrix}\frac{1}{\sqrt{2}}\\ \frac{1}{\sqrt{2}}\\ 0\end{pmatrix}$，求 $|\psi(t)\rangle$。

5-10 设 Hamilton 量 $\hat{H}=\frac{\hat{p}^2}{2m}+V(r)$（不显含时间）。求证：$\sum_n (E_n-E_m)|x_{nm}|^2=\frac{\hbar^2}{2m}$，其中 E_n、E_m 为能量本征值，x_{nm} 为坐标 x 的矩阵元。

第6章

对称性与守恒定律

6.1 守恒量的平均值和概率分布

在量子力学中，由于态的叠加，对处于任意量子态 $\psi(\boldsymbol{r},t)$ 的体系，力学量的测量结果是不确定的，但力学量的平均值和概率分布一般来说是确定的，不随时间改变的。本节将讨论力学量的平均值和概率分布不随时间改变的具体条件。

下面，先讨论力学量的平均值。

一力学量 $\hat{A}$ 的平均值定义为

$$\overline{A}(t) = [\psi(t), \hat{A}\psi(t)] \tag{6-1}$$

其中，$\psi(t)$ 是体系的任意量子态。因此，$\overline{A}(t)$ 随时间的变化为

$$\begin{aligned}\frac{\mathrm{d}}{\mathrm{d}t}\overline{A}(t) &= \left(\frac{\partial}{\partial t}\psi(t), \hat{A}\psi(t)\right) + \left(\psi(t), \hat{A}\frac{\partial}{\partial t}\psi(t)\right) + \left(\psi(t), \frac{\partial \hat{A}}{\partial t}\psi(t)\right) \\ &= \left(\frac{\hat{H}\psi}{\mathrm{i}\hbar}, \hat{A}\psi\right) + \left(\psi, \hat{A}\frac{\hat{H}\psi}{\mathrm{i}\hbar}\right) + \left(\psi, \frac{\partial \hat{A}}{\partial t}\psi\right) \\ &= -\frac{1}{\mathrm{i}\hbar}(\hat{H}\psi, \hat{A}\psi) + \frac{1}{\mathrm{i}\hbar}(\psi, \hat{A}\hat{H}\psi) + \left(\psi, \frac{\partial \hat{A}}{\partial t}\psi\right)\end{aligned}$$

如果力学量 $\hat{A}$ 不显含时间，即 $\frac{\partial \hat{A}}{\partial t} = 0$，上式可写为

$$\frac{\mathrm{d}}{\mathrm{d}t}\overline{A}(t) = \frac{1}{\mathrm{i}\hbar}[\psi, (\hat{A}\hat{H} - \hat{H}\hat{A})\psi] = \frac{1}{\mathrm{i}\hbar}(\psi, [\hat{A}, \hat{H}]\psi) = \frac{1}{\mathrm{i}\hbar}\overline{[\hat{A}, \hat{H}]} \tag{6-2}$$

由此可见，如果

$$[\hat{A}, \hat{H}] = 0$$

则力学量 $\hat{A}$ 的平均值不随时间改变，即

$$\frac{\mathrm{d}}{\mathrm{d}t}\overline{A} = 0 \tag{6-3}$$

从式(6-2)和式(6-3)我们得知，只要任何一个不显含时间的力学量算符与体系的 Hamilton 量对易，则该力学量的平均值是确定的，不随时间改变的。在量子力学中，如果一个力学量算符与体系的 Hamilton 量对易，则称该力学量为守恒量(conserved quantity)。这就是说，在一个体系的任何一个量子态下，守恒量的平均值具有确定值，是不随时间改变的。

下面我们再来证明，在体系的任何一个量子态下，守恒量的概率分布也是确定的和不随时间改变的。

考虑一个守恒量$\hat{A}$。由于守恒量算符与体系的 Hamilton 量$\hat{H}$ 对易，$[\hat{A},\hat{H}]=0$，因此它们具有共同本征函数系$\{\psi_n, n=1,2,\cdots\}$。ψ_n 将满足本征值方程

$$\hat{H}\psi_n(\boldsymbol{r}) = E_n\psi_n(\boldsymbol{r}), \quad \hat{A}\psi_n(\boldsymbol{r}) = A_n\psi_n(\boldsymbol{r}) \tag{6-4}$$

体系的任意量子态 $\psi(\boldsymbol{r},t)$ 可用 ψ_n 展开：

$$\psi(\boldsymbol{r},t)=\sum_n C_n(t)\psi_n(\boldsymbol{r}) \tag{6-5}$$

其中

$$C_k(t) = (\psi_k, \psi) \tag{6-6}$$

在此量子态 ψ 下，力学量$\hat{A}$ 的测量值为 A_k 的概率

$$\rho_k(t) = |C_k(t)|^2 \tag{6-7}$$

因此，概率随时间的变化为

$$\begin{aligned}\frac{\mathrm{d}}{\mathrm{d}t}|C_k(t)|^2 &= \frac{\mathrm{d}}{\mathrm{d}t}[C_k^*(t)C_k(t)] \\ &= \frac{\mathrm{d}C_k^*(t)}{\mathrm{d}t}C_k(t) + C_k^*(t)\frac{\mathrm{d}C_k(t)}{\mathrm{d}t} \\ &= \frac{\mathrm{d}}{\mathrm{d}t}(\psi,\psi_k)(\psi_k,\psi) + (\psi,\psi_k)\frac{\mathrm{d}}{\mathrm{d}t}(\psi_k,\psi) \\ &= \left(\frac{\mathrm{d}\psi}{\mathrm{d}t},\psi_k\right)(\psi_k,\psi) + (\psi,\psi_k)\left(\psi_k,\frac{\mathrm{d}\psi}{\mathrm{d}t}\right)\end{aligned}$$

利用 Schrödinger 方程$\frac{\mathrm{d}\psi}{\mathrm{d}t}=\frac{1}{\mathrm{i}\hbar}\hat{H}\psi$，则

$$\begin{aligned}\frac{\mathrm{d}}{\mathrm{d}t}|C_k(t)|^2 &= \left(\frac{\hat{H}\psi}{\mathrm{i}\hbar},\psi_k\right)(\psi_k,\psi) + (\psi,\psi_k)\left(\psi_k,\frac{\hat{H}\psi}{\mathrm{i}\hbar}\right) \\ &= -\frac{1}{\mathrm{i}\hbar}(\psi,\hat{H}\psi_k)(\psi_k,\psi) + \frac{1}{\mathrm{i}\hbar}(\psi,\psi_k)(\hat{H}\psi_k,\psi) \\ &= -\frac{E_k}{\mathrm{i}\hbar}(\psi,\psi_k)(\psi_k,\psi) + \frac{E_k}{\mathrm{i}\hbar}(\psi,\psi_k)(\psi_k,\psi) \\ &= 0\end{aligned} \tag{6-8}$$

可见，在任意量子态下，守恒量的概率分布是确定的，不随时间改变的。

至此，我们必须强调守恒量的以下几个重要性质：

(1) 在经典力学中，守恒量具有确定值，是不随时间改变的，但在量子力学中，守恒量并非一定具有确定值，尽管它不随时间改变。因为守恒量(力学量)是一种算符(矩阵)，虽然守恒量不随时间改变，但它给不出确定的测值。例如，在能量表象中，能量

$$\hat{H} = \begin{pmatrix} E_1 & 0 & \cdots & 0 \\ 0 & E_2 & \cdots & 0 \\ \vdots & \vdots & & \vdots \\ 0 & 0 & \cdots & E_n \end{pmatrix}$$

是一个守恒量，是不随时间改变的，但能量的可能测值是 $E_1, E_2, \cdots$ 中的任何一个，测值是不确定的，只有体系处于能量的某一本征态时，能量才能具有确定测值。

(2) 假如一个量子体系在初始时刻处于某一守恒力学量$\hat{A}$ 的本征态，则$\hat{A}$ 不随时间改

变，同时具有确定值。由于守恒量平均值不随时间改变，且在本征态下力学量平均值就是该本征态下的本征值，因此初始时刻处于守恒量本征态的体系将永远处于该力学量的本征态。守恒量的量子数叫好量子数(good quantum number)。

(3) 如果一个量子体系处于互为对易的力学量$\{\hat{H},\hat{A}_\alpha,\alpha=1,2,\cdots\}$的共同本征态，则$\hat{H},\hat{A}_1,\hat{A}_2,\cdots$都是守恒量，同时它们都具有确定值。如果$\hat{A}_1,\hat{A}_2,\cdots$都与$\hat{H}$对易，但$\hat{A}_\alpha(\alpha=1,2,\cdots)$彼此之间不对易，则它们都是守恒量，但一般不具有共同本征函数，从而不能同时具有确定值，这时能级一般是简并的(见习题 6-11)。

(4) 守恒量只决定于该力学量的性质，即决定于跟$\hat{H}$对易与否，而与体系的状态无关，因为守恒量必须在任意态下满足$[\hat{H},\hat{A}]=0$。而力学量是否具有确定值，决定于体系的状态，即决定于体系是否处于该力学量的本征态，无论该力学量是否为守恒量。

由以上讨论可知，只有当一个量子体系不处于定态，而且所讨论的力学量又不是守恒量时，力学量的概率分布和平均值才随时间改变。

如前几章已阐述，量子力学所处理的势函数$V(r)$一般都不显含时间，因而$\hat{H}$不显含时间。由于$[\hat{H},\hat{H}]=0$，Hamilton 量是一个守恒量，但能量并不一定具有确定值。再如，对自由粒子，$\hat{H}=\frac{\hat{\boldsymbol{p}}^2}{2m}$。显然，$[\hat{\boldsymbol{p}},\hat{H}]=[\hat{\boldsymbol{l}},\hat{H}]=0$，因此自由粒子的动量、能量和角动量都是守恒量，但能量具有确定值，而动量和角动量不一定具有确定值。对自由粒子的动量本征态，能量和动量既是守恒量，又具有确定值，但对自由粒子的能量本征态，如$\psi=\cos kx$，能量和动量都是守恒量，但能量具有确定值，动量却不具有确定值。对自由粒子的波包，$\hat{H}$、$\hat{\boldsymbol{p}}$都是守恒量，但它们都不具有确定值。在中心力场中，$[\hat{\boldsymbol{l}},\hat{H}]=0$，而由于$[\hat{\boldsymbol{p}},V(r)]\neq0$，$\hat{\boldsymbol{l}}$是守恒量，$\hat{\boldsymbol{p}}$不是。

6.2　对称性和守恒定律

在平面坐标系里(图 6-1)，如在 x-O-y 坐标系里，一个位矢 $\boldsymbol{r}$ 可表示为一个矢量

$$\boldsymbol{r}=\begin{pmatrix}x\\y\end{pmatrix}\tag{6-9}$$

当坐标系绕通过O点并垂直于x-y平面的轴旋转一角度θ时，该位矢 $\boldsymbol{r}$ 将变为

$$\boldsymbol{r}'=\begin{pmatrix}x'\\y'\end{pmatrix}\tag{6-10}$$

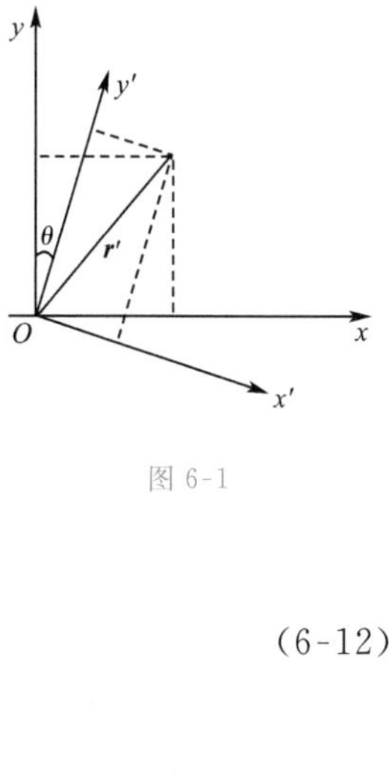

图 6-1

两个列矢量之间的关系可表示为

$$\begin{pmatrix}x'\\y'\end{pmatrix}=\begin{pmatrix}\cos\theta & -\sin\theta\\ \sin\theta & \cos\theta\end{pmatrix}\begin{pmatrix}x\\y\end{pmatrix}\tag{6-11}$$

或

$$\boldsymbol{r}'=\hat{R}(\theta)\boldsymbol{r}\tag{6-12}$$

其中

$$\hat{R}(\theta) = \begin{pmatrix} \cos\theta & -\sin\theta \\ \sin\theta & \cos\theta \end{pmatrix} \tag{6-13}$$

虽然位矢 $\boldsymbol{r}$ 变为 $\boldsymbol{r}'$,但 $\boldsymbol{r}^2$ 是一个坐标变换下的不变量,因为

$$x'^2 + y'^2 = \tilde{\boldsymbol{r}}' \boldsymbol{r}' = \tilde{\boldsymbol{r}} \widetilde{\hat{R}} \hat{R} \boldsymbol{r} \tag{6-14}$$

而

$$\widetilde{\hat{R}} \hat{R} = \begin{pmatrix} \cos\theta & -\sin\theta \\ \sin\theta & \cos\theta \end{pmatrix} \begin{pmatrix} \cos\theta & \sin\theta \\ -\sin\theta & \cos\theta \end{pmatrix} = I \tag{6-15}$$

也就是说$\hat{R}$ 是一个正交矩阵，因此式(6-14) 变为

$$\boldsymbol{r}'^2 = x'^2 + y'^2 = \tilde{\boldsymbol{r}} \boldsymbol{r} = x^2 + y^2 = \boldsymbol{r}^2 \tag{6-16}$$

这时称 $\boldsymbol{r}^2$ 在坐标系的旋转变换下具有对称性(symmetry)。

与此类似,在物理学中常见的守恒量或守恒定律总是与物理体系在某种变换下的对称性有关。所谓对称性表现在体系的运动方程或 Hamilton 量在某种变换下不变。我们将看到,如果把体系的运动方程或 Hamilton 量在某种变换下的对称性当作基本假设(axiom),则可以通过演绎推理的方法给出体系的守恒量或守恒定律。

为了说明对称性和守恒定律之间的关系,下面举一个例子。

设一个量子体系的状态用波函数 $\psi(\boldsymbol{r},t)$ 描述,则体系的量子态随时间的演化可用 Schrödinger 方程描述:

$$\mathrm{i}\hbar \frac{\partial \psi}{\partial t} = \hat{H}\psi \tag{6-17}$$

其中,$\hat{H}$ 为体系的 Hamilton 算符。设体系的运动方程在某种与时间无关的变换 $\hat{U}$(假定其逆 $\hat{U}^{-1}$ 存在) 下具有对称性,即在变换

$$\psi'(\boldsymbol{r},t) = \hat{U}\psi(\boldsymbol{r},t) \tag{6-18}$$

下运动方程不变:

$$\mathrm{i}\hbar \frac{\partial \psi'(\boldsymbol{r},t)}{\partial t} = \hat{H}\psi'(\boldsymbol{r},t) \tag{6-19}$$

或

$$\mathrm{i}\hbar \frac{\partial}{\partial t}[\hat{U}\psi(\boldsymbol{r},t)] = \hat{H}\hat{U}\psi(\boldsymbol{r},t)$$

方程两边左乘$\hat{U}^{-1}$ 得

$$\mathrm{i}\hbar \frac{\partial \psi}{\partial t} = \hat{U}^{-1}\hat{H}\hat{U}\psi \tag{6-20}$$

此方程与方程(6-17) 比较得

$$\hat{H} = \hat{U}^{-1}\hat{H}\hat{U}$$

或

$$[\hat{U},\hat{H}] = 0 \tag{6-21}$$

方程(6-21) 就是体系的运动方程或 Hamilton 量在变换$\hat{U}$ 下对称性的数学表达式。这就是说,如果我们要求(假定) 体系在$\hat{U}$ 变换下的对称性,则$\hat{U}$ 必与$\hat{H}$ 对易。

考虑到概率守恒,变换后的 ψ' 也应满足归一化条件。因此要求

$$(\psi',\psi') = (\hat{U}\psi,\hat{U}\psi) = (\psi,\hat{U}^{\dagger}\hat{U}\psi) = (\psi,\psi) \tag{6-22}$$

也就是说

$$\hat{U}^{\dagger}\hat{U}=\hat{U}\hat{U}^{\dagger}=I \tag{6-23}$$

因此，$\hat{U}$ 是一个幺正变换。根据群(group) 理论，幺正变换$\hat{U}$ 可以写成如下幺正形式：

$$\hat{U}=\exp\{\mathrm{i}\boldsymbol{\theta}\cdot\hat{\boldsymbol{F}}\} \tag{6-24}$$

其中，$\boldsymbol{\theta}$ 称为群参数(parameter)，$\hat{\boldsymbol{F}}$ 称为群的生成元(generator)，它可以代表动量、角动量、Hamilton 量等力学量的算符。由$\hat{U}$ 的幺正性

$$\hat{U}\hat{U}^{\dagger}=I=\mathrm{e}^{\mathrm{i}\boldsymbol{\theta}\cdot\hat{\boldsymbol{F}}}\cdot\mathrm{e}^{-\mathrm{i}\boldsymbol{\theta}\cdot\hat{\boldsymbol{F}}^{\dagger}}=\mathrm{e}^{\mathrm{i}\boldsymbol{\theta}\cdot(\hat{\boldsymbol{F}}-\hat{\boldsymbol{F}}^{\dagger})}$$

可以看出

$$\hat{\boldsymbol{F}}=\hat{\boldsymbol{F}}^{\dagger} \tag{6-25}$$

即$\hat{F}$ 为一厄米算符，可描述力学量。根据体系在变换$\hat{U}$ 下的对称性要求

$$[\hat{U},\hat{H}]=[\mathrm{e}^{\mathrm{i}\boldsymbol{\theta}\cdot\hat{\boldsymbol{F}}},\hat{H}]=0$$

得到

$$[\hat{\boldsymbol{F}},\hat{H}]=0 \tag{6-26}$$

即$\hat{F}$ 为与体系在$\hat{U}$ 变换下的对称性相联系的守恒量。

一般来说，对每一个守恒量，如动量、能量、角动量等，总可以找到一种与之相联系的变换，在这个变换下体系的 Hamilton 量(或运动方程) 不变。反过来，对体系的每一种对称性，我们通常可以找到与之对应的守恒量或守恒定律。例如，物理定律显然不因空间平移而发生变化，相同条件下，在任何地方做相同的物理实验都应受相同的物理规律的支配。也就是说，物理定律应具有空间平移对称性，它反映物理空间的均匀性。可以证明，物理空间的均匀性(空间平移不变性) 自然导致体系的动量守恒。同样，我们可以证明，时间平移对称性的(时间的均匀性) 要求导致体系的能量守恒，空间旋转对称性的(空间的各向同性) 要求导致体系的角动量守恒。也就是说，能量守恒、动量守恒和角动量守恒这三个基本的物理定律都与某种时、空连续变换对称性有关，它们分别为时间的均匀性、空间的均匀性和空间各向同性的反映。

对称性与守恒定律

6.2.1　空间平移对称性与动量守恒

假定物理空间是均匀的，也就是说，体系的运动方程在空间平移下具有对称性，只要把这个假定作为公理，我们就可以通过演绎推理，导出动量守恒定律。

设把一个量子体系沿 x 方向平移一无穷小距离 Δx，并把平移这个操作用一个算符 $\hat{S}(\Delta x)$ 表示。平移使体系的量子态由 $\psi(x)$ 变为 $\psi(x+\Delta x)$，即

$$\hat{S}(\Delta x)\psi(x)=\psi(x+\Delta x) \tag{6-27}$$

把 $\psi(x+\Delta x)$ 在 x 点附近展开得

$$\begin{aligned}\psi(x+\Delta x)&\approx\psi(x)+\Delta x\frac{\partial\psi}{\partial x}\\&=\left[1+\frac{\mathrm{i}\Delta x}{\hbar}\left(-\mathrm{i}\hbar\frac{\partial}{\partial x}\right)\right]\psi(x)\\&=\left(1+\frac{\mathrm{i}\Delta x}{\hbar}\hat{p}_x\right)\psi(x)\end{aligned}$$

由此得到

$$\hat{S}(\Delta x) = \left(1 + \frac{i\Delta x}{\hbar}\hat{p}_x\right) \tag{6-28}$$

平移任意距离 x 可以认为是无穷小距离的平移 Δx 的无穷多次的反复，也就是说，$x = n\Delta x (n \to \infty)$，因此，平移距离 x 的算符

$$\hat{S}(x) = \lim_{n\to\infty}\hat{S}^n(\Delta x) = \lim_{n\to\infty}\left(1 + \frac{ix}{n\hbar}\hat{p}_x\right)^n = e^{\frac{i}{\hbar}x\hat{p}_x} \tag{6-29}$$

显然，如果平移是沿任意方向 $\boldsymbol{r}$ 进行的，则空间平移算符为

$$\hat{S}(\boldsymbol{r}) = e^{\frac{i}{\hbar}\hat{\boldsymbol{p}}\cdot\boldsymbol{r}} \tag{6-30}$$

空间平移不变性要求 ψ 和 $\psi' = \hat{S}\psi$ 都要满足 Schrödinger 方程，也就是说，如果

$$i\hbar\frac{\partial\psi}{\partial t} = \hat{H}\psi \tag{6-31}$$

则应有

$$i\hbar\frac{\partial(\hat{S}\psi)}{\partial t} = \hat{H}\hat{S}\psi$$

把$\hat{S}$ 的表达式代入上式并左乘$\hat{S}^\dagger = e^{-\frac{i}{\hbar}\hat{\boldsymbol{p}}\cdot\boldsymbol{r}}$ 得

$$i\hbar\frac{\partial\psi}{\partial t} = e^{-\frac{i}{\hbar}\hat{\boldsymbol{p}}\cdot\boldsymbol{r}}\hat{H}e^{\frac{i}{\hbar}\hat{\boldsymbol{p}}\cdot\boldsymbol{r}}\psi \tag{6-32}$$

方程(6-31) 和方程(6-32) 相比较得

$$[\hat{H}, e^{\frac{i}{\hbar}\hat{\boldsymbol{p}}\cdot\boldsymbol{r}}] = 0$$

因此，

$$[\hat{H}, \hat{\boldsymbol{p}}] = 0 \tag{6-33}$$

即动量$\hat{\boldsymbol{p}}$ 为守恒量。

6.2.2 时间平移对称性与能量守恒

只要假定时间的均匀性，即体系的运动方程或 Hamilton 量在时间平移变换下具有对称性，可以证明体系的能量守恒。设时间平移算符为$\hat{T}(t)$，则对无穷小时间平移 Δt，体系的量子态 $\psi(t)$ 变为 $\psi(t+\Delta t)$，即

$$\hat{T}(\Delta t)\psi(t) = \psi(t+\Delta t) \tag{6-34}$$

把 $\psi(t+\Delta t)$ 在 t 附近展开得

$$\psi(t+\Delta t) \approx \psi(t) + \Delta t\frac{\partial\psi}{\partial t}$$

利用 Schrödinger 方程，$\frac{\partial\psi}{\partial t} = \frac{\hat{H}\psi}{i\hbar}$，上式化为

$$\psi(t+\Delta t) = \left(1 - \frac{i\Delta t}{\hbar}\hat{H}\right)\psi(t)$$

但由于 $t = n\Delta t (n \to \infty)$，

$$\lim_{n\to\infty}\left(1 - \frac{it}{\hbar n}\hat{H}\right)^n = e^{-\frac{i}{\hbar}t\hat{H}}$$

由此得到

$$\hat{T}(t)\psi(t) = e^{-\frac{i}{\hbar}t\hat{H}}\psi(t) \tag{6-35}$$

因此得时间平移算符

$$\hat{T}(t) = e^{-\frac{i}{\hbar}t\hat{H}} \tag{6-36}$$

如果认定时间平移对称性，则 $\hat{T}\psi$ 也满足 Schrödinger 方程，从而可以证明

$$[\hat{H},\hat{T}] = 0 \tag{6-37}$$

由此得到

$$[\hat{H},\hat{H}] = 0 \tag{6-38}$$

即能量守恒。

6.2.3　空间旋转对称性与角动量守恒

从物理空间的各向同性，即物理体系在空间旋转变换下的对称性要求，我们可以证明角动量守恒。

以 $\hat{R}_z(\theta)$ 表示体系绕 z 轴旋转角度 θ 的变换算符，则对无穷小旋转角 $\Delta\theta$

$$\hat{R}_z(\Delta\theta)\psi(x,y,z) = \psi'(x',y',z') \tag{6-39}$$

但由于在无穷小角 $\Delta\theta$ 的旋转变换下

$$x' = x\cos\theta - y\sin\theta \approx x - y\Delta\theta$$
$$y' = x\sin\theta + y\cos\theta \approx x\Delta\theta + y$$

因此

$$\begin{aligned}
\psi'(x',y',z') &= \psi'(x - y\Delta\theta, y + x\Delta\theta, z) \\
&= \psi(x,y,z) - \Delta\theta\left(y\frac{\partial\psi}{\partial x} - x\frac{\partial\psi}{\partial y}\right) \\
&= \psi(x,y,z) + \frac{i\Delta\theta}{\hbar}\left[-i\hbar\left(x\frac{\partial}{\partial y} - y\frac{\partial}{\partial x}\right)\right]\psi \\
&= \left(1 + \frac{i\Delta\theta}{\hbar}\hat{l}_z\right)\psi(x,y,z)
\end{aligned}$$

考虑到

$$\lim_{n\to\infty}\left(1 + \frac{i\theta}{\hbar n}\hat{l}_z\right)^n = e^{\frac{i}{\hbar}\theta\hat{l}_z}$$

空间旋转算符（绕 z 轴旋转）

$$\hat{R}_z(\theta) = e^{\frac{i}{\hbar}\theta\hat{l}_z} \tag{6-40}$$

如果旋转是绕任意轴进行，则容易证明

$$\hat{R}(\boldsymbol{\theta}) = e^{\frac{i}{\hbar}\boldsymbol{\theta}\cdot\hat{\boldsymbol{l}}} \tag{6-41}$$

其中，$\boldsymbol{\theta} = (\theta_x,\theta_y,\theta_z)$，$\hat{\boldsymbol{l}} = (\hat{l}_x,\hat{l}_y,\hat{l}_z)$。空间旋转对称性要求

$$[\hat{H},\hat{R}(\boldsymbol{\theta})] = 0 \quad 或 \quad [\hat{H}, e^{\frac{i}{\hbar}\boldsymbol{\theta}\cdot\hat{\boldsymbol{l}}}] = 0 \tag{6-42}$$

由此得到

$$[\hat{H},\hat{\boldsymbol{l}}]=0 \tag{6-43}$$

即体系的角动量守恒。

6.3 全同粒子系波函数的交换对称性

6.3.1 全同性原理和两种统计

在前一节我们所讨论的空间平移对称性、空间旋转对称性和时间平移对称性等都属于时、空连续变换对称性。我们已证明，动量守恒、角动量守恒和能量守恒三个基本定律是这些连续变换对称性的必然结果。本节我们将讨论另一类对称性 —— 全同粒子的交换对称性。

在自然界里存在的各种粒子，如电子、质子、中子、光子、π^+ 介子、μ^- 轻子等都具有确定的质量、电荷、寿命、自旋等内禀属性。我们称内禀属性相同的一类粒子为全同粒子(identical particle)。例如，多电子原子中的全体电子构成全同粒子系。对一个全同粒子系来说，由于体系中每一个粒子的内禀属性完全相同，我们不能区分体系中的各个粒子。例如，我们通过测量确定一个粒子的能量、位置等时，只能说一个粒子的能量是多少或一个粒子在某一位置，但我们无法判断所测到的是体系中哪个粒子的能量或位置。全同粒子的这种不可区分性叫作全同性原理(identity principle)。全同性原理也是量子力学的基本假设之一。

全同粒子的不可区分性体现在体系 Hamilton 量对粒子的交换对称性(exchange symmetry)。例如，考虑氦原子中的两个电子体系。这一全同粒子系的 Hamilton 量为

$$\hat{H}(1,2)=\frac{\hat{\boldsymbol{p}}_1^2}{2m}+\frac{\hat{\boldsymbol{p}}_2^2}{2m}-\frac{2e^2}{r_1}-\frac{2e^2}{r_2}+\frac{e^2}{|\boldsymbol{r}_1-\boldsymbol{r}_2|} \tag{6-44}$$

其中，前 4 项分别为两个电子的动能和势能，最后一项为两个电子之间的相互作用能。

由式(6-44)我们看到，体系的 Hamilton 量不因两个电子的交换($\boldsymbol{r}_1\leftrightarrow\boldsymbol{r}_2,\boldsymbol{p}_1\leftrightarrow\boldsymbol{p}_2$)而改变，也就是说，体系的 Hamilton 量具有交换对称性，这是全同粒子不可区分性的体现。因此，交换对称性可用

$$\hat{H}(1,2)=\hat{H}(2,1) \tag{6-45}$$

来描述。其中 1、2 分别代表粒子 1 和 2 的所有坐标(如空间位置、自旋等)。

如果我们用 $\psi(1,2)$ 表示全同二粒子体系的波函数，则

$$\rho(1,2)=|\psi(1,2)|^2 \tag{6-46}$$

代表两个粒子中的一个在“位置 1”，另一个在“位置 2”的概率密度。由于两个粒子的全同性，我们不能区分究竟哪个粒子在位置 1 或位置 2 上。因此，$\rho(1,2)$ 应具有交换对称性，即

$$|\psi(1,2)|^2=|\psi(2,1)|^2 \tag{6-47}$$

由此得到

$$\psi(1,2)=\pm\psi(2,1) \tag{6-48}$$

方程(6-48)说明，全同二粒子体系的波函数对两个粒子的交换具有对称(+)或反对称(−)两种可能。由此可见，如果我们假定全同粒子的不可区分性，也就是说，如果我们把全同性原

理作为量子力学的基本假设，我们就可以得到如下重要结论：在自然界中存在两种不同类型的粒子。一种类型是，由该型粒子组成的全同粒子系的波函数对任何两个粒子的交换具有对称性(symmetry)，另一种类型是该型全同粒子系的波函数对任何两个粒子的交换具有反对称性(anti-symmetry)。如果一个全同粒子体系的波函数对任何两个粒子的交换具有对称性，我们称该粒子体系遵从 Bose-Einstein 统计，遵从 Bose-Einstein 统计的粒子叫玻色子(boson)。玻色子的自旋角动量为$\hbar$ 的整数倍，通常叫自旋为 $s=0,1,2,\cdots$。例如，π^+ 介子、光子等都是玻色子，π^+ 介子的自旋为 0，光子的自旋为 1。相反地，如果一个全同粒子体系的波函数对任何两个粒子的交换具有反对称性，则称该粒子体系遵从 Fermi-Dirac 统计，遵从 Fermi-Dirac 统计的粒子叫作费米子(fermion)。费米子的自旋为半整数，即 $s=\frac{1}{2},\frac{3}{2},\frac{5}{2},\cdots$。例如，电子、质子、中子等都是费米子，它们的自旋都是 $s=\frac{1}{2}$。关于粒子的自旋，我们将在第 8 章详细介绍。

6.3.2　交换算符，Pauli 不相容原理

引进交换算符(permutation operator) $\hat{P}_{ij}\,(ij=1,2,\cdots)$，它代表交换全同粒子体系的第 i 个粒子和第 j 个粒子，即

$$\hat{P}_{ij}\psi(1,2,\cdots,i,j,\cdots)=\psi(1,2,\cdots,j,i,\cdots) \tag{6-49}$$

如果考虑由两个全同粒子组成的体系，则$\hat{P}_{ij}$ 变成$\hat{P}_{12}$。因此，

$$\hat{P}_{12}\psi(1,2)=\psi(2,1) \tag{6-50}$$

如果对式(6-50) 再作用一次$\hat{P}_{12}$，则

$$\hat{P}_{12}^2\psi(1,2)=\psi(1,2) \tag{6-51}$$

由此可见，$\hat{P}_{12}$ 具有两个本征值 ± 1。显然，推广到一般情况，对多粒子体系，第 i 个粒子和第 j 个粒子的交换算符$\hat{P}_{ij}$ 也具有本征值 ± 1。自然界中存在的粒子只有玻色子和费米子两类[最近的研究表明，自旋为非整数及非半整数的粒子也可以存在，这一类粒子叫作任意子(anyon)]，它们分别遵从 Bose-Einstein 统计和 Fermi-Dirac 统计。因此，由玻色子组成的全同粒子系的波函数必须具有交换对称性，而由费米子组成的全同粒子系的波函数必须要具有交换反对称性。也就是说，玻色体系的状态是$\hat{P}_{ij}$ 的本征值为 1 的本征态，而费米体系的状态是$\hat{P}_{ij}$ 的本征值为 -1 的本征态。

下面，以全同二粒子和全同三粒子体系为例，讨论怎样构造具有确定对称性的波函数。对由两个全同粒子组成的体系，由于 $\psi(1,2)$ 或 $\psi(2,1)$ 本身都不是$\hat{P}_{12}$ 的本征态，因此，为了描述自然界中实际存在的全同粒子系的状态，我们必须构造具有确定统计性质的波函数。为此，设

$$\begin{aligned}\psi_S&=\frac{1}{\sqrt{2}}[\psi(1,2)+\psi(2,1)]\\&=\frac{1}{\sqrt{2}}[\psi(1,2)+\hat{P}_{12}\psi(1,2)]\end{aligned}$$

$$= \frac{1}{\sqrt{2}}(1 + \hat{P}_{12})\psi(1,2) \tag{6-52}$$

$$\psi_A = \frac{1}{\sqrt{2}}[\psi(1,2) - \psi(2,1)]$$

$$= \frac{1}{\sqrt{2}}[\psi(1,2) - \hat{P}_{12}\psi(1,2)]$$

$$= \frac{1}{\sqrt{2}}(1 - \hat{P}_{12})\psi(1,2) \tag{6-53}$$

由式(6-52)和式(6-53)可以看出

$$\hat{P}_{12}\psi_S = \psi_S \tag{6-54}$$

$$\hat{P}_{12}\psi_A = -\psi_A \tag{6-55}$$

因此，ψ_S 是交换对称的波函数，是 $\hat{P}_{12}$ 的本征值为 1 的本征态，它是描述玻色体系的波函数，而 ψ_A 具有交换反对称性，是 $\hat{P}_{12}$ 的本征值为 -1 的本征态，它是描述费米体系的波函数。

全同粒子系的统计性质（交换对称性）由粒子的内禀属性（自旋）决定。因此，统计性质不应随时间改变，交换算符 $\hat{P}_{12}$ 应该是一个守恒量。这一点可以证明如下。

考虑到

$$\hat{H}(12) = \hat{H}(21)$$

$$\hat{P}_{12}\hat{H}(12)\psi(12) = \hat{H}(21)\psi(21) = \hat{H}(12)\hat{P}_{12}\psi(12)$$

因此

$$\hat{P}_{12}\hat{H}(12) = \hat{H}(12)\hat{P}_{12}$$

故

$$[\hat{P}_{12}, \hat{H}] = 0 \tag{6-56}$$

这就说明，$\hat{P}_{12}$ 是一个守恒量，即全同粒子系的交换对称性不随时间改变。

下面再考虑全同三粒子体系。对三粒子体系的任意波函数 $\psi(123)$，

$$\hat{P}_{12}\psi(123) = \psi(213) \tag{6-57}$$

$$\hat{P}_{13}\psi(123) = \psi(321) \tag{6-58}$$

$$\vdots$$

由此得到

$$\hat{P}_{12}\hat{P}_{13}\psi(123) = \hat{P}_{12}\psi(321) = \psi(231) \tag{6-59}$$

$$\hat{P}_{13}\hat{P}_{12}\psi(123) = \hat{P}_{13}\psi(213) = \psi(312) \tag{6-60}$$

也就是说

$$[\hat{P}_{12}, \hat{P}_{13}] \neq 0 \tag{6-61}$$

$\hat{P}_{12}, \hat{P}_{13}, \cdots$ 彼此之间不对易，是否说明 $\hat{P}_{ij}$ $(ij = 1,2,3)$ 不能具有共同本征函数？下面我们可以证明，任意态 $\psi(123)$ 虽不是 $\hat{P}_{ij}$ 的共同本征函数，但具有确定统计性质的波函数 $\psi_S(123)$ 和 $\psi_A(123)$ 是 $\hat{P}_{ij}$ 的共同本征函数。因为

$$\psi_S(123) = \frac{1}{\sqrt{3!}}\{\psi(123) + \psi(231) + \psi(312) + \psi(213) + \psi(132) + \psi(321)\} \tag{6-62}$$

对任何两个粒子的交换具有对称性，即

$$\hat{P}_{ij}\psi_{\mathrm{S}}(123) = \psi_{\mathrm{S}}(123), \quad ij = 1,2,3 \tag{6-63}$$

因此，$\psi_{\mathrm{S}}(123)$ 是所有 $\hat{P}_{ij}(ij = 1,2,3)$ 的本征值为 1 的共同本征函数，尽管 $\hat{P}_{ij}(ij = 1,2,3)$ 彼此之间不对易。同样

$$\psi_{\mathrm{A}}(123) = \frac{1}{\sqrt{3!}}\{\psi(123) + \psi(231) + \psi(312) - \psi(213) - \psi(132) - \psi(321)\} \tag{6-64}$$

对任何两个粒子的交换具有反对称性，即

$$\hat{P}_{ij}\psi_{\mathrm{A}}(123) = -\psi_{\mathrm{A}}(123) \tag{6-65}$$

因此，$\psi_{\mathrm{A}}(123)$ 是所有 $\hat{P}_{ij}(ij = 1,2,3)$ 的共同本征函数，本征值为 -1。

从式(6-65) 看到，如果费米体系中的任何两个粒子处于完全相同的量子态，例如第一个和第二个粒子处于完全相同的量子态，则由于

$$\psi_{\mathrm{A}}(123) = -\psi_{\mathrm{A}}(213)$$

得到

$$\psi_{\mathrm{A}}(113) = -\psi_{\mathrm{A}}(113) \tag{6-66}$$

因此，$\psi(113) \equiv 0$。这一结果表明，对全同费米体系，不允许有两个或两个以上的粒子处于完全相同的量子态。这一结论称为 Pauli 不相容原理(Pauli's exclusion principle)。Pauli 不相容原理对研究多粒子体系，特别对研究原子的电子结构和元素周期表等起着非常重要的作用。

从式(6-63) 可以看出，对玻色体系，处于同一量子态的粒子数目没有限制。在一般情况下，由于玻色体系的各个粒子具有不同的动量，它们不能处于完全相同的量子态。但在极低温度下，由于体系的各个粒子的动量都趋于零，体系的大量粒子可以处于完全相同的量子态，这种现象叫作 Bose-Einstein 凝聚(condensation)。

*6.4　无相互作用全同粒子系的交换简并

考虑无相互作用的全同二粒子体系。体系的 Hamilton 量为

$$H_0(12) = H_0(1) + H_0(2) \tag{6-67}$$

两个粒子各自的能量本征值方程为

$$H_0(1)\psi_\alpha(1) = E_\alpha\psi_\alpha(1), \quad H_0(2)\psi_\alpha(2) = E_\alpha\psi_\alpha(2) \tag{6-68}$$

其中，$\alpha = \alpha_1, \alpha_2, \cdots$ 表示一组完备的量子数(quantum number)，如能级、自旋角动量量子数等，E_α 为单粒子的能量本征值。设两个粒子中的一个处于 ψ_{α_1} 态，另一个粒子处于 ψ_{α_2} 态($\alpha_1 \neq \alpha_2$)，这时体系的总能量

$$E = E_{\alpha_1} + E_{\alpha_2} \tag{6-69}$$

但由于全同粒子的不可区分性，体系的能量算符 $\hat{H}(12)$ 的本征函数为

$$\psi_{\alpha_1\alpha_2}(12) = \psi_{\alpha_1}(1)\psi_{\alpha_2}(2) \tag{6-70}$$

或

$$\psi_{\alpha_2\alpha_1}(12) = \psi_{\alpha_2}(1)\psi_{\alpha_1}(2) \tag{6-71}$$

其中，$\psi_{\alpha_1\alpha_2}(12)$ 表示第一个粒子处于 α_1 态，第二个粒子处于 α_2 态，而 $\psi_{\alpha_2\alpha_1}(12)$ 表示第一个粒

子处于 α_2 态,第二个粒子处于 α_1 态。但 $\psi_{\alpha_1\alpha_2}(12)$ 和 $\psi_{\alpha_2\alpha_1}(12)$ 都是$H_0(12)$ 的本征函数,它们的本征值都是 $E = E_{\alpha_1} + E_{\alpha_2}$。因此,能级是二重简并的。这种由于交换对称性导致的简并叫作交换简并(exchange degeneracy)。例如,氦原子中的两个电子体系,如不考虑两个电子之间的相互作用,则体系的 Hamilton 量为

$$\hat{H}_0(12) = \frac{\hat{p}_1^2}{2m} - \frac{2e^2}{r_1} + \frac{\hat{p}_2^2}{2m} - \frac{2e^2}{r_2} = \hat{H}_0(1) + \hat{H}_0(2)$$

其中

$$\hat{H}_0(1) \equiv \frac{\hat{p}_1^2}{2m} - \frac{2e^2}{r_1}, \quad \hat{H}_0(2) \equiv \frac{\hat{p}_2^2}{2m} - \frac{2e^2}{r_2}$$

设两个电子的能量本征方程分别为

$$\hat{H}_0(1)\psi_\alpha(\boldsymbol{r}_1) = E_\alpha\psi_\alpha(\boldsymbol{r}_1) \tag{6-72}$$

$$\hat{H}_0(2)\psi_\beta(\boldsymbol{r}_2) = E_\beta\psi_\beta(\boldsymbol{r}_2) \tag{6-73}$$

其中,$\{\alpha,\beta\}$ 为某种量子数。这时,体系的能量本征值和本征函数分别为($\alpha \neq \beta$)

$$E = E_\alpha + E_\beta$$

$$\psi(12) = \begin{cases} \psi_\alpha(\boldsymbol{r}_1)\psi_\beta(\boldsymbol{r}_2) \\ \psi_\beta(\boldsymbol{r}_1)\psi_\alpha(\boldsymbol{r}_2) \end{cases} \text{(二重简并)} \tag{6-74}$$

注意,在式(6-74)中,如果没有 $\alpha \neq \beta$ 的限制,则体系的可能状态为

$$\psi(12) = \begin{cases} \psi_\alpha(\boldsymbol{r}_1)\psi_\alpha(\boldsymbol{r}_2) \\ \psi_\beta(\boldsymbol{r}_1)\psi_\beta(\boldsymbol{r}_2) \\ \psi_\alpha(\boldsymbol{r}_1)\psi_\beta(\boldsymbol{r}_2) \\ \psi_\beta(\boldsymbol{r}_1)\psi_\alpha(\boldsymbol{r}_2) \end{cases} \tag{6-75}$$

可见,体系有四种可能状态。其中,$\psi_\alpha(\boldsymbol{r}_1)\psi_\alpha(\boldsymbol{r}_2)$ 和 $\psi_\beta(\boldsymbol{r}_1)\psi_\beta(\boldsymbol{r}_2)$ 具有交换对称性,但 $\psi_\alpha(\boldsymbol{r}_1)\psi_\beta(\boldsymbol{r}_2)$ 和 $\psi_\beta(\boldsymbol{r}_1)\psi_\alpha(\boldsymbol{r}_2)$ 不具有确定的交换对称性。利用 $\psi_\alpha(\boldsymbol{r}_1)\psi_\beta(\boldsymbol{r}_2)$ 和$\psi_\beta(\boldsymbol{r}_1)\psi_\alpha(\boldsymbol{r}_2)$,可以构造如下具有确定交换对称性的波函数:

$$\psi_{\mathrm{S}}(12) = \frac{1}{\sqrt{2}}[\psi_\alpha(\boldsymbol{r}_1)\psi_\beta(\boldsymbol{r}_2) + \psi_\beta(\boldsymbol{r}_1)\psi_\alpha(\boldsymbol{r}_2)]$$

$$\psi_{\mathrm{A}}(12) = \frac{1}{\sqrt{2}}[\psi_\alpha(\boldsymbol{r}_1)\psi_\beta(\boldsymbol{r}_2) - \psi_\beta(\boldsymbol{r}_1)\psi_\alpha(\boldsymbol{r}_2)]$$

可见,体系共有三个交换对称的波函数和一个交换反对称的波函数。

对于更一般的情况,如 n 个全同粒子体系,每一个粒子可取 N 个可能量子态时,体系共有多少种可能状态?其中有多少个交换对称态和交换反对称态?这类问题的解法请参考本节的练习。

下面,再考虑 n 个全同粒子体系。不考虑粒子之间的相互作用时,体系的 Hamilton 量为

$$\hat{H}_0 = \hat{H}_0(1) + \hat{H}_0(2) + \cdots + \hat{H}_0(n) \tag{6-76}$$

设每个粒子的能量本征方程为

$$\hat{H}_0(i)\psi_z(i) = E_z\psi_z(i), \quad i = 1,2,\cdots,n; z = \alpha,\beta,\cdots,\nu \tag{6-77}$$

则体系的能量本征值

$$E = E_\alpha + E_\beta + \cdots + E_\nu \tag{6-78}$$

而能量本征函数为

$$\psi(1,2,\cdots,n)=\psi_{\alpha}(1)\psi_{\beta}(2)\cdots\psi_{\nu}(n) \tag{6-79}$$

的与 1,2,…,n 的所有可能置换(permutation) 相对应的状态，共有 $n!$ 个。因此，能级是 $n!$ 重简并的。

全同粒子系的波函数式(6-79) 并非具有确定的交换对称性。因此需要由 $\psi_{\alpha}(1)$,$\psi_{\beta}(2)$,… 构造具有确定对称性的波函数。例如，对费米体系，波函数必须具有交换反对称性，因此体系的具有交换反对称性的波函数可以写成 Slater 行列式

$$\psi_{\mathrm{A}}(1,2,\cdots,n)=\left(\frac{1}{n!}\right)^{\frac{1}{2}}\begin{vmatrix}\psi_{\alpha}(1) & \psi_{\beta}(1) & \cdots & \psi_{\nu}(1)\\ \psi_{\alpha}(2) & \psi_{\beta}(2) & \cdots & \psi_{\nu}(2)\\ \vdots & \vdots & & \vdots\\ \psi_{\alpha}(n) & \psi_{\beta}(n) & \cdots & \psi_{\nu}(n)\end{vmatrix} \tag{6-80}$$

在式(6-80) 中，任何两个粒子的交换相当于交换两个行，因为两个粒子的交换意味着所有坐标(量子数) 都要交换。因此恰好改变行列式值的符号，它反映 ψ_{A} 对两个粒子的交换具有反对称性。在行列式中，如果 $\alpha,\beta,\cdots,\nu$ 中任何两个坐标相等，如 $\alpha=\beta$，则行列式的两列相等，因而 $\psi_{\mathrm{A}}=0$，此即 Pauli 不相容原理。

对于 n 个全同玻色体系(如 n 个光子体系) 需构造交换对称的波函数。由于不受 Pauli 不相容原理的限制，可以有任意个玻色子处于相同的单粒子态。(略)

练习

1. 杨图技巧(young tableaux)

设有 n 个全同粒子体系，每个粒子都可取 N 个可能状态。问体系有多少个可能状态？其中交换对称和反对称态分别有多少个？

此类问题可以用杨图技巧求解。

用方框 □ 代表一个粒子，则 n 个全同粒子系需 n 个方框。

每个粒子的 N 个可能状态用数 1,2,3,…,N 表示，并填写在方框中。因此，方框中的数码代表该粒子所处的状态。这些带编号的方框所组成的图形叫作杨图。

定义杨图的标准排列：

(1) 在任何一个杨图中，横排方框内的数码从左到右不得减小。横排杨图表示交换对称态。

(2) 在任何一个竖排杨图中，从上到下，方框中的数码必须按增加顺序排列。竖排杨图表示交换反对称态。

(3) 下排的方框数不得多于上排，右列上的方框数不得多于左列上的方框数。混合排列的杨图表示混合对称态。

规定标准排列可避免重复的杨图。

如，正确

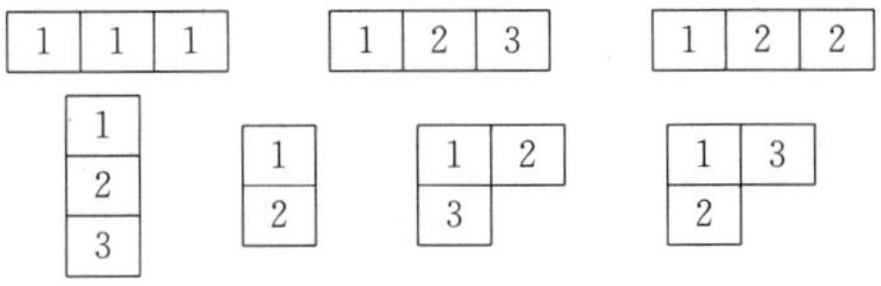

错误

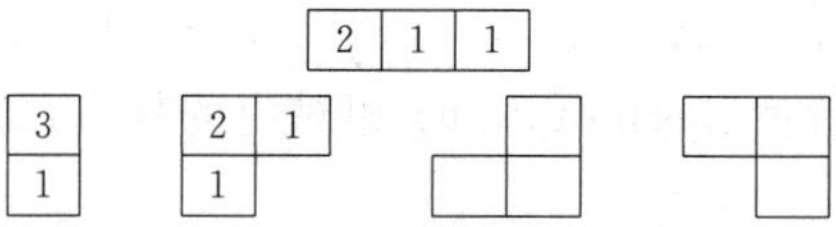

单粒子态

$$\boxed{1}, \boxed{2}, \boxed{3}, \cdots$$

多粒子体系的可能状态数目可由单粒子态杨图的 Kronecker 乘法得到。

2. Kronecker 乘法

二粒子体系

$$\square \otimes \square = \boxed{} \oplus \begin{array}{c}\square\\\square\end{array}$$

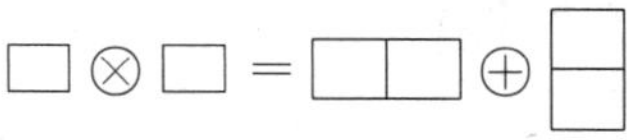

设二粒子体系的每个粒子可取 N 个态,则对称与反对称态数目可如下计算:

$$\boxed{N} \otimes \boxed{N} = \boxed{N \;\; N+1} \oplus \begin{array}{c}\boxed{N}\\\boxed{N-1}\end{array}$$

对称态和反对称态数目分别为:$n_{\mathrm{S}} = \dfrac{N(N+1)}{2!}$, $n_{\mathrm{A}} = \dfrac{N(N-1)}{2!}$。

不考虑对称性,可能状态的总数 $n = N^2 = n_{\mathrm{S}} + n_{\mathrm{A}}$ 个。

三粒子体系

杨图的 Kronecker 乘法:

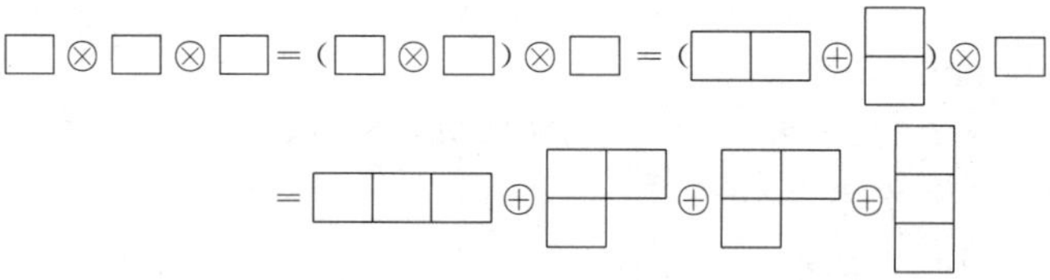

$$\square \otimes \square \otimes \square = (\square \otimes \square) \otimes \square = \left(\boxed{} \oplus \begin{array}{c}\square\\\square\end{array}\right) \otimes \square$$

$$= \boxed{} \oplus \begin{array}{cc}\square&\square\\\square&\end{array} \oplus \begin{array}{cc}\square&\square\\\square&\end{array} \oplus \begin{array}{c}\square\\\square\\\square\end{array}$$

其中

$\boxed{}$表示对称态;$\begin{array}{c}\square\\\square\\\square\end{array}$表示反对称态;$\begin{array}{cc}\square&\square\\\square&\end{array}$表示混合对称态。

状态数:设每个粒子可取 N 个可能状态,则交换对称、反对称和混合对称态数目分别为

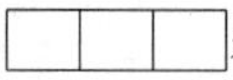

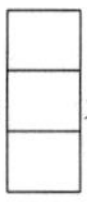

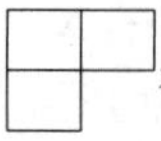

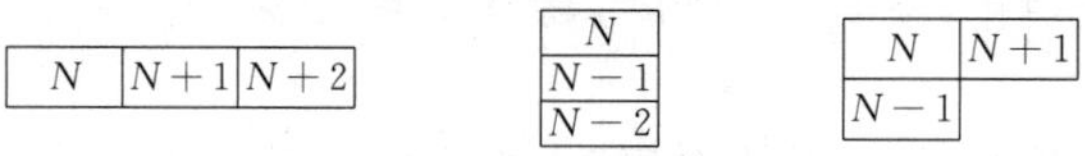

$$\boxed{N\;\;N+1\;\;N+2} \qquad \begin{array}{c}\boxed{N}\\\boxed{N-1}\\\boxed{N-2}\end{array} \qquad \begin{array}{cc}\boxed{N}&\boxed{N+1}\\\boxed{N-1}&\end{array}$$

$$n_{\mathrm{S}} = \frac{N(N+1)(N+2)}{3!}, \quad n_{\mathrm{A}} = \frac{N(N-1)(N-2)}{3!}, \quad n_{\mathrm{M}} = \frac{(N-1)N(N+1)}{3} \times 2$$

可能状态的总数为 $n = N^3 = n_{\mathrm{S}} + n_{\mathrm{A}} + n_{\mathrm{M}}$。

【练习 1】 设二粒子体系,每个粒子可取 3 种可能态。问:

(1) 可能态总数;(2) 对称态数和反对称态数。

解 (1) 总数:$3^2 = 9$ $\boxed{3} \otimes \boxed{3} = \boxed{} \oplus \begin{array}{c}\square\\\square\end{array}$;

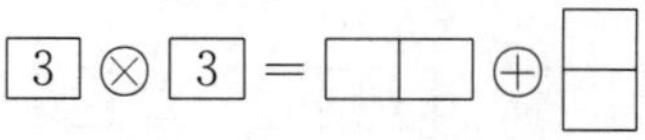

(2) 交换对称态和反对称态数目分别为 $n_{\mathrm{S}} = \dfrac{3 \cdot 4}{2!} = 6$,$n_{\mathrm{A}} = \dfrac{3 \cdot 2}{2!} = 3$。

如果 3 个可能状态分别用 1、2、3 表示,则按标准排列的对称态杨图为

$$\boxed{1\;1} \qquad \boxed{1\;2} \qquad \boxed{1\;3} \qquad \boxed{2\;2} \qquad \boxed{2\;3} \qquad \boxed{3\;3}$$

可见，符合标准排列的杨图共有 6 种，这些杨图的数目就是对称态的数目。这些对称态也可以表示为

$$\begin{cases}\psi_1=|11\rangle,\psi_2=|22\rangle,\psi_3=|33\rangle\\ \psi_4=\dfrac{1}{\sqrt{2}}(|12\rangle+|21\rangle),\psi_5=\dfrac{1}{\sqrt{2}}(|13\rangle+|31\rangle),\psi_6=\dfrac{1}{\sqrt{2}}(|23\rangle+|32\rangle)\end{cases}$$

交换反对称态共有 3 个：

$$\begin{array}{|c|}\hline 1\\ \hline 2\\ \hline\end{array}\qquad\qquad\begin{array}{|c|}\hline 2\\ \hline 3\\ \hline\end{array}\qquad\qquad\begin{array}{|c|}\hline 1\\ \hline 3\\ \hline\end{array}$$

$$\psi_1=\frac{1}{\sqrt{2}}(|12\rangle-|21\rangle),\quad \psi_2=\frac{1}{\sqrt{2}}(|23\rangle-|32\rangle),\quad \psi_3=\frac{1}{\sqrt{2}}(|13\rangle-|31\rangle)$$

【练习 2】　设有 3 个粒子体系，每个粒子可取 3 种可能状态，问：

(1) 总态数；(2) 对称态数和反对称态数。

解　(1) 总态数 $n=3^3=27$，

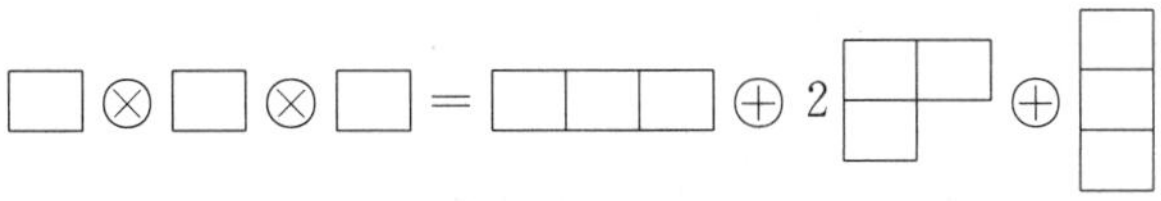

$$(2)n_S=\frac{3\cdot4\cdot5}{3!}=10,\quad n_M=2\cdot\frac{2\cdot3\cdot4}{3}=16,\quad n_A=\frac{3\cdot2\cdot1}{3!}=1$$

可见，对称态数为 10 个，反对称态数为 1 个，其他 16 个为混合对称态。相应的杨图为

对称态杨图

$$\begin{array}{|c|c|c|}\hline 1&1&1\\ \hline\end{array}\quad\begin{array}{|c|c|c|}\hline 2&2&2\\ \hline\end{array}\quad\begin{array}{|c|c|c|}\hline 3&3&3\\ \hline\end{array}\quad\begin{array}{|c|c|c|}\hline 1&1&2\\ \hline\end{array}\quad\begin{array}{|c|c|c|}\hline 1&1&3\\ \hline\end{array}\quad\begin{array}{|c|c|c|}\hline 1&2&2\\ \hline\end{array}$$

$$\begin{array}{|c|c|c|}\hline 1&2&3\\ \hline\end{array}\quad\begin{array}{|c|c|c|}\hline 1&3&3\\ \hline\end{array}\quad\begin{array}{|c|c|c|}\hline 2&2&3\\ \hline\end{array}\quad\begin{array}{|c|c|c|}\hline 2&3&3\\ \hline\end{array}$$

反对称态杨图

$$\begin{array}{|c|}\hline 1\\ \hline 2\\ \hline 3\\ \hline\end{array}$$

混合对称态杨图（略）。

6.5　量子力学的三种绘景

把量子体系的状态用态矢量 $|\psi(t)\rangle$ 描述，而力学量用厄米算符表示，如动量 $\hat{\boldsymbol{p}}=-\mathrm{i}\hbar\nabla$，能量 $\hat{H}=-\dfrac{\hbar^2}{2m}\nabla^2+V(r)$ 等，这是到目前为止我们所采用的量子力学的描述方法。在这种描述方法中，体系的量子态是时间的函数，量子态随时间的演化满足 Schrödinger 方程

$$\mathrm{i}\hbar\frac{\partial}{\partial t}|\psi(t)\rangle=\hat{H}|\psi(t)\rangle \tag{6-81}$$

而力学量 $\hat{\boldsymbol{p}}$、$\hat{H}$、$\hat{\boldsymbol{l}}$ 等都不显含时间。因此，一个给定力学量完全集的共同本征函数系（基矢）$\{|\psi_n\rangle,n=1,2,3,\cdots\}$ 也不显含时间。利用 $\{|\psi_n\rangle,n=1,2,3,\cdots\}$，任一态矢量 $|\psi(t)\rangle$ 都可以展开成

$$|\psi(t)\rangle = \sum_n C_n(t)|\psi_n\rangle \tag{6-82}$$

这种描述方式称为Schrödinger绘景(picture)。以下用下标S来表示Schrödinger绘景中的态矢量和力学量,如$|\psi_S\rangle$,$\hat{H}_S$,p_S等。

设在初始时刻t_0,一量子体系的态矢量为$|\psi_S(t_0)\rangle$,则在任意时刻t的态矢量可表示为

$$|\psi_S(t)\rangle = \hat{U}(t,t_0)|\psi_S(t_0)\rangle \tag{6-83}$$

其中,$\hat{U}(t,t_0)$称为体系量子态的时间演化算符(time evolution operator)。为了求时间演化算符的具体形式,将式(6-83)代入到Schrödinger方程(6-81)得

$$\mathrm{i}\hbar\frac{\partial}{\partial t}\hat{U}(t,t_0)|\psi_S(t_0)\rangle = \hat{H}_S\hat{U}(t,t_0)|\psi_S(t_0)\rangle$$

由于$|\psi_S(t_0)\rangle$是任意选取的初始态,我们得到

$$\mathrm{i}\hbar\frac{\partial}{\partial t}\hat{U}(t,t_0) = \hat{H}_S\hat{U}(t,t_0) \tag{6-84}$$

因此

$$\hat{U}(t,t_0) = \mathrm{e}^{-\frac{\mathrm{i}}{\hbar}\int_{t_0}^{t}\hat{H}_S\mathrm{d}t} \tag{6-85}$$

因为Hamilton量在Schrödinger绘景中不显含时间,上式可写成

$$\hat{U}(t,t_0) = \mathrm{e}^{-\frac{\mathrm{i}}{\hbar}\hat{H}_S(t-t_0)} \tag{6-86}$$

如果进一步选取$t_0=0$,则时间演化算符

$$\hat{U}(t,0) = \mathrm{e}^{-\frac{\mathrm{i}}{\hbar}\hat{H}_S t} \tag{6-87}$$

因此,t时刻的态矢为

$$|\psi_S(t)\rangle = \mathrm{e}^{-\frac{\mathrm{i}}{\hbar}\hat{H}_S t}|\psi_S(0)\rangle \tag{6-88}$$

容易证明,时间演化算符$\hat{U}$是一个幺正算符。

在$|\psi_S(t)\rangle$所描述的状态下,任何一个力学量$\hat{A}_S$的平均值或期待值(expectation value)为

$$\overline{A}_S = \langle\psi_S(t)|\hat{A}_S|\psi_S(t)\rangle \tag{6-89}$$

对同样的量子体系,我们也可以采用不同的绘景。Heisenberg绘景就是描述量子力学体系的另一种绘景。在Heisenberg绘景中,力学量和基矢随时间改变,而状态矢量$|\psi\rangle$不随时间改变。在Heisenberg绘景中,态矢和力学量常用$|\psi_H\rangle$、$\hat{A}_H$等表示。在Heisenberg绘景中的态矢与t_0时刻Schrödinger绘景中的态矢相等。即

$$|\psi_H\rangle = |\psi_S(t_0)\rangle \tag{6-90}$$

由此可见

$$|\psi_S(t)\rangle = \hat{U}(t,t_0)|\psi_H\rangle \tag{6-91}$$

此即两种绘景中态矢量的变换关系。

任何一个力学量$\hat{A}$的期待值与绘景无关,即在Schrödinger绘景和Heisenberg绘景中$\hat{A}$的期待值应相等。因此,

$$\begin{aligned}\overline{A}_S &= \langle\psi_S(t)|\hat{A}_S|\psi_S(t)\rangle \\ &= \langle\psi_H|\hat{U}^{\dagger}(t,t_0)\hat{A}_S\hat{U}(t,t_0)|\psi_H\rangle \\ &= \langle\psi_H|\hat{A}_H(t)|\psi_H\rangle = \overline{A}_H\end{aligned} \tag{6-92}$$

其中，

$$\hat{A}_{\mathrm{H}}(t)=\hat{U}^{\dagger}(t,t_0)\,\hat{A}_{\mathrm{S}}\,\hat{U}(t,t_0) \tag{6-93}$$

表示 Heisenberg 绘景和 Schrödinger 绘景中力学量$\hat{A}$ 的变换关系。

由此可见，在 Heisenberg 绘景中的态矢量 $|\psi_{\mathrm{H}}\rangle$ 和力学量$\hat{A}_{\mathrm{H}}(t)$ 是由 Schrödinger 绘景中的态矢量 $|\psi_{\mathrm{S}}\rangle$ 和算符 $\hat{A}_{\mathrm{S}}$ 通过时间演化算符的作用（幺正变换）得到的。因此，在 Heisenberg 绘景中，力学量是随时间变化的，其变化规律为

$$\begin{aligned}\frac{\mathrm{d}\hat{A}_{\mathrm{H}}(t)}{\mathrm{d}t}&=\frac{\mathrm{d}\hat{U}^{\dagger}}{\mathrm{d}t}\cdot\hat{A}_{\mathrm{S}}\hat{U}+\hat{U}^{\dagger}\hat{A}_{\mathrm{S}}\frac{\mathrm{d}\hat{U}}{\mathrm{d}t}\\&=\frac{1}{\mathrm{i}\hbar}(-\hat{U}^{\dagger}\hat{H}_{\mathrm{S}}\hat{A}_{\mathrm{S}}\hat{U}+\hat{U}^{\dagger}\hat{A}_{\mathrm{S}}\hat{H}_{\mathrm{S}}\hat{U})\\&=\frac{1}{\mathrm{i}\hbar}(-\hat{U}^{\dagger}\hat{H}_{\mathrm{S}}\hat{U}\hat{U}^{\dagger}\hat{A}_{\mathrm{S}}\hat{U}+\hat{U}^{\dagger}\hat{A}_{\mathrm{S}}\hat{U}\hat{U}^{\dagger}\hat{H}_{\mathrm{S}}\hat{U})\\&=\frac{1}{\mathrm{i}\hbar}(\hat{A}_{\mathrm{H}}\hat{H}_{\mathrm{H}}-\hat{H}_{\mathrm{H}}\hat{A}_{\mathrm{H}})=\frac{1}{\mathrm{i}\hbar}[\hat{A}_{\mathrm{H}},\hat{H}_{\mathrm{H}}]\end{aligned} \tag{6-94}$$

其中

$$\hat{H}_{\mathrm{H}}=\hat{U}^{\dagger}\hat{H}_{\mathrm{S}}\hat{U},\quad \hat{A}_{\mathrm{H}}=\hat{U}^{\dagger}\hat{A}_{\mathrm{S}}\hat{U} \tag{6-95}$$

方程(6-94) 称为 Heisenberg 方程。它与 Schrödinger 方程一样，是描述量子体系运动规律的基本方程。

还有一种绘景叫作相互作用绘景，在相互作用绘景中，态矢和力学量都随时间变化。关于相互作用绘景不再做详细介绍。

练习

设在 Schrödinger 绘景中，厄米算符$\hat{A}_S,\hat{B}_S,\hat{C}_S$（$\hat{C}_S$ 也可以是常数）满足对易关系

$$[\hat{A}_S,\hat{B}_S]=\mathrm{i}\hat{C}_S$$

求证，在 Heisenberg 绘景中此对易关系不变，也就是说

$$[\hat{A}_H,\hat{B}_H]=\mathrm{i}\hat{C}_H$$

证明：在对易关系式$[\hat{A}_S,\hat{B}_S]=\mathrm{i}\hat{C}_S$ 的两边同时左乘$\hat{U}^{\dagger}$，右乘$\hat{U}$ 则得

$$\hat{U}^{\dagger}\hat{A}_S\hat{B}_S\hat{U}-\hat{U}^{\dagger}\hat{B}_S\hat{A}_S\hat{U}=\mathrm{i}\,\hat{U}^{\dagger}\hat{C}_S\hat{U}$$

再在方程左边的算符$\hat{A}_S$ 和 $\hat{B}_S$ 之间插入$\hat{U}^{\dagger}\hat{U}=I$ 得

$$\hat{U}^{\dagger}\hat{A}_S\hat{U}\hat{U}^{\dagger}\hat{B}_S\hat{U}-\hat{U}^{\dagger}\hat{B}_S\hat{U}\hat{U}^{\dagger}\hat{A}_S\hat{U}=\mathrm{i}\,\hat{U}^{\dagger}\hat{C}_S\hat{U}$$

也就是

$$\hat{A}_H\hat{B}_H-\hat{B}_H\hat{A}_H=\mathrm{i}\hat{C}_H\Rightarrow[\hat{A}_H,\hat{B}_H]=\mathrm{i}\hat{C}_H$$

从这一结果也可以看到，Heisenberg 的不确定关系

$$(\Delta A)^2(\Delta B)^2\geqslant\frac{1}{4}|\overline{C}|^2$$

在 Heisenberg 绘景中仍然成立。

6.6 密度矩阵

前面已提到,任何一个力学量的期待值不论在 Schrödinger 绘景还是在Heisenberg绘景中都可以表示为

$$\overline{A}=\langle\psi|\hat{A}|\psi\rangle \tag{6-96}$$

其中,$|\psi\rangle$为体系的态矢量。在某一具体表象中,例如,在本征矢$\{|n\rangle,n=0,1,2,\cdots\}$为基矢的表象中,态矢$|\psi\rangle$可展开为

$$|\psi\rangle=\sum_n a_n|n\rangle \tag{6-97}$$

其中

$$a_n=\langle n|\psi\rangle \tag{6-98}$$

利用单位算符,式(6-96)可以写成

$$\begin{aligned}\overline{A}&=\sum_m\sum_n\langle\psi|m\rangle\langle m|\hat{A}|n\rangle\langle n|\psi\rangle\\&=\sum_m\sum_n\langle m|\hat{A}|n\rangle\langle n|\psi\rangle\langle\psi|m\rangle\\&=\sum_m\langle m|\hat{A}|\psi\rangle\langle\psi|m\rangle\end{aligned} \tag{6-99}$$

引进密度矩阵(density matrix)

$$\rho\equiv|\psi\rangle\langle\psi| \tag{6-100}$$

则

$$\rho_{nm}=\langle n|\psi\rangle\langle\psi|m\rangle=a_na_m^* \tag{6-101}$$

可见,$|\psi\rangle$ 的展开系数 a_n 及其复共轭 a_m^* 的乘积构成密度矩阵 ρ 的元素。

利用密度矩阵 ρ,任何一个力学量$\hat{A}$ 的期待值可以表示为[见式(6-99)]

$$\begin{aligned}\overline{A}&=\sum_m\sum_n\langle m|\hat{A}|n\rangle\langle n|\psi\rangle\langle\psi|m\rangle\\&=\sum_m\langle m|\hat{A}|\psi\rangle\langle\psi|m\rangle\\&=\sum_m\langle m|\hat{A}\rho|m\rangle\\&=\mathrm{Tr}(\hat{A}\rho)\end{aligned} \tag{6-102}$$

即力学量的期待值可通过密度矩阵很方便地算出来。

密度矩阵 ρ 具有如下性质:

(1)$\rho^\dagger=(|\psi\rangle\langle\psi|)^\dagger=|\psi\rangle\langle\psi|=\rho$ (6-103)

(2)$\rho^2=|\psi\rangle\langle\psi|\psi\rangle\langle\psi|=|\psi\rangle\langle\psi|=\rho$ (6-104)

(3)$\mathrm{Tr}\rho^2=\mathrm{Tr}\rho=\mathrm{Tr}(|\psi\rangle\langle\psi|)=\sum_m\langle m|\psi\rangle\langle\psi|m\rangle=\sum_m|a_m|^2=1$ (6-105)

(4)$\langle\varphi|\rho|\varphi\rangle=\langle\varphi|\psi\rangle\langle\psi|\varphi\rangle=|\langle\varphi|\psi\rangle|^2\geqslant 0$ (6-106)

注意,在 $\rho\equiv|\psi\rangle\langle\psi|$ 中的 $|\psi\rangle$ 代表体系的态矢量。这就是说,在一个量子体系的状态能够简单地用一个态矢描述的情况下,才可以定义上述密度矩阵 ρ。像这样,如果一个量子体系

可简单地用一个态矢 $|\psi\rangle$ 描述的状态叫纯态(pure state)。直到现在,我们所研究过的量子力学体系,其状态都可以用 $|\psi\rangle$ 描述,因此都是纯态。

利用 Schrödinger 方程,可以求纯态密度算符的时间演化规律:

$$\frac{\mathrm{d}\rho}{\mathrm{d}t}=\frac{\mathrm{d}}{\mathrm{d}t}|\psi(t)\rangle\langle\psi(t)|=\frac{\mathrm{d}}{\mathrm{d}t}|\psi(t)\rangle\cdot\langle\psi(t)|+|\psi(t)\rangle\frac{\mathrm{d}}{\mathrm{d}t}\langle\psi(t)| \tag{6-107}$$

但

$$\frac{\mathrm{d}}{\mathrm{d}t}|\psi(t)\rangle=\frac{1}{\mathrm{i}\hbar}\hat{H}|\psi(t)\rangle \tag{6-108}$$

$$\frac{\mathrm{d}}{\mathrm{d}t}\langle\psi(t)|=-\frac{1}{\mathrm{i}\hbar}\langle\psi(t)|\hat{H} \tag{6-109}$$

因此

$$\begin{aligned}\frac{\mathrm{d}\rho}{\mathrm{d}t}&=\frac{1}{\mathrm{i}\hbar}[\hat{H}|\psi(t)\rangle\langle\psi(t)|-|\psi(t)\rangle\langle\psi(t)|\hat{H}]\\&=\frac{1}{\mathrm{i}\hbar}(\hat{H}\rho-\rho\hat{H})\\&=\frac{1}{\mathrm{i}\hbar}[\hat{H},\rho]\end{aligned} \tag{6-110}$$

方程(6-110)就是纯态密度算符的动力学方程。根据这个方程,如果已知 $t=0$ 时的密度算符 $\rho(0)$,就可以求出任意时刻的 $\rho(t)$,从而可确定力学量平均值随时间的变化规律。

由于在 Schrödinger 绘景中态矢随时间的变化可通过时间演化算符$\hat{U}$表示为

$$|\psi(t)\rangle=\hat{U}(t,t_0)|\psi(t_0)\rangle$$

因此,把此式代入到密度算符的表达式中得

$$\begin{aligned}\rho(t)&=|\psi(t)\rangle\langle\psi(t)|\\&=\hat{U}(t,t_0)|\psi(t_0)\rangle\langle\psi(t_0)|\hat{U}^{\dagger}(t,t_0)\\&=\hat{U}(t,t_0)\rho(t_0)\hat{U}^{\dagger}(t,t_0)\end{aligned} \tag{6-111}$$

这一结果与动力学方程(6-110)等价。

在很多实际问题中,也有不能简单地用一个态矢 $|\psi(t)\rangle$ 来描述量子态的体系。如果一个量子体系由 N 个分别用态矢 $|\psi_i(t)\rangle(i=1,2,\cdots,N)$ 描述的子体系构成,并且每一个子体系分别以确定的概率出现,则称这个体系为混合系综(mixed ensemble)。混合系综的状态称为混合态(mixed state)。混合态可通过指定子体系的状态 $|\psi_i\rangle$ 和相应的概率 p_i 描述:

$$\begin{Bmatrix}|\psi_1\rangle & |\psi_2\rangle & \cdots & |\psi_N\rangle\\ p_1 & p_2 & \cdots & p_N\end{Bmatrix} \tag{6-112}$$

其中

$$p_i\geqslant 0,\quad \sum_{i=1}^{N}p_i=1 \tag{6-113}$$

混合态不能用单一的态矢 $|\psi\rangle$ 描述,但也可以通过密度矩阵描述混合态。定义混合态密度矩阵

$$\rho=\sum_i|\psi_i\rangle p_i\langle\psi_i| \tag{6-114}$$

则混合态密度矩阵 ρ 也具有以下性质

(1) $\rho^{\dagger}=\left(\sum_{i}|\psi_{i}\rangle p_{i}\langle\psi_{i}|\right)^{\dagger}=\sum_{i}|\psi_{i}\rangle p_{i}\langle\psi_{i}|=\rho$ (6-115)

(2)
$$\begin{aligned}\mathrm{Tr}\rho&=\mathrm{Tr}\left(\sum_{i}|\psi_{i}\rangle p_{i}\langle\psi_{i}|\right)\\&=\sum_{m}\sum_{i}\langle\varphi_{m}|\psi_{i}\rangle p_{i}\langle\psi_{i}|\varphi_{m}\rangle\\&=\sum_{m}\sum_{i}p_{i}\langle\psi_{i}|\varphi_{m}\rangle\langle\varphi_{m}|\psi_{i}\rangle\\&=\sum_{i}p_{i}\langle\psi_{i}|\psi_{i}\rangle=\sum_{i}p_{i}=1\end{aligned}\tag{6-116}$$

其中，$\{|\varphi_{m}\rangle,m=1,2,\cdots\}$ 代表密度矩阵 ρ(厄米矩阵）的一组正交、归一的本征函数。

(3)
$$\begin{aligned}\rho^{2}&=\left(\sum_{i}|\psi_{i}\rangle p_{i}\langle\psi_{i}|\right)\left(\sum_{j}|\psi_{j}\rangle p_{j}\langle\psi_{j}|\right)\\&=\sum_{ij}p_{i}p_{j}|\psi_{i}\rangle\langle\psi_{i}|\psi_{j}\rangle\langle\psi_{j}|\\&=\sum_{ij}p_{i}p_{j}|\psi_{i}\rangle\langle\psi_{j}|\delta_{ij}\\&=\sum_{i}p_{i}^{2}|\psi_{i}\rangle\langle\psi_{i}|\neq\rho\end{aligned}\tag{6-117}$$

(4)
$$\begin{aligned}\mathrm{Tr}\rho^{2}&=\mathrm{Tr}\left(\sum_{i}p_{i}^{2}|\psi_{i}\rangle\langle\psi_{i}|\right)\\&=\sum_{m}\sum_{i}p_{i}^{2}\langle\varphi_{m}|\psi_{i}\rangle\langle\psi_{i}|\varphi_{m}\rangle\\&=\sum_{m}\sum_{i}p_{i}^{2}\langle\psi_{i}|\varphi_{m}\rangle\langle\varphi_{m}|\psi_{i}\rangle\\&=\sum_{i}p_{i}^{2}\langle\psi_{i}|\psi_{i}\rangle\\&=\sum_{i}p_{i}^{2}\leqslant1\end{aligned}\tag{6-118}$$

如果 $\sum p_{i}^{2}=1$，则 $\hat{\rho}$ 表示纯态，可见纯态是混合态的 $p_{i}(i=1,2,\cdots)$ 中只有一个 $p_{i}\neq0$ 而其他全为 0 的特殊情况。

在混合态下，任何一个力学量的平均值为

$$\overline{A}=\mathrm{Tr}(\rho\hat{A})=\sum_{n}\langle\varphi_{n}|\rho\hat{A}|\varphi_{n}\rangle$$

把 ρ 的定义式代入上式得

$$\begin{aligned}\overline{A}&=\sum_{i}\sum_{n}p_{i}\langle\varphi_{n}|\psi_{i}\rangle\langle\psi_{i}|\hat{A}|\varphi_{n}\rangle\\&=\sum_{i}\sum_{n}p_{i}\langle\psi_{i}|\hat{A}|\varphi_{n}\rangle\langle\varphi_{n}|\psi_{i}\rangle\\&=\sum_{i}p_{i}\langle\psi_{i}|\hat{A}|\psi_{i}\rangle\end{aligned}\tag{6-119}$$

可见，在混合态下力学量的平均值等于各子体系（纯态）中力学量的平均值对总体系求概率平均值。这与纯态下的力学量平均值截然不同。在纯态下的力学量平均值[见式(6-98)]

$$\begin{aligned}\overline{A}&=\sum_{m}\sum_{n}\langle m|\hat{A}|n\rangle a_{m}^{*}a_{n}\\&=\sum_{m}|a_{m}|^{2}\langle m|\hat{A}|m\rangle+\sum_{m\neq n}a_{m}^{*}a_{n}\langle m|\hat{A}|n\rangle\end{aligned}\tag{6-120}$$

可见，力学量的纯态平均值中出现干涉项(上式第二项)，而在混合态平均值之中不存在干涉项。纯态平均值的这种特性来自于态的相干叠加。由于混合态是 $|\psi_i\rangle\ (i=1,2,\cdots)$ 的统计系综，而不是相干叠加，因此不存在相干性。

很容易证明，混合态密度矩阵也满足与纯态密度矩阵相同的动力学方程：

$$\frac{\mathrm{d}\rho}{\mathrm{d}t}=\frac{1}{\mathrm{i}\hbar}[\hat{H},\rho] \tag{6-121}$$

6.7 量子力学的基本假设

量子力学描述低速运动的微观粒子的运动规律。量子力学的背景空间是抽象 Hilbert 空间，任何一组完备力学量完全集的共同本征函数系都可以构成 Hilbert 空间的基，任何一个量子态都可以用该 Hilbert 空间中的一个矢量(态矢)来表示。因此，量子力学的背景空间——Hilbert 空间与量子态，量子测量等问题直接联系在一起。量子力学研究的核心问题就是量子态及其动力学演化问题和力学量及其测量问题。量子力学的理论体系建立在下述基本假设(basic axiom)的基础上。

(1) 量子态用 Hilbert 空间中的矢量描述，力学量用 Hilbert 空间中的厄米算符描述

这一假设不仅定义了量子力学的背景空间，而且把量子力学中的两个最基本概念——量子态和力学量分别与 Hilbert 空间中的矢量和算符建立对应关系，为量子力学的数学描述奠定了基础。

(2) 量子态的动力学演化遵从 Schrödinger 方程

这一假设是反映微观粒子运动规律的最基本假设。Schrödinger 方程描述态矢量 $|\psi\rangle$ 的随时间演化规律，而态矢量 $|\psi\rangle$ 代表体系的量子态，因此，量子态的动力学演化遵从 Schrödinger 方程是自然的。体系量子态的动力学演化是一个幺正演化过程。

(3) 量子态遵从态叠加原理

量子态用 Hilbert 空间中的态矢 $|\psi\rangle$ 描述，任何一个态矢可以用 Hilbert 空间的基矢 $\{|k\rangle, k=1,2,3,\cdots\}$ 展开：$|\psi\rangle=\sum_k a_k|k\rangle$，而 Hilbert 空间的基矢描述的是一组力学量完全集的共同本征态，因此，数学展开式 $|\psi\rangle=\sum_k a_k|k\rangle$ 正反映体系各种可能量子态的相干叠加性质，态叠加原理是与 Hilbert 空间中矢量的性质相自恰的自然的物理假设。

(4) 当对一个量子体系进行某一力学量的测量时，测量结果一定是该力学量算符的本征值当中的某一个，测量结果为状态 $|k\rangle$ 的相应本征值的概率 $|a_k|^2=|\langle k|\psi\rangle|^2$。

这是关于量子测量的基本假设。由于态的叠加，对一个量子体系进行某一力学量的测量时，测量结果并不是由测量前体系的状态唯一地决定，因此，测量结果是不确定的。测量使体系塌缩到待测力学量的某一本征态，测量结果必然是该本征态的相应本征值。测量所导致的态的演化是一非幺正演化过程。

(5) 全同粒子的不可区分性——全同性原理

全同粒子的不可区分性也是微观粒子特有的性质。全同粒子的不可区分性体现在全同多粒子体系 Hamilton 量和概率分布对两个粒子交换下的对称性，这种对称性质决定了微观

粒子的两类不同统计——Bose-Einstein 统计和 Fermi-Dirac 统计。

本章小结

习　题

6-1　设一质量为 m 的粒子在势场 $V(r)$ 中运动，其 Hamliton 量为 $\hat{H}$。求证：

(1) $[\boldsymbol{r},\hat{H}]=\mathrm{i}\hbar\dfrac{\hat{\boldsymbol{p}}}{m}$　　(2) $m\dfrac{\mathrm{d}\overline{\boldsymbol{r}}}{\mathrm{d}t}=\overline{\hat{\boldsymbol{p}}}$

6-2　处于定态的一维量子体系，设其势能为 $V(x)$，动能为 $\hat{T}$，求证：$\langle\hat{T}\rangle=\dfrac{1}{2}\langle x\dfrac{\mathrm{d}V}{\mathrm{d}x}\rangle$。

6-3　设 x^2 不显含时间 t，求证：$\dfrac{\mathrm{d}\overline{x^2}}{\mathrm{d}t}=\dfrac{1}{m}\overline{(x\hat{p}_x+\hat{p}_x x)}$，其中 m 为质量。

6-4　设力学量 $\hat{A}$ 不显含时间。求证：$-\hbar^2\dfrac{\mathrm{d}^2\overline{\hat{A}}}{\mathrm{d}t^2}=\overline{\{[\hat{A},\hat{H}],\hat{H}\}}$。

6-5　设力学量 $\hat{A}$ 不显含时间。证明在束缚定态下 $\dfrac{\mathrm{d}\overline{A}}{\mathrm{d}t}=0$。

6-6　已知 $\varphi_k(x)=\varphi_k(x+a)$。求证：$\psi(x)=\mathrm{e}^{\mathrm{i}kx}\varphi_k(x)$ 是空间平移算符 $\hat{S}(a)=\mathrm{e}^{\frac{\mathrm{i}}{\hbar}a\hat{p}_x}=\mathrm{e}^{\mathrm{i}a\hat{k}_x}$ 的本征值为 $\mathrm{e}^{\mathrm{i}ka}$ 的本征态。

6-7　一个质量为 m、频率为 ω 的谐振子，初始坐标为 $x(0)$，初始动量为 $p(0)$，利用海森堡运动方程求 $x(t)$ 和 $p(t)$。

6-8　设 $U(t)$ 对 t 可微，

(1) 证明若 $U(t)$ 为幺正算符，$\mathrm{i}\hbar\dfrac{\mathrm{d}U}{\mathrm{d}t}$ 可以表示成 $\mathrm{i}\hbar\dfrac{\mathrm{d}U}{\mathrm{d}t}=VU$，且 V 为厄米算符；

(2) 设 $\mathrm{i}\hbar\dfrac{\mathrm{d}U}{\mathrm{d}t}=VU$ 成立，V 为厄米算符，证明 $UU^\dagger$ 满足方程 $\mathrm{i}\hbar\dfrac{\mathrm{d}UU^\dagger}{\mathrm{d}t}=[V,UU^\dagger]$；

(3) 证明在(2)中，当 $t=t_0$ 时 $U(t_0)$ 为幺正算符，则 $U(t)$ 总是幺正算符。

6-9　由两个全同粒子构成的体系，每个粒子可取三个不同状态。问：可构造多少种交换对称态和反对称态。

6-10　以全同二粒子的体系为例，证明交换算符 $\hat{P}_{12}$ 是一个守恒量。

6-11　氢的同位素氘(deuteron)由一个质子(proton，记作 p)和一个中子(neutron，记作 n)组成。设由两个氘组成的四粒子体系的波函数为 $\psi(p_1n_1p_2n_2)$(n，p 都为 Fermion)。

试问：波函数在两个氘的交换下对称还是反对称？

6-12　假设存在幺正变换 $\hat{U}$，其对二粒子体系作用如下(下角标表示不同粒子)

$$\hat{U}\psi_1\chi_2=\psi_1\psi_2,\hat{U}\varphi_1\chi_2=\varphi_1\varphi_2$$

证明：ψ_1 和 φ_1 必正交或相同。

6-13　设两个力学量算符 $\hat{A}$ 和 $\hat{B}$ 均为守恒量，但 $[\hat{A},\hat{B}]\neq 0$。求证：体系的能级是简并的。

6-14　设某体系的 Hamilton 为 $\hat{H}$，初始时刻体系处于某力学量 $\hat{A}$ 的本征态 $|\psi_n\rangle$(相应的本征值为 a_n)。

(1) 求 θ 时刻，测量体系的力学量 $\hat{A}$，测值为 a_n 的概率。

(2) 若 $\theta\ll 1$，在有限时间段 $t=k\theta$ 内对体系的力学量 $\hat{A}$ 进行 k 次测量后，体系仍处于 $|\psi_n\rangle$ 态的概率。

第7章

粒子在势场中的运动

在第 3 章我们讨论了一些简单的定态问题，如方势阱中粒子的运动、谐振子等。本章将讨论在中心力场或外电磁场中粒子的运动。在前 3 节讨论粒子在中心力场中的运动，如在球方势阱中粒子的运动，类氢离子中价电子的运动等。在后几节将讨论带电粒子在外电磁场中的运动以及一些量子效应。

7.1 中心力场问题的一般讨论

像地球绕太阳的运动、电子绕原子核的运动等都可以认为是物体在中心对称势场(centrally symmetric field)(中心力场)中的运动。中心力场的势函数 V 只与矢径 $\boldsymbol{r}$ 的大小 $r(r\geqslant 0)$有关，即 $V=V(r)$。粒子在中心力场中的运动也属于束缚态问题，因此，要解决的主要问题是能量本征值问题。本节将讨论在中心力场中运动粒子的不含时 Schrödinger 方程的一般解法，介绍怎样求解体系的能量本征值和本征函数。

考虑一个质量为 m 的微观粒子在球对称势场 $V(r)$中的运动。体系的 Hamilton 量为

$$\hat{H}=\frac{\hat{\boldsymbol{p}}^2}{2m}+V(r) \tag{7-1}$$

我们关心的是 Schrödinger 方程的定态解，因此要求解能量本征值方程

$$\left[-\frac{\hbar^2}{2m}\nabla^2+V(r)\right]\psi(\boldsymbol{r})=E\psi(\boldsymbol{r}) \tag{7-2}$$

显然，对粒子在球对称势场中的运动，采用球坐标系是方便的。在球坐标系中，

$$\begin{aligned}\nabla^2 &=\nabla_r^2+\frac{1}{r^2}\nabla_{\theta,\varphi}^2\\ &=\frac{1}{r^2}\frac{\partial}{\partial r}\left(r^2\frac{\partial}{\partial r}\right)+\frac{1}{r^2}\left[\frac{1}{\sin\theta}\frac{\partial}{\partial\theta}\left(\sin\theta\frac{\partial}{\partial\theta}\right)+\frac{1}{\sin^2\theta}\frac{\partial^2}{\partial\varphi^2}\right]\end{aligned} \tag{7-3}$$

因此，能量本征值方程(不含时 Schrödinger 方程)变为

$$\begin{aligned}&\left\{-\frac{\hbar^2}{2m}\frac{1}{r^2}\left[\frac{\partial}{\partial r}\left(r^2\frac{\partial}{\partial r}\right)+\frac{1}{\sin\theta}\frac{\partial}{\partial\theta}\left(\sin\theta\frac{\partial}{\partial\theta}\right)+\frac{1}{\sin^2\theta}\frac{\partial^2}{\partial\varphi^2}\right]+V(r)\right\}\psi(r,\theta,\varphi)\\ &=E\psi(r,\theta,\varphi)\end{aligned} \tag{7-4}$$

利用角动量平方算符

$$\hat{\boldsymbol{l}}^2=-\hbar^2\left\{\frac{1}{\sin\theta}\frac{\partial}{\partial\theta}\left(\sin\theta\frac{\partial}{\partial\theta}\right)+\frac{1}{\sin^2\theta}\frac{\partial^2}{\partial\varphi^2}\right\}$$

体系的 Hamilton 量也可以表示为

$$\hat{H}=-\frac{\hbar^2}{2m}\frac{1}{r^2}\frac{\partial}{\partial r}\left(r^2\frac{\partial}{\partial r}\right)+\frac{\hat{\boldsymbol{l}}^2}{2mr^2}+V(r) \tag{7-5}$$

由于在球坐标系中，$\hat{\boldsymbol{l}}^2$ 和$\hat{l}_z$ 都与 r 无关，则

$$[\hat{H},\hat{\boldsymbol{l}}^2]=0,\quad [\hat{H},\hat{l}_z]=0 \tag{7-6}$$

而且，$[\hat{\boldsymbol{l}}^2,\hat{l}_z]=0$，因此$\{\hat{H},\hat{\boldsymbol{l}}^2,\hat{l}_z\}$构成力学量的完全集，待求的 $\psi(r,\theta,\varphi)$是$\hat{H}$、$\hat{\boldsymbol{l}}^2$ 和$\hat{l}_z$ 的共同本征函数。

为了求解方程(7-4)，先进行分离变量。令

$$\psi(r,\theta,\varphi)=R(r)Y(\theta,\varphi) \tag{7-7}$$

并把式(7-7)代入式(7-4)得

$$\frac{1}{R}\frac{\mathrm{d}}{\mathrm{d}r}\left(r^2\frac{\mathrm{d}R}{\mathrm{d}r}\right)+\frac{2mr^2}{\hbar^2}[E-V(r)]$$
$$=-\frac{1}{Y}\left[\frac{1}{\sin\theta}\frac{\partial}{\partial\theta}\left(\sin\theta\frac{\partial Y}{\partial\theta}\right)+\frac{1}{\sin^2\theta}\frac{\partial^2 Y}{\partial\varphi^2}\right]\equiv\lambda \tag{7-8}$$

由此可以得到两个独立方程

$$\frac{1}{r^2}\frac{\mathrm{d}}{\mathrm{d}r}\left(r^2\frac{\mathrm{d}R}{\mathrm{d}r}\right)+\left\{\frac{2m}{\hbar^2}[E-V(r)]-\frac{\lambda}{r^2}\right\}R=0 \tag{7-9}$$

$$\frac{1}{\sin\theta}\frac{\partial}{\partial\theta}\left(\sin\theta\frac{\partial Y}{\partial\theta}\right)+\frac{1}{\sin^2\theta}\frac{\partial^2 Y}{\partial\varphi^2}+\lambda Y=0 \tag{7-10}$$

方程(7-10)的解就是$\hat{\boldsymbol{l}}^2$ 和$\hat{l}_z$ 的共同本征函数，即球谐函数 $Y_{lm}(\theta,\varphi)$，其中 $\lambda=l(l+1)$，球谐函数

$$Y_{lm}(\theta,\varphi)=N_{lm}P_l^{|m|}(\cos\theta)\mathrm{e}^{\mathrm{i}m\varphi} \tag{7-11}$$

为求解径向方程(7-9)，可利用

$$\frac{1}{r^2}\frac{\mathrm{d}}{\mathrm{d}r}\left(r^2\frac{\mathrm{d}R}{\mathrm{d}r}\right)=\frac{1}{r}\frac{\mathrm{d}^2}{\mathrm{d}r^2}(rR) \tag{7-12}$$

并令

$$rR(r)\equiv\chi(r) \tag{7-13}$$

则方程(7-9)化为

$$\frac{\mathrm{d}^2\chi(r)}{\mathrm{d}r^2}+\frac{2m}{\hbar^2}\left\{E-\left[V(r)+\frac{l(l+1)\hbar^2}{2mr^2}\right]\right\}\chi(r)=0 \tag{7-14}$$

势能 $V(r)$给定以后，解方程(7-14)就可以求解$\chi(r)$，从而可求出 $R(r)$。

由以上讨论可见，不同的中心力场 $V(r)$中，粒子的定态波函数的差别仅在于径向波函数$\chi(r)$或 $R(r)$，角向波函数都是球谐函数 $Y_{lm}(\theta,\varphi)$。由于粒子的整个波函数 $\psi(r,\theta,\varphi)$是力学量完全集$(\hat{H},\hat{\boldsymbol{l}}^2,\hat{l}_z)$的共同本征函数，即

$$\psi(r,\theta,\varphi)=R(r)Y_{lm}(\theta,\varphi)$$

而其中的 $Y_{lm}(\theta,\varphi)$是$\hat{\boldsymbol{l}}^2$ 和$\hat{l}_z$ 的共同本征函数，因此径向方程的解 $R(r)$是能量本征函数。

在方程(7-14)中，有效势能

$$V_{\text{eff}} \equiv V(r) + \frac{l(l+1)\hbar^2}{2mr^2} \tag{7-15}$$

方程(7-15)的第一项 $V(r)$ 可取负，如核的 Coulomb 势 $V(r) = -\frac{Ze^2}{r}$，但第二项 $\frac{l(l+1)\hbar^2}{2mr^2} \geqslant 0$ 是一个排斥势(repulsive potential)。当 $r \to 0$ 时，这一项变得很大，因此可防止 $l \neq 0$ 的粒子无限靠近零点，以保证解的有限性。通常称它为离心势(centrifugal potential)。

由方程(7-13)，$R(r) = \chi(r)/r$，因此为了使 $R(r)$ 处处有限，要求方程(7-14)的解 $\chi(r)$ 满足边界条件

$$\lim_{r \to 0} \chi(r) \to 0 \quad [\text{要求}\chi(r)\text{比 } r \text{ 收敛得快}] \tag{7-16}$$

以上讨论了中心力场的一般性质，以下我们讨论一些具体问题。

7.2 球方势阱

设一个质量为 m 的粒子在球方势阱(spherical square potential well)

$$V(r) = \begin{cases} 0, & r < a \\ \infty, & r > a \end{cases} \tag{7-17}$$

中运动，其中 a 为球的半径。下面求粒子的能量本征值与本征函数。

显然，由于粒子限制在球形腔内，球外不会出现粒子，因此在球外 $\chi_{\text{外}}(r) = 0$。在球内的解(束缚态解)可分两种情况讨论：

1. s 态($l=0$)解

根据 7.1 节的讨论，在球对称势场中粒子的能量本征值方程(径向方程)为

$$\frac{\mathrm{d}^2\chi}{\mathrm{d}r^2} + \frac{2m}{\hbar^2}\left[E - V(r) - \frac{l(l+1)\hbar^2}{2mr^2}\right]\chi = 0 \tag{7-18}$$

其中

$$\chi(r) = rR(r) \tag{7-19}$$

对于 s 态，$l = 0$，且由于在球内 $V(r) = 0$，方程变为

$$\frac{\mathrm{d}^2\chi}{\mathrm{d}r^2} + \frac{2mE}{\hbar^2}\chi = 0 \tag{7-20}$$

或

$$\frac{\mathrm{d}^2\chi}{\mathrm{d}r^2} + k^2\chi = 0, \quad k^2 \equiv \frac{2mE}{\hbar^2} \tag{7-21}$$

方程(7-21)的通解为

$$\chi(r) = A\sin(kr + \delta) \tag{7-22}$$

由式(7-16)知边界条件，

$$\chi(0) = 0 \tag{7-23}$$

且根据波函数的连续性

$$\chi(a) = \chi_{\text{外}}(a) = 0 \tag{7-24}$$

利用边界条件(7-23)得 $\delta=0$。再根据式(7-24)得

$$k=\frac{n\pi}{a},\quad n=1,2,\cdots$$

或

$$k=\frac{(n_r+1)\pi}{a},\quad n_r=0,1,2,\cdots \tag{7-25}$$

因此,能量本征值

$$E_{n_r,l}=\frac{\pi^2\hbar^2(n_r+1)^2}{2ma^2},\quad n_r=0,1,2,\cdots,n-1 \tag{7-26}$$

由归一化条件

$$\int_0^a|\chi(r)|^2\mathrm{d}r=\int_0^a A^2\sin\frac{(n_r+1)\pi r}{a}\mathrm{d}r=1 \tag{7-27}$$

得

$$A=\sqrt{\frac{2}{a}} \tag{7-28}$$

因此,归一化的本征函数

$$\chi_{n_r l}(r)=\sqrt{\frac{2}{a}}\sin\frac{(n_r+1)\pi r}{a} \tag{7-29}$$

从而

$$R_{n_r l}(r)=\frac{\chi_{n_r l}(r)}{r}=\sqrt{\frac{2}{a}}\frac{1}{r}\sin\frac{(n_r+1)\pi r}{a} \tag{7-30}$$

2. $l\neq0$ 态的解

回到方程(7-9),由于

$$\frac{1}{r^2}\frac{\mathrm{d}}{\mathrm{d}r}\left(r^2\frac{\mathrm{d}R}{\mathrm{d}r}\right)=\frac{\mathrm{d}^2R}{\mathrm{d}r^2}+\frac{2}{r}\frac{\mathrm{d}R}{\mathrm{d}r}$$

而且,由于在球方势阱中,$V(r)=0,\lambda=l(l+1)$,因此当 $l\neq0$ 时,径向方程可以写成

$$\frac{\mathrm{d}^2R}{\mathrm{d}r^2}+\frac{2}{r}\frac{\mathrm{d}R}{\mathrm{d}r}+\left[k^2-\frac{l(l+1)}{r^2}\right]R=0 \tag{7-31}$$

其中,k^2 由式(7-21)给出。引进无量纲变量 $\rho=kr$,则

$$\frac{\mathrm{d}}{\mathrm{d}r}=\frac{\mathrm{d}\rho}{\mathrm{d}r}\frac{\mathrm{d}}{\mathrm{d}\rho}=k\frac{\mathrm{d}}{\mathrm{d}\rho},\quad \frac{\mathrm{d}^2}{\mathrm{d}r^2}=\frac{\mathrm{d}}{\mathrm{d}r}\left(k\frac{\mathrm{d}}{\mathrm{d}\rho}\right)=k^2\frac{\mathrm{d}^2}{\mathrm{d}\rho^2}$$

因此,式(7-31)化为

$$\frac{\mathrm{d}^2R}{\mathrm{d}\rho^2}+\frac{2}{\rho}\frac{\mathrm{d}R}{\mathrm{d}\rho}+\left[1-\frac{l(l+1)}{\rho^2}\right]R=0 \tag{7-32}$$

方程(7-32)是一个球 Bessel 方程,球 Bessel 方程的解可以用半奇数阶 Bessel 方程

$$\frac{\mathrm{d}^2u}{\mathrm{d}\rho^2}+\frac{1}{\rho}\frac{\mathrm{d}u}{\mathrm{d}\rho}+\left\{1-\frac{[l+(1/2)]^2}{\rho^2}\right\}u=0 \tag{7-33}$$

的两个线性独立的解(半奇数阶 Bessel 函数)$\mathrm{J}_{l+\frac{1}{2}}(\rho)$,$\mathrm{J}_{-l-\frac{1}{2}}(\rho)$来表示如下

$$\mathrm{j}_l(\rho)=\sqrt{\frac{\pi}{2\rho}}\mathrm{J}_{l+\frac{1}{2}}(\rho)\quad(\text{球 Bessel 函数}) \tag{7-34}$$

$$n_l(\rho)=(-1)^{l+1}\sqrt{\frac{\pi}{2\rho}}J_{-l-\frac{1}{2}}(\rho)\quad(\text{球 Neumann 函数})\tag{7-35}$$

两个独立的解在 $\rho\to 0$ 时的渐近行为是

$$\begin{cases} j_l(\rho)\Big|_{\rho\to 0}\longrightarrow\dfrac{\rho^l}{(2l+1)!!} \\ n_l(\rho)\Big|_{\rho\to 0}\longrightarrow-\dfrac{(2l-1)!!}{\rho^{l+1}} \end{cases}\tag{7-36}$$

由此可见，符合 $\rho\to 0$ 时 R 有限这一要求的解为球 Bessel 函数 $j_l(\rho)$，因此得式(7-32)的解为

$$R_{n_r l}(r)=C_{n_r l}j_l(kr)\tag{7-37}$$

其中，$C_{n_r l}$ 为归一化常数，它由归一化条件

$$\int_0^a R_{n_r l}^2(r)r^2\,dr=1\tag{7-38}$$

求得。其结果为

$$C_{n_r l}=\left[\frac{-2/a^3}{j_{l-1}(k_{n_r l}a)j_{l+1}(k_{n_r l}a)}\right]^{\frac{1}{2}}\tag{7-39}$$

其中

$$k_{n_r l}=\frac{\chi_{n_r l}}{a}\tag{7-40}$$

而 $\chi_{n_r l}$ 为 $j_l(x)=0$ 的根。

最简单的几个球 Bessel 函数为

$$j_0(x)=\frac{\sin x}{x},\quad j_1(x)=\frac{\sin x}{x^2}-\frac{\cos x}{x}\tag{7-41}$$

阱内粒子的能量本征值由边界条件

$$R_{n_r l}(ka)=0\quad\text{或}\quad j_l(ka)=0\tag{7-42}$$

确定。计算表明，能量本征值

$$E_{n_r l}=\frac{\hbar^2}{2ma^2}\chi_{n_r l}^2,\quad n_r=0,1,2,\cdots\tag{7-43}$$

例如

$n_r=0, l=0$ 时，

$$\chi_{n_r l}=\pi,\quad E_{00}=\frac{\hbar^2\pi^2}{2ma^2}$$

$n_r=1, l=0$ 时，

$$\chi_{n_r l}=2\pi,\quad E_{10}=\frac{2\hbar^2\pi^2}{ma^2}$$

这些结果与 s 态粒子($l=0$)的能量本征值一致。

7.3 类氢离子

7.3.1 类氢离子的能量本征值与本征函数

类氢离子(Hydrogen-like ions),如,He^+,Li^{++},Be^{+++}等和氢原子一样,都是一个价电子绕原子核运动,因此类氢离子中电子的运动是粒子在中心力场中运动的典型例子。

类氢离子可以看成两个相互作用粒子所组成的量子体系,这个相互作用就是原子核和电子电荷之间的 Coulomb 力。严格说来,在相互作用过程中,原子核和电子都在运动,这类二体问题可以化为单体问题讨论。

设电子和原子核的质量分别为 m_1 和 m_2,它们的坐标分别为 $\boldsymbol{r}_1$ 和 $\boldsymbol{r}_2$(图 7-1),相互作用势为 $V(|\boldsymbol{r}_1-\boldsymbol{r}_2|)=V(r)$,则体系的 Hamilton 量为

$$\hat{H}=-\frac{\hbar^2}{2m_1}\nabla_{\boldsymbol{r}_1}^2-\frac{\hbar^2}{2m_2}\nabla_{\boldsymbol{r}_2}^2+V(r) \tag{7-44}$$

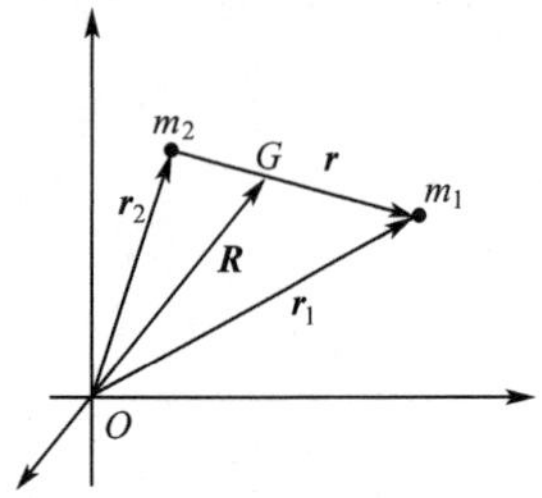

图 7-1

引进质心坐标 $\boldsymbol{R}$ 和相对坐标 $\boldsymbol{r}$:

$$\begin{cases}\boldsymbol{R}=\dfrac{1}{M}(m_1\boldsymbol{r}_1+m_2\boldsymbol{r}_2)=X\boldsymbol{i}+Y\boldsymbol{j}+Z\boldsymbol{k}\\ \boldsymbol{r}=\boldsymbol{r}_2-\boldsymbol{r}_1=x\boldsymbol{i}+y\boldsymbol{j}+z\boldsymbol{k}\\ M\equiv m_1+m_2\end{cases} \tag{7-45}$$

其中,(X,Y,Z)为质心 G 的坐标,(x,y,z)为相对坐标。利用质心坐标和相对坐标,Hamilton 量可以改写为

$$\hat{H}=-\frac{\hbar^2}{2M}\nabla_{\boldsymbol{R}}^2-\frac{\hbar^2}{2\mu}\nabla_{\boldsymbol{r}}^2+V(r) \tag{7-46}$$

其中

$$\begin{cases}\nabla_{\boldsymbol{R}}^2=\dfrac{\partial^2}{\partial X^2}+\dfrac{\partial^2}{\partial Y^2}+\dfrac{\partial^2}{\partial Z^2}\\ \nabla_{\boldsymbol{r}}^2=\dfrac{\partial^2}{\partial x^2}+\dfrac{\partial^2}{\partial y^2}+\dfrac{\partial^2}{\partial z^2}\equiv\nabla^2\\ \mu=\dfrac{m_1m_2}{m_1+m_2}\end{cases} \tag{7-47}$$

因此,体系的能量本征方程可写成

$$\left[-\frac{\hbar^2}{2M}\nabla_{\boldsymbol{R}}^2-\frac{\hbar^2}{2\mu}\nabla^2+V(r)\right]\psi(\boldsymbol{R},\boldsymbol{r})=E_{\mathrm{T}}\psi(\boldsymbol{R},\boldsymbol{r}) \tag{7-48}$$

其中,E_{T} 为体系的总能量。令

$$\psi(\boldsymbol{R},\boldsymbol{r})=\varphi(\boldsymbol{R})\psi(\boldsymbol{r}) \tag{7-49}$$

式(7-49)代入式(7-48)可得到两个独立方程:

$$-\frac{\hbar^2}{2M}\nabla_R^2\varphi(\boldsymbol{R})=E_C\varphi(\boldsymbol{R}) \tag{7-50}$$

$$\left[-\frac{\hbar^2}{2\mu}\nabla^2+V(r)\right]\psi(\boldsymbol{r})=E\psi(\boldsymbol{r}) \tag{7-51}$$

其中，E_C 和 E 分别为质心运动能量和相对运动能量。方程(7-50)代表质心运动方程，它满足自由粒子的波动方程，与相互作用势无关。方程(7-51)描述相对运动，它在形式上相当于一个质量为 μ(折合质量)的粒子在势场 $V(r)$ 中运动的单体波动方程。在许多问题中，体系整体的自由运动(质心运动)是不重要的，因此，我们可以用相对运动能量来代替体系的能量，求解方程(7-51)，得到相应的能量本征值和本征函数。

下面，我们在球坐标系中求解方程(7-51)。根据 7.1 节的讨论，在球坐标系中，方程(7-51)可以分解为径向方程和角向方程两部分。角向方程在任何势场中都相同，它的解为球谐函数。因此我们只需解径向方程。径向方程为

$$\frac{1}{r^2}\frac{\mathrm{d}}{\mathrm{d}r}\left(r^2\frac{\mathrm{d}R}{\mathrm{d}r}\right)+\left\{\frac{2\mu}{\hbar^2}[E-V(r)]-\frac{l(l+1)}{r^2}\right\}R(r)=0$$

进行代换

$$\chi(r)=rR(r)$$

并考虑到类氢离子中核的 Coulomb 势(引力势)

$$V(r)=-\frac{Ze^2}{r} \tag{7-52}$$

径向方程变为

$$\frac{\mathrm{d}^2\chi}{\mathrm{d}r^2}+\left[\frac{2\mu}{\hbar^2}\left(E+\frac{Ze^2}{r}\right)-\frac{l(l+1)}{r^2}\right]\chi(r)=0 \tag{7-53}$$

我们只考虑束缚态 $E<0$($E>0$ 为自由态)。为方便起见，把能量写成 $E=-|E|$，并令

$$\frac{2\mu|E|}{\hbar^2}=\frac{1}{4}\alpha^2,\quad \rho=\alpha r \tag{7-54}$$

则式(7-53)变为

$$\frac{\mathrm{d}^2\chi}{\mathrm{d}\rho^2}+\left[-\frac{1}{4}+\frac{\beta}{\rho}-\frac{l(l+1)}{\rho^2}\right]\chi(\rho)=0 \tag{7-55}$$

其中

$$\beta=\frac{2\mu e^2Z}{\alpha\hbar^2}=\frac{e^2Z}{\hbar}\left(\frac{\mu}{2|E|}\right)^{\frac{1}{2}} \tag{7-56}$$

考虑 $\rho\to\infty$ 时 $\chi(\rho)$ 的渐近行为，则方程(7-55)变为

$$\frac{\mathrm{d}^2\chi}{\mathrm{d}\rho^2}-\frac{1}{4}\chi(\rho)=0$$

方程(7-55)在 $\rho\to\infty$ 时的渐近解为

$$\chi(\rho)=F(\rho)\mathrm{e}^{-\frac{1}{2}\rho} \tag{7-57}$$

把式(7-57)代入式(7-55)得

$$\frac{d^2F}{d\rho^2}-\frac{dF}{d\rho}+\left[\frac{\beta}{\rho}-\frac{l(l+1)}{\rho^2}\right]F=0 \tag{7-58}$$

将 $F(\rho)$ 展开成幂级数

$$F(\rho)=\sum_{\nu=0}^{+\infty}a_\nu\rho^{\nu+s} \tag{7-59}$$

其中，$s>0$ 以保证 $F(\rho)$ 在 $\rho=0$ 处有限。把 $F(\rho)$ 代入到式(7-58)并比较 ρ 的同次幂，得到

$$\begin{cases} s=l+1 \\ a_{\nu+1}=\dfrac{\nu+l+1-\beta}{(\nu+1)(\nu+2+2l)}a_\nu \end{cases} \tag{7-60}$$

可以证明，如果 $F(\rho)$ 是式(7-59)所描述的无穷级数，则当 $\rho\to\infty$ 时 $F(\rho)$ 发散。因为由递推公式(7-60)可知

$$a_\nu=\frac{\nu+l-\beta}{\nu(\nu+1+2l)}a_{\nu-1}$$

因此，当 $\nu\to\infty$ 时，

$$a_\nu\approx\frac{\nu}{\nu^2}a_{\nu-1}=\frac{1}{\nu}a_{\nu-1}=\frac{1}{\nu}\cdot\frac{1}{\nu-1}a_{\nu-2}=\cdots=\frac{1}{\nu!}a_0$$

由此得到

$$F(\rho\to\infty)=\rho^s\sum_{\nu=0}^{+\infty}a_\nu\rho^\nu=\rho^s\sum_{\nu=0}^{+\infty}\frac{a_0}{\nu!}\rho^\nu=\rho^s a_0\sum_{\nu=0}^{+\infty}\frac{\rho^\nu}{\nu!}=a_0\rho^s e^\rho\to\infty$$

因此，ν 必须在某一项中断而使 $F(\rho)$ 变为一个多项式。令 $\nu=n_r$ 时级数中断，则

$$n_r+l+1-\beta=0$$

或

$$\beta=n_r+l+1\equiv n,\quad n=1,2,3,\cdots;l=0,1,2,\cdots,n-1 \tag{7-61}$$

在式(7-61)中，

$$n_r=0,1,2,\cdots,n-1$$

称为径向量子数(radial quantum number)，n 称为主量子数(principal quantum number)。

把 $\beta=n$ 代入式(7-56)得类氢离子的能量本征值

$$E_n=-\frac{\mu e^4Z^2}{2\hbar^2n^2} \tag{7-62}$$

可见，在此结果中，如果 $Z=1$，$\mu\to m_e$，则 E_n 与 Bohr 氢原子理论中的结果相同。

无穷级数 $F(\rho)$ 在 $\nu=n_r$ 处断开以后的多项式可用缔合拉盖尔多项式(associated Laguerre polynomial)表示：

$$F(\rho)=\rho^{l+1}L_{n-l-1}^{2l+1}(\rho)$$

将 $F(\rho)$ 代入式(7-57)得到

$$\chi_{nl}(\rho)=N_{nl}e^{-\frac{1}{2}\rho}\rho^{l+1}L_{n-l-1}^{2l+1}(\rho) \tag{7-63}$$

其中，N_{nl} 为归一化常数，缔合拉盖尔多项式

$$L_{n-l-1}^{2l+1}(\rho)=\sum_{\nu=0}^{n-l-1}(-1)^{\nu+1}\frac{[(n+l)!]^2\rho^\nu}{(n-l-1-\nu)!(2l+1+\nu)!\nu!} \tag{7-64}$$

它也可以用微分形式表示：

$$L_{n-l-1}^{2l+1}(\rho)=\frac{d^{2l+1}}{d\rho^{2l+1}}L_{n+l}(\rho) \tag{7-65}$$

其中

$$L_{n+l}(\rho)=e^{\rho}\frac{d^{n+l}}{d\rho^{n+l}}(e^{-\rho}\rho^{n+l}) \tag{7-66}$$

叫作拉盖尔多项式(Laguerre polynomial)。

把 $|E|=\mu e^4 Z^2/2\hbar^2 n^2$ 代入式(7-54)得

$$\alpha=\frac{2\mu e^2 Z}{n\hbar^2}=\frac{1}{a}\frac{2Z}{n} \tag{7-67}$$

其中，$a\equiv\hbar^2/\mu e^2$。如果用 a 表示能量本征值，则

$$E_n=-\frac{Z^2e^2}{2an^2},\quad n=1,2,3,\cdots \tag{7-68}$$

把 $\rho=\alpha r=2rZ/na$ 代入径向波函数 $\chi(\rho)$，最后得到

$$R_{nl}(\alpha r)=\frac{\chi_{nl}(\alpha r)}{\rho}=N_{nl}e^{-\left(\frac{Zr}{na}\right)}\left(\frac{2rZ}{na}\right)^{l}L_{n+l}^{2l+1}(\alpha r) \tag{7-69}$$

由归一化条件

$$\int_0^{+\infty}[R_{nl}(r)]^2r^2dr=1 \tag{7-70}$$

得到归一化常数

$$N_{nl}=\left\{\left(\frac{2Z}{na}\right)^3\frac{(n-l-1)!}{2n[(n+l)!]^3}\right\}^{\frac{1}{2}} \tag{7-71}$$

因此，类氢离子的总的波函数为

$$\psi_{nlm}(r,\theta,\varphi)=R_{nl}(\alpha r)Y_{lm}(\theta,\varphi) \tag{7-72}$$

其中，$R_{nl}(\alpha r)$ 由式(7-69)给出。

由类氢离子的能量本征值 $E_n=-Z^2e^2/2an^2$ 可见，主量子数确定后能量便确定了(与 l，m 无关)。但对确定的 n，由于

$$l=0,1,2,\cdots,n-1$$

即有 n 个可能的 l 值存在。同时对确定的 l，由于

$$m=0,\pm1,\pm2,\cdots,\pm l$$

共有 $2l+1$ 个 m 值存在。因此对一个能级 E_n，对应的能量本征态有

$$f=\sum_{l=0}^{n-1}(2l+1)=n^2 \tag{7-73}$$

个。这就是说，类氢离子的能级是 n^2 重简并的(不考虑自旋时)。

7.3.2 对氢原子的讨论

1. 氢原子(Z=1)的能量本征值和本征函数

在以上讨论的类氢离子能量本征值和本征函数中，只要取 $Z=1$，折合质量 μ 进行相应

的改变就可以得到氢原子的能量本征值和本征函数。氢原子的最低能级的径向波函数为

$$R_{10}=\left(\frac{1}{a_0}\right)^{\frac{3}{2}}2\mathrm{e}^{-\frac{r}{a_0}} \tag{7-74}$$

氢原子

其中，$a_0=\hbar^2/\mu_{\mathrm{H}}e^2\approx 0.529\times 10^{-10}$ m，为氢原子的第一 Bohr 半径，μ_{H} 为氢原子的折合质量。球谐函数 $Y_{00}=1/\sqrt{4\pi}$，因此，氢原子的基态波函数

$$\psi_{100}=R_{10}Y_{00}=\frac{1}{\sqrt{\pi}}\left(\frac{1}{a_0}\right)^{\frac{3}{2}}\mathrm{e}^{-\frac{r}{a_0}} \tag{7-75}$$

对应的能量本征值可由式(7-68)，取 $Z=1,n=1$，并把 a 换成 a_0 得到

$$E_1=-\frac{e^2}{2a_0} \tag{7-76}$$

对第一激发态，$n=2,l=0,1$，径向波函数为

$$R_{20}=\frac{1}{\sqrt{2}}\left(\frac{1}{a_0}\right)^{\frac{3}{2}}\left(1-\frac{r}{2a_0}\right)\mathrm{e}^{-\frac{r}{2a_0}},\quad R_{21}=\frac{1}{2\sqrt{6}}\left(\frac{1}{a_0}\right)^{\frac{3}{2}}\frac{r}{a_0}\mathrm{e}^{-\frac{r}{2a_0}} \tag{7-77}$$

相应的球谐函数为

$$Y_{00}=\frac{1}{\sqrt{4\pi}},\quad Y_{11}=-\sqrt{\frac{3}{8\pi}}\sin\theta\mathrm{e}^{\mathrm{i}\varphi},\quad Y_{10}=\sqrt{\frac{3}{4\pi}}\cos\theta,\quad Y_{1-1}=\sqrt{\frac{3}{8\pi}}\sin\theta\mathrm{e}^{-\mathrm{i}\varphi}$$

因此，总的波函数为

$$\begin{cases}\psi_{200}=R_{20}Y_{00}=\dfrac{1}{\sqrt{8\pi}}\left(\dfrac{1}{a_0}\right)^{\frac{3}{2}}\left(1-\dfrac{r}{2a_0}\right)\mathrm{e}^{-\frac{r}{2a_0}}\\ \psi_{211}=R_{21}Y_{11}=-\dfrac{1}{8\sqrt{\pi}}\left(\dfrac{1}{a_0}\right)^{\frac{3}{2}}\dfrac{r}{a_0}\mathrm{e}^{-\frac{r}{2a_0}}\sin\theta\mathrm{e}^{\mathrm{i}\varphi}\\ \psi_{210}=R_{21}Y_{10}=\dfrac{1}{4\sqrt{2\pi}}\left(\dfrac{1}{a_0}\right)^{\frac{3}{2}}\dfrac{r}{a_0}\mathrm{e}^{-\frac{r}{2a_0}}\cos\theta\\ \psi_{21-1}=R_{21}Y_{1-1}=\dfrac{1}{8\sqrt{\pi}}\left(\dfrac{1}{a_0}\right)^{\frac{3}{2}}\dfrac{r}{a_0}\mathrm{e}^{-\frac{r}{2a_0}}\sin\theta\mathrm{e}^{-\mathrm{i}\varphi}\end{cases} \tag{7-78}$$

这 4 个态都对应于同一个能量本征值 $E_2=\frac{1}{4}E_1$，也就是说，氢原子的第一激发态能级是四重简并的。

2. 有效势

根据式(7-15)，氢原子的有效势

$$V_{\mathrm{eff}}=-\frac{e^2}{r}+\frac{l(l+1)\hbar^2}{2\mu_0 r^2}$$

从图 7-2 中可以看出，由于电子的能量 $E<0$，电子将束缚在势阱内运动，因此电子的能量必然取离散值。当 $r\to\infty$ 时，电子的能量 $E\geqslant 0$，电子将脱离原子(电离)。为使电子从最低能级 E_1 电离，所需要的电离能 $E_e=\frac{1}{2}mv^2-E_1$。当电离电子的逃逸速度 $v=0$ 时，所需电离能最小，因此，$E_e\geqslant|E_1|=13.6$ eV。也可以看到，当 $r\to 0$ 时，由于离心势的存在，电子不能太靠近

原子核。

3. 能级分布及简并

由氢原子的能量本征值 $E_n=-\frac{e^2}{2a_0n^2}$ 我们看到，对基态，

$$E_1=-\frac{e^2}{2a_0}\approx -13.6\ \text{eV} \tag{7-79}$$

对应波函数为 $\psi_{100}=R_{10}Y_{00}$（1 s 态）（无简并）。

对第一激发态，$E_2=-\frac{e^2}{8a_0}=\frac{E_1}{4}$，对应的波函数有

$$\psi_{200}=R_{20}Y_{00},\quad \psi_{210}=R_{21}Y_{10},\quad \psi_{211}=R_{21}Y_{11},\quad \psi_{21-1}=R_{21}Y_{1-1}$$

即 4 重简并，2s 态 1 个，2p 态 3 个。

对第二激发态，$E_3=-\frac{e^2}{18a_0}=\frac{E_1}{9}$，对应的波函数有

$$\psi_{300},\psi_{310},\psi_{311},\psi_{31-1},\psi_{320},\psi_{321},\psi_{32-1},\psi_{322},\psi_{32-2}$$

即 9 重简并，3s 态 1 个，3p 态 3 个，3d 态 5 个。

从低能级到高能级，能级间隔越来越小，能级越来越密，简并度越来越大（图 7-3）。当能量 $E\geqslant 0$ 时，价电子处于游离态，电子的动能 $E=mv^2/2$。

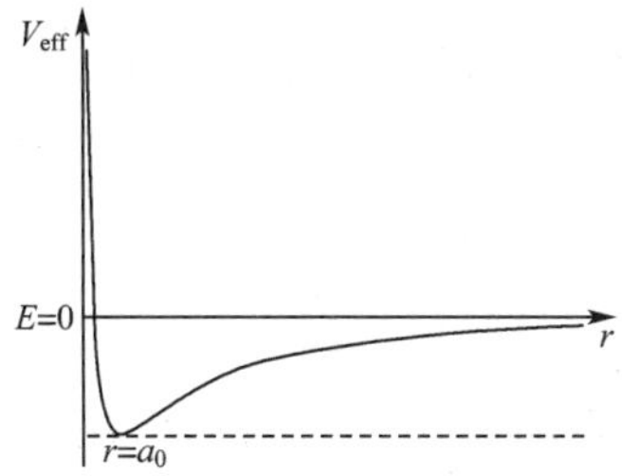

图 7-2

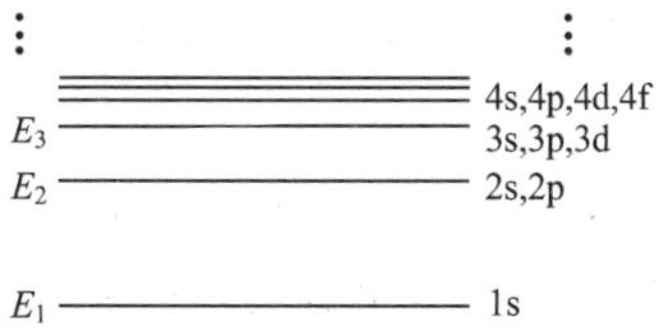

图 7-3

如果考虑到电子具有两种自旋状态，那么对应于每一个能级的简并度为 $f=2n^2$。

4. 电子位置的径向概率分布

根据波函数的统计诠释，在氢原子中，在体积元 $\mathrm{d}^3\boldsymbol{r}=r^2\sin\theta\mathrm{d}r\mathrm{d}\theta\mathrm{d}\varphi$ 中找到电子的概率为

$$|\psi_{nlm}|^2\mathrm{d}^3\boldsymbol{r}=|R_{nl}(r)|^2|Y_{lm}(\theta,\varphi)|^2r^2\mathrm{d}r\sin\theta\mathrm{d}\theta\mathrm{d}\varphi \tag{7-80}$$

定义径向概率密度（radial probability density）$P_{nl}(r)$：

$$\begin{aligned}P_{nl}(r)\mathrm{d}r &= \int_0^{\pi}\int_0^{2\pi}|\psi_{nlm}|^2r^2\mathrm{d}r\sin\theta\mathrm{d}\theta\mathrm{d}\varphi\\ &=|R_{nl}(r)|^2r^2\mathrm{d}r\int_0^{\pi}\int_0^{2\pi}|Y_{lm}(\theta,\varphi)|^2\sin\theta\mathrm{d}\theta\mathrm{d}\varphi\\ &=|R_{nl}(r)|^2r^2\mathrm{d}r\\ &=|\chi_{nl}(r)|^2\mathrm{d}r\end{aligned}$$

因此

$$P_{nl}(r)=|\chi_{nl}(r)|^2 \tag{7-81}$$

其中，$P_{nl}(r)\mathrm{d}r$ 代表在半径 r 和 $r+\mathrm{d}r$ 的两个球壳（spherical shell）之间找到电子的概率，它与 θ、φ 无关，只与 r 有关，因此叫径向概率。下面以 1s 态电子为例，考查电子的径向概率分布。

对 1s 态电子，径向概率密度

$$P_{10}(r)=|R_{10}(r)|^2r^2=|\chi_{10}(r)|^2$$
$$=\frac{4}{a_0^3}r^2e^{-\frac{2r}{a_0}}=\frac{4}{a_0}\left(\frac{r}{a_0}\right)^2e^{-\frac{2r}{a_0}}=\frac{4}{a_0}x^2e^{-2x}$$
$$x\equiv\frac{r}{a_0}$$

因此，由极值条件

$$\frac{dP_{10}(r)}{dx}=\frac{4}{a_0}2xe^{-2x}-\frac{4}{a_0}x^2 2e^{-2x}=\frac{8}{a_0}xe^{-2x}(1-x)=0$$

电子出现的概率最大的位置为 $x=0$ 或 $x=1$ 处，也就是说，$r=a_0$（$r=0$ 舍去）为最可几半径（图 7-4）。可见，Bohr 半径实际上反映了原子中电子运动的径向概率分布。

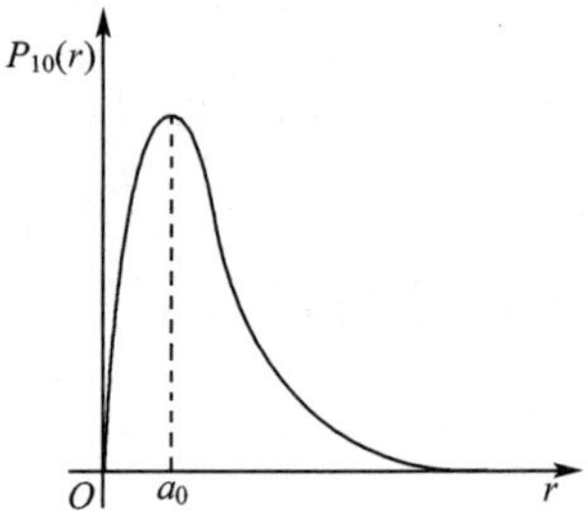

图 7-4

5. 电子位置的角向概率分布

在如图 7-5 所示的极坐标系下，氢原子的定态波函数 $\psi_{nlm}(r,\theta,\varphi)$，其角向概率密度 $P_{lm}(\theta,\varphi)$ 可定义为

$$P_{lm}(\theta,\varphi)\sin\theta d\theta d\varphi=\int_0^{+\infty}|\psi_{nlm}|^2r^2\sin\theta d\theta d\varphi\,dr$$
$$=|Y_{lm}(\theta,\varphi)|^2\sin\theta d\theta d\varphi\int_0^{+\infty}|R_{nl}(r)|^2r^2dr$$
$$=|Y_{lm}(\theta,\varphi)|^2\sin\theta d\theta d\varphi$$

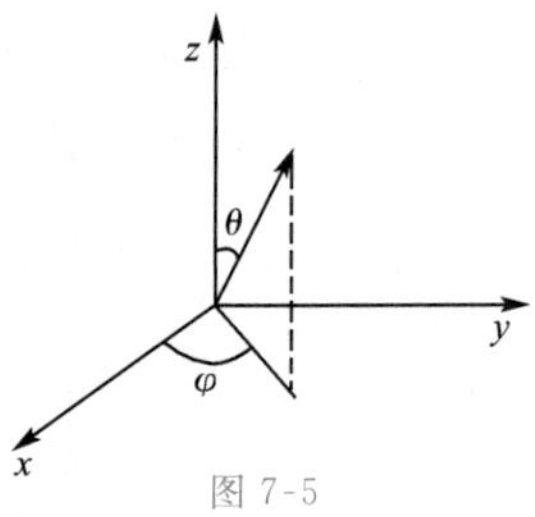

图 7-5

因此

$$P_{lm}(\theta,\varphi)=|Y_{lm}(\theta,\varphi)|^2=|P_l^m(\cos\theta)|^2 \tag{7-82}$$

可见，角向概率分布只与 θ 角有关，而与 φ 角无关，即角向概率分布对绕 z 轴的旋转是对称的。这是因为 $Y_{lm}(\theta,\varphi)$ 是 $\hat{l}_z$ 的本征态，要使 $\hat{l}_z$ 具有确定值，只能在与 φ 角无关时才能得到保证。因此，可以用通过 z 轴的任何一个平面上的曲线来描述概率的角分布。图 7-6 是 $|Y_{00}|^2$、$|Y_{10}|^2$ 和 $|Y_{1\pm1}|^2$ 的曲线，只需将这些曲线绕 z 轴旋转 2π 角即可得到它们在三维空间中的角分布曲面。

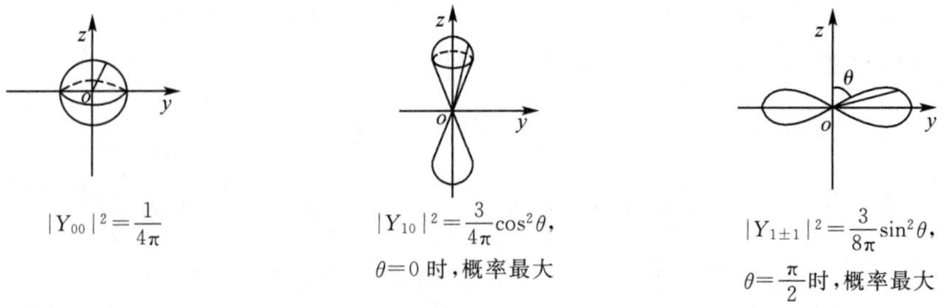

图 7-6

6. 原子中电流的磁矩

原子中电子绕核的旋转形成电流。其电流密度为

$$\boldsymbol{j}_e=\frac{i\hbar e}{2\mu_H}(\psi_{nlm}\nabla\psi_{nlm}^*-\psi_{nlm}^*\nabla\psi_{nlm}) \tag{7-83}$$

其中

$$\nabla=\boldsymbol{e}_r\frac{\partial}{\partial r}+\boldsymbol{e}_\theta\frac{1}{r}\frac{\partial}{\partial\theta}+\boldsymbol{e}_\varphi\frac{1}{r\sin\theta}\frac{\partial}{\partial\varphi}$$

由于在 $\psi_{nlm}(r,\theta,\varphi)=R_{nl}(r)P_l^m(\cos\theta)\mathrm{e}^{\mathrm{i}m\varphi}$ 中，R_{nl} 和 P_l^m 都为实函数，电流密度在 r、θ 方向的分量 $j_\theta=j_r=0$，而

$$\begin{aligned}j_\varphi&=\frac{\mathrm{i}\hbar e}{2\mu_0}\frac{1}{r\sin\theta}\left(\psi_{nlm}\frac{\partial}{\partial\varphi}\psi_{nlm}^*-\psi_{nlm}^*\frac{\partial}{\partial\varphi}\psi_{nlm}\right)\\&=\frac{\mathrm{i}\hbar e}{2\mu_0}\frac{1}{r\sin\theta}R_{nl}^2(r)[P_l^m(\cos\theta)]^2\left(\mathrm{e}^{\mathrm{i}m\varphi}\frac{\partial}{\partial\varphi}\mathrm{e}^{-\mathrm{i}m\varphi}-\mathrm{e}^{-\mathrm{i}m\varphi}\frac{\partial}{\partial\varphi}\mathrm{e}^{\mathrm{i}m\varphi}\right)\\&=\frac{\mathrm{i}\hbar e}{2\mu_0}\frac{1}{r\sin\theta}(-2\mathrm{i}m)|\psi_{nlm}|^2\\&=\frac{\hbar em}{\mu_0}\frac{1}{r\sin\theta}|\psi_{nlm}|^2\end{aligned}\tag{7-84}$$

j_φ 是绕 z 轴的环电流密度。环上截面 $\mathrm{d}\sigma$ 如图 7-7 所示，通过该截面的电流强度 $\mathrm{d}I=j_\varphi\,\mathrm{d}\sigma$，因此电流的磁矩

$$\mathrm{d}\mu_z\equiv\frac{1}{c}S\,\mathrm{d}I=\frac{1}{c}\pi r^2\sin^2\theta\mathrm{d}I$$

总磁矩

$$\begin{aligned}\mu_z&=\frac{1}{c}\int\pi r^2\sin^2\theta j_\varphi\,\mathrm{d}\sigma\\&=\frac{\hbar em}{2c\mu_0}\int|\psi_{nlm}|^2 2\pi r\sin\theta\mathrm{d}\sigma\end{aligned}$$

但由于

$$\mathrm{d}\sigma=r\mathrm{d}\theta\mathrm{d}r,\quad 2\pi=\int_0^{2\pi}\mathrm{d}\varphi$$

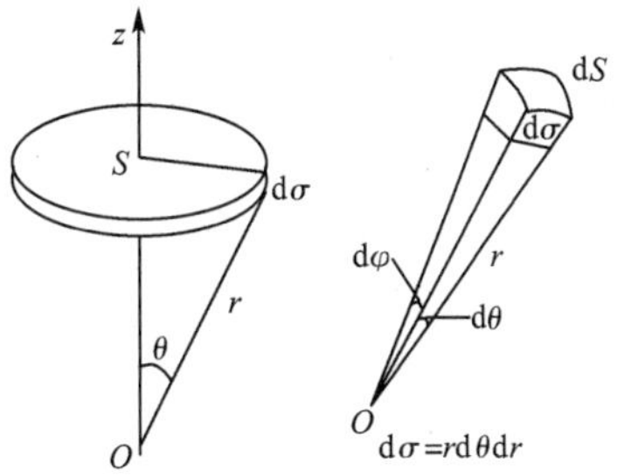

图 7-7

因此最后得到

$$\begin{aligned}\mu_z&=\frac{\hbar em}{2c\mu_0}\iiint|\psi_{nlm}|^2r^2\mathrm{d}r\sin\theta\mathrm{d}\theta\mathrm{d}\varphi\\&=\frac{\hbar em}{2c\mu_0}=-\mu_Bm,\quad m=0,\pm1,\pm2,\cdots\end{aligned}\tag{7-85}$$

在式(7-85)中的 $\mu_B=\hbar|e|/2c\mu_0$ 称为 Bohr 磁子。由以上讨论可见，磁矩与 m 有关，因此 m 叫磁量子数。我们看到，对 s 态，$\mu_z=0$。利用式(7-85)，

$$g\equiv\frac{\mu_z}{m\hbar}=-\frac{\mu_Bm}{m\hbar}=-\frac{\mu_B}{\hbar}=-\frac{|e|}{2c\mu_0}\tag{7-86}$$

g 称为回旋磁比值或叫 Lande 因子。通常以 $|e|/2\mu_0c$ 作为 g 的单位，因此，$g=-1$。

7.4 定域规范不变性

把原子放在电磁场中，则核外电子(束缚电子)受 Lorentz 力，电子的运动状态将发生变化。同样，如果把自由电子放在电磁场中，电子也将受到 Lorentz 力，其运动状态会发生变化。这些问题是在物理、化学、生物等领域经常遇到的问题。为了讨论这些问题，本节先介绍一些必要的知识。

7.4.1 电磁场的矢势和标势

考虑在真空中电磁场的 Maxwell 方程

$$\nabla \cdot \boldsymbol{B}=0 \tag{7-87}$$

$$\nabla \times \boldsymbol{E}+\frac{1}{c}\frac{\partial \boldsymbol{B}}{\partial t}=0 \tag{7-88}$$

由于任何一个矢量 $\boldsymbol{A}$,满足等式

$$\nabla \cdot \nabla \times \boldsymbol{A}=0 \tag{7-89}$$

式(7-87)可改写成

$$\nabla \cdot \boldsymbol{B}=\nabla \cdot \nabla \times \boldsymbol{A}=0,\quad \boldsymbol{B}=\nabla \times \boldsymbol{A} \tag{7-90}$$

也就是说,磁感应强度 $\boldsymbol{B}$ 可用一矢量 $\boldsymbol{A}$ 的旋度表示。称矢量 $\boldsymbol{A}$ 为电磁场的矢势(vector potential)。把 $\boldsymbol{B}=\nabla \times \boldsymbol{A}$ 代入到式(7-88)得

$$\nabla \times \boldsymbol{E}+\frac{1}{c}\frac{\partial}{\partial t}\nabla \times \boldsymbol{A}=0 \tag{7-91}$$

或

$$\nabla \times \left(\boldsymbol{E}+\frac{1}{c}\frac{\partial \boldsymbol{A}}{\partial t}\right)=0 \tag{7-92}$$

考虑到数学恒等式 $\nabla \times \nabla \varphi=0$,引进电磁场的标势(scalar potential)φ,把式(7-92)改写成

$$-\nabla \times \nabla \varphi=0 \tag{7-93}$$

其中

$$-\nabla \varphi=\boldsymbol{E}+\frac{1}{c}\frac{\partial \boldsymbol{A}}{\partial t} \tag{7-94}$$

由此得

$$\boldsymbol{E}=-\nabla \varphi-\frac{1}{c}\frac{\partial \boldsymbol{A}}{\partial t} \tag{7-95}$$

7.4.2 带电粒子的 Schrödinger 方程

根据经典电动力学,质量为 m、电荷为 q 的带电粒子在电磁场中受 Lorentz 力,

$$\boldsymbol{F}=q\boldsymbol{E}+\frac{q}{c}\boldsymbol{v} \times \boldsymbol{B} \tag{7-96}$$

其中,q 为粒子的电荷,c 为光速,$\boldsymbol{v}$ 为粒子的运动速度。因此,粒子的运动方程为

$$m\frac{\mathrm{d}^2\boldsymbol{r}}{\mathrm{d}t^2}=q\boldsymbol{E}+\frac{q}{c}\boldsymbol{v} \times \boldsymbol{B} \tag{7-97}$$

可以证明,电荷和电磁场相互作用体系的 Lagrangian 为

$$\hat{L}(\boldsymbol{r},\dot{\boldsymbol{r}})=\frac{1}{2}m\dot{\boldsymbol{r}}^2-q\varphi+\frac{q}{c}\dot{\boldsymbol{r}} \cdot \boldsymbol{A} \tag{7-98}$$

由此可得体系的 Hamilton 量为

$$\hat{H}=\dot{\boldsymbol{r}} \cdot \hat{\boldsymbol{p}}-\hat{L}=\dot{\boldsymbol{r}} \cdot \hat{\boldsymbol{p}}-\frac{1}{2}m\dot{\boldsymbol{r}}^2+q\varphi-\frac{q}{c}\dot{\boldsymbol{r}} \cdot \boldsymbol{A} \tag{7-99}$$

但由于

$$\hat{p}=\frac{\partial \hat{L}}{\partial \dot{r}}=m\dot{r}+\frac{q}{c}A \tag{7-100}$$

从而

$$\dot{r}=\frac{1}{m}\left(\hat{p}-\frac{q}{c}A\right) \tag{7-101}$$

把式(7-100)代入式(7-99)，得

$$\hat{H}=\dot{r}\cdot\left(m\dot{r}+\frac{q}{c}A\right)-\frac{1}{2}m\dot{r}^2+q\varphi-\frac{q}{c}\dot{r}\cdot A=\frac{1}{2}m\dot{r}^2+q\varphi \tag{7-102}$$

再把式(7-101)代入式(7-102)，得到体系的 Hamilton 量

$$\hat{H}=\frac{1}{2m}\left(\hat{p}-\frac{q}{c}A\right)^2+q\varphi \tag{7-103}$$

因此，带电粒子在电磁场中的 Schrödinger 方程为

$$\mathrm{i}\hbar\frac{\partial\psi}{\partial t}=\left[\frac{1}{2m}\left(\hat{p}-\frac{q}{c}A\right)^2+q\varphi\right]\psi \tag{7-104}$$

7.4.3　定域规范不变性

可以证明，对在上面引进的矢势 A 与标势 φ 进行与时空坐标有关的某种变换时，电场 E 和磁场 B 保持不变。

设 $\chi(r,t)$ 是任意的标量函数，则对变换

$$A'=A+\nabla\chi(r,t),\quad \varphi'=\varphi-\frac{1}{c}\frac{\partial\chi}{\partial t} \tag{7-105}$$

B 和 E 按如下规律变化：

$$\begin{cases} B'=\nabla\times A'=\nabla\times A+\nabla\times\nabla\chi=\nabla\times A=B \\ E'=-\nabla\varphi'-\dfrac{1}{c}\dfrac{\partial A'}{\partial t}=-\nabla\varphi+\dfrac{1}{c}\dfrac{\partial}{\partial t}\nabla\chi-\dfrac{1}{c}\dfrac{\partial A}{\partial t}-\dfrac{1}{c}\dfrac{\partial}{\partial t}\nabla\chi \\ \quad=-\nabla\varphi-\dfrac{1}{c}\dfrac{\partial A}{\partial t}=E \end{cases} \tag{7-106}$$

可见，E 和 B 在 A 和 φ 的形如式 (7-105)的变换下不变，从而可以证明 Maxwell 方程也在该变换下不变。如果对 A 和 φ 进行式(7-105)变换的同时，对式(7-104)的 $\psi(r,t)$ 也进行变换

$$\psi'(r,t)=\mathrm{e}^{\frac{\mathrm{i}q}{\hbar c}\chi(r,t)}\psi(r,t) \tag{7-107}$$

则可以证明 Schrödinger 方程也在此变换下不变，也就是说 ψ' 满足

$$\mathrm{i}\hbar\frac{\partial\psi'}{\partial t}=\left[\frac{1}{2m}\left(\hat{p}-\frac{q}{c}A'\right)^2+q\varphi'\right]\psi'(r,t) \tag{7-108}$$

证明如下：

把方程式(7-108)右边的最后一项移到方程的左边，则方程的左边变为

$$\mathrm{i}\hbar\frac{\partial\psi'}{\partial t}-q\varphi'\psi'=\mathrm{i}\hbar\frac{\partial}{\partial t}\left(\mathrm{e}^{\frac{\mathrm{i}q}{\hbar c}\chi(r,t)}\psi\right)-q\left(\varphi-\frac{1}{c}\frac{\partial\chi}{\partial t}\right)\mathrm{e}^{\frac{\mathrm{i}q}{\hbar c}\chi(r,t)}\psi$$

$$=\mathrm{i}\,\hbar \mathrm{e}^{\frac{\mathrm{i}q}{\hbar c}\chi(\boldsymbol{r},t)}\frac{\partial\psi}{\partial t}-\frac{q}{c}\frac{\partial\chi}{\partial t}\psi \mathrm{e}^{\frac{\mathrm{i}q}{\hbar c}\chi(\boldsymbol{r},t)}-q\left(\varphi-\frac{1}{c}\frac{\partial\chi}{\partial t}\right)\mathrm{e}^{\frac{\mathrm{i}q}{\hbar c}\chi(\boldsymbol{r},t)}\psi$$

$$=\mathrm{e}^{\frac{\mathrm{i}q}{\hbar c}\chi(\boldsymbol{r},t)}\left(\mathrm{i}\,\hbar\frac{\partial}{\partial t}-q\varphi\right)\psi$$

而方程的右边

$$\frac{1}{2m}\left(\hat{\boldsymbol{p}}-\frac{q}{c}\boldsymbol{A}'\right)^2\psi'=\frac{1}{2m}\left(-\mathrm{i}\,\hbar\nabla-\frac{q}{c}\boldsymbol{A}'\right)\cdot\left(-\mathrm{i}\,\hbar\nabla-\frac{q}{c}\boldsymbol{A}'\right)\psi'$$

但

$$\left(-\mathrm{i}\,\hbar\nabla-\frac{q}{c}\boldsymbol{A}'\right)\psi'=\left[-\mathrm{i}\,\hbar\nabla-\frac{q}{c}(\boldsymbol{A}+\nabla\chi)\right]\mathrm{e}^{\frac{\mathrm{i}q}{\hbar c}\chi}\psi$$

$$=-\mathrm{i}\,\hbar\nabla(\mathrm{e}^{\frac{\mathrm{i}q}{\hbar c}\chi}\psi)-\frac{q}{c}\boldsymbol{A}\,\mathrm{e}^{\frac{\mathrm{i}q}{\hbar c}\chi}\psi-\frac{q}{c}\nabla\chi\mathrm{e}^{\frac{\mathrm{i}q}{\hbar c}\chi}\psi$$

$$=\mathrm{e}^{\frac{\mathrm{i}q}{\hbar c}\chi}\left(-\mathrm{i}\,\hbar\nabla-\frac{q}{c}\boldsymbol{A}\right)\psi$$

利用此结果

$$\frac{1}{2m}\left(\hat{\boldsymbol{p}}-\frac{q}{c}\boldsymbol{A}'\right)^2\psi'=\frac{1}{2m}\left(-\mathrm{i}\,\hbar\nabla-\frac{q}{c}\boldsymbol{A}'\right)\left[\mathrm{e}^{\frac{\mathrm{i}q}{\hbar c}\chi}\left(-\mathrm{i}\,\hbar\nabla\,\psi-\frac{q}{c}\boldsymbol{A}\psi\right)\right]$$

$$=\frac{\mathrm{e}^{\frac{\mathrm{i}q}{\hbar c}\chi}}{2m}\left(\hat{\boldsymbol{p}}-\frac{q}{c}\boldsymbol{A}\right)\left(\hat{\boldsymbol{p}}-\frac{q}{c}\boldsymbol{A}\right)\psi$$

因此最后得到

$$\mathrm{i}\,\hbar\frac{\partial\psi}{\partial t}=\left[\frac{1}{2m}\left(\boldsymbol{p}-\frac{q}{c}\boldsymbol{A}\right)^2+q\varphi\right]\psi \tag{7-109}$$

即在定域规范变换式(7-105)、式(7-107)下，Schrödinger 方程不变。这就是所谓的定域规范不变性(local gauge invariance)。反过来，如果我们把定域规范不变性作为基本假定，则为了描述电磁场中带电粒子的运动，在 Hamilton 量中必须引进描述电磁场性质的两个基本量 $\boldsymbol{A}$ 和 φ 才能保证规范对称性要求，它们的引进是规范对称性的必然要求，并不是像经典电动力学，只是为了数学描述上的方便而引进的。$\boldsymbol{A}$、φ 的重要作用我们在后面还要讨论。

7.5 外磁场中的原子，正常 Zeeman 效应

如果把类氢离子放在均匀的外磁场 $\boldsymbol{B}$ 中(设相应的矢势为 $\boldsymbol{A}$)，则体系的 Hamilton 量可写为(不考虑核的运动)

$$\hat{H}=\frac{1}{2m_e}\left(\hat{\boldsymbol{p}}-\frac{e}{c}\boldsymbol{A}\right)^2-\frac{Ze^2}{r} \tag{7-110}$$

其中，e 表示价电子的电荷，$-\frac{Ze^2}{r}$ 为原子核的 Coulomb 势。式(7-110)中的 Hamilton 量 $\hat{H}$ 可以做如下简化：

$$\hat{H}=\frac{1}{2m_e}\left(\hat{\boldsymbol{p}}-\frac{e}{c}\boldsymbol{A}\right)\left(\hat{\boldsymbol{p}}-\frac{e}{c}\boldsymbol{A}\right)-\frac{Ze^2}{r}$$

$$=\frac{\hat{\boldsymbol{p}}^2}{2m_e}-\frac{e}{2m_ec}(\hat{\boldsymbol{p}}\cdot\boldsymbol{A}+\boldsymbol{A}\cdot\hat{\boldsymbol{p}})+\frac{e^2}{2m_ec^2}\boldsymbol{A}^2-\frac{Ze^2}{r} \tag{7-111}$$

注意，$\hat{\boldsymbol{p}}$和$\boldsymbol{A}$不对易，因为

$$[\hat{\boldsymbol{p}},\boldsymbol{A}]\psi=[-\mathrm{i}\hbar\nabla,\boldsymbol{A}]\psi=-\mathrm{i}\hbar[\nabla(\boldsymbol{A}\psi)-\boldsymbol{A}\nabla\psi]=-\mathrm{i}\hbar\nabla\cdot\boldsymbol{A}\psi \tag{7-112}$$

因此

$$[\hat{\boldsymbol{p}},\boldsymbol{A}]=-\mathrm{i}\hbar\nabla\cdot\boldsymbol{A} \tag{7-113}$$

利用式(7-113)和$\hat{\boldsymbol{p}}\cdot\boldsymbol{A}+\boldsymbol{A}\cdot\hat{\boldsymbol{p}}=[\hat{\boldsymbol{p}},\boldsymbol{A}]+2\boldsymbol{A}\cdot\hat{\boldsymbol{p}}$，Hamilton 量可改写为

$$\hat{H}=\frac{\hat{\boldsymbol{p}}^2}{2m_e}-\frac{e}{m_ec}\boldsymbol{A}\cdot\hat{\boldsymbol{p}}+\frac{e^2}{2m_ec^2}\boldsymbol{A}^2+\frac{\mathrm{i}e\hbar}{2m_ec}(\nabla\cdot\boldsymbol{A})-\frac{Ze^2}{r} \tag{7-114}$$

可以选取矢势 $\boldsymbol{A}$ 为

$$\boldsymbol{A}=\frac{1}{2}\boldsymbol{B}\times\boldsymbol{r} \tag{7-115}$$

则可以证明

$$\begin{aligned}\nabla\cdot\boldsymbol{A}&=\sum_{i=1}^{3}\frac{\partial\boldsymbol{A}_i}{\partial x_i}=\sum_{i=1}^{3}\frac{\partial}{\partial x_i}\left[\frac{1}{2}(\boldsymbol{B}\times\boldsymbol{r})_i\right]=\frac{1}{2}\sum_i\sum_{j,k}\frac{\partial}{\partial x_i}\varepsilon_{ijk}B_jx_k\\&=\frac{1}{2}\sum_i\sum_{j,k}\varepsilon_{ijk}\left(\frac{\partial B_j}{\partial x_i}x_k+B_j\frac{\partial x_k}{\partial x_i}\right)=\frac{1}{2}\sum_i\sum_{j,k}\varepsilon_{ijk}B_j\delta_{ki}=0\end{aligned} \tag{7-116}$$

计算中利用了对均匀磁场$\partial B_j/\partial x_k=0$。

如果取外磁场方向为 z 轴，则磁感应强度可以写成 $\boldsymbol{B}=(0,0,B)$。把 $\boldsymbol{B}=(0,0,B)$代入到式(7-115)可以得到

$$\boldsymbol{A}=\left(-\frac{1}{2}By,\frac{1}{2}Bx,0\right) \tag{7-117}$$

因此

$$\begin{aligned}\boldsymbol{A}\cdot\hat{\boldsymbol{p}}&=\left(-\frac{1}{2}By\boldsymbol{i}+\frac{1}{2}Bx\boldsymbol{j}\right)\cdot(\hat{p}_x\boldsymbol{i}+\hat{p}_y\boldsymbol{j}+\hat{p}_z\boldsymbol{k})\\&=\frac{1}{2}B(x\hat{p}_y-y\hat{p}_x)=\frac{1}{2}B\hat{l}_z\end{aligned} \tag{7-118}$$

和

$$\boldsymbol{A}^2=\frac{1}{4}B^2(x^2+y^2) \tag{7-119}$$

把这些结果代入到 Hamilton 量，式(7-114)，则得

$$\hat{H}=\frac{\hat{\boldsymbol{p}}^2}{2m_e}-\frac{eB}{2m_ec}\hat{l}_z+\frac{e^2B^2}{8m_ec^2}(x^2+y^2)-\frac{Ze^2}{r} \tag{7-120}$$

在式(7-120)中，B^2 项的值和 B 项相比小得多，可以忽略。这一点可以如下估算：

$$\bar{l}_z\sim\hbar,\quad x^2+y^2\sim a_0^2\sim10^{-20}$$

因此

$$\frac{|B^2\text{ 项}|}{|B\text{ 项}|}\sim\frac{e^2B^2\,\overline{(x^2+y^2)}/8m_ec^2}{eB\bar{l}_z/2m_ec}\sim\frac{eBa_0^2}{4c\hbar}\sim\frac{B}{10^{10}\,\mathrm{Gauss}} \tag{7-121}$$

实验上常用的外磁场一般为 $B\sim10^5\,$Gauss 以下，两项之比为 $10^{-4}\sim10^{-5}$，因此 B^2 项可以忽略。

考虑到以上讨论的结果，Hamilton 量可以进一步简化为

$$\hat{H}=\frac{\hat{\boldsymbol{p}}^2}{2m_e}-\frac{Ze^2}{r}-\frac{eB}{2m_ec}\hat{l}_z=\hat{H}_0+\hat{H}' \tag{7-122}$$

其中

$$\hat{H}_0=\frac{\hat{\boldsymbol{p}}^2}{2m_e}-\frac{Ze^2}{r} \tag{7-123}$$

代表在没有外磁场时类氢离子的 Hamilton 量，而

$$\hat{H}'=-\frac{eB}{2m_ec}\hat{l}_z \tag{7-124}$$

代表核外电子的轨道磁矩

$$\hat{\mu}_l=\frac{e}{2m_ec}\hat{\boldsymbol{l}}\quad (e<0) \tag{7-125}$$

和外磁场 $\boldsymbol{B}$ 的相互作用能量

$$-\hat{\mu}_l\cdot\boldsymbol{B}=-\frac{e}{2m_ec}\hat{\boldsymbol{l}}\cdot\boldsymbol{B}=-\frac{eB}{2m_ec}\hat{l}_z \tag{7-126}$$

通常，把式(7-120)中的第二项叫作顺磁(paramagnetism)项，而第三项叫作反磁(diamagnetism)项。如果定义 $\mu_B=-e^2r^2\boldsymbol{B}/8m_ec^2$，则第三项可以写成$\dfrac{e^2r^2B^2}{8m_ec^2}=-\mu_B\cdot\boldsymbol{B}$。因此可以认为，$\mu_B$ 是被外磁场 $\boldsymbol{B}$ 诱导而产生，被诱导出来的磁矩$\boldsymbol{\mu}_B$ 反过来又与外磁场 $\boldsymbol{B}$ 相互作用给出反磁项。

由式(7-122)可以看到，类氢离子在外磁场存在时的 Hamilton 量和无外磁场存在时的 Hamilton 量相比多了一项$\hat{H}'$。外磁场使原子的球对称破坏，角动量不再守恒，但由于在外磁场存在时的 Hamilton 量$\hat{H}=\hat{H}_0+\hat{H}'$也满足

$$[\hat{\boldsymbol{l}}^2,\hat{H}]=0 \tag{7-127}$$

$$[\hat{\boldsymbol{l}}_z,\hat{H}]=0 \tag{7-128}$$

仍可以选取$(\hat{H},\hat{\boldsymbol{l}}^2,\hat{l}_z)$为力学量的完全集。因此，没有外磁场时$(\hat{H},\hat{\boldsymbol{l}}^2,\hat{l}_z)$的共同本征函数

$$\psi_{nlm}=N_nR_{nl}(r)Y_{lm}(\theta,\varphi) \tag{7-129}$$

仍然是它们的共同本征函数。但是，外加磁场 $\boldsymbol{B}$ 以后，体系的能量本征值变为

$$E_{nm}=-\frac{m_ee^4Z^2}{2\hbar^2n^2}-\frac{eBm\hbar}{2m_ec}=-\frac{m_ee^4Z^2}{2\hbar^2n^2}+m\hbar\omega_L\quad (m=0,\pm1,\pm2,\cdots,\pm l) \tag{7-130}$$

其中

$$\omega_L=\frac{|e|B}{2m_ec} \tag{7-131}$$

称为 Larmor 频率。

由式(7-130)可以看到，外磁场的存在使能量本征值由 E_n 变为 $E_n+m\hbar\omega_L$。没有外磁场时的能量本征值只取决于主量子数 n，能级具有 n^2 重简并。但当外磁场存在时，体系的能量不仅与 n 有关，而且还与磁量子数 m 有关。因此，原来对应于 E_n 的 n 个不同 $l(l=0,1,2,\cdots,n-1)$的简并态能量不再是 E_n，而是 E_n+E_m，其中 m 取 $2l+1$ 个不同值，从而对给定的 n、l，能级将分裂成 $2l+1$ 条，简并被消除。每条能级间的能量间隔为

$$\Delta E=E_{m+1}-E_m=\frac{|e|B\hbar}{2m_ec}=\hbar\omega_L \tag{7-132}$$

像这样，在外磁场的作用下，原子能级的分裂现象叫作正常(normal)Zeeman 效应。当考虑

电子的自旋时,外磁场作用下能级分裂还与自旋有关。这时的能级分裂现象叫反常(anomalous)Zeeman 效应。我们将在第 8 章讨论反常 Zeeman 效应。

由于能级的分裂,原子的光谱线也发生分裂。例如,考虑一个类氢离子的$E_3 \to E_2$跃迁。设 $n=3$ 时 $l=2$,$n=2$ 时 $l=1$,则 $E_3 \to E_2$ 的跃迁光谱线在磁场中分裂情况如图 7-8 所示。我们看到,能级 E_3 分裂成五条($l=2, m=0, \pm 1, \pm 2$),而 E_2 分裂成三条($l=1, m=0, \pm 1$)。能级的分裂导致光谱线的分裂。根据选择定则 $\Delta m=0, \pm 1$(见量子跃迁一节)光谱线分裂成三条(图 7-8)。

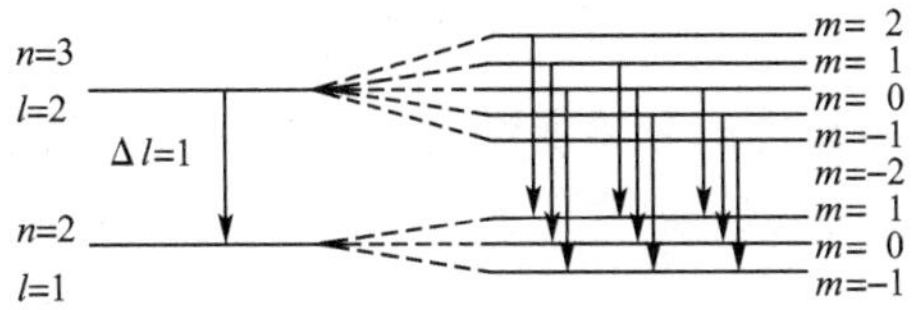

图 7-8

7.6 外磁场中的自由电子,Landau 能级

考虑一个自由电子在均匀磁场中的运动。外磁场 $\boldsymbol{B}$ 和矢势 $\boldsymbol{A}$ 仍取

$$\boldsymbol{B}=(0,0,B) \tag{7-133}$$

$$\boldsymbol{A}=\left(-\frac{1}{2}By, \frac{1}{2}Bx, 0\right) \tag{7-134}$$

则因为对自由电子,核的 Coulomb 势$-\dfrac{Ze^2}{r}$不存在,Hamilton 量变为

$$\hat{H}=\frac{\hat{\boldsymbol{p}}^2}{2m_e}-\frac{eB}{2m_e c}\hat{l}_z+\frac{e^2B^2}{8m_e c^2}(x^2+y^2) \tag{7-135}$$

或利用 ω_{L},

$$\hat{H}=\frac{1}{2m_e}(\hat{p}_x^2+\hat{p}_y^2)+\frac{1}{2}m_e\omega_{\mathrm{L}}^2(x^2+y^2)+\omega_{\mathrm{L}}\hat{l}_z+\frac{1}{2m_e}\hat{p}_z^2 \tag{7-136}$$

由此可见,电子在 z 方向的运动是动量为$\hat{p}_z$ 的自由运动,其能量是连续谱。以下我们考虑电子在 x-y 平面上的运动。电子在 x-y 平面上运动的 Hamilton 量可表示为

$$\hat{H}=\frac{1}{2m_e}(\hat{p}_x^2+\hat{p}_y^2)+\frac{1}{2}m_e\omega_{\mathrm{L}}^2(x^2+y^2)+\omega_{\mathrm{L}}\hat{l}_z=\hat{H}_0+\omega_{\mathrm{L}}\hat{l}_z \tag{7-137}$$

其中

$$\hat{H}_0=\frac{1}{2m_e}(\hat{p}_x^2+\hat{p}_y^2)+\frac{1}{2}m_e\omega_{\mathrm{L}}^2(x^2+y^2) \tag{7-138}$$

因此,电子的 Schrödinger 方程为

$$\left[-\frac{\hbar^2}{2m_e}\left(\frac{\partial^2}{\partial x^2}+\frac{\partial^2}{\partial y^2}\right)+\frac{1}{2}m_e\omega_{\mathrm{L}}^2(x^2+y^2)+\omega_{\mathrm{L}}\hat{l}_z\right]\psi(xy)=E\psi(xy) \tag{7-139}$$

此方程可以用三种不同方法求解。

(1)利用平面极坐标

在平面极坐标系中，

$$\nabla_{\rho\varphi}^2=\frac{1}{\rho}\frac{\partial}{\partial\rho}\left(\rho\frac{\partial}{\partial\rho}\right)+\frac{1}{\rho^2}\frac{\partial^2}{\partial\varphi^2}=\nabla_\rho^2+\frac{1}{\rho^2}\nabla_\varphi^2 \tag{7-140}$$

其中

$$\nabla_\rho^2=\frac{1}{\rho}\frac{\partial}{\partial\rho}\left(\rho\frac{\partial}{\partial\rho}\right)=\frac{\partial^2}{\partial\rho^2}+\frac{1}{\rho}\frac{\partial}{\partial\rho} \tag{7-141}$$

$$\nabla_\varphi^2=-\frac{1}{\hbar^2}\hat{l}_z^2=\frac{\partial^2}{\partial\varphi^2} \tag{7-142}$$

设 $\psi(\rho\varphi)=R(\rho)\Phi(\varphi)$，则波函数进行分离变量后得到角向方程的解

$$\Phi(\varphi)\sim e^{im\varphi},\quad m=0,\pm1,\pm2,\cdots$$

而径向方程变为

$$\left[-\frac{\hbar^2}{2m_e}\left(\frac{\partial^2}{\partial\rho^2}+\frac{1}{\rho}\frac{\partial}{\partial\rho}\right)+\frac{1}{2}m_e\omega_{\mathrm{L}}^2\rho^2-\frac{m^2}{\rho^2}\right]R(\rho)=(E-m\hbar\omega_{\mathrm{L}})R(\rho) \tag{7-143}$$

解此方程我们可以求 $R(\rho)$ 和能量本征值 E。

(2)利用直角坐标系

我们仍在直角坐标系里用更简单的方法求解均匀外磁场中电子的平面运动。

首先应指出，方程(7-139)是在体系的 Hamilton 量

$$\hat{H}=\frac{1}{2m_e}\left(\hat{\boldsymbol{p}}-\frac{e}{c}\boldsymbol{A}\right)^2 \tag{7-144}$$

中，选取

$$\boldsymbol{A}=\left(-\frac{1}{2}By,\frac{1}{2}Bx,0\right)$$

而得来的。但 $\boldsymbol{A}$ 的选取并不是唯一的。根据规范不变性原理，$\boldsymbol{A}$ 可选取另一种形式。进行规范变换

$$\boldsymbol{A}'=\boldsymbol{A}+\nabla f(xy) \tag{7-145}$$

我们选取标量函数 $f(xy)$ 为 $f=-\frac{1}{2}Bxy$，则

$$A_x'=A_x+\frac{\partial f}{\partial x}=-\frac{1}{2}By-\frac{1}{2}By=-By$$

$$A_y'=A_y+\frac{\partial f}{\partial y}=\frac{1}{2}Bx-\frac{1}{2}Bx=0$$

$$A_z'=0$$

也就是说，在不改变 $\boldsymbol{B}=(0,0,B)$ 的情况下可选取

$$\boldsymbol{A}'=(-By,0,0) \tag{7-146}$$

在这个 $\boldsymbol{A}'$ 的选取下，式(7-144)变为

$$\hat{H}=\frac{1}{2m_e}\left(\hat{p}_x+\frac{eB}{c}y\right)^2+\frac{\hat{p}_y^2}{2m_e}+\frac{\hat{p}_z^2}{2m_e}$$

可见，电子在 z 方向的运动仍然是自由运动，能量取连续谱。以下我们只考虑电子在 x-y 平面上的运动。

电子在 x-y 平面上运动的 Hamilton 量为

$$\hat{H}=\frac{1}{2m_e}\left(\hat{p}_x+\frac{eB}{c}y\right)^2+\frac{\hat{p}_y^2}{2m_e} \tag{7-147}$$

容易证明

$$[\hat{p}_x,\hat{H}]=0$$
$$[\hat{p}_y,\hat{H}]\neq 0 \tag{7-148}$$

因此，我们可以取$(\hat{H},\hat{p}_x)$为力学量完全集，设其共同本征函数为

$$\psi(x,y)=e^{\frac{i}{\hbar}p_x x}\cdot\varphi(y) \tag{7-149}$$

将式(7-149)代入能量本征值方程

$$\frac{1}{2m_e}\left[\left(\hat{p}_x+\frac{eB}{c}y\right)^2+\hat{p}_y^2\right]\psi(x,y)=E\psi(x,y) \tag{7-150}$$

得

$$\frac{1}{2m_e}\left[\left(-i\hbar\frac{\partial}{\partial x}+\frac{eB}{c}y\right)\left(-i\hbar\frac{\partial}{\partial x}+\frac{eB}{c}y\right)e^{\frac{i}{\hbar}p_x x}\cdot\varphi(y)-\hbar^2\frac{\partial^2\varphi}{\partial y^2}\cdot e^{\frac{i}{\hbar}p_x x}\right]=Ee^{\frac{i}{\hbar}p_x x}\varphi(y)$$

或

$$\frac{1}{2m_e}\left[\left(p_x+\frac{eB}{c}y\right)^2-\hbar^2\frac{d^2}{dy^2}\right]\varphi(y)=E\varphi(y)$$

此式可改写为

$$\frac{1}{2m_e}\left[\frac{e^2B^2}{c^2}\left(\frac{cp_x}{eB}+y\right)^2-\hbar^2\frac{d^2}{dy^2}\right]\varphi(y)=E\varphi(y)$$

令

$$y_0\equiv-\frac{cp_x}{eB},\quad \omega^2\equiv\left(\frac{eB}{m_ec}\right)^2=4\omega_L^2 \tag{7-151}$$

则原方程变为

$$\left[-\frac{\hbar^2}{2m_e}\frac{d^2}{dy^2}+\frac{1}{2}m_e\omega^2(y-y_0)^2\right]\varphi(y)=E\varphi(y) \tag{7-152}$$

方程(7-152)是一个平衡位置在 $y=y_0$ 处的一维谐振子的能量本征值方程。因此，它的能量本征值

$$E_n=\left(n+\frac{1}{2}\right)\hbar\omega,\quad n=0,1,2,\cdots \tag{7-153}$$

其中

$$\omega=\frac{|e|B}{m_ec}=2\omega_L \tag{7-154}$$

因此得到

$$E_n=\left(n+\frac{1}{2}\right)\hbar 2\omega_L=(N+1)\hbar\omega_L,\quad N=2n=0,2,4,\cdots \tag{7-155}$$

能量本征值 E_n 实际上是外磁场与电子的轨道磁矩的相互作用能$-\mu\cdot\boldsymbol{B}=-\mu_zB$，因为

$$(N+1)\hbar\omega_L=(N+1)\hbar\frac{|e|B}{2m_ec}=\frac{|e|\hbar}{2m_ec}(N+1)B=-\mu_zB \tag{7-156}$$

其中

$$\mu_z=-\frac{|e|\hbar}{2m_e c}(N+1) \tag{7-157}$$

能级(7-155)叫作 Landau 能级,可见外磁场使自由电子的能量量子化。

相应于能量本征值 E_n 的本征函数可写为

$$\varphi_n(y-y_0)\sim \mathrm{e}^{-\frac{\alpha^2}{2}(y-y_0)^2}H_n[\alpha(y-y_0)] \tag{7-158}$$

其中

$$\alpha=\sqrt{\frac{m_e\omega}{\hbar}}=\sqrt{\frac{|e|B}{\hbar c}} \tag{7-159}$$

由此得到$(\hat{H},\hat{p}_x)$的共同本征函数

$$\psi_n(x,y)=\mathrm{e}^{\frac{\mathrm{i}}{\hbar}p_x x}\varphi_n(y-y_0) \tag{7-160}$$

由方程(7-160)可见,能量本征函数 ψ_n 与 $y_0=-\frac{cp_x}{eB}$有关。其中 p_x 是$\hat{p}_x$ 的本征值,可在 $-\infty\to+\infty$连续变化。但对应于 $\psi_n(x,y)$的能量本征值 E_n 与 p_x 无关,也就是说,对一个确定的 E_n,可以存在无穷多个 $\psi_n(x,y)$,能级是无穷简并的。

Landau 能级是一个非束缚态(位置可以在$-\infty\to+\infty$区域内取值)能量量子化的典型例子之一。

(3)代数方法(略)。

7.7 规范场,Aharonov-Bohm 效应

7.7.1 规范场

如前所述,在经典电动力学中,把可观测量 $\boldsymbol{E}$ 和 $\boldsymbol{B}$ 作为基本量,Maxwell 方程是关于可观测量 $\boldsymbol{E}$ 和 $\boldsymbol{B}$ 的微分方程,而势 $\boldsymbol{A}$ 和 φ 是为了建立波动方程而引进的一种辅助量。但在量子力学中,$\boldsymbol{A}$ 和 φ 的引进是对 Schrödinger 方程的定域规范不变性要求的必然结果。

为保证 Schrödinger 方程的规范不变性要求而引进的 $\boldsymbol{A}$ 和 φ 叫作规范场(gauge field)。这些规范场是传递电磁相互作用的媒介场。像弱相互作用、强相互作用等其他相互作用也都有相应的传递相互作用的媒介场,这些媒介场也叫作规范场或者叫 Yang-Mills 场。

在前两节的讨论中我们已看到,电磁相互作用的量子力学描述必然在 Hamilton 量中包含规范场 $\boldsymbol{A}$ 和 φ,

$$\hat{H}=\frac{1}{2m}\left(\hat{\boldsymbol{p}}-\frac{q}{c}\boldsymbol{A}\right)^2+q\varphi \tag{7-161}$$

相应地,Schrödinger 方程也包含规范场 $\boldsymbol{A}$ 和 φ。可见,量子力学中,规范场 $\boldsymbol{A}$ 和 φ 并非一种为数学表述上的方便而引进的辅助量,而是描述电磁相互作用的基本量。从关系式

$$\boldsymbol{B}=\nabla\times\boldsymbol{A}$$

我们看到,假定规范场 $\boldsymbol{A}$ 是某一标量函数$\chi(\boldsymbol{r},t)$的梯度,即

$$\boldsymbol{A}=\nabla\chi(\boldsymbol{r},t)\neq 0 \tag{7-162}$$

但

$$\boldsymbol{B}=\nabla\times\boldsymbol{A}=\nabla\times\nabla\chi=0 \tag{7-163}$$

换句话说，尽管 $\boldsymbol{B}=0$，但矢势 $\boldsymbol{A}$ 可以不为 0。那么，在 $\boldsymbol{B}=0$ 的情况下，$\boldsymbol{A}$ 的存在对带电粒子的运动能否产生影响？如果我们能够证明，在电荷所在的某一空间区域，尽管 $\boldsymbol{B}$ 处处为 0，但 $\boldsymbol{A}$ 的存在使电子的运动受到影响，那么我们应该认为 $\boldsymbol{A}$ 也是描述电磁场性质的基本量之一。下面，我们举例讨论这一问题。

7.7.2 Aharonov-Bohm 效应

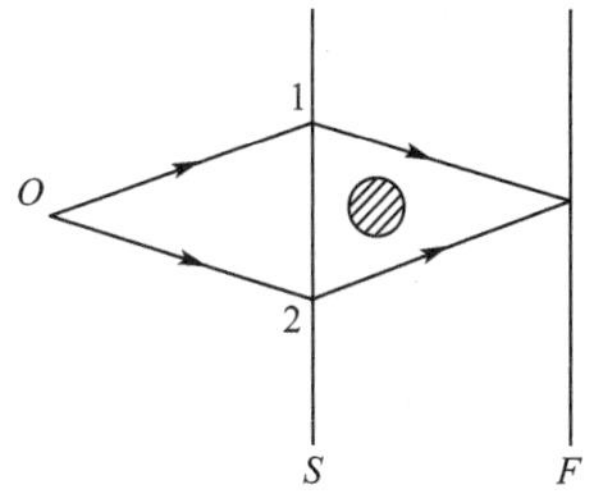

图 7-9

1959 年，Aharonov 和 Bohm 提出如下假想的实验。如图 7-9所示，从同一个源射出的两束电子束分别经过挡板 S 上的狭缝 1 和 2 打到底片 F 上。由于电子的波动性，在底片上将产生干涉条纹。这时，如果在电子的路经 1 和 2 之间，与纸面垂直方向通过如图 7-9 所示的细长圆柱形磁力线束，并使磁力线完全集中在圆柱内，在圆柱外周磁场 $\boldsymbol{B}$ 处处为 0，但 $\boldsymbol{A}$ 可以不为 0。Aharonov和 Bohm 提出，在这种情况下，F 上的干涉条纹能否改变？按经典电动力学，由于两束电子束的路径上 $\boldsymbol{B}=0$，电子不受 Lorentz 力，电子的运动不会受任何影响，原来的两束电子束的干涉条纹不会改变。但是按照量子力学，由于 Hamilton 量(7-161)中 $\boldsymbol{A}$ 的存在，使 Schrödinger 方程的解 $\psi(\boldsymbol{r},t)$会与 $\boldsymbol{A}=0$ 时的 $\psi(\boldsymbol{r},t)$不同，从而两束电子的波函数差一个相因子(称为 Berry 相因子)，电子束之间的干涉条纹会发生变化。这种效应叫 Aharonov-Bohm 效应，简称为 A-B 效应。A-B 效应的存在已被实验所证实。在 A-B 效应中，由于 $\boldsymbol{B}=0$，Lorentz 力是不存在的，电子并不受到 Lorentz 力的作用。因此 A-B 效应纯粹是一种量子效应，它与两路电子波函数之间的相位差有关。下面我们以束缚态电子为例，通过具体计算说明 A-B 效应。

Aharonov-Bohm 效应

考虑质量为 M 的电荷 q 在半径为 r_0 的环上的运动(图 7-10)。这相当于一个平面转子的运动，其 Hamilton 量为

$$\hat{H}=\frac{\hat{l}_z^2}{2I}=-\frac{\hbar^2}{2Mr_0^2}\frac{\partial^2}{\partial\varphi^2} \tag{7-164}$$

其中，转动惯量 $I=Mr_0^2$。由 Schrödinger 方程

$$\hat{H}\psi(\varphi)=E\psi(\varphi)$$

可求波函数

$$\psi(\varphi)=\frac{1}{\sqrt{2\pi}}\mathrm{e}^{\mathrm{i}m\varphi},\quad m=0,\pm1,\pm2,\cdots \tag{7-165}$$

和能量本征值

$$E_m=\frac{m^2\hbar^2}{2Mr_0^2},\quad m=0,\pm1,\pm2,\cdots \tag{7-166}$$

可见，除 $m=0$ 的态外，能级是二重简并的。

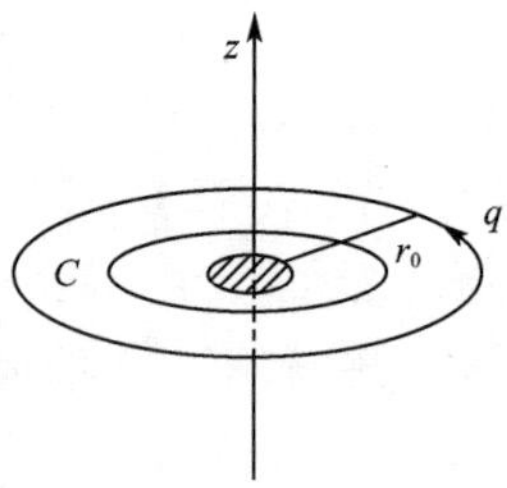

图 7-10

现在假设一磁通量为 Φ 的细长磁力线束管(图 7-10)垂直穿过圆环的中心,在管外,磁场 B 处处为 0。从经典电动力学看,由于管外 $\boldsymbol{B}=0$,环上带电粒子的运动不受 Lorentz 力,不会改变原来的运动,能量也不会变化。

但从量子力学看,情况就不同。我们将看到,在量子力学中,由于在带电粒子的 Hamilton 量式(7-161)中含有 $\boldsymbol{A}$,尽管粒子所在区域 $\boldsymbol{B}=0$,粒子的能量本征值会发生变化。

在磁通管外选取一个半径为 r 的环路 C,则由于环路 C 上各点 $\boldsymbol{A}$ 相同(令它为 A_φ)

$$\oint_c \boldsymbol{A}\cdot \mathrm{d}\boldsymbol{l} = 2\pi r A_\varphi \tag{7-167}$$

但根据 Stokes 定理

$$\oint_c \boldsymbol{A}\cdot \mathrm{d}\boldsymbol{l} = \iint_s (\nabla\times\boldsymbol{A})\cdot \mathrm{d}\boldsymbol{s} = \Phi \tag{7-168}$$

由此得到 $A_\varphi=\Phi/2\pi r$,因此在圆环上

$$A_\varphi=\frac{\Phi}{2\pi r_0} \tag{7-169}$$

也就是说,环心处的磁通导致在离环心距离 r 处存在矢势 $A_\varphi\neq 0$,尽管该处磁场 $\boldsymbol{B}=0(A_r=A_z=0)$。因此,Hamilton 量变为

$$\begin{aligned}\hat{H}&=\frac{1}{2M}\left(\hat{p}_\varphi-\frac{q}{c}A_\varphi\right)^2=\frac{1}{2M}\left(\frac{\hat{l}_z}{r_0}-\frac{q}{c}\frac{\Phi}{2\pi r_0}\right)^2\\&=\frac{1}{2Mr_0^2}\left(\hat{l}_z-\frac{q\Phi}{2\pi c}\right)^2=-\frac{\hbar^2}{2Mr_0^2}\left(\frac{\partial}{\partial\varphi}-\frac{\mathrm{i}q\Phi}{2\pi\hbar c}\right)^2\end{aligned} \tag{7-170}$$

由此得 Schrödinger 方程为

$$-\frac{\hbar^2}{2Mr_0^2}\left(\frac{\partial}{\partial\varphi}-K\right)^2\psi(\varphi)=E\psi(\varphi) \tag{7-171}$$

或

$$-\frac{\hbar^2}{2Mr_0^2}\left[\frac{\partial^2\psi}{\partial\varphi^2}-2K\frac{\partial\psi}{\partial\varphi}+K^2\psi\right]=E\psi \tag{7-172}$$

其中

$$K\equiv\frac{\mathrm{i}q\Phi}{2\pi\hbar c} \tag{7-173}$$

现对 $\psi(\varphi)$进行如下规范变换:

$$\psi(\varphi)=\mathrm{e}^{K\varphi}\Psi(\varphi) \tag{7-174}$$

并代入到 Schrödinger 方程(7-172)得

$$-\frac{\hbar^2}{2Mr_0^2}\frac{\partial^2\Psi(\varphi)}{\partial\varphi^2}=E\Psi(\varphi) \tag{7-175}$$

或

$$\frac{\mathrm{d}^2\Psi(\varphi)}{\mathrm{d}\varphi^2}+\omega^2\Psi=0,\quad \omega^2\equiv\frac{2Mr_0^2E}{\hbar^2} \tag{7-176}$$

此方程的解为带电粒子的波函数

$$\Psi(\varphi)=A\mathrm{e}^{\mathrm{i}\omega\varphi}$$

由此得归一化的波函数

$$\psi(\varphi)=\frac{1}{\sqrt{2\pi}}\mathrm{e}^{K\varphi+\mathrm{i}\omega\varphi}=\frac{1}{\sqrt{2\pi}}\mathrm{e}^{\mathrm{i}\left(\omega+\frac{q\Phi}{2\pi\hbar c}\right)\varphi} \tag{7-177}$$

利用 $\psi(\varphi)$的周期性条件

$$\psi(\varphi)=\psi(2\pi+\varphi) \tag{7-178}$$

得到

$$\omega+\frac{q\Phi}{2\pi\hbar c}=m,\quad m=0,\pm1,\pm2,\cdots \tag{7-179}$$

利用式(7-176)，最后得到带电粒子的能量本征值为

$$E_m=\frac{\hbar^2\omega^2}{2Mr_0^2}=\frac{\hbar^2}{2Mr_0^2}\left(m-\frac{q\Phi}{2\pi\hbar c}\right)^2 \tag{7-180}$$

相应的能量本征函数为

$$\psi_m(\varphi)=\frac{1}{\sqrt{2\pi}}\mathrm{e}^{\mathrm{i}m\varphi},\quad m=0,\pm1,\pm2,\cdots \tag{7-181}$$

方程(7-180)说明，虽然在粒子运动区域磁场 $\boldsymbol{B}$ 处处为零，粒子不受 Lorentz 力，但由于环心处磁通 Φ 的存在，磁力线束管外的矢势 $\boldsymbol{A}\neq0$，使带电粒子的能量本征值 $E_m=\frac{m^2\hbar^2}{2Mr_0^2}$[式(7-166)]变为式(7-180)，能级简并被消除。这是一种量子效应，是 A-B 效应在束缚态问题中的具体例子。

习　题

本章小结

7-1　二粒子体系的两个粒子的质量分别为 m_1 和 m_2，位矢分别为 $\boldsymbol{r}_1$ 和 $\boldsymbol{r}_2$。求：(1)相对动量；(2)总动量；(3)总轨道角动量在坐标表象中的表示。

7-2　利用氢原子能级公式，讨论下列体系的能谱。

(1)正、负电子 e^+、e^- 的束缚态；

(2)μ^- 原子(μ^- 粒子绕质子 p^+ 运动，$m_\mu=200m_e$)；

(3)μ^+、μ^- 的束缚态。

7-3　求氢原子 1s 电子的动能和势能的平均值。已知，1s 电子的波函数为

$$\psi_{100}=\frac{1}{\sqrt{\pi}}\left(\frac{1}{a_0}\right)^{3/2}\mathrm{e}^{-\frac{r}{a_0}}$$

7-4　求证：$\frac{1}{2}[\nabla^2,r]=\frac{1}{r}+\frac{\partial}{\partial r}$。

7-5　氢原子的基态波函数为 $\psi_{100}=\frac{1}{\sqrt{\pi}}\left(\frac{1}{a_0}\right)^{3/2}\mathrm{e}^{-\frac{r}{a_0}}$。求在基态下的涨落 Δx 和 Δp_x，并验证不确定性关系。

7-6　设在 $t=0$ 时刻，氢原子处于状态

$$\psi(0)=\frac{1}{\sqrt{10}}[2|100\rangle+|210\rangle+\sqrt{2}|211\rangle+\sqrt{3}|21-1\rangle]$$

求：(1)在 $\psi(0)$态下能量的平均值；

(2)在 $t>0$ 时，体系处于$|lm\rangle=|11\rangle$态的概率。

7-7　氢原子处于基态 $\psi_{100}=\frac{1}{\sqrt{\pi}}\left(\frac{1}{a_0}\right)^{3/2}\mathrm{e}^{-\frac{r}{a_0}}$，求氢原子中的电子处于经典不允许区（动能 $T<0$）的概率。

7-8　带电荷为 Ze 的某一原子突然发生 β 衰变（原子核中的一个中子发射一个电子后转变成质子）后变成核电荷为$(Z+1)e$ 的新原子。求：衰变前原子中的一个 k 态电子（处于 1s 态的电子）在衰变后的新原子中仍处于 k 态的概率。

7-9　一质量为 m 的粒子限制在半径为 a 和 $b(b>a)$的两个同心球面之间运动，两球面之间的势 $V(r)=0$，求粒子的基态（$n=1,l=0$）波函数和能量。

7-10　质量为 m、电荷为 q 的非相对论性粒子，在电磁场中运动的 Hamilton 量算符为

$$\hat{H}=\frac{1}{2M}\left(\hat{\boldsymbol{p}}-\frac{q}{c}\boldsymbol{A}\right)^2+q\psi$$

其中，$\boldsymbol{A}(\boldsymbol{r},t)$和 $\psi(\boldsymbol{r},t)$分别是电磁场的矢势和标势，定义速度算符为

$$\hat{\boldsymbol{v}}=\frac{\mathrm{d}\hat{\boldsymbol{r}}}{\mathrm{d}t}=\frac{1}{\mathrm{i}\hbar}[\hat{\boldsymbol{r}},\hat{H}]$$

求证：$\hat{v}=\frac{1}{M}\left(\hat{\boldsymbol{p}}-\frac{q}{c}\boldsymbol{A}\right)$，且有$\hat{\boldsymbol{v}}\times\hat{\boldsymbol{v}}=\frac{\mathrm{i}\hbar q}{M^2c}\boldsymbol{B}$。

7-11　设概率密度 $\rho=\psi^*\psi$，概率流密度：

$$\boldsymbol{J}=\frac{1}{2\mu}(\psi^*\hat{\boldsymbol{p}}\psi-\psi\hat{\boldsymbol{p}}\psi^*)-\frac{q}{\mu c}\psi^*\boldsymbol{A}\psi$$

求证：连续性方程$\frac{\partial\rho}{\partial t}+\nabla\cdot\boldsymbol{J}=0$。

7-12　设一带电荷 q 的粒子在 y 方向的均匀电场$\boldsymbol{\varepsilon}=(0,\varepsilon,0)$和 z 方向的均匀磁场$\boldsymbol{B}=(0,0,B)$中运动（$\boldsymbol{B}$ 不随时间变化）。

(1)证明矢势 $\boldsymbol{A}$ 可以选取$\boldsymbol{A}=(-By,0,0)$；

(2)说明粒子是在 x-y 平面内运动；

(3)写出体系的 Hamilton 量（用 ε、B 表示）；

(4)证明$[\hat{H},\hat{p}_x]=0$，$[\hat{H},\hat{p}_y]\neq0$，从而可以选取$\{\hat{H},\hat{p}_x\}$为力学量完全集。

(5)设$\hat{H}$、$\hat{p}_x$ 的共同本征函数为$\psi(x,y)=\mathrm{e}^{\frac{\mathrm{i}}{\hbar}p_x\cdot x}\cdot\varphi(y)$，利用分离变量法求出能量本征函数 $\varphi(y)$和对应的本征值。

7-13　设带电粒子在均匀磁场 B 及三维各向同性谐振子场 $V(r)=\frac{1}{2}m\omega^2r^2$ 中运动，求能量本征值。

第8章

角动量理论，粒子的自旋

在第 4 章我们讨论过轨道角动量，如果用$\hat{\boldsymbol{l}}$ 表示轨道角动量算符，则轨道角动量$\hat{\boldsymbol{l}}$ 可以表示为

$$\hat{\boldsymbol{l}} = \boldsymbol{r} \times \hat{\boldsymbol{p}} = -\mathrm{i}\hbar \boldsymbol{r} \times \nabla \tag{8-1}$$

在直角坐标系中，轨道角动量算符$\hat{\boldsymbol{l}}$ 的三个分量分别为

$$\begin{cases} \hat{l}_x = -\mathrm{i}\hbar\left(y\dfrac{\partial}{\partial z} - z\dfrac{\partial}{\partial y}\right) \\ \hat{l}_y = -\mathrm{i}\hbar\left(z\dfrac{\partial}{\partial x} - x\dfrac{\partial}{\partial z}\right) \\ \hat{l}_z = -\mathrm{i}\hbar\left(x\dfrac{\partial}{\partial y} - y\dfrac{\partial}{\partial x}\right) \end{cases} \tag{8-2}$$

轨道角动量算符的三个分量满足对易关系

$$[\hat{l}_i, \hat{l}_j] = \mathrm{i}\hbar\varepsilon_{ijk}\hat{l}_k \quad 或 \quad \hat{\boldsymbol{l}} \times \hat{\boldsymbol{l}} = \mathrm{i}\hbar\hat{\boldsymbol{l}} \tag{8-3}$$

轨道角动量的平方算符$\hat{\boldsymbol{l}}^2 = \hat{l}_x^2 + \hat{l}_y^2 + \hat{l}_z^2$ 与三个分量$\hat{l}_i$ $(i = x, y, z)$ 对易，即

$$[\hat{\boldsymbol{l}}^2, \hat{l}_i] = 0 \tag{8-4}$$

如果选取$(\hat{\boldsymbol{l}}^2, \hat{l}_z)$ 为力学量完全集，则在球坐标系中$\hat{\boldsymbol{l}}^2$ 和$\hat{l}_z$ 的共同本征函数为球谐函数 $Y_{lm}(\theta, \varphi)$，它们的本征值方程为

$$\begin{cases} \hat{\boldsymbol{l}}^2 Y_{lm}(\theta,\varphi) = l(l+1)\hbar^2 Y_{lm}(\theta,\varphi), & l = 0,1,2,\cdots \\ \hat{l}_z Y_{lm}(\theta,\varphi) = m\hbar Y_{lm}(\theta,\varphi), & m = 0, \pm 1, \pm 2, \cdots, \pm l \end{cases} \tag{8-5}$$

其中，$\hat{\boldsymbol{l}}^2$ 和$\hat{l}_z$ 在球坐标系中的表达式为

$$\begin{cases} \hat{\boldsymbol{l}}^2 = -\hbar^2\left[\dfrac{1}{\sin\theta}\dfrac{\partial}{\partial\theta}\left(\sin\theta\dfrac{\partial}{\partial\theta}\right) + \dfrac{1}{\sin^2\theta}\dfrac{\partial^2}{\partial\varphi^2}\right] \\ \hat{l}_z = -\mathrm{i}\hbar\dfrac{\partial}{\partial\varphi} \end{cases} \tag{8-6}$$

如果用 Dirac 符号 $|lm\rangle$ 来表示角量子数为 l，磁量子数为 m 的量子态，即$\hat{\boldsymbol{l}}^2$ 和$\hat{l}_z$ 的共同本征态，则$\hat{\boldsymbol{l}}^2$ 和$\hat{l}_z$ 的本征值方程可写成

$$\begin{cases} \hat{\boldsymbol{l}}^2 |lm\rangle = l(l+1)\hbar^2 |lm\rangle \\ \hat{l}_z |lm\rangle = m\hbar |lm\rangle \end{cases} \tag{8-7}$$

由于态矢 $|lm\rangle$ 在球坐标表象中

$$\langle\theta\varphi \mid lm\rangle = Y_{lm}(\theta,\varphi) \tag{8-8}$$

因此

$$\begin{cases}\langle\theta\varphi \mid \hat{\boldsymbol{l}}^2 \mid lm\rangle = l(l+1)\hbar^2\langle\theta\varphi \mid lm\rangle = l(l+1)\hbar^2 Y_{lm}(\theta,\varphi) \\ \langle\theta\varphi \mid \hat{l}_z \mid lm\rangle = m\hbar\langle\theta\varphi \mid lm\rangle = m\hbar Y_{lm}(\theta,\varphi)\end{cases} \tag{8-9}$$

$\hat{\boldsymbol{l}}^2$ 和$\hat{l}_z$ 回到球坐标表象中的表达式(8-6)。

8.1 角动量算符的矩阵表示

引进角动量算符$\hat{\boldsymbol{J}}$,它可以代表前面提到的轨道角动量,也可以代表以后要讲到的自旋角动量等。角动量$\hat{\boldsymbol{J}}$ 要满足

$$[\hat{J}_i,\hat{J}_j] = \mathrm{i}\hbar\varepsilon_{ijk}\hat{J}_k \quad 或 \quad \hat{\boldsymbol{J}}\times\hat{\boldsymbol{J}} = \mathrm{i}\hbar\hat{\boldsymbol{J}} \tag{8-10}$$

$$\hat{J}_i^\dagger = \hat{J}_i, \quad i,j,k = x,y,z \tag{8-11}$$

也可以定义角动量的平方算符$\hat{\boldsymbol{J}}^2 = \hat{J}_x^2 + \hat{J}_y^2 + \hat{J}_z^2$,它满足

$$[\hat{\boldsymbol{J}}^2,\hat{J}_i] = 0 \tag{8-12}$$

如果选取$\hat{\boldsymbol{J}}^2$ 和$\hat{J}_z$ 为力学量完全集,则它们的共同本征矢量可用$|jm\rangle$表示。$|jm\rangle$中的j表示角动量量子数,m 为$\hat{\boldsymbol{J}}$ 在 z 方向上的投影,可取 $2j+1$ 个不同的值,其最大值为 j,最小值为$-j$。$\hat{\boldsymbol{J}}^2$ 和$\hat{J}_z$ 的本征值方程分别为

$$\hat{\boldsymbol{J}}^2 \mid jm\rangle = j(j+1)\hbar^2 \mid jm\rangle \tag{8-13}$$

$$\hat{J}_z \mid jm\rangle = m\hbar \mid jm\rangle \tag{8-14}$$

定义升、降算符

$$\hat{J}_+ = \hat{J}_x + \mathrm{i}\hat{J}_y, \quad \hat{J}_- = \hat{J}_x - \mathrm{i}\hat{J}_y \tag{8-15}$$

则很容易证明

$$[\hat{J}_+,\hat{J}_z] = -\hbar\hat{J}_+, \quad [\hat{J}_-,\hat{J}_z] = \hbar\hat{J}_- \tag{8-16}$$

$$[\hat{J}_+,\hat{J}_-] = 2\hbar\hat{J}_z, \quad [\hat{\boldsymbol{J}}^2,\hat{J}_+] = [\hat{\boldsymbol{J}}^2,\hat{J}_-] = 0 \tag{8-17}$$

还可以证明

$$\hat{J}_\pm \mid jm\rangle = \sqrt{j(j+1) - m(m\pm 1)}\,\hbar \mid jm\pm 1\rangle \tag{8-18}$$

证明　令

$$\hat{J}_- \mid jm\rangle \equiv \mid a\rangle \tag{8-19}$$

则

$$\hat{\boldsymbol{J}}^2 \mid a\rangle = \hat{\boldsymbol{J}}^2\hat{J}_- \mid jm\rangle = \hat{J}_-\hat{\boldsymbol{J}}^2 \mid jm\rangle = j(j+1)\hbar^2 \mid a\rangle$$

$$\hat{J}_z \mid a\rangle = \hat{J}_z\hat{J}_- \mid jm\rangle = (\hat{J}_-\hat{J}_z - \hbar\hat{J}_-) \mid jm\rangle = (m-1)\hbar \mid a\rangle$$

由此可见,$|a\rangle = \hat{J}_-|jm\rangle$是$\hat{\boldsymbol{J}}^2$ 和$\hat{J}_z$ 的本征值分别为$j(j+1)\hbar^2$ 和$(m-1)\hbar$ 的共同本征矢量。因此可设

$$\mid a\rangle = \hat{J}_- \mid jm\rangle = C_- \mid jm-1\rangle \quad (C_- 为待定常数)$$

故

$$\langle a \mid a\rangle = \langle jm-1 \mid C_-^* C_- \mid jm-1\rangle = \mid C_-\mid^2$$

即

$$\langle jm \mid \hat{J}_-^\dagger \hat{J}_- \mid jm \rangle = \langle jm \mid \hat{J}_+ \hat{J}_- \mid jm \rangle = | C_- |^2$$

但是，由于

$$\hat{J}_+ \hat{J}_- = (\hat{J}_x + \mathrm{i}\,\hat{J}_y)(\hat{J}_x - \mathrm{i}\,\hat{J}_y) = \hat{J}_x^2 + \hat{J}_y^2 + \mathrm{i}[\hat{J}_y, \hat{J}_x] = \hat{J}_x^2 + \hat{J}_y^2 + \hbar\,\hat{J}_z$$

因此

$$\begin{aligned} | C_- |^2 &= \langle jm \mid \hat{J}_x^2 + \hat{J}_y^2 + \hbar\,\hat{J}_z \mid jm \rangle \\ &= \langle jm \mid \hat{\boldsymbol{J}}^2 - \hat{J}_z^2 + \hbar\,\hat{J}_z \mid jm \rangle \\ &= \{ j(j+1)\,\hbar^2 - m^2\,\hbar^2 + m\,\hbar^2 \} \langle jm \mid jm \rangle \\ &= \{ j(j+1) - m(m-1) \}\,\hbar^2 \end{aligned}$$

故

$$C_- = \sqrt{j(j+1) - m(m-1)}\,\hbar$$

这就是说

$$\hat{J}_- \mid jm \rangle = \sqrt{j(j+1) - m(m-1)}\,\hbar \mid jm - 1 \rangle$$

同理可证

$$\hat{J}_+ \mid jm \rangle = \sqrt{j(j+1) - m(m+1)}\,\hbar \mid jm + 1 \rangle$$

由此可见，$\hat{J}_+$ ($\hat{J}_-$) 的作用使态矢 $\mid jm \rangle$ 的量子数 m 增加(减小)1。

在态矢 $\mid jm \rangle$ 中，由于 m 的最大值为 j，因此当 $m = j$ 时，如果 $\hat{J}_-$ 作用在 $\mid jj \rangle$ 上 n 次，则

$$(\hat{J}_-)^n \mid jj \rangle = C \mid j, j - n \rangle \quad (C\ 为常数)$$

又由于 m 的最小值为 $-j$，因此当上式中的 $j - n$ 取最小值时

$$j - n = -j$$

$$j = \frac{n}{2}$$

其中，$n = 0, 1, 2, \cdots$。由此可见，角动量量子数 j 可取整数或半整数，即

$$j = 0, \frac{1}{2}, 1, \frac{3}{2}, \cdots \tag{8-20}$$

角动量量子数 $j = 0, 1, 2, \cdots$ 可描述轨道角动量。因此，$j = \frac{1}{2}, \frac{3}{2}, \cdots$ 应描述另一类型的角动量，这就是粒子的自旋角动量(spin angular momentum)。也就是说，$j = \frac{1}{2}, \frac{3}{2}, \cdots$ 代表自旋角动量量子数。在 8.2 节中我们将看到，$j = 0, 1, 2, \cdots$ 也可以描述自旋角动量，只不过 j 取整数和半整数分别描述不同类型粒子的自旋。无论 j 是整数或半整数，m 都满足

$$m = j, j - 1, \cdots, -j \quad (2j + 1\ 个) \tag{8-21}$$

角动量算符 $\hat{\boldsymbol{J}}^2$、$\hat{J}_i (i = x, y, z)$ 都可以用矩阵形式表示。以下我们将讨论角动量的矩阵表示。

1. $\hat{\boldsymbol{J}}^2$ 的矩阵表示

设 $\hat{\boldsymbol{J}}^2$ 和 $\hat{J}_z$ 的共同本征矢量为 $\mid jm \rangle$，则利用 $\hat{\boldsymbol{J}}^2$ 的本征值方程(8-13)，$\hat{\boldsymbol{J}}^2$ 的矩阵元可以写成

$$(\hat{\boldsymbol{J}}^2)_{j'm'jm} = \langle j'm' \mid \hat{\boldsymbol{J}}^2 \mid jm \rangle = j(j+1)\hbar^2 \langle j'm' \mid jm \rangle = j(j+1)\hbar^2 \delta_{jj'}\delta_{mm'} \tag{8-22}$$

由此可见，$\hat{\boldsymbol{J}}^2$ 是一个对角化的矩阵。只要给定 j 值，我们就可以求出$\hat{\boldsymbol{J}}^2$ 的矩阵表示。当 $j=0$ 时，$\hat{\boldsymbol{J}}^2$ 为零矩阵。当 $j=\frac{1}{2}$ 时，$m=\pm\frac{1}{2}$。m 的个数决定矩阵的维数，也就是说，矩阵的维数 $f=2j+1$。因此，当 $j=\frac{1}{2}$ 时，$\hat{\boldsymbol{J}}^2$ 是一个对角线上的元素为 $j(j+1)\hbar^2=\frac{3}{4}\hbar^2$ 的 2×2 矩阵。即

$$\hat{\boldsymbol{J}}^2 = \frac{3}{4}\hbar^2\begin{pmatrix}1 & 0\\ 0 & 1\end{pmatrix} \tag{8-23}$$

当 $j=1$ 时，$m=0,\pm1$，因此，$\hat{\boldsymbol{J}}^2$ 是一个对角元素为 $j(j+1)\hbar^2=2\hbar^2$ 的 3×3 矩阵。即

$$\hat{\boldsymbol{J}}^2 = 2\hbar^2\begin{pmatrix}1 & 0 & 0\\ 0 & 1 & 0\\ 0 & 0 & 1\end{pmatrix} \tag{8-24}$$

2. $\hat{J}_z$ 的矩阵表示

利用$\hat{J}_z$ 的本征值方程(8-14)，$\hat{J}_z$ 的矩阵元

$$(\hat{J}_z)_{j'm'jm} = \langle j'm' \mid \hat{J}_z \mid jm \rangle = m\hbar\langle j'm' \mid jm \rangle = m\hbar\delta_{j'j}\delta_{m'm} \tag{8-25}$$

由式(8-25)我们看到$\hat{J}_z$ 也是对角化的矩阵。

例如，当 $j=\frac{1}{2}$ 时，$m=\pm\frac{1}{2}$，因此，$\hat{J}_z$ 是一个对角元为$\frac{\hbar}{2}$，$-\frac{\hbar}{2}$ 的二维矩阵：

$$\hat{J}_z = \hbar\begin{pmatrix}\frac{1}{2} & 0\\ 0 & -\frac{1}{2}\end{pmatrix} \tag{8-26}$$

$j=1$ 时，$m=1,0,-1$。因此

$$\hat{J}_z = \hbar\begin{pmatrix}1 & 0 & 0\\ 0 & 0 & 0\\ 0 & 0 & -1\end{pmatrix} \tag{8-27}$$

3. $\hat{J}_x$ 和$\hat{J}_y$ 的矩阵表示

由式(8-15)可得

$$\hat{J}_x = \frac{1}{2}(\hat{J}_+ + \hat{J}_-),\quad \hat{J}_y = \frac{1}{2\mathrm{i}}(\hat{J}_+ - \hat{J}_-) \tag{8-28}$$

利用式(8-18)，$\hat{J}_\pm$ 的矩阵元为

$$\begin{aligned}\langle j'm' \mid \hat{J}_\pm \mid jm \rangle &= \sqrt{j(j+1)-m(m\pm1)}\,\hbar\langle j'm' \mid jm\pm1 \rangle\\ &= \sqrt{j(j+1)-m(m\pm1)}\,\hbar\delta_{j'j}\delta_{m'm\pm1}\end{aligned} \tag{8-29}$$

由此可算出$\hat{J}_x$ 和$\hat{J}_y$ 的矩阵元：

$$\begin{aligned}(\hat{J}_x)_{j'm'jm} &= \langle j'm' \mid \hat{J}_x \mid jm \rangle\\ &= \frac{\hbar}{2}\sqrt{j(j+1)-m(m+1)}\,\delta_{j'j}\delta_{m'm+1}\end{aligned}$$

$$+\frac{\hbar}{2}\sqrt{j(j+1)-m(m-1)}\,\delta_{j'j}\delta_{m'm-1} \tag{8-30}$$

$$(\hat{J}_y)_{j'm'jm}=\langle j'm'\mid\hat{J}_y\mid jm\rangle=\frac{\hbar}{2\mathrm{i}}\sqrt{j(j+1)-m(m+1)}\,\delta_{j'j}\delta_{m'm+1}-\frac{\hbar}{2\mathrm{i}}\sqrt{j(j+1)-m(m-1)}\,\delta_{j'j}\delta_{m'm-1} \tag{8-31}$$

因此可得$\hat{J}_x$ 和$\hat{J}_y$ 的矩阵表示如下：

当 $J=\frac{1}{2}$ 时，

$$J_x=\frac{\hbar}{2}\begin{pmatrix}0 & 1\\ 1 & 0\end{pmatrix},\quad J_y=\frac{\hbar}{2}\begin{pmatrix}0 & -\mathrm{i}\\ \mathrm{i} & 0\end{pmatrix} \tag{8-32}$$

当 $J=1$ 时，

$$J_x=\frac{\hbar}{\sqrt{2}}\begin{pmatrix}0 & 1 & 0\\ 1 & 0 & 1\\ 0 & 1 & 0\end{pmatrix},\quad J_y=\frac{\hbar}{\sqrt{2}}\begin{pmatrix}0 & -\mathrm{i} & 0\\ \mathrm{i} & 0 & -\mathrm{i}\\ 0 & \mathrm{i} & 0\end{pmatrix} \tag{8-33}$$

8.2 自旋角动量

8.2.1 自旋角动量算符

如前所述，态矢量 $\mid jm\rangle$ 决定于量子数 j 和 m。对我们所熟悉的轨道角动量，量子数 $j=l=0,1,2,\cdots$，而 $m=0,\pm1,\pm2,\cdots,\pm l$。可见，当 $j=\frac{1}{2},\frac{3}{2},\cdots$，而 $m=\pm\frac{1}{2},\pm\frac{3}{2},\cdots,\pm j$ 时，态矢量 $\mid jm\rangle$ 必然与另一类角动量有关。

1925 年，G. E. Uhlenbeck 和 S. A. Goudsmit 等人为了说明原子光谱的双线结构引进了自旋角动量概念（当时考虑的是电子的自旋）。他们提出，电子除轨道运动外，还存在自旋运动。与自旋运动相联系，存在一种新的角动量，他们称这一角动量为自旋角动量（spin angular momentum）。像质量、电荷、寿命一样，自旋角动量也是微观粒子所具有的一种内禀属性。所有粒子，如质子、中子、电子、光子等都具有确定的自旋角动量。通常，自旋角动量用算符$\hat{\boldsymbol{S}}$ 表示，描述自旋角动量的量子数用 s 表示。有的粒子其自旋角动量量子数（简称为自旋）为整数，有的为半整数。质子、中子、电子的自旋为 1/2，Ω 粒子的自旋为 3/2…… 它们是费米子。π 介子的自旋为 0，光子的自旋为 1…… 它们是玻色子。

自旋角动量满足角动量的一般性质。在 8.1 节，我们已经给出具有不同 j 值的角动量算符的矩阵表示，8.1 节的结果对自旋角动量也适用。

下面我们讨论 $s=1/2$ 粒子的自旋角动量算符$\hat{\boldsymbol{S}}$ 的性质以及$\hat{\boldsymbol{S}}$ 的本征值与本征函数。从前一节给出的角动量的矩阵表示中看到，当 $j=1/2$ 时，角动量算符的矩阵表示为

$$\hat{S}_x=\frac{\hbar}{2}\begin{pmatrix}0 & 1\\ 1 & 0\end{pmatrix}\equiv\frac{\hbar}{2}\sigma_x,\quad \hat{S}_y=\frac{\hbar}{2}\begin{pmatrix}0 & -\mathrm{i}\\ \mathrm{i} & 0\end{pmatrix}\equiv\frac{\hbar}{2}\sigma_y,\quad \hat{S}_z=\frac{\hbar}{2}\begin{pmatrix}1 & 0\\ 0 & -1\end{pmatrix}\equiv\frac{\hbar}{2}\sigma_z \tag{8-34}$$

其中

$$\sigma_x = \begin{pmatrix} 0 & 1 \\ 1 & 0 \end{pmatrix}, \quad \sigma_y = \begin{pmatrix} 0 & -\mathrm{i} \\ \mathrm{i} & 0 \end{pmatrix}, \quad \sigma_z = \begin{pmatrix} 1 & 0 \\ 0 & -1 \end{pmatrix} \tag{8-35}$$

称式(8-34)中的$\hat{S}_x$、$\hat{S}_y$、$\hat{S}_z$为$s=1/2$粒子的自旋角动量算符,式(8-35)的三个矩阵为Pauli矩阵。因σ_z是对角化的,式(8-35)叫作Pauli矩阵在σ_z表象中的表示。显然,三个自旋角动量算符满足对易关系

$$[\hat{S}_i, \hat{S}_j] = \mathrm{i}\hbar\varepsilon_{ijk}\hat{S}_k \quad 或 \quad \hat{\boldsymbol{S}} \times \hat{\boldsymbol{S}} = \mathrm{i}\hbar\hat{\boldsymbol{S}} \tag{8-36}$$

而三个Pauli矩阵满足对易式

$$[\sigma_i, \sigma_j] = 2\mathrm{i}\varepsilon_{ijk}\sigma_k \quad 或 \quad \boldsymbol{\sigma} \times \boldsymbol{\sigma} = 2\mathrm{i}\boldsymbol{\sigma} \tag{8-37}$$

和

$$\sigma_x^2 = \sigma_y^2 = \sigma_z^2 = 1 \tag{8-38}$$

由此得

$$\hat{\boldsymbol{S}}^2 = \hat{S}_x^2 + \hat{S}_y^2 + \hat{S}_z^2 = \frac{\hbar^2}{4}(\sigma_x^2 + \sigma_y^2 + \sigma_z^2) = \frac{3}{4}\hbar^2\begin{pmatrix} 1 & 0 \\ 0 & 1 \end{pmatrix} \tag{8-39}$$

式(8-39)就是在式(8-23)中给出的角动量平方算符的表示式。

练习

求证:Pauli矩阵σ_x、σ_y、σ_z满足反对易式

$$\{\sigma_x, \sigma_y\} = \{\sigma_y, \sigma_z\} = \{\sigma_z, \sigma_x\} = 0$$

证明　因$\sigma_y\sigma_z - \sigma_z\sigma_y = 2\mathrm{i}\sigma_x$,此式的两边分别左乘和右乘$\sigma_y$得

$$\sigma_z - \sigma_y\sigma_z\sigma_y = 2\mathrm{i}\sigma_y\sigma_x$$

$$\sigma_y\sigma_z\sigma_y - \sigma_z = 2\mathrm{i}\sigma_x\sigma_y$$

两式相加得

$$\{\sigma_x, \sigma_y\} = 0$$

同理可以证明其他两个反对易关系。利用Pauli矩阵的对易关系与反对易关系,我们还可以证明

$$\sigma_x\sigma_y = \mathrm{i}\sigma_z, \quad \sigma_y\sigma_z = \mathrm{i}\sigma_x, \quad \sigma_z\sigma_x = \mathrm{i}\sigma_y$$

例如,由

$$\sigma_x\sigma_y + \sigma_y\sigma_x = 0$$

$$\sigma_x\sigma_y - \sigma_y\sigma_x = 2\mathrm{i}\sigma_z$$

可以得到

$$\sigma_x\sigma_y = \mathrm{i}\sigma_z$$

由此还可以得到

$$\sigma_x\sigma_y\sigma_z = \mathrm{i}$$

8.2.2 自旋角动量算符的本征值和本征矢量

仍考虑自旋$s=1/2$的粒子,如电子。自由电子的自旋可以取任意方向。在三维空间里,

任意方向上的单位矢量可以表示为

$$\boldsymbol{n}=(\sin\theta\cos\varphi,\sin\theta\sin\varphi,\cos\theta) \tag{8-40}$$

因此，自旋角动量算符在 $\boldsymbol{n}$ 方向上的投影

$$\begin{aligned}\hat{S}_n &\equiv \hat{\boldsymbol{S}}\cdot\boldsymbol{n}=\frac{\hbar}{2}\boldsymbol{\sigma}\cdot\boldsymbol{n}=\frac{\hbar}{2}[\sigma_x n_x+\sigma_y n_y+\sigma_z n_z]\\ &=\frac{\hbar}{2}\left[\begin{pmatrix}0&1\\1&0\end{pmatrix}\sin\theta\cos\varphi+\begin{pmatrix}0&-\mathrm{i}\\\mathrm{i}&0\end{pmatrix}\sin\theta\sin\varphi+\begin{pmatrix}1&0\\0&-1\end{pmatrix}\cos\theta\right]\end{aligned}$$

或者

$$\hat{S}_n=\frac{\hbar}{2}\begin{pmatrix}\cos\theta & \mathrm{e}^{-\mathrm{i}\varphi}\sin\theta\\ \mathrm{e}^{\mathrm{i}\varphi}\sin\theta & -\cos\theta\end{pmatrix} \tag{8-41}$$

下面我们求算符 $\hat{S}_n$ 的本征值与本征矢量。$\hat{S}_n$ 的本征值可以通过解久期方程得到。设 $\hat{S}_n$ 的本征值为 λ，则久期方程为

$$|\hat{S}_n-\lambda|=\begin{vmatrix}\frac{\hbar}{2}\cos\theta-\lambda & \frac{\hbar}{2}\mathrm{e}^{-\mathrm{i}\varphi}\sin\theta\\ \frac{\hbar}{2}\mathrm{e}^{\mathrm{i}\varphi}\sin\theta & -\frac{\hbar}{2}\cos\theta-\lambda\end{vmatrix}=0 \tag{8-42}$$

由此得到

$$\lambda^2-\frac{\hbar^2}{4}\cos^2\theta-\frac{\hbar^2}{4}\sin^2\theta=0$$

$$\lambda=\pm\frac{\hbar}{2} \tag{8-43}$$

可见，自旋角动量算符 $\hat{\boldsymbol{S}}$ 在任意方向 $\boldsymbol{n}$ 上的投影 $\hat{S}_n$ 的本征值与 θ,φ 角无关，均为 $\hbar/2$ 或 $-\hbar/2$，包括 x、y、z 方向的投影。也就是说，自旋角动量是空间量子化的，在任何方向上，自旋角动量的测值必为 $\hbar/2$ 或 $-\hbar/2$。

下面再求 $\hat{S}_n$ 的对应于本征值 $\lambda=\hbar/2$ 和 $\lambda=-\hbar/2$ 的本征矢量。因为 $\hat{S}_n$ 为 2×2 矩阵，本征矢量应为二分量的，通常叫作旋量(spinor)。设对应于本征值为 $\lambda=\hbar/2$(自旋朝上)的归一化本征矢量为

$$|\uparrow_n\rangle=\begin{pmatrix}a\\b\end{pmatrix},\quad (a^* \quad b^*)\begin{pmatrix}a\\b\end{pmatrix}=|a|^2+|b|^2=1 \tag{8-44}$$

则本征值方程可以写成 $\hat{S}_n|\uparrow_n\rangle=\lambda|\uparrow_n\rangle$ 或

$$\begin{pmatrix}\frac{\hbar}{2}\cos\theta & \frac{\hbar}{2}\mathrm{e}^{-\mathrm{i}\varphi}\sin\theta\\ \frac{\hbar}{2}\mathrm{e}^{\mathrm{i}\varphi}\sin\theta & -\frac{\hbar}{2}\cos\theta\end{pmatrix}\begin{pmatrix}a\\b\end{pmatrix}=\lambda\begin{pmatrix}a\\b\end{pmatrix} \tag{8-45}$$

把 $\lambda=\hbar/2$ 代入上式，得

$$\begin{pmatrix}\frac{\hbar}{2}\cos\theta-\frac{\hbar}{2} & \frac{\hbar}{2}\mathrm{e}^{-\mathrm{i}\varphi}\sin\theta\\ \frac{\hbar}{2}\mathrm{e}^{\mathrm{i}\varphi}\sin\theta & -\frac{\hbar}{2}\cos\theta-\frac{\hbar}{2}\end{pmatrix}\begin{pmatrix}a\\b\end{pmatrix}=0 \tag{8-46}$$

由此得到

$$\frac{\hbar}{2}(\cos\theta-1)a+\frac{\hbar}{2}e^{-i\varphi}\sin\theta b=0$$

$$\frac{a}{b}=\frac{e^{-i\varphi}\sin\theta}{1-\cos\theta}=e^{-i\varphi}\cos\frac{\theta}{2}\Big/\sin\frac{\theta}{2}$$

因此，$\hat{S}_n$ 的本征值为 $\lambda=\hbar/2$（自旋朝上）的本征矢量 $|\uparrow_n\rangle$ 可以表示成（利用相因子不确定性）

$$|\uparrow_n\rangle=\begin{pmatrix}e^{-i\frac{\varphi}{2}}\cos\frac{\theta}{2}\\ e^{i\frac{\varphi}{2}}\sin\frac{\theta}{2}\end{pmatrix}\tag{8-47}$$

同理可得 $\hat{S}_n$ 的本征值为 $\lambda=-\hbar/2$（自旋朝下）的本征矢量为

$$|\downarrow_n\rangle=\begin{pmatrix}e^{-i\frac{\varphi}{2}}\sin\frac{\theta}{2}\\ -e^{i\frac{\varphi}{2}}\cos\frac{\theta}{2}\end{pmatrix}\tag{8-48}$$

下面讨论自旋角动量在 x、y、z 方向上的投影 $\hat{S}_x$、$\hat{S}_y$、$\hat{S}_z$ 的本征值问题。先考虑自旋角动量在 z 轴方向上的投影 $\hat{S}_z$ 的本征值问题。z 轴相当于球坐标系中的 $\theta=0$，φ 可取任意值，选取 $\varphi=0$，$\boldsymbol{n}=(0,0,1)$，这时，$\hat{S}_z$ 的本征值显然也是 $\hbar/2$ 和 $-\hbar/2$，而对应的本征矢量可由式(8-47)、式(8-48)得

$$|\uparrow_z\rangle=\begin{pmatrix}1\\0\end{pmatrix},\quad |\downarrow_z\rangle=\begin{pmatrix}0\\1\end{pmatrix}\tag{8-49}$$

因此，在任意态 $|\uparrow_n\rangle$ 下，测量自旋角动量 $\hat{S}_z$，得到测值为 $\hbar/2$（自旋朝上）的概率

$$P_z(\uparrow)=|\langle\uparrow_z|\uparrow_n\rangle|^2=\cos^2\frac{\theta}{2}\tag{8-50}$$

同理，$\hat{S}_z$ 的测值为 $\lambda=-\hbar/2$（自旋朝下）的概率为

$$P_z(\downarrow)=|\langle\downarrow_z|\uparrow_n\rangle|^2=\sin^2\frac{\theta}{2}\tag{8-51}$$

因此，总概率 $P_z(\uparrow)+P_z(\downarrow)=1$。

再考虑 $\hat{S}_x$ 的本征值问题。对 x 轴，$\theta=\pi/2$，$\varphi=0$，$\boldsymbol{n}=(1,0,0)$。因此，由式(8-47)和式(8-48)求得，$\hat{S}_x$ 的本征值为 $\hbar/2$ 和 $-\hbar/2$ 的本征矢量分别为

$$|\uparrow_x\rangle=\frac{1}{\sqrt{2}}\begin{pmatrix}1\\1\end{pmatrix},\quad |\downarrow_x\rangle=\frac{1}{\sqrt{2}}\begin{pmatrix}1\\-1\end{pmatrix}\tag{8-52}$$

$\hat{S}_y$ 的本征值问题。对 y 轴，$\theta=\pi/2$，$\varphi=\pi/2$，$\boldsymbol{n}=(0,1,0)$，因此，$\hat{S}_y$ 的本征值为 $\hbar/2$ 的本征矢量

$$|\uparrow_y\rangle=\begin{pmatrix}e^{-i\varphi/2}\cos(\theta/2)\\ e^{i\varphi/2}\sin(\theta/2)\end{pmatrix}_{\theta=\frac{\pi}{2},\varphi=\frac{\pi}{2}}=e^{-i\pi/4}\frac{1}{\sqrt{2}}\begin{pmatrix}1\\ e^{i\pi/2}\end{pmatrix}=e^{-i\pi/4}\frac{1}{\sqrt{2}}\begin{pmatrix}1\\ i\end{pmatrix}$$

且去掉无关紧要的相因子，得到

$$|\uparrow_y\rangle=\frac{1}{\sqrt{2}}\begin{pmatrix}1\\ i\end{pmatrix}\tag{8-53}$$

用同样的方法，由式(8-48)可以得到

$$|\downarrow_y\rangle = \frac{1}{\sqrt{2}}\begin{pmatrix}1\\-\mathrm{i}\end{pmatrix} \tag{8-54}$$

任意方向的自旋态都可以用$\hat{S}_z$的本征矢量展开

$$\chi(s) = \begin{pmatrix}a\\b\end{pmatrix} = a\begin{pmatrix}1\\0\end{pmatrix} + b\begin{pmatrix}0\\1\end{pmatrix}, \quad |a|^2 + |b|^2 = 1 \tag{8-55}$$

例如，$|\uparrow_x\rangle$可用$\hat{S}_z$的本征矢量展开

$$|\uparrow_x\rangle = \frac{1}{\sqrt{2}}\begin{pmatrix}1\\1\end{pmatrix} = \frac{1}{\sqrt{2}}\left\{\begin{pmatrix}1\\0\end{pmatrix} + \begin{pmatrix}0\\1\end{pmatrix}\right\} = \frac{1}{\sqrt{2}}(|\uparrow_z\rangle + |\downarrow_z\rangle) \tag{8-56}$$

可见，在$|\uparrow_x\rangle$态下，$\hat{S}_z$的测值为$\hbar/2$或者$-\hbar/2$，它们各以 1/2 的概率出现，但$\hat{S}_x$的测值为确定值$\hbar/2$。

考虑粒子的自旋以后，一个粒子的波函数不仅决定于坐标$\boldsymbol{r}$、量子数n、l、m，而且还要考虑自旋量子数s。对自旋为$s=1/2$的粒子，总的波函数可表示为

$$\psi(\boldsymbol{r},s) = \begin{pmatrix}\psi(\boldsymbol{r},\uparrow)\\ \psi(\boldsymbol{r},\downarrow)\end{pmatrix} \quad \text{或} \quad \psi_{nlms_z} \tag{8-57}$$

8.3　角动量的耦合与 C-G 系数

在氢原子中，绕核运动的电子不仅具有轨道角动量$\hat{\boldsymbol{l}}$，还具有自旋角动量$\hat{\boldsymbol{S}}$。两种角动量可以耦合成电子的总角动量$\hat{\boldsymbol{J}} = \hat{\boldsymbol{l}} + \hat{\boldsymbol{S}}$。再考虑由两个电子组成的量子体系，如在氦原子中的两个电子。两个电子都具有各自的自旋角动量，它们可以耦合成体系的自旋角动量$\hat{\boldsymbol{S}} = \hat{\boldsymbol{S}}_1 + \hat{\boldsymbol{S}}_2$，体系的自旋角动量再和体系的轨道角动量$\hat{\boldsymbol{l}} = \hat{\boldsymbol{l}}_1 + \hat{\boldsymbol{l}}_2$耦合，给出体系的总角动量$\hat{\boldsymbol{J}} = \boldsymbol{l} + \boldsymbol{S}$。这些过程都涉及两个角动量的合成问题。以下讨论两个角动量的合成法则以及 Clebsch-Gordan(C-G)系数。

8.3.1　合成法则与 C-G 系数

考虑一个由两个子体系构成的量子体系。设两个子体系的角动量分别为$\hat{\boldsymbol{J}}_1$和$\hat{\boldsymbol{J}}_2$，则体系的总角动量为

$$\hat{\boldsymbol{J}} = \hat{\boldsymbol{J}}_1 + \hat{\boldsymbol{J}}_2, \quad \hat{J}_i = \hat{J}_{1i} + \hat{J}_{2i} \quad (i = x, y, z) \tag{8-58}$$

根据角动量的定义，$\hat{\boldsymbol{J}}_1$和$\hat{\boldsymbol{J}}_2$分别满足对易关系

$$[\hat{J}_{1i}, \hat{J}_{1j}] = \mathrm{i}\hbar\varepsilon_{ijk}\hat{J}_{1k} \quad \text{或} \quad \hat{\boldsymbol{J}}_1 \times \hat{\boldsymbol{J}}_1 = \mathrm{i}\hbar\hat{\boldsymbol{J}}_1$$

$$[\hat{J}_{2i}, \hat{J}_{2j}] = \mathrm{i}\hbar\varepsilon_{ijk}\hat{J}_{2k} \quad \text{或} \quad \hat{\boldsymbol{J}}_2 \times \hat{\boldsymbol{J}}_2 = \mathrm{i}\hbar\hat{\boldsymbol{J}}_2$$

但属于不同子体系的角动量互为对易，即

$$[\hat{J}_{1i}, \hat{J}_{2j}] = 0 \tag{8-59}$$

合成角动量$\hat{\boldsymbol{J}}=\hat{\boldsymbol{J}}_1+\hat{\boldsymbol{J}}_2$也满足角动量的定义式(8-10)。因为$\hat{\boldsymbol{J}}^{\dagger}=\hat{\boldsymbol{J}}$,而且

$$\begin{aligned}\hat{\boldsymbol{J}}\times\hat{\boldsymbol{J}}&=(\hat{\boldsymbol{J}}_1+\hat{\boldsymbol{J}}_2)\times(\hat{\boldsymbol{J}}_1+\hat{\boldsymbol{J}}_2)\\&=\hat{\boldsymbol{J}}_1\times\hat{\boldsymbol{J}}_1+\hat{\boldsymbol{J}}_2\times\hat{\boldsymbol{J}}_1+\hat{\boldsymbol{J}}_1\times\hat{\boldsymbol{J}}_2+\hat{\boldsymbol{J}}_2\times\hat{\boldsymbol{J}}_2\\&=\hat{\boldsymbol{J}}_1\times\hat{\boldsymbol{J}}_1+\hat{\boldsymbol{J}}_2\times\hat{\boldsymbol{J}}_2=\mathrm{i}\hbar(\hat{\boldsymbol{J}}_1+\hat{\boldsymbol{J}}_2)=\mathrm{i}\hbar\hat{\boldsymbol{J}}\end{aligned}\tag{8-60}$$

总角动量$\hat{\boldsymbol{J}}$的三个分量$\hat{J}_x$、$\hat{J}_y$、$\hat{J}_z$满足对易式

$$\begin{aligned}[\hat{J}_i,\hat{J}_j]&=[\hat{J}_{1i}+\hat{J}_{2i},\hat{J}_{1j}+\hat{J}_{2j}]\\&=[\hat{J}_{1i},\hat{J}_{1j}]+[\hat{J}_{1i},\hat{J}_{2j}]+[\hat{J}_{2i},\hat{J}_{1j}]+[\hat{J}_{2i},\hat{J}_{2j}]\\&=[\hat{J}_{1i},\hat{J}_{1j}]+[\hat{J}_{2i},\hat{J}_{2j}]=\mathrm{i}\hbar\varepsilon_{ijk}\hat{J}_k\end{aligned}\tag{8-61}$$

设$|j_1m_1\rangle$为$\hat{\boldsymbol{J}}_1^2$和$\hat{J}_{1z}$的共同本征矢量,$|j_2m_2\rangle$为$\hat{\boldsymbol{J}}_2^2$和$\hat{J}_{2z}$的共同本征矢量,则$\hat{\boldsymbol{J}}_1^2$、$\hat{J}_{1z}$以及$\hat{\boldsymbol{J}}_2^2$、$\hat{J}_{2z}$的本征值方程分别为

$$\hat{\boldsymbol{J}}_1^2|j_1m_1\rangle=j_1(j_1+1)\hbar^2|j_1m_1\rangle,\quad \hat{J}_{1z}|j_1m_1\rangle=m_1\hbar|j_1m_1\rangle\tag{8-62}$$

$$\hat{\boldsymbol{J}}_2^2|j_2m_2\rangle=j_2(j_2+1)\hbar^2|j_2m_2\rangle,\quad \hat{J}_{2z}|j_2m_2\rangle=m_2\hbar|j_2m_2\rangle\tag{8-63}$$

耦合体系的态矢量$|j_1m_1j_2m_2\rangle$可表示为$|j_1m_1\rangle$和$|j_2m_2\rangle$的直积:

$$|j_1m_1j_2m_2\rangle=|j_1m_1\rangle\otimes|j_2m_2\rangle\tag{8-64}$$

它是力学量完全集$(\hat{\boldsymbol{J}}_1^2,\hat{J}_{1z},\hat{\boldsymbol{J}}_2^2,\hat{J}_{2z})$的共同本征矢量。

还可以选择另一个力学量完全集。由于

$$\hat{\boldsymbol{J}}^2=(\hat{\boldsymbol{J}}_1+\hat{\boldsymbol{J}}_2)^2=\hat{\boldsymbol{J}}_1^2+\hat{\boldsymbol{J}}_2^2+2\hat{\boldsymbol{J}}_1\cdot\hat{\boldsymbol{J}}_2$$

得到

$$[\hat{\boldsymbol{J}}^2,\hat{\boldsymbol{J}}_1^2]=[\hat{\boldsymbol{J}}_1^2+\hat{\boldsymbol{J}}_2^2+2\hat{\boldsymbol{J}}_1\cdot\hat{\boldsymbol{J}}_2,\hat{\boldsymbol{J}}_1^2]=0$$

$$[\hat{\boldsymbol{J}}^2,\hat{\boldsymbol{J}}_2^2]=[\hat{\boldsymbol{J}}_1^2+\hat{\boldsymbol{J}}_2^2+2\hat{\boldsymbol{J}}_1\cdot\hat{\boldsymbol{J}}_2,\hat{\boldsymbol{J}}_2^2]=0$$

而且

$$[\hat{\boldsymbol{J}}^2,\hat{J}_z]=[\hat{\boldsymbol{J}}_1^2,\hat{J}_z]=[\hat{\boldsymbol{J}}_2^2,\hat{J}_z]=0$$

因此,可选取互为对易的$(\hat{\boldsymbol{J}}^2,\hat{\boldsymbol{J}}_1^2,\hat{\boldsymbol{J}}_2^2,\hat{J}_z)$为力学量完全集。设$(\hat{\boldsymbol{J}}^2,\hat{\boldsymbol{J}}_1^2,\hat{\boldsymbol{J}}_2^2,\hat{J}_z)$的共同本征矢量为$|j,j_1,j_2,m\rangle$,则

$$\hat{\boldsymbol{J}}^2|j,j_1,j_2,m\rangle=j(j+1)\hbar^2|j,j_1,j_2,m\rangle\tag{8-65}$$

$$\hat{\boldsymbol{J}}_1^2|j,j_1,j_2,m\rangle=j_1(j_1+1)\hbar^2|j,j_1,j_2,m\rangle\tag{8-66}$$

$$\hat{\boldsymbol{J}}_2^2|j,j_1,j_2,m\rangle=j_2(j_2+1)\hbar^2|j,j_1,j_2,m\rangle\tag{8-67}$$

$$\hat{J}_z|j,j_1,j_2,m\rangle=m\hbar|j,j_1,j_2,m\rangle\tag{8-68}$$

其中

$$j=j_1+j_2,j_1+j_2-1,j_1+j_2-2,\cdots,|j_1-j_2|\tag{8-69}$$

而对于每一个 j 值，m 的取值为

$$m = j, j-1, j-2, \cdots, -j \tag{8-70}$$

下面讨论 $|j_1 j_2 m_1 m_2\rangle$ 和 $|j, j_1, j_2, m\rangle$ 之间的关系。由于两个态矢量都含有 j_1、j_2，我们把两个态矢量简写为

$$|jm\rangle \equiv |j, j_1, j_2, m\rangle, \quad |m_1 m_2\rangle \equiv |j_1 j_2 m_1 m_2\rangle \tag{8-71}$$

并称 $|jm\rangle$ 和 $|m_1 m_2\rangle$ 分别为耦合基和无耦合基。利用单位算符，耦合基 $|jm\rangle$ 可用无耦合基 $|m_1 m_2\rangle$ 表示如下：

$$|jm\rangle = \sum_{m_1}\sum_{m_2} |m_1 m_2\rangle\langle m_1 m_2 | jm\rangle = \sum_{m_1+m_2=m} C_{m_1 m_2} |m_1 m_2\rangle \tag{8-72}$$

其中

$$C_{m_1 m_2} = \langle m_1 m_2 | jm\rangle \tag{8-73}$$

称为 Clebsch-Gordan 系数，简称 C-G 系数。显然，$m_1 + m_2 \neq m$ 时，C-G 系数等于 0。C-G 系数可利用升、降算符

$$\hat{J}_+ = \hat{J}_{1+} + \hat{J}_{2+} \tag{8-74}$$

$$\hat{J}_- = \hat{J}_{1-} + \hat{J}_{2-} \tag{8-75}$$

和态矢量的正交归一性求得。

【例 8-1】　设 $j_1 = 1, j_2 = \frac{1}{2}$，则 $m_1 = 1, 0, -1, m_2 = \frac{1}{2}, -\frac{1}{2}$。

$$j = j_1 + j_2 = \frac{3}{2}, m = \frac{3}{2}, \frac{1}{2}, -\frac{1}{2}, -\frac{3}{2} \quad 或 \quad j = j_1 - j_2 = \frac{1}{2}, m = \frac{1}{2}, -\frac{1}{2}$$

因此，可能的 $|jm\rangle$ 态有

$$\left|\frac{3}{2}\ \frac{3}{2}\right\rangle, \left|\frac{3}{2}\ \frac{1}{2}\right\rangle, \left|\frac{3}{2} - \frac{1}{2}\right\rangle, \left|\frac{3}{2} - \frac{3}{2}\right\rangle 和 \left|\frac{1}{2}\ \frac{1}{2}\right\rangle, \left|\frac{1}{2} - \frac{1}{2}\right\rangle$$

如果把这些耦合基用满足 $m_1 + m_2 = m$ 的无耦合基 $|m_1 m_2\rangle$ 的线性组合表示，则

$$\left|\frac{3}{2}\ \frac{3}{2}\right\rangle = \left|1\ \frac{1}{2}\right\rangle \tag{8-76}$$

$$\left|\frac{3}{2}\ \frac{1}{2}\right\rangle = a\left|1 - \frac{1}{2}\right\rangle + b\left|0\ \frac{1}{2}\right\rangle \tag{8-77}$$

$$\left|\frac{3}{2} - \frac{1}{2}\right\rangle = c\left|0 - \frac{1}{2}\right\rangle + d\left|-1\ \frac{1}{2}\right\rangle \tag{8-78}$$

$$\left|\frac{3}{2} - \frac{3}{2}\right\rangle = \left|-1 - \frac{1}{2}\right\rangle \tag{8-79}$$

和

$$\left|\frac{1}{2}\ \frac{1}{2}\right\rangle = e\left|1 - \frac{1}{2}\right\rangle + f\left|0\ \frac{1}{2}\right\rangle \tag{8-80}$$

$$\left|\frac{1}{2} - \frac{1}{2}\right\rangle = g\left|0 - \frac{1}{2}\right\rangle + h\left|-1\ \frac{1}{2}\right\rangle \tag{8-81}$$

下面利用升、降算符的性质确定 C-G 系数 a,b,c,d,e,f,g,h。要记住 $|m_1m_2\rangle\equiv|j_1j_2m_1m_2\rangle$，且有(以下计算中，取$\hbar\equiv1$)

$$\hat{J}_{\pm}|jm\rangle=\sqrt{j(j+1)-m(m\pm1)}\,|jm\pm1\rangle$$

$$\hat{J}_{1\pm}|m_1m_2\rangle=\sqrt{j_1(j_1+1)-m_1(m_1\pm1)}\,|m_1\pm1m_2\rangle$$

$$\hat{J}_{2\pm}|m_1m_2\rangle=\sqrt{j_2(j_2+1)-m_2(m_2\pm1)}\,|m_1m_2\pm1\rangle \tag{8-82}$$

现在把$\hat{J}_-=\hat{J}_{1-}+\hat{J}_{2-}$ 分别作用到式(8-76) 的左边和右边，则

$$\hat{J}_-\left|\frac{3}{2}\ \frac{3}{2}\right\rangle=(\hat{J}_{1-}+\hat{J}_{2-})\left|1\ \frac{1}{2}\right\rangle \tag{8-83}$$

但由于

$$\hat{J}_-\left|\frac{3}{2}\ \frac{3}{2}\right\rangle=\sqrt{\frac{3}{2}\left(\frac{3}{2}+1\right)-\frac{3}{2}\left(\frac{3}{2}-1\right)}\left|\frac{3}{2}\ \frac{1}{2}\right\rangle=\sqrt{3}\left|\frac{3}{2}\ \frac{1}{2}\right\rangle$$

$$\hat{J}_{1-}\left|1\ \frac{1}{2}\right\rangle=\sqrt{1(1+1)-1(1-1)}\left|0\ \frac{1}{2}\right\rangle=\sqrt{2}\left|0\ \frac{1}{2}\right\rangle$$

$$\hat{J}_{2-}\left|1\ \frac{1}{2}\right\rangle=\sqrt{\frac{1}{2}\left(\frac{1}{2}+1\right)-\frac{1}{2}\left(\frac{1}{2}-1\right)}\left|1-\frac{1}{2}\right\rangle=\left|1-\frac{1}{2}\right\rangle$$

因此

$$\sqrt{3}\left|\frac{3}{2}\ \frac{1}{2}\right\rangle=\left|1-\frac{1}{2}\right\rangle+\sqrt{2}\left|0\ \frac{1}{2}\right\rangle$$

或

$$\left|\frac{3}{2}\ \frac{1}{2}\right\rangle=\sqrt{\frac{1}{3}}\left|1-\frac{1}{2}\right\rangle+\sqrt{\frac{2}{3}}\left|0\ \frac{1}{2}\right\rangle \tag{8-84}$$

此式与式(8-77) 比较得

$$a=\sqrt{\frac{1}{3}},\quad b=\sqrt{\frac{2}{3}} \tag{8-85}$$

再把$\hat{J}_-=\hat{J}_{1-}+\hat{J}_{2-}$ 作用到式(8-84) 的两边，即

$$\hat{J}_-\left|\frac{3}{2}\ \frac{1}{2}\right\rangle=(\hat{J}_{1-}+\hat{J}_{2-})\left(\sqrt{\frac{1}{3}}\left|1-\frac{1}{2}\right\rangle+\sqrt{\frac{2}{3}}\left|0\ \frac{1}{2}\right\rangle\right) \tag{8-86}$$

但由于

$$\hat{J}_-\left|\frac{3}{2}\ \frac{1}{2}\right\rangle=2\left|\frac{3}{2}-\frac{1}{2}\right\rangle$$

$$\hat{J}_{1-}\left|0\ \frac{1}{2}\right\rangle=\sqrt{2}\left|-1\ \frac{1}{2}\right\rangle,\quad \hat{J}_{1-}\left|1-\frac{1}{2}\right\rangle=\sqrt{2}\left|0-\frac{1}{2}\right\rangle$$

$$\hat{J}_{2-}\left|0\ \frac{1}{2}\right\rangle=\left|0-\frac{1}{2}\right\rangle,\quad \hat{J}_{2-}\left|1-\frac{1}{2}\right\rangle=0$$

因此

$$2\left|\frac{3}{2}\ -\frac{1}{2}\right\rangle=\sqrt{\frac{2}{3}}\left(\sqrt{2}\left|-1\ \frac{1}{2}\right\rangle+\left|0\ -\frac{1}{2}\right\rangle\right)+\frac{1}{\sqrt{3}}\left(\sqrt{2}\left|0\ -\frac{1}{2}\right\rangle+0\right)$$

$$=\frac{2}{\sqrt{3}}\left|-1\ \frac{1}{2}\right\rangle+2\sqrt{\frac{2}{3}}\left|0\ -\frac{1}{2}\right\rangle$$

即

$$\left|\frac{3}{2}\ -\frac{1}{2}\right\rangle=\sqrt{\frac{1}{3}}\left|-1\ \frac{1}{2}\right\rangle+\sqrt{\frac{2}{3}}\left|0\ -\frac{1}{2}\right\rangle \tag{8-87}$$

此式与式(8-78)比较得

$$c=\sqrt{\frac{2}{3}},\quad d=\sqrt{\frac{1}{3}} \tag{8-88}$$

系数 e,f,g,h 可由本征矢的正交、归一性求得。

由态矢 $\left|\frac{1}{2}\ \frac{1}{2}\right\rangle$ 和 $\left|\frac{3}{2}\ \frac{1}{2}\right\rangle$ 的正交性

$$\left\langle\frac{3}{2}\ \frac{1}{2}\middle|\frac{1}{2}\ \frac{1}{2}\right\rangle=0=\left(\sqrt{\frac{2}{3}}\left\langle 0\ \frac{1}{2}\right|+\sqrt{\frac{1}{3}}\left\langle 1\ -\frac{1}{2}\right|\right)\left(e\left|1\ -\frac{1}{2}\right\rangle+f\left|0\ \frac{1}{2}\right\rangle\right)$$

$$=\frac{e}{\sqrt{3}}+\sqrt{\frac{2}{3}}f$$

因此

$$e=-\sqrt{2}f$$

再利用归一性条件

$$\left\langle\frac{1}{2}\ \frac{1}{2}\middle|\frac{1}{2}\ \frac{1}{2}\right\rangle=\left(e^*\left\langle 1\ -\frac{1}{2}\right|+f^*\left\langle 0\ \frac{1}{2}\right|\right)\left(e\left|1\ -\frac{1}{2}\right\rangle+f\left|0\ \frac{1}{2}\right\rangle\right)$$

$$=|e|^2+|f|^2$$

$$=1$$

可算出

$$e=-\sqrt{\frac{2}{3}},\quad f=\sqrt{\frac{1}{3}} \tag{8-89}$$

同理，由 $\left|\frac{3}{2}\ -\frac{1}{2}\right\rangle$ 和 $\left|\frac{1}{2}\ -\frac{1}{2}\right\rangle$ 态的正交归一性求得

$$g=\sqrt{\frac{1}{3}},\quad h=-\sqrt{\frac{2}{3}} \tag{8-90}$$

把所求得的 C-G 系数代回原方程得

$$
\begin{cases}
\left|\frac{3}{2}\ \frac{3}{2}\right\rangle = \left|1\ \frac{1}{2}\right\rangle \\
\left|\frac{3}{2}\ \frac{1}{2}\right\rangle = \sqrt{\frac{2}{3}}\left|0\ \frac{1}{2}\right\rangle + \sqrt{\frac{1}{3}}\left|1 - \frac{1}{2}\right\rangle \\
\left|\frac{3}{2} - \frac{1}{2}\right\rangle = \sqrt{\frac{2}{3}}\left|0 - \frac{1}{2}\right\rangle + \sqrt{\frac{1}{3}}\left|-1\ \frac{1}{2}\right\rangle \\
\left|\frac{3}{2} - \frac{3}{2}\right\rangle = \left|-1 - \frac{1}{2}\right\rangle \\
\left|\frac{1}{2}\ \frac{1}{2}\right\rangle = \sqrt{\frac{1}{3}}\left|0\ \frac{1}{2}\right\rangle - \sqrt{\frac{2}{3}}\left|1 - \frac{1}{2}\right\rangle \\
\left|\frac{1}{2} - \frac{1}{2}\right\rangle = \sqrt{\frac{1}{3}}\left|0 - \frac{1}{2}\right\rangle - \sqrt{\frac{2}{3}}\left|-1\ \frac{1}{2}\right\rangle
\end{cases}
\tag{8-91}
$$

C-G 系数也可以通过查表 8-1 确定。

表 8-1　　C-G 系数表

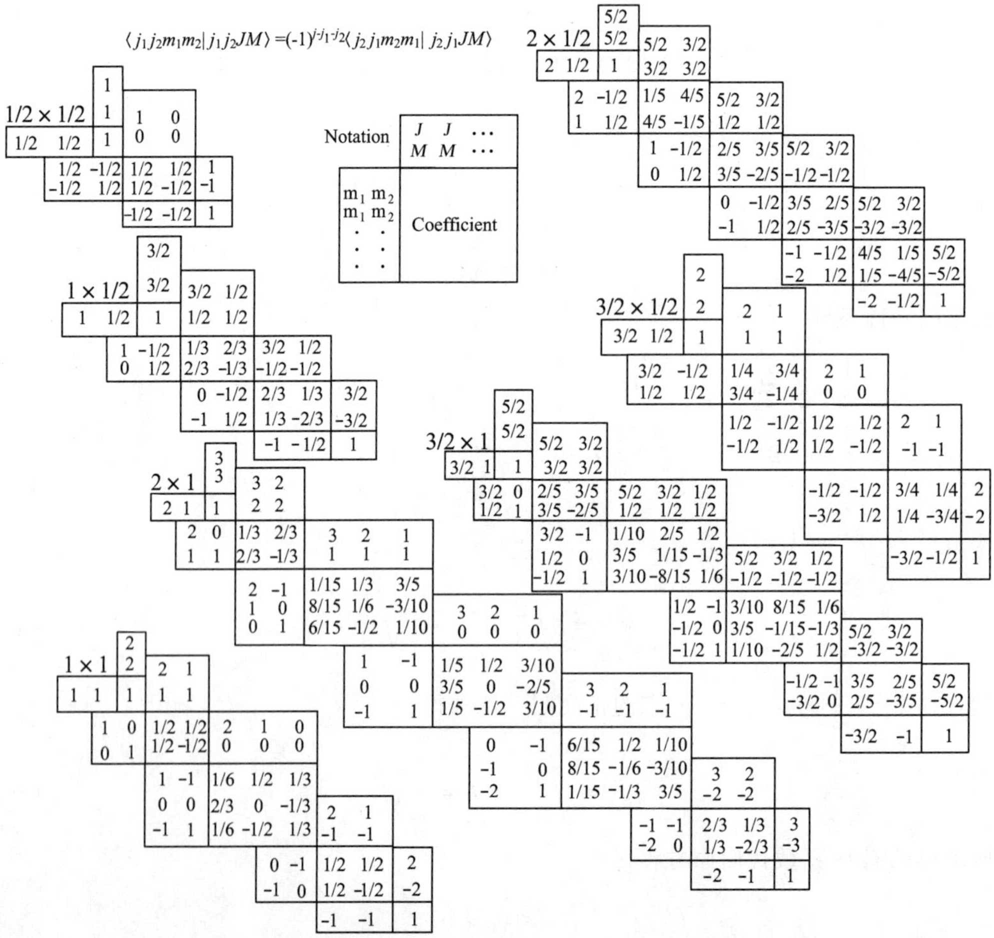

要注意，表中的任何一个 C-G 系数都理解为带根号。例如，$-\frac{8}{15}$ 理解为 $-\sqrt{\frac{8}{15}}$。

8.3.2　两个自旋角动量的耦合

自旋角动量的耦合也遵从前面讲的角动量合成法则。下面我们以两个电子的耦合体系为例，讨论自旋角动量的合成。设两个电子的自旋角动量分别为$\hat{\boldsymbol{S}}_1$ 和$\hat{\boldsymbol{S}}_2$，则体系的总自旋角动量为

$$\hat{\boldsymbol{S}} = \hat{\boldsymbol{S}}_1 + \hat{\boldsymbol{S}}_2,\quad \hat{S}_i = \hat{S}_{1i} + \hat{S}_{2i}\quad (i = x, y, z) \tag{8-92}$$

$\hat{\boldsymbol{S}}$ 的三个分量满足对易关系

$$[\hat{S}_x, \hat{S}_y] = \mathrm{i}\hbar \hat{S}_z,\quad [\hat{S}_y, \hat{S}_z] = \mathrm{i}\hbar \hat{S}_x,\quad [\hat{S}_z, \hat{S}_x] = \mathrm{i}\hbar \hat{S}_y \tag{8-93}$$

总自旋角动量的平方算符可表示为$\hat{\boldsymbol{S}}^2 = \hat{S}_x^2 + \hat{S}_y^2 + \hat{S}_z^2$，它满足

$$[\hat{\boldsymbol{S}}^2, \hat{S}_i] = 0 \tag{8-94}$$

如前所讨论，对耦合体系可选取两种不同的力学量完全集：$(\hat{\boldsymbol{S}}_1^2, \hat{\boldsymbol{S}}_2^2, \hat{S}_{1z}, \hat{S}_{2z})$ 和$(\hat{\boldsymbol{S}}^2, \hat{\boldsymbol{S}}_1^2, \hat{\boldsymbol{S}}_2^2, \hat{S}_z)$，对应的本征矢量分别记作

$$|s_1 s_2 s_{1z} s_{2z}\rangle \equiv |s_{1z} s_{2z}\rangle,\quad |s s_1 s_2 s_z\rangle \equiv |s s_z\rangle \tag{8-95}$$

其中，$|s_{1z} s_{2z}\rangle$ 为无耦合基，$|s s_z\rangle$ 为耦合基。两种基之间的关系是

$$|s s_z\rangle = \sum_{s_{1z}+s_{2z}=s_z} C_{s_{1z}s_{2z}} |s_{1z} s_{2z}\rangle \tag{8-96}$$

对两个电子体系，由于每个电子的自旋都是 1/2，因此

$$\begin{aligned} s_1 &= \frac{1}{2},\quad s_{1z} = \frac{1}{2}, -\frac{1}{2} \\ s_2 &= \frac{1}{2},\quad s_{2z} = \frac{1}{2}, -\frac{1}{2} \end{aligned} \tag{8-97}$$

由此可得，耦合体系的 $s = 1$ 或 0，$s_z = 1, 0, -1$ 或 0，因此，$\hat{\boldsymbol{S}}^2$ 和$\hat{S}_z$ 的共同本征态$|s s_z\rangle$ 共有 4 个：

$$|11\rangle, |10\rangle, |1-1\rangle\quad (s = 1 \text{ 的三重态}) \tag{8-98}$$

和

$$|00\rangle\quad (s = 0 \text{ 的单态}) \tag{8-99}$$

这些态可以用$\hat{S}_{1z}$ 和$\hat{S}_{2z}$ 的共同本征态 $|s_{1z} s_{2z}\rangle$ 来描述：

$$\begin{cases} |11\rangle = \left|\frac{1}{2}\ \frac{1}{2}\right\rangle \\ |10\rangle = \sqrt{\frac{1}{2}}\left(\left|\frac{1}{2} -\frac{1}{2}\right\rangle + \left|-\frac{1}{2}\ \frac{1}{2}\right\rangle\right) \\ |1-1\rangle = \left|-\frac{1}{2} -\frac{1}{2}\right\rangle \\ |00\rangle = \sqrt{\frac{1}{2}}\left(\left|\frac{1}{2} -\frac{1}{2}\right\rangle - \left|-\frac{1}{2}\ \frac{1}{2}\right\rangle\right) \end{cases} \tag{8-100}$$

容易证明，自旋三重态是$\hat{\boldsymbol{S}}^2$ 的本征值为 $2\hbar^2$ 的本征态，自旋单态是$\hat{\boldsymbol{S}}^2$ 的本征值为 0 的本

征态。同时,自旋三重态和自旋单态是$\hat{S}_z$的本征值分别为$\hbar$,0,$-\hbar$和0的本征态。我们看到,自旋三重态对两个电子的交换对称,而自旋单态对两个电子的交换反对称。

同样方法,我们可以讨论两个轨道角动量的耦合问题。

8.3.3 自旋-轨道角动量的耦合

设体系的轨道角动量算符为$\hat{\boldsymbol{l}}$,自旋角动量算符为$\hat{\boldsymbol{S}}$,则总角动量

$$\hat{\boldsymbol{J}}=\hat{\boldsymbol{l}}+\hat{\boldsymbol{S}},\quad \hat{\boldsymbol{J}}^2=\hat{\boldsymbol{l}}^2+\hat{\boldsymbol{S}}^2+2\hat{\boldsymbol{l}}\cdot\hat{\boldsymbol{S}} \tag{8-101}$$

考虑自旋为1/2粒子的自旋-轨道耦合。设轨道角动量量子数为l,则总角动量量子数j取

$$j=l\pm\frac{1}{2} \tag{8-102}$$

相应地,$m_j=m_l\pm\frac{1}{2}$。给定l以后,可按角动量的合成法则,确定耦合体系的总角动量量子数j及其z分量m_j,从而可以求出耦合体系的态矢。

8.3.4 粒子自旋的纠缠,Bell 基

由式(8-100)的第1式和第3式的非耦合基,我们可以构造出

$$\sqrt{\frac{1}{2}}\left(\left|\frac{1}{2}\,\frac{1}{2}\right\rangle+\left|-\frac{1}{2}\,-\frac{1}{2}\right\rangle\right),\quad \sqrt{\frac{1}{2}}\left(\left|\frac{1}{2}\,\frac{1}{2}\right\rangle-\left|-\frac{1}{2}\,-\frac{1}{2}\right\rangle\right)$$

两式,将这两式和式(8-100)的第2式、第4式改写成如下形式:

$$\begin{cases}|\varphi^+\rangle_{12}=\sqrt{\frac{1}{2}}(|00\rangle_{12}+|11\rangle_{12})\\ |\varphi^-\rangle_{12}=\sqrt{\frac{1}{2}}(|00\rangle_{12}-|11\rangle_{12})\\ |\psi^+\rangle_{12}=\sqrt{\frac{1}{2}}(|01\rangle_{12}+|10\rangle_{12})\\ |\psi^-\rangle_{12}=\sqrt{\frac{1}{2}}(|01\rangle_{12}-|10\rangle_{12})\end{cases} \tag{8-103}$$

在上式中,$|0\rangle$代表自旋朝上态$\left|\frac{1}{2}\right\rangle$,$|1\rangle$代表自旋朝下态$\left|-\frac{1}{2}\right\rangle$,$|00\rangle_{12}\equiv|0\rangle_1\otimes|0\rangle_2$,$|01\rangle_{12}\equiv|0\rangle_1\otimes|1\rangle_2$等,下标1和2分别代表第1个电子和第2个电子的编号。

可以看到,这4个态中的任何一个态都不能写成两个单粒子态的直积形式。比如说,$|\psi^+\rangle_{12}$不能写成

$$|\psi^+\rangle_{12}=(a|0\rangle_1+b|1\rangle_1)\otimes(c|0\rangle_2+d|1\rangle_2) \tag{8-104}$$

的形式。在第2章我们已经指出,如果一个多粒子体系的态矢量不能写成单粒子态的直积形式,那么称这个多粒子态为纠缠态。因此式(8-103)中的四个态都是电子的自旋纠缠态。通常把式(8-103)中的四个态称为Bell基,Bell基不再是$\hat{\boldsymbol{S}}^2$和$\hat{S}_z$的共同本征态。

纠缠态具有很奇妙的特性。由于两个粒子的自旋纠缠在一起,当我们把两个粒子分开,

并相距很远时，两个粒子的自旋纠缠依然存在。因此，如果我们把两个粒子分开后，对其中的一个粒子进行自旋测量，则必然影响另一个粒子的自旋态(非局域性)。相距很远的两个粒子之间存在关联，为两个粒子所在地方提供了交换信息的可能性。因此，量子态的纠缠性和非局域性孕育了一种新的交叉学科 —— 量子信息学。关于量子信息学，我们将在第 11 章再做介绍。

8.4　自旋磁矩与外磁场的相互作用

类似于轨道磁矩，微观粒子还存在着与自旋角动量相联系的自旋磁矩(magnetic moment of spin)$\boldsymbol{\mu}_s$。考虑电子，则电子自旋磁矩的大小和自旋角动量成正比。实验表明，

$$\boldsymbol{\mu}_s = \frac{e}{m_e c}\hat{\boldsymbol{S}} \quad (e < 0) \tag{8-105}$$

可见，与轨道磁矩 $\boldsymbol{\mu}_l = \frac{e}{2m_e c}\hat{\boldsymbol{l}}$ 相比，其系数差$\frac{1}{2}$。

如果我们考虑自旋磁矩的 z 分量的大小，则

$$\mu_{s_z} = \frac{e}{m_e c}m_s\hbar = \begin{cases} \dfrac{e\hbar}{2m_e c}, & m_s = \dfrac{1}{2} \\ -\dfrac{e\hbar}{2m_e c}, & m_s = -\dfrac{1}{2} \end{cases} \tag{8-106}$$

其中，m_s 为自旋角动量量子数的 z 分量。由此可见，由于自旋角动量的空间量子化，电子的自旋磁矩在 z 方向的投影可取两个可能值，它们的大小相等，符号相反。由式(8-106)

$$\frac{\mu_{s_z}}{m_s\hbar} = \frac{e}{m_e c}$$

我们看到，以 $|e|/2m_e c$ 为单位，自旋磁矩的 g 因子为 -2。

自旋磁矩也可以用 Bohr 磁子

$$\mu_{\mathrm{B}} \equiv \frac{|e|\hbar}{2m_e c} \tag{8-107}$$

来表示

$$\boldsymbol{\mu}_s = \frac{e}{m_e c}\hat{\boldsymbol{S}} = -\frac{2}{\hbar}\mu_{\mathrm{B}}\hat{\boldsymbol{S}} \tag{8-108}$$

现在考虑自旋磁矩与外磁场的相互作用。设一自旋为 1/2 的粒子，如电子，置于一均匀磁场 $\boldsymbol{B}$ 中，则电子的自旋磁矩与外磁场相互作用，相互作用 Hamilton 量为

$$\hat{H} = -\boldsymbol{\mu}_s\cdot\boldsymbol{B} = -\frac{e}{m_e c}\hat{\boldsymbol{S}}\cdot\boldsymbol{B} \tag{8-109}$$

我们取 $\boldsymbol{B}$ 的方向为坐标系的 z 轴方向，则磁场 $\boldsymbol{B} = (0,0,B)$，B 为 $\boldsymbol{B}$ 的大小。因此

$$\hat{H} = -\frac{e}{m_e c}\hat{\boldsymbol{S}}\cdot\boldsymbol{B} = -\frac{e\hbar}{2m_e c}\boldsymbol{\sigma}\cdot\boldsymbol{B} = -\frac{e\hbar B}{2m_e c}\sigma_z = \hbar\omega\begin{pmatrix}1 & 0 \\ 0 & -1\end{pmatrix} \tag{8-110}$$

其中，$\omega \equiv |e|B/2m_e c$。设粒子的自旋波函数

$$|\psi\rangle = \begin{pmatrix}\psi_1 \\ \psi_2\end{pmatrix} \tag{8-111}$$

则 Schrödinger 方程为

$$\mathrm{i}\hbar\frac{\mathrm{d}}{\mathrm{d}t}\begin{pmatrix}\psi_1\\ \psi_2\end{pmatrix}=\hbar\omega\begin{pmatrix}1 & 0\\ 0 & -1\end{pmatrix}\begin{pmatrix}\psi_1\\ \psi_2\end{pmatrix} \tag{8-112}$$

由此得到

$$\begin{cases}\mathrm{i}\hbar\dfrac{\mathrm{d}\psi_1}{\mathrm{d}t}=\hbar\omega\psi_1\\ \mathrm{i}\hbar\dfrac{\mathrm{d}\psi_2}{\mathrm{d}t}=-\hbar\omega\psi_2\end{cases} \tag{8-113}$$

因此

$$\begin{cases}\psi_1=C_1\mathrm{e}^{-\mathrm{i}\omega t}\\ \psi_2=C_2\mathrm{e}^{\mathrm{i}\omega t}\end{cases} \tag{8-114}$$

假设粒子在初始时刻自旋朝 x 轴正向极化(自旋朝上)，即

$$|\psi(0)\rangle=|\uparrow_x\rangle=\frac{1}{\sqrt{2}}\begin{pmatrix}1\\ 1\end{pmatrix} \tag{8-115}$$

则利用此初始条件可以得到

$$C_1=C_2=\frac{1}{\sqrt{2}} \tag{8-116}$$

从而

$$|\psi(t)\rangle=\frac{1}{\sqrt{2}}\begin{bmatrix}\mathrm{e}^{-\mathrm{i}\omega t}\\ \mathrm{e}^{\mathrm{i}\omega t}\end{bmatrix}=\frac{1}{\sqrt{2}}\left\{\mathrm{e}^{-\mathrm{i}\omega t}\begin{pmatrix}1\\ 0\end{pmatrix}+\mathrm{e}^{\mathrm{i}\omega t}\begin{pmatrix}0\\ 1\end{pmatrix}\right\} \tag{8-117}$$

由这个结果，我们可以计算，在 x、y、z 各个方向上粒子的自旋朝上或朝下的概率($\hat{S}_x$, $\hat{S}_y$, $\hat{S}_z$ 的测值为 $\hbar/2$ 和 $-\hbar/2$ 的概率)：

$$\begin{cases}P(\uparrow_x)=|\langle\uparrow_x|\psi(t)\rangle|^2=\cos^2\omega t\\ P(\downarrow_x)=|\langle\downarrow_x|\psi(t)\rangle|^2=\sin^2\omega t\\ P(\uparrow_y)=|\langle\uparrow_y|\psi(t)\rangle|^2=\cos^2\left(\omega t-\dfrac{\pi}{4}\right)\\ P(\downarrow_y)=|\langle\downarrow_y|\psi(t)\rangle|^2=\sin^2\left(\omega t-\dfrac{\pi}{4}\right)\\ P(\uparrow_z)=|\langle\uparrow_z|\psi(t)\rangle|^2=P(\downarrow_z)=\dfrac{1}{2}\end{cases} \tag{8-118}$$

8.5 反常 Zeeman 效应

在第 7 章中我们讨论过，当把类氢离子放在均匀磁场中时(在不考虑自旋的情况下)，体系的 Hamilton 量为

$$\hat{H}=\frac{1}{2\mu}\left(\hat{\boldsymbol{p}}-\frac{e}{c}\boldsymbol{A}\right)^2-\frac{Ze^2}{r} \tag{8-119}$$

在此，我们用 μ 表示电子的质量，以便与磁量子数 m 相区别。假定磁场是

反常 Zeeman 效应

沿 z 轴方向，并选取 $\boldsymbol{A}=\frac{1}{2}\boldsymbol{B}\times\boldsymbol{r}$。则 Hamilton 量变为(忽略 B^2 项)

$$\hat{H}=\frac{\hat{\boldsymbol{p}}^2}{2\mu}-\frac{Ze^2}{r}-\frac{eB}{2\mu c}\hat{l}_z \tag{8-120}$$

在式(8-120)中的第三项代表价电子的轨道磁矩与外磁场的相互作用能量。由于此项的存在，电子的能量本征值比起无外场时能量附加一项

$$\Delta E=-\frac{eB\hbar m}{2\mu c},\quad m=0,\pm 1,\pm 2,\cdots \tag{8-121}$$

从而，能级分裂(奇数条)，这就是正常 Zeeman 效应。

如果我们再把电子的自旋考虑进去，则体系的 Hamilton 量中应出现外磁场和电子自旋磁矩的相互作用项和自旋 - 轨道耦合项，因此体系的 Hamilton 量将变为

$$\hat{H}=\frac{\hat{\boldsymbol{p}}^2}{2\mu}-\frac{Ze^2}{r}-\frac{eB}{2\mu c}(\hat{l}_z+2\hat{S}_z)+f(r)\hat{\boldsymbol{S}}\cdot\hat{\boldsymbol{l}} \tag{8-122}$$

如果外加磁场 B 的作用比自旋 - 轨道的耦合强得多，式(8-122)的最后一项可以忽略。此时，$\hat{H}$ 可以写为

$$\hat{H}=\frac{\hat{\boldsymbol{p}}^2}{2\mu}-\frac{Ze^2}{r}-\frac{eB}{2\mu c}(\hat{l}_z+2\hat{S}_z) \tag{8-123}$$

由于自旋 - 轨道角动量的耦合项不存在，可选取$(\hat{H},\hat{\boldsymbol{l}}^2,\hat{l}_z,\hat{S}_z)$为力学量完全集，其共同本征函数可写为

$$\psi_{nlmm_s}(r,\theta,\varphi,s_z)=\psi_{nlm}(r,\theta,\varphi)\chi_{m_s}(s_z) \tag{8-124}$$

其中，$\chi_{m_s}(s_z)$代表自旋波函数。而能量本征值

$$\begin{aligned}E&=E_n+E_{mm_s}=E_n-\frac{eB\hbar}{2\mu c}(m+2m_s)\quad(\text{因 }2m_s=\pm 1)\\&=E_n-\frac{eB\hbar}{2\mu c}m\mp\frac{eB\hbar}{2\mu c}=E_{nm}\mp\Delta E'\end{aligned} \tag{8-125}$$

附加能量

$$\Delta E'=\frac{eB\hbar}{2\mu c}$$

的存在对正常 Zeeman 效应无影响，因为它只是把能级往上或往下移动 $eB\hbar/2\mu c$。

但是，如果外磁场很弱，式(8-122)中的自旋 - 轨道耦合不比外磁场的作用小，不能忽略此项时，可以证明$[\hat{H},\hat{\boldsymbol{J}}^2]\neq 0$，$\hat{\boldsymbol{J}}^2$ 不再是守恒量。利用微扰理论可以计算，这时的能量附加值

$$\Delta E=-\frac{eB\hbar}{2\mu c}m_j g_j \tag{8-126}$$

其中，$m_j=m+\frac{1}{2}$ 或 $m-\frac{1}{2}$。g_j 为 Lande 因子，它取决于 j 值，其值为

$$g_j=1+\frac{j(j+1)+s(s+1)-l(l+1)}{2j(j+1)} \tag{8-127}$$

由式(8-126)可见，由于 m_j 可取 $m\pm\frac{1}{2}$，能级分裂成两条(偶数条)。这就是反常 Zeeman 效应(anomalous Zeeman effect)。

本章小结

习　题

8-1　试证：$(\boldsymbol{\sigma}\cdot\boldsymbol{A})(\boldsymbol{\sigma}\cdot\boldsymbol{B})=\boldsymbol{A}\cdot\boldsymbol{B}+\mathrm{i}\boldsymbol{\sigma}\cdot(\boldsymbol{A}\times\boldsymbol{B})$，其中，$\boldsymbol{A}$、$\boldsymbol{B}$ 为与 Pauli 矩阵 σ_x、σ_y、σ_z 对易的任意矢量算符。

8-2　利用上题的结果证明：$(\boldsymbol{\sigma}\cdot\hat{\boldsymbol{p}})^2=\hat{\boldsymbol{p}}^2$，　$(\boldsymbol{\sigma}\cdot\hat{\boldsymbol{l}})^2=\hat{\boldsymbol{l}}^2-\hbar\boldsymbol{\sigma}\cdot\hat{\boldsymbol{l}}$。其中，$\hat{\boldsymbol{p}}$ 和 $\hat{\boldsymbol{l}}$ 分别为三维动量和角动量算符。

8-3　对自旋为 $\frac{1}{2}$ 的粒子体系，定义自旋交换算符：$P_{12}=\frac{1}{2}(1+\boldsymbol{\sigma}_1\cdot\boldsymbol{\sigma}_2)$。求证：

(1) $(\boldsymbol{\sigma}_1\cdot\boldsymbol{\sigma}_2)^2=3-2\boldsymbol{\sigma}_1\cdot\boldsymbol{\sigma}_2$；

(2) 由此证明 $P_{12}^2=1$（故 $P_{12}^{-1}=P_{12}$）；

(3) $P_{12}\left|\frac{1}{2},-\frac{1}{2}\right\rangle=\left|-\frac{1}{2},\frac{1}{2}\right\rangle$，　$P_{12}\left|-\frac{1}{2},\frac{1}{2}\right\rangle=\left|\frac{1}{2},-\frac{1}{2}\right\rangle$。

8-4　两个自旋 $\frac{1}{2}$ 粒子（记为 1 和 2）处于自旋单态，$|\Psi^-\rangle=\sqrt{\frac{1}{2}}\left(\left|\frac{1}{2}-\frac{1}{2}\right\rangle-\left|-\frac{1}{2}\ \frac{1}{2}\right\rangle\right)$，证明粒子 1 的自旋 $\boldsymbol{a}$ 方向分量和粒子 2 自旋 $\boldsymbol{b}$ 方向分量满足

$$\langle\Psi^-\ |(\boldsymbol{\sigma}\cdot\boldsymbol{a})(\boldsymbol{\sigma}\cdot\boldsymbol{b})|\ \Psi^-\rangle=-\boldsymbol{a}\cdot\boldsymbol{b}$$

8-5　在 σ_z 表象中，求 σ_x 的本征值和本征矢量。

8-6　在 $\hat{S}_z$ 的本征态 $|\uparrow_z\rangle=\begin{pmatrix}1\\0\end{pmatrix}$ 下，求 $(\Delta S_x)^2$ 和 $(\Delta S_y)^2$。

8-7　在 $\hat{S}_z$ 的本征态 $|\uparrow_z\rangle=\begin{pmatrix}1\\0\end{pmatrix}$ 下，求 $\boldsymbol{\sigma}\cdot\boldsymbol{n}$ 的可能测值及相应的概率。

8-8　求证下列关系式：

(1) $\mathrm{e}^{\mathrm{i}\theta\sigma_z}=\cos\theta+\mathrm{i}\sigma_z\sin\theta$；

(2) $\mathrm{e}^{\mathrm{i}\boldsymbol{\theta}\cdot\boldsymbol{\sigma}}=\cos\theta+\mathrm{i}\boldsymbol{\sigma}\cdot\boldsymbol{n}\sin\theta$　（$\boldsymbol{n}$ 为 θ 方向的单位矢量）；

(3) $\mathrm{Tr}\,\mathrm{e}^{\mathrm{i}\boldsymbol{\theta}\cdot\boldsymbol{\sigma}}=2\cos\theta$；

(4) $\mathrm{e}^{\mathrm{i}\theta\sigma_z}\sigma_x\mathrm{e}^{-\mathrm{i}\theta\sigma_z}=\sigma_x\cos2\theta-\sigma_y\sin2\theta$。

8-9　一电子在沿 z 方向的均匀磁场 B 中运动。设 $t=0$ 时，电子的自旋波函数为

$$\begin{pmatrix}a(0)\\b(0)\end{pmatrix}=\begin{pmatrix}\mathrm{e}^{-\mathrm{i}\alpha}\cos\beta\\\mathrm{e}^{\mathrm{i}\alpha}\sin\beta\end{pmatrix}$$

求在任意时刻 t 电子的自旋波函数。

8-10　一电子在沿 x 方向的均匀磁场 B 中运动。$t=0$ 时，电子的自旋向 z 轴的正向极化。求：

(1) 在任意时刻 t，电子的自旋波函数；

(2) $\hat{S}_x$、$\hat{S}_y$、$\hat{S}_z$ 的平均值；

(3) $\hat{S}_z$ 的测值为 $\hbar/2$ 和 $-\hbar/2$ 的概率。

(4) 再加一个沿 z 方向的均匀磁场 B_0，求 t 时刻体系状态 $\psi(t)$。

8-11　一电子在 $t<0$ 时处于沿 z 方向的均匀磁场 B_0 中。当 $t\geqslant0$ 时，再加一个与 z 轴垂直的旋转磁场 $\boldsymbol{B}(t)=B\cos2\omega_0t\cdot\boldsymbol{i}+B\sin2\omega_0t\cdot\boldsymbol{j}$，其中 $\omega_0=\frac{|e|B_0}{2m_ec}$。已知在 $t\leqslant0$ 时，电子自旋向正 z 轴的正向极化。

(1) 求 $t>0$ 时的电子的自旋波函数；

(2) 问经多长时间，电子的自旋反向。

8-12　在非相对论情况下，处于恒定的均匀外磁场中的自由电子的磁矩为 μ_s，试确定算符 $\frac{\mathrm{d}\mu_s}{\mathrm{d}t}$ 的表

达式。

8-13　一个具有两个电子的原子，处于单态($S=0$)。证明：自旋 - 轨道耦合作用 $\xi(r)S\cdot L$ 对能量无贡献。

8-14　给定角动量量子数 $j=1$，求：

(1) 在角动量算符 $\hat{J}_z$ 的表象中，$\hat{J}_x$、$\hat{J}_y$、$\hat{J}_z$ 的矩阵表示；

(2) 已知 $\hat{J}_z$ 的本征值为 $\hbar$，0，$-\hbar$ 的本征矢量分别为

$$|11\rangle=\begin{pmatrix}1\\0\\0\end{pmatrix},\quad |10\rangle=\begin{pmatrix}0\\1\\0\end{pmatrix},\quad |1-1\rangle=\begin{pmatrix}0\\0\\1\end{pmatrix}$$

求：在 $|11\rangle$ 态下，$\hat{J}_x$、$\hat{J}_y$ 的平均值。

8-15　两个电子的自旋算符分别为 $\hat{\boldsymbol{S}}_1$ 和 $\hat{\boldsymbol{S}}_2$。两个自旋的无耦合基用 $|s_{1z}s_{2z}\rangle$ 表示，耦合基用 $|ss_z\rangle$ 表示。两种基之间的关系为

$\lvert ss_z\rangle$	$\lvert s_{1z}s_{2z}\rangle$
$\lvert 11\rangle=$	$\left\lvert\frac{1}{2}\ \frac{1}{2}\right\rangle$
$\lvert 10\rangle=$	$a\left\lvert\frac{1}{2}\ -\frac{1}{2}\right\rangle+b\left\lvert-\frac{1}{2}\ \frac{1}{2}\right\rangle$
$\lvert 1-1\rangle=$	$\left\lvert-\frac{1}{2}\ -\frac{1}{2}\right\rangle$
$\lvert 00\rangle=$	$c\left\lvert\frac{1}{2}\ -\frac{1}{2}\right\rangle+d\left\lvert-\frac{1}{2}\ \frac{1}{2}\right\rangle$

试确定 C-G 系数 a、b、c、d。

8-16　利用第 13 题的结果，试计算：

(1) $\hat{S}_{1z}|11\rangle$，$\hat{S}_{1z}|10\rangle$，$\hat{S}_{1z}|1-1\rangle$，$\hat{S}_{1z}|00\rangle$；

(2) $\hat{S}_x|11\rangle$，$\hat{S}_x|10\rangle$，$\hat{S}_x|1-1\rangle$，$\hat{S}_x|00\rangle$。

计算时可取 $\hbar=1$。

第9章

定态微扰论

在前几章,我们已介绍了量子力学的基本概念和基本原理,并利用这些原理求解了一些较简单的问题,如谐振子的能量本征值问题、类氢离子的能量本征值问题等。对这些简单体系,我们可以精确求解。但是量子力学的许多实际问题,因为体系的 Hamilton 量复杂,很难求出其精确解,甚至是无法求解。例如在多电子原子中,除了价电子与原子核的 Coulomb 相互作用外,还存在电子与电子之间的相互作用。这一类多体问题,由于难以求其精确解,一般采取一些近似方法求其近似解。在量子力学中常用的近似方法有微扰法、变分法、W. K. B 方法、绝热近似法等,其中应用最广泛的方法就是微扰理论(perturbation theory)。本章将介绍怎样用微扰方法求解较复杂的量子力学问题。

9.1 非简并定态微扰论

束缚态问题的核心是求解体系的能量本征值和本征函数,能量本征值一般取离散值。所求得的能量本征值在有些问题中是简并的,而在有些问题中是非简并的。在同一问题中,也可以同时出现简并能级和非简并能级。例如,氢原子的基态能级是非简并的,但激发态能级是简并的。本节将用微扰方法先讨论非简并情况下的能量本征值问题,下一节再讨论简并微扰问题。

设一个量子体系的 Hamilton 量为 $\hat{H}$(不含时),则体系的能量本征值方程为

$$\hat{H}\psi=E\psi \tag{9-1}$$

我们的目的是解方程(9-1),求体系的能量本征值 E 和能量本征函数 ψ。但是,对于较复杂的量子体系,求出方程(9-1)的精确解是很困难的,甚至无法求解。这时我们可以利用微扰理论求方程的近似解。

设方程(9-1)中的 Hamilton 量 $\hat{H}$ 可以分解成两部分,即

$$\hat{H}=\hat{H}_0+\hat{H}' \tag{9-2}$$

其中,$\hat{H}_0$ 的本征值和本征函数容易求解或已知,设其本征值方程为

$$\hat{H}_0\psi_n^{(0)}=E_n^{(0)}\psi_n^{(0)},\quad n=0,1,2,\cdots \tag{9-3}$$

而 $\hat{H}'$ 是对体系的一种微扰,$\hat{H}'$ 可以写成

$$\hat{H}'=\lambda\hat{w} \tag{9-4}$$

其中,λ 是表示这一微扰强度的一种参量,$|\lambda|\ll1$。所谓的微扰方法就是在已知 $\hat{H}_0$ 的本征

值 $E_n^{(0)}$ 和本征函数 $\psi_n^{(0)}$ 的基础上，再把微扰 $\lambda\hat{w}$ 的影响逐级考虑进去，解出方程式(9-1)的尽可能精确的能量本征值和本征函数。

将方程(9-1)中的 E 和 ψ 进行 λ 的幂级数展开：

$$\begin{aligned}E&=E^{(0)}+\lambda E^{(1)}+\lambda^2E^{(2)}+\cdots\\ \psi&=\psi^{(0)}+\lambda\psi^{(1)}+\lambda^2\psi^{(2)}+\cdots\end{aligned}\tag{9-5}$$

代入到方程(9-1)得

$$\begin{aligned}&(\hat{H}_0+\lambda\hat{w})(\psi^{(0)}+\lambda\psi^{(1)}+\lambda^2\psi^{(2)}+\cdots)\\ &=(E^{(0)}+\lambda E^{(1)}+\lambda^2E^{(2)}+\cdots)(\psi^{(0)}+\lambda\psi^{(1)}+\lambda^2\psi^{(2)}+\cdots)\end{aligned}\tag{9-6}$$

整理后得

$$\begin{aligned}&\hat{H}_0\psi^{(0)}+\lambda(\hat{H}_0\psi^{(1)}+\hat{w}\psi^{(0)})+\lambda^2(\hat{H}_0\psi^{(2)}+\hat{w}\psi^{(1)})+\cdots\\ &=E^{(0)}\psi^{(0)}+\lambda(E^{(0)}\psi^{(1)}+E^{(1)}\psi^{(0)})+\lambda^2(E^{(0)}\psi^{(2)}+E^{(1)}\psi^{(1)}+E^{(2)}\psi^{(0)})+\cdots\end{aligned}\tag{9-7}$$

比较 λ 的同次幂系数得

λ^0：
$$\hat{H}_0\psi^{(0)}=E^{(0)}\psi^{(0)}\tag{9-8}$$

λ^1：
$$\hat{H}_0\psi^{(1)}+\hat{w}\psi^{(0)}=E^{(0)}\psi^{(1)}+E^{(1)}\psi^{(0)}\tag{9-9}$$

λ^2：
$$\hat{H}_0\psi^{(2)}+\hat{w}\psi^{(1)}=E^{(0)}\psi^{(2)}+E^{(1)}\psi^{(1)}+E^{(2)}\psi^{(0)}\tag{9-10}$$

$$\vdots$$

1. 一级近似解

从方程(9-8)我们看到，$\hat{H}_0$ 的本征值方程的解 $E^{(0)}$、$\psi^{(0)}$ 实际上是方程(9-1)在 λ 的零级近似下的解。在已知能量本征值和本征函数 $E^{(0)}$、$\psi^{(0)}$ 的基础上，再确定能量和波函数的一级修正值 $\lambda E^{(1)}$ 和 $\lambda\psi^{(1)}$，就可以求在一级近似下体系的能量本征值 E 和本征函数 ψ。

我们考虑 $\hat{H}_0$ 的第 k 个能量本征值 $E_k^{(0)}$ 和相应的本征函数 $\psi_k^{(0)}$ 的修正。为此，把波函数的一级项 $\psi^{(1)}$ 按 $\psi_m^{(0)}$ $(m=0,1,2,\cdots)$展开：

$$\psi^{(1)}=\sum_m C_m^{(1)}\psi_m^{(0)}\tag{9-11}$$

并代入到式(9-9)得

$$\hat{H}_0\sum_m C_m^{(1)}\psi_m^{(0)}+\hat{w}\psi_k^{(0)}=E_k^{(0)}\sum_m C_m^{(1)}\psi_m^{(0)}+E_k^{(1)}\psi_k^{(0)}$$

即

$$\sum_m C_m^{(1)}E_m^{(0)}\psi_m^{(0)}+\hat{w}\psi_k^{(0)}=E_k^{(0)}\sum_m C_m^{(1)}\psi_m^{(0)}+E_k^{(1)}\psi_k^{(0)}\tag{9-12}$$

求 $\psi_n^{(0)}$ 和上式的标积得

$$\begin{aligned}&\sum_m C_m^{(1)}E_m^{(0)}(\psi_n^{(0)},\psi_m^{(0)})+(\psi_n^{(0)},\hat{w}\psi_k^{(0)})\\ &=E_k^{(0)}\sum_m C_m^{(1)}(\psi_n^{(0)},\psi_m^{(0)})+E_k^{(1)}(\psi_n^{(0)},\psi_k^{(0)})\end{aligned}$$

或

$$C_n^{(1)}E_n^{(0)}+w_{nk}=E_k^{(0)}C_n^{(1)}+E_k^{(1)}\delta_{nk}\tag{9-13}$$

其中

$$w_{nk}\equiv(\psi_n^{(0)},\hat{w}\psi_k^{(0)})\tag{9-14}$$

在式(9-13)中，令 $n=k$，则得 $E_k^{(1)}=w_{kk}$。因此，第 k 个能级能量的一级修正值

$$\lambda E_k^{(1)} = H'_{kk} = (\psi_k^{(0)}, \hat{H}'\psi_k^{(0)}) \tag{9-15}$$

可见，能量的一级修正值等于微扰$\hat{H}'$在零级波函数$\psi_k^{(0)}$下的平均值。

在式(9-13)中，如果$n \neq k$(即把$n = 0,1,2,\cdots$中的$n = k$项去掉)，则

$$C_n^{(1)} = \frac{w_{nk}}{E_k^{(0)} - E_n^{(0)}} \tag{9-16}$$

把$C_n^{(1)}$代入式(9-11)得

$$\psi^{(1)} = \sum_n{}' \frac{w_{nk}}{E_k^{(0)} - E_n^{(0)}}\psi_n^{(0)}$$

因此，波函数的一级修正值

$$\lambda\psi^{(1)} = \sum_n{}' \frac{H'_{nk}}{E_k^{(0)} - E_n^{(0)}}\psi_n^{(0)}, \quad H'_{nk} = (\psi_n^{(0)}, \hat{H}'\psi_k^{(0)}) \tag{9-17}$$

由此可见，能量本征值和本征函数的一级近似解为

$$E_k = E_k^{(0)} + H'_{kk} \tag{9-18}$$

$$\psi_k = \psi_k^{(0)} + \sum_n{}' \frac{H'_{nk}}{E_k^{(0)} - E_n^{(0)}}\psi_n^{(0)} \tag{9-19}$$

在式(9-19)中，求和号$\sum_n{}'$表示，在求和时把$n = k$的一项去掉。可以证明，去掉$C_k^{(1)}$项，不影响波函数ψ。因为在一级近似下，由式(9-5)的第二式和式(9-11)，得

$$\begin{aligned}(\psi,\psi) = 1 &= (\psi_k^{(0)},\psi_k^{(0)}) + \lambda\sum_m\{C_m^{(1)}(\psi_k^{(0)},\psi_m^{(0)}) + C_m^{(1)*}(\psi_m^{(0)},\psi_k^{(0)})\} \\ &= 1 + \lambda(C_k^{(1)} + C_k^{(1)*})\end{aligned}$$

由此得$(C_k^{(1)} + C_k^{(1)*}) = 0$，可见$C_k^{(1)}$为一个纯虚数，可设$C_k^{(1)} = \mathrm{i}\alpha$。因此

$$\begin{aligned}\psi &= \psi_k^{(0)} + \lambda\sum_m C_m^{(1)}\psi_m^{(0)} \\ &= \psi_k^{(0)} + \lambda C_k^{(1)}\psi_k^{(0)} + \lambda\sum_m{}' C_m^{(1)}\psi_m^{(0)} = (1 + \mathrm{i}\alpha\lambda)\psi_k^{(0)} + \lambda\sum_m{}' C_m^{(1)}\psi_m^{(0)} \\ &\approx \mathrm{e}^{\mathrm{i}\alpha\lambda}\left[\psi_k^{(0)} + \mathrm{e}^{-\mathrm{i}\alpha\lambda}\lambda\sum_m{}' C_m^{(1)}\psi_m^{(0)}\right] \approx \mathrm{e}^{\mathrm{i}\alpha\lambda}\left[\psi_k^{(0)} + (1 - \mathrm{i}\alpha\lambda)\lambda\sum_m{}' C_m^{(1)}\psi_m^{(0)}\right] \\ &\approx \mathrm{e}^{\mathrm{i}\alpha\lambda}\left[\psi_k^{(0)} + \lambda\sum_m{}' C_m^{(1)}\psi_m^{(0)}\right]\end{aligned}$$

这就说明$C_k^{(1)}$项只能影响ψ一个相因子，因此可取$\alpha = 0$，从而$C_k^{(1)} = 0$。

2. 二级近似解

在已求一级修正值$\lambda E^{(1)}$和$\lambda\psi^{(1)}$的基础上，再求二级修正值$\lambda^2 E^{(2)}$、$\lambda^2\psi^{(2)}$，就可以求出在二级近似下的能量本征值E和本征函数ψ。类似于$\psi^{(1)}$的展开，把$\psi^{(2)}$用$\psi_n^{(0)}$展开：

$$\psi^{(2)} = \sum_m C_m^{(2)}\psi_m^{(0)} \tag{9-20}$$

并把$\psi^{(1)}$的展开式(9-11)和$\psi^{(2)}$的展开式(9-20)代入到式(9-10)(仍考虑第k个能级的修正)，则

$$\begin{aligned}&\sum_m C_m^{(2)}E_m^{(0)}\psi_m^{(0)} + \hat{w}\sum_m{}' C_m^{(1)}\psi_m^{(0)} \quad (\text{因 } C_k^{(1)} = 0) \\ &= E_k^{(0)}\sum_m C_m^{(2)}\psi_m^{(0)} + E_k^{(1)}\sum_m{}' C_m^{(1)}\psi_m^{(0)} + E_k^{(2)}\psi_k^{(0)}\end{aligned} \tag{9-21}$$

求$\psi_n^{(0)}$和上式的标积，并代入$E_k^{(1)} = w_{kk}$，得

$$\sum_m C_m^{(2)} E_m^{(0)} (\psi_n^{(0)}, \psi_m^{(0)}) + \sum_m{}' C_m^{(1)} (\psi_n^{(0)}, \hat{w}\psi_m^{(0)})$$
$$= E_k^{(0)} \sum_m C_m^{(2)} (\psi_n^{(0)}, \psi_m^{(0)}) + w_{kk} \sum_m{}' C_m^{(1)} (\psi_n^{(0)}, \psi_m^{(0)}) + E_k^{(2)} (\psi_n^{(0)}, \psi_k^{(0)})$$

由此得

$$C_n^{(2)} E_n^{(0)} + \sum_m{}' C_m^{(1)} w_{nm} = E_k^{(0)} C_n^{(2)} + w_{kk} C_n^{(1)} + E_k^{(2)} \delta_{nk} \tag{9-22}$$

当 $n = k$ 时，利用 $C_k^{(1)} = 0$ 和式(9-16)得($m \to n$)

$$E_k^{(2)} = \sum_n{}' C_n^{(1)} w_{kn} = \sum_n{}' \frac{w_{nk} w_{kn}}{E_k^{(0)} - E_n^{(0)}} = \sum_n{}' \frac{|w_{nk}|^2}{E_k^{(0)} - E_n^{(0)}} \tag{9-23}$$

因此，在二级近似下，能量本征值为

$$E_k = E_k^{(0)} + \lambda E_k^{(1)} + \lambda^2 E_k^{(2)} = E_k^{(0)} + H'_{kk} + \sum_n{}' \frac{|H'_{nk}|^2}{E_k^{(0)} - E_n^{(0)}} \tag{9-24}$$

在微扰方法中，通常对波函数取一级近似，对能量取二级近似。

【例9-1】　三体问题的微扰解法。

对于氢原子，核外只有一个电子，体系的 Hamilton 量包括电子的动能和核对电子的 Coulomb 引力势。这类二体问题我们可以精确求解。但对于氦原子及类氦原子，由于核外电子数目为2个，在体系的Hamilton量中，除了两个电子的动能、核的Coulomb引力势以外，还要考虑两个电子之间的相互作用势能。对这类三体问题，就无法求其精确解，但可以把两个电子之间相互作用能量作为微扰，用微扰方法求近似解。

下面以氦原子为例，求解能量本征值问题。氦原子体系的 Hamilton 量为

$$\hat{H} = -\frac{\hbar^2}{2\mu}\nabla_1^2 - \frac{Ze^2}{r_1} - \frac{\hbar^2}{2\mu}\nabla_2^2 - \frac{Ze^2}{r_2} + \frac{e^2}{|\boldsymbol{r}_1 - \boldsymbol{r}_2|} = \hat{H}_0 + \hat{H}'$$

其中

$$\hat{H}_0 = -\frac{\hbar^2}{2\mu}\nabla_1^2 - \frac{Ze^2}{r_1} - \frac{\hbar^2}{2\mu}\nabla_2^2 - \frac{Ze^2}{r_2}$$
$$\hat{H}' = \frac{e^2}{|\boldsymbol{r}_1 - \boldsymbol{r}_2|} = \frac{e^2}{r}$$

$\hat{H}_0$ 的本征值和本征函数容易求得，在此基础上，把电子和电子之间的相互作用当作微扰，我们就可以求解体系的能量本征值和本征函数。

如果我们只考虑氦原子的基态(两个电子都处于1s态，不简并)，则很显然：

(1) $\hat{H}_0$ 的本征函数为氦原子中两个电子的基态本征函数之积[省去了指标“(0)”]

$$\psi(\boldsymbol{r}_1, \boldsymbol{r}_2) = \psi_{100}(\boldsymbol{r}_1)\psi_{100}(\boldsymbol{r}_2)$$

我们看到，氦原子的基态空间波函数 $\psi(\boldsymbol{r}_1, \boldsymbol{r}_2)$ 对两个电子的空间坐标 $\boldsymbol{r}_1$、$\boldsymbol{r}_2$ 的交换是对称的。但我们知道，电子(费米子)体系的波函数对两个电子的交换应该是反对称的。这一要求可以通过两个电子体系的自旋波函数选择单态(交换反对称)来保证，即如果选择

$$\chi_A(s_{1z}, s_{2z}) = \frac{1}{\sqrt{2}}\left(\left| \frac{1}{2} - \frac{1}{2} \right\rangle - \left| -\frac{1}{2}\ \frac{1}{2} \right\rangle \right)$$

则体系的总的波函数 $\psi_A = \psi_S(\boldsymbol{r}_1, \boldsymbol{r}_2)\chi_A(s_{1z}, s_{2z})$ 对两个电子的交换是反对称的。

(2) $\hat{H}_0$ 的基态能量本征值为两个类氢离子能量本征值之和。因此

$$E^{(0)} = E_1^{(0)} + E_2^{(0)} = -2 \cdot \frac{e^2 Z^2}{2a} = -\frac{e^2 Z^2}{a} \quad (n = 1)$$

其中，$a = \hbar^2/\mu e^2$。

考虑两个电子之间的相互作用项（微扰项）之后体系的能量本征值要变化。在一级近似下，

$$E = E^{(0)} + \lambda E^{(1)}$$

如果我们考虑基态能量，则能量的一级修正值（对基态 $k = 1$，以下省去下标“1”）

$$\lambda E_k^{(1)} = (\psi_k^{(0)}, \hat{H}'\psi_k^{(0)}) = \left(\psi(\boldsymbol{r}_1, \boldsymbol{r}_2), \frac{e^2}{r}\psi(\boldsymbol{r}_1, \boldsymbol{r}_2)\right)$$

把基态波函数 $\psi(\boldsymbol{r}_1, \boldsymbol{r}_2) = \psi_{100}(\boldsymbol{r}_1)\psi_{100}(\boldsymbol{r}_2)$ 代入上式得

$$\lambda E^{(1)} = \iint \frac{e^2}{r} \mid \psi_{100}(\boldsymbol{r}_1) \mid^2 \mid \psi_{100}(\boldsymbol{r}_2) \mid^2 \mathrm{d}^3\boldsymbol{r}_1 \mathrm{d}^3\boldsymbol{r}_2$$

但

$$\psi_{100}(\boldsymbol{r}_i) = R_{10}(r_i)Y_{00} = \frac{1}{\sqrt{\pi}}\left(\frac{Z}{a}\right)^{3/2} \mathrm{e}^{-\frac{r_i Z}{a}} \quad (i = 1, 2)$$

因此

$$\lambda E^{(1)} = \frac{e^2}{\pi^2}\left(\frac{Z}{a}\right)^6 \iint \frac{\mathrm{e}^{-\frac{2Z}{a}(r_1 + r_2)}}{r} \mathrm{d}^3\boldsymbol{r}_1 \mathrm{d}^3\boldsymbol{r}_2$$

可以算出

$$\iint \frac{\mathrm{e}^{-\frac{2Z}{a}(r_1 + r_2)}}{r} \mathrm{d}^3\boldsymbol{r}_1 \mathrm{d}^3\boldsymbol{r}_2 = \frac{5a^5\pi^2}{8Z^5}$$

从而，一级修正值

$$\lambda E^{(1)} = \frac{5Ze^2}{8a}$$

因此，最后得到氦原子基态能量的一级近似值

$$E = -\frac{e^2 Z^2}{a} + \frac{5Ze^2}{8a}$$

【例 9-2】 外电场 ε 中的一维谐振子。

考虑各向同性的电介质。电介质中的离子在其平衡位置附近做微振动，可视为谐振子。当沿 x 方向加一均匀电场 ε 时，电场对离子 x 方向的振动产生一个扰动（y、z 方向的振动不受影响）。因此，一个带电荷 q 的离子在外电场作用下的 Hamilton 量为

$$\hat{H} = \hat{H}_0 + \hat{H}'$$

其中，$\hat{H}_0$ 为没有外电场时一维谐振子的 Hamilton 量

$$\hat{H}_0 = -\frac{\hbar^2}{2m}\frac{\mathrm{d}^2}{\mathrm{d}x^2} + \frac{1}{2}m\omega^2 x^2$$

而外电场 ε 导致的微扰项（外电场和离子的相互作用势能）

$$\hat{H}' = -q\varepsilon x$$

下面计算一维谐振子的第 k 个能级 $E_k^{(0)}$ 在微扰 $\hat{H}'$ 下的修正值。$\hat{H}_0$ 的本征值和本征函数已知：

$$\begin{cases} E_n^{(0)} = \left(n + \dfrac{1}{2}\right)\hbar\omega, & n = 0,1,2,\cdots \\ \psi_n^{(0)} = N_n e^{-\frac{1}{2}\alpha^2 x^2} H_n(\alpha x), & \alpha = \sqrt{\dfrac{m\omega}{\hbar}} \end{cases}$$

(1) 能量的一级修正值、二级修正值

第 k 个能级能量的一级修正值：

$$\lambda E_k^{(1)} = (\psi_k^{(0)}, \hat{H}'\psi_k^{(0)}) = -q\varepsilon(\psi_k^{(0)}, x\psi_k^{(0)}) = -q\varepsilon x_{kk}$$

但由于在能量表象中，一维谐振子的坐标 x 的矩阵元

$$x_{kn} = \frac{1}{\alpha}\left(\sqrt{\frac{n+1}{2}}\delta_{k,n+1} + \sqrt{\frac{n}{2}}\delta_{k,n-1}\right)$$

因此

$$H'_{kn} = -\frac{q\varepsilon}{\alpha}\left(\sqrt{\frac{n+1}{2}}\delta_{k,n+1} + \sqrt{\frac{n}{2}}\delta_{k,n-1}\right)$$

从而，$H'_{kk} = 0$ 即一级修正值 $\lambda E_k^{(1)} = 0$。

二级修正值：

$$\lambda^2 E_k^{(2)} = \sum_n{}' \frac{|H'_{nk}|^2}{E_k^{(0)} - E_n^{(0)}} = \frac{q^2\varepsilon^2}{\hbar\omega}\sum_n{}' \frac{|x_{nk}|^2}{k-n}$$

由 x_{kn} 的表达式可知，只有 $k = n+1$ 和 $k = n-1$ 的项不为 0。即只有 $x_{k,k-1}$，$x_{k,k+1}$ 不为 0。因此，能量的二级修正值

$$\begin{aligned} \lambda^2 E_k^{(2)} &= \frac{q^2\varepsilon^2}{\hbar\omega}\left\{\frac{|x_{k,k-1}|^2}{k-(k-1)} + \frac{|x_{k,k+1}|^2}{k-(k+1)}\right\} \\ &= \frac{q^2\varepsilon^2}{\hbar\omega}\left\{\frac{1}{\alpha^2}\left(\sqrt{\frac{k}{2}}\right)^2 - \frac{1}{\alpha^2}\left(\sqrt{\frac{k+1}{2}}\right)^2\right\} \\ &= -\frac{1}{2\alpha^2}\frac{q^2\varepsilon^2}{\hbar\omega} = -\frac{q^2\varepsilon^2}{2m\omega^2} \end{aligned}$$

体系的第 k 个能级能量（$\hat{H} = \hat{H}_0 + \hat{H}'$ 的本征值）的二级近似值为

$$E_k = E_k^{(0)} + \lambda^2 E_k^{(2)} = \left(k + \frac{1}{2}\right)\hbar\omega - \frac{q^2\varepsilon^2}{2m\omega^2}$$

可见，这一结果与 $\hat{H} = \hat{H}_0 + \hat{H}'$ 的能量本征值的精确解相同（见第 3 章习题 3-9）。

(2) 一级近似下的波函数

$$\psi_k(x) = \psi_k^{(0)}(x) + \lambda\psi_k^{(1)}(x) = \psi_k^{(0)}(x) + \sum_n{}' \frac{H'_{nk}}{E_k^{(0)} - E_n^{(0)}}\psi_n^{(0)}(x)$$

但因为只有对 $n = k+1$ 和 $n = k-1$，H'_{nk} 不为 0，因此

$$\begin{aligned} \psi_k &= \psi_k^{(0)} - \frac{q\varepsilon}{\hbar\omega}\left(\frac{1}{\alpha}\sqrt{\frac{k}{2}}\psi_{k-1}^{(0)} - \frac{1}{\alpha}\sqrt{\frac{k+1}{2}}\psi_{k+1}^{(0)}\right) \\ &= \psi_k^{(0)} - \frac{q\varepsilon}{\hbar\omega\alpha}\left(\sqrt{\frac{k}{2}}\psi_{k-1}^{(0)} - \sqrt{\frac{k+1}{2}}\psi_{k+1}^{(0)}\right) \end{aligned}$$

可见外电场作用以后，原来的波函数中加进了 $k\pm1$ 能级的相应波函数。因此，原来具有确定宇称 $p = (-1)^n$ 的谐振子，由于外电场的作用，空间反演对称性被破坏，波函数中含有不同宇称的成分，使 ψ_k 不再具有确定宇称。

无外场存在时，电介质中的离子坐标的平均值

$$\bar{x}=(\psi_k^{(0)},x\psi_k^{(0)})=0\quad(\text{因 }x_{kk}=0)$$

但外加电场后

$$\bar{x}=(\psi_k,x\psi_k)=[\psi_k^{(0)}+\lambda\psi_k^{(1)},x(\psi_k^{(0)}+\lambda\psi_k^{(1)})]$$

可以证明，$\bar{x}=\dfrac{q\varepsilon}{m\omega^2}$，也就是说，正离子沿着电场方向移动$\dfrac{q\varepsilon}{m\omega^2}$，负离子向反方向移动$\dfrac{q\varepsilon}{m\omega^2}$，形成电偶极子，其电偶极矩(electric dipole moment)为

$$D\equiv|q|d=\frac{2q^2\varepsilon}{m\omega^2}\quad(d=2\bar{x})$$

由此可得极化率

$$p=\frac{D}{\varepsilon}=\frac{2q^2}{m\omega^2}$$

通过以上例题我们可以看到：

(1) 在体系的 Hamilton 量$\hat{H}$给定后，$\hat{H}_0$ 和$\hat{H}'$的选取可根据具体问题而定。$\hat{H}'$可以是外加微扰，也可以是体系内部的相互作用势，主要看计算的方便。因此，有些本来精确可解的问题也可以用微扰法求解，如外电场中的一维谐振子。

(2) 由$\left|\dfrac{H'_{nk}}{E_k^{(0)}-E_n^{(0)}}\right|^2$可知，当$|E_k^{(0)}-E_n^{(0)}|$很小时，如果$\hat{H}'$选取不当，$\left|\dfrac{H'_{nk}}{E_k^{(0)}-E_n^{(0)}}\right|^2$可能会发散。因此，微扰项$\hat{H}'$要充分小，以保证$|H'_{nk}|^2$收敛较快，避免能量修正值发散。

9.2 简并态微扰论

前一节我们讨论了$\hat{H}_0$ 的能量本征值无简并的情况。但在很多束缚态问题中，能级往往是简并的，如在氢原子中，除了基态能级以外的所有能级都是简并的。本节将讨论，怎样用微扰法去处理简并情况下的体系能量本征值问题。

设一量子体系的 Hamilton 量

$$\hat{H}=\hat{H}_0+\hat{H}'=\hat{H}_0+\lambda\hat{w}\tag{9-25}$$

且$\hat{H}_0$ 的能量本征值 $E_n^{(0)}$ 是 f 重简并的，则$\hat{H}_0$ 的本征值方程为

$$\hat{H}_0\psi_{n\nu}^{(0)}=E_n^{(0)}\psi_{n\nu}^{(0)},\quad\nu=1,2,3,\cdots,f\tag{9-26}$$

其中，$\psi_{n\nu}^{(0)}$ 为对应于$\hat{H}_0$ 的能量本征值 $E_n^{(0)}$ 的 f 个正交、归一的能量本征函数，即$(\psi_{m\mu}^{(0)},\psi_{n\nu}^{(0)})=\delta_{mn}\delta_{\mu\nu}$。因此，$\{\psi_{n\nu},\nu=1,2,3,\cdots,f\}$ 构成以$\{\psi_n,n=1,2,3,\cdots\}$为基矢的 Hilbert 空间中的一个 f 维子空间的基矢。体系的 Hamilton 量的本征值方程为

$$\hat{H}\psi=(\hat{H}_0+\lambda\hat{w})\psi=E\psi\tag{9-27}$$

现将 ψ 用$\psi_{n\nu}^{(0)}$ 展开：

$$\psi=\sum_n\sum_\nu C_{n\nu}\psi_{n\nu}^{(0)}\tag{9-28}$$

并把展开式代入式(9-27)得

$$\sum_n\sum_\nu C_{n\nu}\hat{H}_0\psi_{n\nu}^{(0)}+\lambda\sum_n\sum_\nu C_{n\nu}\hat{w}\psi_{n\nu}^{(0)}=E\sum_n\sum_\nu C_{n\nu}\psi_{n\nu}^{(0)}$$

求 $\psi_{m\mu}^{(0)}$ 和上式的标积得

$$\sum_n \sum_\nu C_{n\nu} E_n^{(0)} (\psi_{m\mu}^{(0)}, \psi_{n\nu}^{(0)}) + \lambda \sum_n \sum_\nu C_{n\nu} (\psi_{m\mu}^{(0)}, \hat{w}\psi_{n\nu}^{(0)}) = E \sum_n \sum_\nu C_{n\nu} (\psi_{m\mu}^{(0)}, \psi_{n\nu}^{(0)})$$

或

$$C_{m\mu} E_m^{(0)} + \lambda \sum_n \sum_\nu C_{n\nu} \hat{w}_{m\mu,n\nu} = E C_{m\mu} \tag{9-29}$$

其中

$$\hat{w}_{m\mu,n\nu} = (\psi_{m\mu}^{(0)}, \hat{w}\psi_{n\nu}^{(0)}) \tag{9-30}$$

把 E 和式(9-28) 中的展开系数 $C_{n\nu}(n = 0,1,2,\cdots;\nu = 1,2,\cdots,f)$ 按参数 λ 的幂展开：

$$E = E^{(0)} + \lambda E^{(1)} + \lambda^2 E^{(2)} + \cdots \tag{9-31}$$

$$C_{n\nu} = C_{n\nu}^{(0)} + \lambda C_{n\nu}^{(1)} + \lambda^2 C_{n\nu}^{(2)} + \cdots \tag{9-32}$$

并代入式(9-29) 得

$$(C_{m\mu}^{(0)} + \lambda C_{m\mu}^{(1)} + \lambda^2 C_{m\mu}^{(2)} + \cdots) E_m^{(0)} + \lambda \sum_n \sum_\nu (C_{n\nu}^{(0)} + \lambda C_{n\nu}^{(1)} + \lambda^2 C_{n\nu}^{(2)} + \cdots) \hat{w}_{m\mu,n\nu} = (E^{(0)} + \lambda E^{(1)} + \lambda^2 E^{(2)} + \cdots)(C_{m\mu}^{(0)} + \lambda C_{m\mu}^{(1)} + \lambda^2 C_{m\mu}^{(2)} + \cdots)$$

比较 λ 的零次幂和一次幂项系数得(只考虑一级近似解)

$$\lambda^0: \quad (E^{(0)} - E_m^{(0)}) C_{m\mu}^{(0)} = 0 \tag{9-33}$$

$$\lambda^1: \quad (E^{(0)} - E_m^{(0)}) C_{m\mu}^{(1)} + E^{(1)} C_{m\mu}^{(0)} - \sum_n \sum_\nu C_{n\nu}^{(0)} \hat{w}_{m\mu,n\nu} = 0 \tag{9-34}$$

假设我们所考虑的是第 k 个能级所受的微扰，则 $E^{(0)} = E_k^{(0)}$，对应的本征函数是 $\psi_{k\nu}^{(0)}$，$\nu = 1,2,\cdots,f$。因此，式(9-33) 变为

$$(E_k^{(0)} - E_m^{(0)}) C_{m\mu}^{(0)} = 0 \tag{9-35}$$

由此得，当 $m \neq k$ 时，$C_{m\mu}^{(0)} = 0$；$m = k$ 时，$C_{m\mu}^{(0)}$ 可以不为 0。综合此两种情况，$C_{m\mu}^{(0)}$ 可以表示为

$$C_{m\mu}^{(0)} = a_\mu \delta_{km} \tag{9-36}$$

把式(9-36) 和 $E^{(0)} = E_k^{(0)}$ 代入式(9-34) 得

$$E_k^{(1)} a_\mu \delta_{km} + (E_k^{(0)} - E_m^{(0)}) C_{m\mu}^{(1)} - \sum_n \sum_\nu a_\nu \delta_{kn} \hat{w}_{m\mu,n\nu} = 0 \tag{9-37}$$

当 $m = k$ 时，由式(9-37) 得

$$E_k^{(1)} a_\mu - \sum_\nu a_\nu \hat{w}_{\mu,\nu} = 0 \quad (\hat{w}_{\mu,\nu} \equiv \hat{w}_{k\mu,k\nu})$$

或

$$\sum_{\nu=1}^{f} (\hat{w}_{\mu,\nu} - E_k^{(1)} \delta_{\mu\nu}) a_\nu = 0 \tag{9-38}$$

如果写成矩阵形式，则上式变为

$$\begin{pmatrix} w_{11} - E_k^{(1)} & w_{12} & \cdots & w_{1v} \\ w_{21} & w_{22} - E_k^{(1)} & \cdots & w_{2v} \\ \vdots & \vdots & & \vdots \\ w_{v1} & w_{v2} & \cdots & w_{ff} - E_k^{(1)} \end{pmatrix} \begin{pmatrix} a_1 \\ a_2 \\ \vdots \\ a_f \end{pmatrix} = 0 \tag{9-39}$$

其久期方程为

$$\begin{vmatrix} w_{11}-E_k^{(1)} & w_{12} & \cdots & w_{1\nu} \\ w_{21} & w_{22}-E_k^{(1)} & \cdots & w_{2\nu} \\ \vdots & \vdots & & \vdots \\ w_{\nu 1} & w_{\nu 2} & \cdots & w_{ff}-E_k^{(1)} \end{vmatrix} = 0 \tag{9-40}$$

解方程(9-40)，可解出 f 个实根 $E_{k\nu}^{(1)}\ (\nu=1,2,\cdots,f)$，$f$ 个 $E_{k\nu}^{(1)}\ (\nu=1,2,\cdots,f)$ 就是能量的一级修正值。再把 $E_{k\nu}^{(1)}$ 代回方程式(9-39) 可解出 $a_{\rho\nu}\ (\rho,\nu=1,2,\cdots,f)$。这样，能量的一级近似值为

$$E_{k\nu}=E_k^{(0)}+\lambda E_{k\nu}^{(1)},\quad \nu=1,2,\cdots,f \tag{9-41}$$

由此可见，如果 f 个根 $E_{k\nu}^{(1)}$ 没有重根，则原来的一条能级 $E_k^{(0)}$ 分裂成 f 条能级 $E_k^{(0)}+\lambda E_{k1}^{(1)}$，$E_k^{(0)}+\lambda E_{k2}^{(1)}$，$\cdots$，$E_k^{(0)}+\lambda E_{kf}^{(1)}$，简并完全解除。

与 $E_{k\nu}$ 对应的零级波函数为[见式(9-28) 和式(9-32)]

$$\psi^{(0)}=\sum_n\sum_\nu C_{n\nu}^{(0)}\psi_{n\nu}^{(0)}$$

由于对第 k 个能级，$C_{n\nu}^{(0)}=a_\nu\delta_{kn}$，则

$$\psi_k^{(0)}=\sum_n\sum_\nu a_\nu\delta_{kn}\psi_{n\nu}^{(0)}=\sum_\nu a_\nu\psi_{k\nu}^{(0)}$$

因此

$$\psi'^{(0)}_{k\nu}=\sum_\rho a_{\nu\rho}\psi_{k\rho}^{(0)}\quad(\rho,\nu=1,2,\cdots,f) \tag{9-42}$$

可见，由原来的零级波函数 $\psi_{k\rho}^{(0)}$ 线性叠加，给出 f 个新的零级波函数。可以证明，这些新的波函数是正交、归一的，而且在新的 $\psi_{k\nu}^{(0)}$ 为基矢的子空间里，$\hat{H}'$ 是对角化的，从而 $\hat{H}$ 也是对角化的。

简并态微扰

如果 $E_{k\nu}^{(1)}$ 有重根，则简并不完全解除，相应波函数也不完全确定。

【例 9-3】 Stark 效应。

当把原子放在外电场时，原子的光谱线发生分裂的现象叫 Stark 效应。

设把氢原子放在 z 方向的均匀外电场 ε 中，则价电子受到电场的作用力，得到势能 $\hat{H}'=-e\varepsilon z\ (e<0)$，因此 Hamilton 量为

$$\hat{H}=\hat{H}_0+\hat{H}'=-\frac{\hbar^2}{2\mu_0}\nabla^2-\frac{e^2}{r}-e\varepsilon z$$

作为简并微扰的例子，我们考虑第一激发态($n=2$) 能量的一级近似值和零级波函数。当没有外电场存在时，

$$\hat{H}_0=-\frac{\hbar^2}{2\mu_0}\nabla^2-\frac{e^2}{r}$$

$\hat{H}_0$ 的本征值和本征函数为

$$E_n^{(0)}=-\frac{e^2}{2a_0}\cdot\frac{1}{n^2}$$

故

$$E_2^{(0)}=-\frac{e^2}{8a_0}\quad(a_0=\hbar^2/\mu_0e^2)$$

对应于 $E_2^{(0)}$ 的本征函数(四重简并)是

$$\underbrace{\psi_{200}^{(0)}}_{2s态},\quad \underbrace{\psi_{210}^{(0)}\quad \psi_{211}^{(0)}\quad \psi_{21-1}^{(0)}}_{2p态}$$

简记 $\psi_{n\nu}^{(0)}=\psi_{21}^{(0)},\psi_{22}^{(0)},\psi_{23}^{(0)},\psi_{24}^{(0)}\,(n=2,\nu=1,2,3,4)$ 或 $\psi_1,\psi_2,\psi_3,\psi_4$。

加外电场以后,在 Hamilton 量中附加一微扰项 $\hat{H}'=-e\varepsilon z=-e\varepsilon r\cos\theta=\lambda\hat{w}$。为了计算微扰导致的 $E_2^{(0)}$ 的一级修正值,首先要计算

$$\hat{w}_{\mu\nu}=(\psi_{n\mu},\hat{w}\psi_{n\nu})\quad (n=2)$$

但已知

$$\psi_1=\psi_{200}=R_{20}(r)Y_{00}(\theta,\varphi)=\frac{1}{4\sqrt{2\pi}}\left(\frac{1}{a_0}\right)^{3/2}\left(2-\frac{r}{a_0}\right)e^{-\frac{r}{2a_0}}$$

$$\psi_2=\psi_{210}=R_{21}(r)Y_{10}(\theta,\varphi)=\frac{1}{4\sqrt{2\pi}}\left(\frac{1}{a_0}\right)^{3/2}\left(\frac{r}{a_0}\right)e^{-\frac{r}{2a_0}}\cdot\cos\theta$$

$$\psi_3=\psi_{211}=R_{21}(r)Y_{11}(\theta,\varphi)=-\frac{1}{8\sqrt{\pi}}\left(\frac{1}{a_0}\right)^{3/2}\left(\frac{r}{a_0}\right)e^{-\frac{r}{2a_0}}\cdot\sin\theta\cdot e^{i\varphi}$$

$$\psi_4=\psi_{21-1}=R_{21}(r)Y_{1-1}(\theta,\varphi)=\frac{1}{8\sqrt{\pi}}\left(\frac{1}{a_0}\right)^{3/2}\left(\frac{r}{a_0}\right)e^{-\frac{r}{2a_0}}\cdot\sin\theta\cdot e^{-i\varphi}$$

因此,$\hat{w}$ 矩阵可用 $\psi_\nu(\nu=1,2,3,4)$ 表示如下:

$$\{w_{\mu\nu}\}=\begin{Bmatrix}(\psi_1,\hat{w}\psi_1) & (\psi_1,\hat{w}\psi_2) & (\psi_1,\hat{w}\psi_3) & (\psi_1,\hat{w}\psi_4)\\ (\psi_2,\hat{w}\psi_1) & (\psi_2,\hat{w}\psi_2) & (\psi_2,\hat{w}\psi_3) & (\psi_2,\hat{w}\psi_4)\\ (\psi_3,\hat{w}\psi_1) & (\psi_3,\hat{w}\psi_2) & (\psi_3,\hat{w}\psi_3) & (\psi_3,\hat{w}\psi_4)\\ (\psi_4,\hat{w}\psi_1) & (\psi_4,\hat{w}\psi_2) & (\psi_4,\hat{w}\psi_3) & (\psi_4,\hat{w}\psi_4)\end{Bmatrix}$$

为了进一步计算 $\hat{w}$ 的矩阵元,可利用公式

$$\cos\theta Y_{lm}=C_{l+1,m}Y_{l+1,m}+C_{l-1,m}Y_{l-1,m}$$

其中

$$C_{lm}=\sqrt{\frac{(l+1)^2-m^2}{(2l+1)(2l+3)}}$$

利用这一公式

$$\begin{aligned}(\psi_\mu,\hat{w}\psi_\nu)&\sim(Y_{l'm'},\cos\theta Y_{lm})\\&=C_1(Y_{l'm'},Y_{l+1,m})+C_2(Y_{l'm'},Y_{l-1,m})\\&=C_1\delta_{l',l+1}\delta_{m',m}+C_2\delta_{l',l-1}\delta_{m',m}\end{aligned}$$

由此可见,在矩阵元 $\hat{w}_{\mu\nu}$ 中,只有满足 $l'=l\pm1,m'=m$ 的项(选择定则 $\Delta l=\pm1,\Delta m=0$)不为 0,也就是说,只有 $\hat{w}_{12}$ 和 $\hat{w}_{21}$ 不为 0,其他为 0。

在 $\hat{H}'=-e\varepsilon r\cos\theta=\lambda\hat{w}$ 中,设 $\lambda=-e\varepsilon a_0$,则 $\hat{w}=\dfrac{r}{a_0}\cos\theta$。因此

$$\begin{aligned}w_{12}&=w_{21}=(\psi_1,\hat{w}\psi_2)\\&=\iiint\psi_1^*\ \hat{w}\psi_2\,d\tau=\frac{1}{32\pi}\left(\frac{1}{a_0}\right)^3\iiint\left(2-\frac{r}{a_0}\right)\left(\frac{r}{a_0}\right)e^{-\frac{r}{a_0}}\cos^2\theta\left(\frac{r}{a_0}\right)r^2\sin\theta\,dr\,d\theta\,d\varphi\\&=\frac{1}{16}\left(\frac{1}{a_0}\right)^5\int_0^{+\infty}\int_0^{\pi}\left(2-\frac{r}{a_0}\right)r^4\cos^2\theta\sin\theta e^{-\frac{r}{a_0}}\,dr\,d\theta\end{aligned}$$

$$= \frac{2}{3} \cdot \frac{1}{16}\left(\frac{1}{a_0}\right)^5 \int_0^{+\infty} \left(2 - \frac{r}{a_0}\right) r^4 \mathrm{e}^{-\frac{r}{a_0}} \mathrm{d}r$$

$$= \frac{1}{24}\left(\frac{1}{a_0}\right)^5 \left(2\int_0^{+\infty} r^4 \mathrm{e}^{-\frac{r}{a_0}} \mathrm{d}r - \int_0^{+\infty} r^5 \frac{1}{a_0} \mathrm{e}^{-\frac{r}{a_0}} \mathrm{d}r\right)$$

利用 Γ 函数的性质

$$\Gamma(z) = \int_0^{+\infty} \mathrm{e}^{-x} x^{n-1} \mathrm{d}x, \quad \Gamma(n+1) = n!$$

最后得到

$$w_{12} = w_{21} = -72a_0^5 \cdot \frac{1}{24} \frac{1}{a_0^5} = -3$$

因此

$$\{w_{\mu\nu}\} = \begin{pmatrix} 0 & -3 & 0 & 0 \\ -3 & 0 & 0 & 0 \\ 0 & 0 & 0 & 0 \\ 0 & 0 & 0 & 0 \end{pmatrix}$$

$\hat{w}$ 的本征值方程为

$$\begin{pmatrix} -E^{(1)} & -3 & 0 & 0 \\ -3 & -E^{(1)} & 0 & 0 \\ 0 & 0 & -E^{(1)} & 0 \\ 0 & 0 & 0 & -E^{(1)} \end{pmatrix} \begin{pmatrix} a_1 \\ a_2 \\ a_3 \\ a_4 \end{pmatrix} = 0$$

由此得久期方程

$$\begin{vmatrix} -E^{(1)} & -3 & 0 & 0 \\ -3 & -E^{(1)} & 0 & 0 \\ 0 & 0 & -E^{(1)} & 0 \\ 0 & 0 & 0 & -E^{(1)} \end{vmatrix} = 0$$

解久期方程得到

$$(E^{(1)})^4 - 9(E^{(1)})^2 = 0$$

$$E^{(1)} = 3, 0, 0, -3$$

因此，能量的一级近似值为

$$E = E^{(0)} + \lambda E^{(1)} = \begin{cases} -\dfrac{e^2}{8a_0} - 3e\varepsilon a_0 \\ -\dfrac{e^2}{8a_0} - \dfrac{e^2}{8a_0} \\ -\dfrac{e^2}{8a_0} + 3e\varepsilon a_0 \end{cases}$$

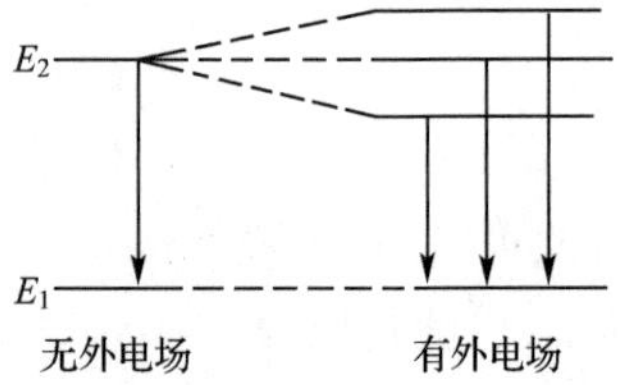

图 9-1

可见能级发生了分裂，如图 9-1 所示。

零级波函数：把 $E^{(1)} = 3, 0, 0, -3$ 逐个代入本征值方程可确定 $a_\rho(\rho = 1, 2, 3, 4)$，再由 $\psi'^{(0)}_{k\nu} = \sum_{\rho} a_{\nu\rho} \psi^{(0)}_{k\rho}$，求得波函数。$E^{(1)} = 3$ 时，本征值方程

$$\begin{pmatrix} -3 & -3 & 0 & 0 \\ -3 & -3 & 0 & 0 \\ 0 & 0 & -3 & 0 \\ 0 & 0 & 0 & -3 \end{pmatrix}\begin{pmatrix} a_1 \\ a_2 \\ a_3 \\ a_4 \end{pmatrix} = 0$$

由此得

$$-3\begin{pmatrix} a_1 + a_2 \\ a_1 + a_2 \\ a_3 \\ a_4 \end{pmatrix} = 0$$

故

$$a_3 = a_4 = 0, \quad a_1 = -a_2$$

由 $|a_1|^2 + |a_2|^2 + |a_3|^2 | + |a_4|^2 = 1$ 得，$a_1 = \frac{1}{\sqrt{2}}$。因此

$$\psi_1' = \sum_{\rho} a_{\rho}\psi_{\rho}^{(0)} = a_1\psi_1^{(0)} + a_2\psi_2^{(0)} = \frac{1}{\sqrt{2}}(\psi_1^{(0)} - \psi_2^{(0)}) = \frac{1}{\sqrt{2}}(\psi_{200} - \psi_{210})$$

同理，$E^{(1)} = -3$ 时，可得 $a_1 = a_2, a_3 = a_4 = 0$，则

$$\psi_2' = \frac{1}{\sqrt{2}}(\psi_{200} + \psi_{210})$$

对 $E^{(1)} = 0$，由于能级不改变，因此对应的两个波函数可分别取为 $\psi_3' = \psi_{211}, \psi_4' = \psi_{21-1}$，这些新的波函数 ψ_1'、ψ_2'、ψ_3'、ψ_4' 构成新的零级波函数，容易证明，它们是正交、归一的。

9.3　含时微扰与量子跃迁

在前两节我们所讨论的量子力学体系，其 Hamilton 量 $\hat{H}$（包括 $\hat{H}_0$ 和微扰 $\hat{H}'$）都不显含时间，所讨论的主要问题是能量本征值问题。但我们还将看到，有一些量子力学体系，其 Hamilton 量 $\hat{H}$ 是显含时间的。例如，在原子与随时间变化的电磁场的相互作用中，相互作用使原子具有附加的能量 $\hat{H}'(t)$，体系的 Hamilton 量 $\hat{H} = \hat{H}_0 + \hat{H}'(t)$ 显含时间，这时原子吸收电磁波以后将发生定态之间的跃迁。以下两节将讨论含时微扰以及在这类微扰作用下的量子跃迁（Quantum transition）问题。

设一个量子体系在不受外界作用时的 Hamilton 量为 $\hat{H}_0$，$\hat{H}_0$ 不显含时间。如果把 $\hat{H}_0$（或包括 $\hat{H}_0$ 在内的一组力学量完全集）的本征函数系记作 $\{|n\rangle, n = 0,1,2,\cdots\}$，则

$$\hat{H}_0 |n\rangle = E_n |n\rangle \tag{9-43}$$

当该体系受到一个随时间变化的微扰 $\hat{H}'(t)$（含时微扰）时，体系的 Hamilton 量变为

$$\hat{H} = \hat{H}_0 + \hat{H}'(t) = \hat{H}_0 + \lambda\hat{w}(t) \quad (|\lambda| \ll 1, \text{常数}) \tag{9-44}$$

这时，描述该体系量子态的态矢量 $|\psi(t)\rangle$ 可以写成 $|n\rangle$ 的叠加态：

$$|\psi(t)\rangle = \sum_n a_n(t) \mathrm{e}^{-\frac{\mathrm{i}}{\hbar}E_n t} |n\rangle \tag{9-45}$$

如果我们能够确定 $\{a_n(t), n = 0,1,2,\cdots\}$，则不仅能确定 $|\psi(t)\rangle$，而且也能确定在某一时刻 t

体系处于状态 $|n\rangle$ 的概率：

$$p(t)=|a_n(t)|^2 \tag{9-46}$$

假设体系在微扰 $\hat{H}'(t)$ 作用之前处于某一定态 $|k\rangle$（$\hat{H}_0$ 的本征态），则通过式(9-46)，在 $\hat{H}'(t)$ 作用之后体系跃迁到另一个定态的概率也可以确定。通常 $a_n(t)$ 称作跃迁振幅(transition amplitude)。

要确定跃迁振幅 $a_n(t)$，必须给定初始条件。设在 $t=t_0$ 时，体系处于 $\hat{H}_0$ 的某一本征态 $|k\rangle$，$[p_k(t_0)=|a_k(t_0)|^2=1]$，则 $a_n(t)$ 的初始值可以写成

$$a_n(t_0)=\delta_{nk} \tag{9-47}$$

为了求出 $a_n(t)$ 随时间变化的规律，把式(9-44)和式(9-45)代入到Schrödinger方程中，则得

$$\mathrm{i}\hbar\frac{\partial}{\partial t}\sum_n a_n(t)\mathrm{e}^{-\frac{\mathrm{i}}{\hbar}E_n t}|n\rangle=(\hat{H}_0+\hat{H}')\sum_n a_n(t)\mathrm{e}^{-\frac{\mathrm{i}}{\hbar}E_n t}|n\rangle \tag{9-48}$$

在方程(9-48)中，

$$左=\mathrm{i}\hbar\sum_n\frac{\partial a_n(t)}{\partial t}\mathrm{e}^{-\frac{\mathrm{i}}{\hbar}E_n t}|n\rangle+\sum_n a_n(t)\cdot E_n\mathrm{e}^{-\frac{\mathrm{i}}{\hbar}E_n t}|n\rangle$$

$$右=\hat{H}'\sum_n a_n(t)\mathrm{e}^{-\frac{\mathrm{i}}{\hbar}E_n t}|n\rangle+\sum_n a_n(t)\cdot E_n\mathrm{e}^{-\frac{\mathrm{i}}{\hbar}E_n t}|n\rangle$$

由此得

$$\mathrm{i}\hbar\sum_n\frac{\partial a_n(t)}{\partial t}\mathrm{e}^{-\frac{\mathrm{i}}{\hbar}E_n t}|n\rangle=\sum_n a_n(t)\mathrm{e}^{-\frac{\mathrm{i}}{\hbar}E_n t}\hat{H}'|n\rangle \tag{9-49}$$

求 $\mathrm{e}^{-\frac{\mathrm{i}}{\hbar}E_m t}|m\rangle$ 和上式的标积得

$$\mathrm{i}\hbar\sum_n\frac{\partial a_n(t)}{\partial t}\mathrm{e}^{\frac{\mathrm{i}}{\hbar}(E_m-E_n)t}\langle m|n\rangle=\sum_n a_n(t)\mathrm{e}^{\frac{\mathrm{i}}{\hbar}(E_m-E_n)t}\langle m|\hat{H}'|n\rangle$$

即

$$\mathrm{i}\hbar\frac{\partial a_m(t)}{\partial t}=\sum_n a_n(t)\langle m|\hat{H}'|n\rangle\mathrm{e}^{\mathrm{i}\omega_{mn}t},\quad \omega_{mn}\equiv\frac{E_m-E_n}{\hbar} \tag{9-50}$$

下面用含时微扰方法求解方程(9-50)。为此把 $a_m(t)$ 按 λ 的幂展开：

$$a_m(t)=a_m^{(0)}(t)+\lambda a_m^{(1)}(t)+\lambda^2a_m^{(2)}(t)+\cdots \tag{9-51}$$

把式(9-51)代入到式(9-50)得

$$\mathrm{i}\hbar\frac{\partial a_m^{(0)}(t)}{\partial t}+\mathrm{i}\hbar\lambda\frac{\partial a_m^{(1)}(t)}{\partial t}+\mathrm{i}\hbar\lambda^2\frac{\partial a_m^{(2)}(t)}{\partial t}+\cdots$$

$$=\sum_n[a_n^{(0)}(t)+\lambda a_n^{(1)}(t)+\lambda^2a_n^{(2)}(t)+\cdots]\lambda\langle m|\hat{w}|n\rangle\mathrm{e}^{\mathrm{i}\omega_{mn}t}$$

比较 λ 的同次幂项得

λ^0：
$$\mathrm{i}\hbar\frac{\partial a_m^{(0)}(t)}{\partial t}=0 \tag{9-52}$$

故

$$a_m^{(0)}(t)=a_m^{(0)}(t_0)=\delta_{mk}$$

λ^1：
$$\mathrm{i}\hbar\frac{\partial a_m^{(1)}(t)}{\partial t}=\sum_n a_n^{(0)}(t)\langle m|\hat{w}|n\rangle\mathrm{e}^{\mathrm{i}\omega_{mn}t}=\langle m|\hat{w}|k\rangle\mathrm{e}^{\mathrm{i}\omega_{mk}t} \tag{9-53}$$

λ^2：
$$\mathrm{i}\hbar\frac{\partial a_m^{(2)}(t)}{\partial t}=\sum_n a_n^{(1)}(t)\langle m\mid\hat{w}\mid n\rangle \mathrm{e}^{\mathrm{i}\omega_{mn}t} \tag{9-54}$$
$$\vdots$$

另一方面，由初始条件 $a_m(t_0)=a_m^{(0)}(t_0)=\delta_{mk}$ 可以得到

$$a_m^{(0)}(t_0)=\delta_{mk},\quad a_m^{(1)}(t_0)=a_m^{(2)}(t_0)=\cdots=0 \tag{9-55}$$

解方程式(9-53) 得

$$a_m^{(1)}(t)=\frac{1}{\mathrm{i}\hbar}\int_{t_0}^{t}\langle m\mid\hat{w}\mid k\rangle \mathrm{e}^{\mathrm{i}\omega_{mk}t}\mathrm{d}t \tag{9-56}$$

因此，在一级近似下($m\to n$)，

$$a_n(t)=a_n^{(0)}(t)+\lambda a_n^{(1)}(t)=\delta_{nk}+\frac{1}{\mathrm{i}\hbar}\int_{t_0}^{t}\langle n\mid\hat{H}'\mid k\rangle \mathrm{e}^{\mathrm{i}\omega_{nk}t}\mathrm{d}t \tag{9-57}$$

式(9-57) 说明，如果 $n\neq k$，即初态 $|k\rangle$ 和末态 $|n\rangle$ 不同，则体系由原来的 $|k\rangle$ 态跃迁到 $|n\rangle$ 态的跃迁振幅

$$a_{nk}(t)=\frac{1}{\mathrm{i}\hbar}\int_{t_0}^{t}\langle n\mid\hat{H}'\mid k\rangle \mathrm{e}^{\mathrm{i}\omega_{nk}t}\mathrm{d}t\quad(n\neq k) \tag{9-58}$$

由此求得跃迁概率(transition probability)

$$P_{nk}(t)\equiv|a_{nk}(t)|^2=\frac{1}{\hbar^2}\left|\int_{t_0}^{t}\langle n\mid\hat{H}'\mid k\rangle \mathrm{e}^{\mathrm{i}\omega_{nk}t}\mathrm{d}t\right|^2 \tag{9-59}$$

和跃迁速率(transition rate)

$$\Gamma_{nk}(t)\equiv\frac{\mathrm{d}}{\mathrm{d}t}P_{nk}(t)=\frac{\mathrm{d}}{\mathrm{d}t}|a_{nk}(t)|^2 \tag{9-60}$$

式(9-59) 成立的条件是 $|\lambda|\ll 1$(否则不能进行微扰展开)，可见，实际跃迁概率一般很小，体系以很大的概率仍保持在初始状态。

由式(9-59) 可以看到，跃迁概率 $P_{nk}(t)$ 由初态 $|k\rangle$、末态 $|n\rangle$ 和微扰 $\hat{H}'$ 所决定。如果能级有简并，则由于第 k 和 n 能级的简并度不同，一般来说 $\sum\limits_n P_{nk}(t)\neq\sum\limits_k P_{kn}(t)$。我们还可以看到，初态和末态能量 $E_k=E_n$ 时，$P_{kk}(t)$ 也不一定为 0。也就是说，相同能量的不同态之间也可以跃迁。

【例 9-4】　考虑带电荷 q 的一维谐振子。设初始时刻($t\to-\infty$)，振子处于基态 $|0\rangle$。有一微扰 $\hat{H}'=-q\varepsilon x\mathrm{e}^{-t^2/\lambda^2}$ 作用，其中 ε 为 x 方向的电场，λ 为参数。求充分长时间以后($t\to+\infty$)振子处于激发态 $|n\rangle$ 的概率。

解　先求跃迁振幅。一维谐振子 $\hat{H}_0$ 的本征矢量记作 $|n\rangle$，则根据题意，初态($t\to-\infty$)态矢为 $|0\rangle$，末态态矢为 $|n\rangle$，因此经充分长时间以后，跃迁振幅

$$a_{n0}(t\to+\infty)=\frac{1}{\mathrm{i}\hbar}\int_{-\infty}^{+\infty}\hat{H}'_{n0}\mathrm{e}^{\mathrm{i}\omega_{n0}t}\mathrm{d}t$$

其中

$$\hat{H}'_{n0}=\langle n\mid\hat{H}'\mid 0\rangle=-q\varepsilon\langle n\mid x\mid 0\rangle \mathrm{e}^{-t^2/\lambda^2}$$
$$\omega_{n0}=(E_n-E_0)/\hbar=n\hbar\omega/\hbar=n\omega$$

因此

$$a_{n0}(t\to+\infty)=\frac{-q\varepsilon}{\mathrm{i}\hbar}\int_{-\infty}^{+\infty}\langle n\mid x\mid 0\rangle \mathrm{e}^{\mathrm{i}\omega nt-(t^2/\lambda^2)}\mathrm{d}t$$

由谐振子坐标的矩阵元

$$x_{nk}=\frac{1}{\alpha}\left(\sqrt{\frac{k+1}{2}}\delta_{n,k+1}+\sqrt{\frac{k}{2}}\delta_{n,k-1}\right)$$

可以看到,只有当 $n=k+1$ 或 $k-1$ 时 x_{nk} 不为 0。因此

$$x_{n0}=\frac{1}{\alpha}\sqrt{\frac{1}{2}}\delta_{n,1}$$

也就是说,跃迁只能在 $|\,0\rangle$ 和 $|\,1\rangle$ 之间发生。从基态 $|\,0\rangle$ 到 $|\,1\rangle$ 态的跃迁振幅

$$a_{10}(t\to+\infty)=-\frac{q\varepsilon}{\mathrm{i}\hbar\alpha}\sqrt{\frac{1}{2}}\int_{-\infty}^{+\infty}\mathrm{e}^{\mathrm{i}\omega t-(t^2/\lambda^2)}\mathrm{d}t$$

跃迁概率

$$P_{10}(t\to+\infty)=\frac{q^2\varepsilon^2}{2\hbar^2\alpha^2}\left|\int_{-\infty}^{+\infty}\mathrm{e}^{\mathrm{i}\omega t-(t^2/\lambda^2)}\mathrm{d}t\right|^2$$

利用积分

$$\int_{-\infty}^{+\infty}\mathrm{e}^{\mathrm{i}\omega t-(t^2/\lambda^2)}\mathrm{d}t=\sqrt{\pi}\lambda\mathrm{e}^{-\omega^2\lambda^2/4}$$

和

$$\alpha=\sqrt{\frac{m\omega}{\hbar}}$$

最后得到

$$P_{10}=\frac{\pi q^2\varepsilon^2\lambda^2}{2m\hbar\omega}\mathrm{e}^{-\omega^2\lambda^2/2}$$

由此结果我们可算出,谐振子停留在 $|\,0\rangle$ 态的概率为 $1-P_{10}$。

【例 9-5】 氢原子在 $t=0$ 时处于基态(1s 态),其能量($\hat{H}_0$)本征函数为 ψ_{100}。现沿 z 方向加一随时间变化的电场 $\varepsilon(t)=\varepsilon_0\mathrm{e}^{-\alpha t}\cos\omega t$,[$\varepsilon_0=\varepsilon(0)$,$\alpha=$ 常数]。求:经充分长时间以后,原子跃迁到 2s 态(ψ_{200})和 2p 态(ψ_{210},ψ_{211},ψ_{21-1})的概率。

解 氢原子吸收电磁波以后,可从基态跃迁到激发态。即

$$\underset{n=1,l=0,m=0}{1\mathrm{s}=\psi_{100}}\to\begin{cases}2\mathrm{s}\equiv\psi_{200}\\2\mathrm{p}_0\equiv\psi_{210}\\2\mathrm{p}_1\equiv\psi_{211}\\2\mathrm{p}_{-1}\equiv\psi_{21-1}\end{cases}$$

可以证明,从 $\psi_{100}\to\psi_{211}$,$\psi_{100}\to\psi_{21-1}$ 和 $\psi_{100}\to\psi_{200}$(1s → 2s) 的概率等于 0,即不能发生这些跃迁。此即选择定则(selection rule):只有满足末态 l 和初态 l 之差 $\Delta l=\pm1$,同时 $\Delta m=0$ 时,跃迁才能发生(见 Stark 效应例题)。因此,只有跃迁 $\psi_{100}\to\psi_{210}$ 才可能发生。根据

$$\hat{H}'(t)=-e\varepsilon(t)z=-e\varepsilon_0z\mathrm{e}^{-\alpha t}\cos\omega t$$

和

$$\psi_{100}\equiv|\,1\rangle=\frac{1}{\sqrt{\pi}}\left(\frac{1}{a_0}\right)^{3/2}\mathrm{e}^{-\frac{r}{a_0}}$$

$$\psi_{210} \equiv |\,2\rangle = \frac{1}{4\sqrt{2\pi}}\left(\frac{1}{a_0}\right)^{3/2}\left(\frac{r}{a_0}\right)e^{-\frac{r}{2a_0}}\cos\theta = \frac{1}{4\sqrt{2\pi}}\left(\frac{1}{a_0}\right)^{5/2}e^{-\frac{r}{2a_0}}r\cos\theta$$

得到

$$\begin{aligned}
H'_{21} &= \langle 2 \mid \hat{H}' \mid 1\rangle \\
&= \iiint \psi_{210}^{*}\ \hat{H}'(t)\psi_{100}\,\mathrm{d}^3\boldsymbol{r} \\
&= \frac{-e\varepsilon(t)}{4\sqrt{2}\,\pi a_0^4}\iiint e^{-\frac{3r}{2a_0}}r^2\cos^2\theta\mathrm{d}^3\boldsymbol{r} \\
&= \frac{-e\varepsilon(t)}{2\sqrt{2}}\frac{1}{a_0^4}\int_0^{+\infty}\int_0^{\pi}e^{-\frac{3r}{2a_0}}r^2\cos^2\theta\cdot r^2\sin\theta\mathrm{d}\theta\mathrm{d}r \\
&= \frac{e\varepsilon(t)}{2\sqrt{2}\,a_0^4}\int_0^{+\infty}\int_0^{\pi}r^4 e^{-\frac{3r}{2a_0}}\cos^2\theta\mathrm{d}r\mathrm{d}(\cos\theta) \\
&= \frac{e\varepsilon(t)}{2\sqrt{2}\,a_0^4}\cdot\frac{2}{3}\int_0^{+\infty}r^4 e^{-\frac{3r}{2a_0}}\mathrm{d}r
\end{aligned}$$

上式中的积分

$$\begin{aligned}
\int_0^{+\infty}r^4 e^{-\frac{3r}{2a_0}}\mathrm{d}r &= \int_0^{+\infty}r^4 e^{-br}\mathrm{d}r \quad (b\equiv 3/2a_0) \\
&= \frac{\Gamma(5)}{b^5} = \frac{1}{b^5}2^3\cdot 3 \\
&= \frac{2^8\cdot a_0^5}{3^4}
\end{aligned}$$

因此

$$H'_{21} = \frac{2^8 a_0 e\varepsilon(t)}{\sqrt{2}\,3^5}$$

由此得到，在一级近似下，$|\,1\rangle \to |\,2\rangle$ 的跃迁振幅

$$a_{21}(t) = \frac{1}{\mathrm{i}\hbar}\frac{2^8 a_0 e\varepsilon_0}{\sqrt{2}\,3^5}\int_0^t e^{-\alpha t}\cos\omega t\, e^{\mathrm{i}\omega_{21}t}\mathrm{d}t$$

其中

$$\omega_{21} = (E_2 - E_1)/\hbar = \frac{3}{8}\frac{\mu_0 e^4}{\hbar^3} = \frac{3e^2}{8a_0\hbar}$$

经充分长时间以后($t\to+\infty$)

$$\int_0^{+\infty}e^{-\alpha t}\cos\omega t\, e^{\mathrm{i}\omega_{21}t}\mathrm{d}t = \int_0^{+\infty}\cos\omega t\, e^{-(\alpha-\mathrm{i}\omega_{21})t}\mathrm{d}t$$

利用公式：

$$\int_0^{+\infty}e^{-ax}\cos bx\,\mathrm{d}x = \frac{a}{a^2+b^2}$$

得

$$\int_0^{+\infty}\cos\omega t\, e^{-(\alpha-\mathrm{i}\omega_{21})t}\mathrm{d}t = \frac{\alpha-\mathrm{i}\omega_{21}}{(\alpha-\mathrm{i}\omega_{21})^2+\omega^2}$$

因此，跃迁概率

$$P_{21}(\infty)=|a_{21}(\infty)|^2=\frac{2^{15}}{3^{10}}\frac{a_0^2e^2\varepsilon_0^2}{\hbar^2}\frac{\alpha^2+\omega_{21}^2}{(\alpha^2+\omega^2-\omega_{21}^2)^2+4\alpha^2\omega_{21}^2}$$

9.4 Fermi 黄金定律和激光

量子跃迁理论主要应用在原子和电磁波(光)的相互作用的研究中。例如,一个原子吸收光以后可以从低能级跃迁到高能级或从高能级跃迁到低能级,同时发射光。

对以动量 $\boldsymbol{p}$ 运动的电磁波,定义波矢 $\boldsymbol{k}$,

$$\boldsymbol{k}=\frac{\boldsymbol{p}}{\hbar} \tag{9-61}$$

$\boldsymbol{k}$ 代表波前进的方向,其大小为

$$k=\frac{p}{\hbar}=\frac{E}{c\hbar}=\frac{h\nu}{c\hbar}=\frac{2\pi\hbar\nu}{c\hbar}=\frac{\omega}{c}\quad(\omega=2\pi\nu)$$

电磁场的 $\boldsymbol{E}$、$\boldsymbol{B}$ 和波矢 $\boldsymbol{k}$ 互相垂直:

$$\boldsymbol{B}\cdot\boldsymbol{E}=\boldsymbol{E}\cdot\boldsymbol{k}=\boldsymbol{B}\cdot\boldsymbol{k}=0$$

在自由空间传播的电磁场的 $\boldsymbol{E}$ 和 $\boldsymbol{B}$ 可表示成

$$\boldsymbol{E}(t)=\boldsymbol{E}_0\mathrm{e}^{\mathrm{i}(\boldsymbol{k}\cdot\boldsymbol{r}-\omega t)} \tag{9-62}$$

$$\boldsymbol{B}(t)=\boldsymbol{B}_0\mathrm{e}^{\mathrm{i}(\boldsymbol{k}\cdot\boldsymbol{r}-\omega t)} \tag{9-63}$$

一个原子体系被光照射相当于外加一个电磁场。一般来说,电磁场中 $\boldsymbol{E}(t)$ 的作用远大于 $\boldsymbol{B}(t)$ 的作用,因为 $|(e/c)\boldsymbol{v}\times\boldsymbol{B}|/|e\boldsymbol{E}|\approx v/c\ll 1$,其中 v 表示原子中电子的速度,c 为光速。在原子尺度范围内可以认为 $r\sim 0$,因此,外电磁场对原子的作用可看作原子受一个随时间周期性变化的微扰:

$$\hat{H}'(t)=\hat{H}_0'\mathrm{e}^{\mathrm{i}\omega t}+h.c. \tag{9-64}$$

的作用。例如,考虑外电场中的氢原子,则外电磁场[只考虑电场 $\boldsymbol{E}(t)$]对原子的作用势能(微扰)可以表示为

$$\hat{H}'(t)=-e\boldsymbol{E}(t)\cdot\boldsymbol{r}\rightarrow -e\boldsymbol{r}\cdot\boldsymbol{E}_0\mathrm{e}^{\pm\mathrm{i}\omega t}=\boldsymbol{D}\cdot\boldsymbol{E}_0\mathrm{e}^{\pm\mathrm{i}\omega t}=\hat{H}_0'\mathrm{e}^{\pm\mathrm{i}\omega t} \tag{9-65}$$

其中,$\hat{H}_0'=\boldsymbol{D}\cdot\boldsymbol{E}_0$,而 $\boldsymbol{D}=|e|\boldsymbol{r}$ 表示氢原子的电偶极矩(electric dipole moment)。以下讨论,在外电磁场的作用下原子的能级跃迁问题。

在一级近似下,原子由初态 $|k\rangle$ 跃迁到末态 $|n\rangle$ 的跃迁振幅($t_0=0$)

$$a_{nk}(t)=\frac{1}{\mathrm{i}\hbar}\int_0^t\langle n|\hat{H}'|k\rangle\mathrm{e}^{\mathrm{i}\omega_{nk}t}\mathrm{d}t \tag{9-66}$$

将式(9-65)代入式(9-66),得

$$\begin{aligned}a_{nk}(t)&=\frac{1}{\mathrm{i}\hbar}\int_0^t\langle n|\hat{H}_0'|k\rangle\mathrm{e}^{\mathrm{i}(\omega_{nk}\pm\omega)t}\mathrm{d}t=\frac{\langle n|\hat{H}_0'|k\rangle}{\mathrm{i}\hbar}\left.\frac{\mathrm{e}^{\mathrm{i}(\omega_{nk}\pm\omega)t}}{\mathrm{i}(\omega_{nk}\pm\omega)}\right|_0^t\\&=\frac{\langle n|\hat{H}_0'|k\rangle}{\mathrm{i}\hbar}\cdot\frac{\mathrm{e}^{\frac{\mathrm{i}}{\hbar}(E_n-E_k\pm\hbar\omega)t}-1}{\mathrm{i}(E_n-E_k\pm\hbar\omega)/\hbar}\end{aligned}$$

因此,跃迁概率

$$P_{nk}(t)=|a_{nk}(t)|^2=\frac{|\langle n|\hat{H}_0'|k\rangle|^2}{(E_n-E_k\pm\hbar\omega)^2}\left|\mathrm{e}^{\frac{\mathrm{i}}{\hbar}(E_n-E_k\pm\hbar\omega)t}-1\right|^2 \tag{9-67}$$

设

$$\alpha \equiv \frac{1}{\hbar}(E_n - E_k \pm \hbar\omega) \tag{9-68}$$

则式(9-67) 中的

$$\left| e^{\frac{i}{\hbar}(E_n - E_k \pm \hbar\omega)t} - 1 \right|^2 = (e^{i\alpha t} - 1)(e^{-i\alpha t} - 1) = (2 - e^{i\alpha t} - e^{-i\alpha t}) = 4\sin^2\frac{\alpha t}{2} \tag{9-69}$$

利用式(9-69),式(9-67) 可以写成

$$P_{nk}(t) = |a_{nk}(t)|^2 = \frac{|\langle n | \hat{H}_0' | k\rangle|^2}{\hbar^2(\alpha/2)^2}\sin^2\left(\frac{\alpha}{2}t\right) \tag{9-70}$$

在实际问题中,往往考虑$\hat{H}'$ 作用充分长时间($t \to +\infty$) 以后的跃迁概率。对$t \to +\infty$,我们可以利用数学公式

$$\lim_{t\to+\infty}\frac{1}{\pi}\frac{\sin^2 tx}{tx^2} = \delta(x) \tag{9-71}$$

把式(9-70) 改写成

$$\begin{aligned}
P_{nk}(t \to +\infty) &= |a_{nk}(t)|^2 \\
&= \frac{|\langle n | \hat{H}_0' | k\rangle|^2}{\hbar^2(\alpha/2)^2}\sin^2\left(\frac{\alpha}{2}t\right) \\
&= \frac{\sin^2(\alpha t/2)}{\pi t(\alpha/2)^2}\frac{\pi t}{\hbar^2}|\langle n | \hat{H}_0' | k\rangle|^2 \\
&= t\frac{\pi}{\hbar^2}|\langle n | \hat{H}_0' | k\rangle|^2\delta\left(\frac{E_n - E_k \pm \hbar\omega}{2\hbar}\right) \\
&= t\frac{2\pi}{\hbar}|\langle n | \hat{H}_0' | k\rangle|^2\delta(E_n - E_k \pm \hbar\omega)
\end{aligned} \tag{9-72}$$

由此得到跃迁速率

$$\Gamma_{nk}(t \to +\infty) = \frac{dP_{nk}(t)}{dt} = \frac{2\pi}{\hbar}|\langle n | \hat{H}_0' | k\rangle|^2\delta(E_n - E_k \pm \hbar\omega) \tag{9-73}$$

这一结果称为 Fermi 黄金定律(Fermi golden rule)。

讨论　(1) 在跃迁速率公式(9-73) 中,由于 Γ_{nk} 决定于$\delta(E_n - E_k \pm \hbar\omega)$,因此跃迁只能在两个能级的能量差 $E_n - E_k = \pm\hbar\omega$ 的能级之间发生。这里,$\hbar\omega$ 等于单光子的能量,因此,原子吸收一个光子后,可以从低能级跃迁到高能级,但两个能级的能量差必须为$\hbar\omega$ 时跃迁才能发生。这种现象叫作共振吸收(resonance absorption)。

(2) 当发生跃迁 $E_k \to E_n(n > k)$ 时,原子需要吸收能量 $E_n - E_k = \hbar\omega$,从而可以由低能级跃迁到高能级。但是,如果 E_n 能级上的原子吸收光子以后,从高能级跃迁到低能级,同时发射光子,则这一过程叫作受激辐射(stimulated emission of radiation)。这与原子的自发辐射(spontaneous emission) 不同。自发辐射是原子在没有外界光照的情况下,自发地从高能级跃迁到低能级,同时发射光的过程。

图 9-2 表示光与原子之间的各种可能的相互作用过程。

激光(Laser, Light Amplication through Stimulated Emission of Radiation 的缩写) 就是利用受激辐射现象得到的。受激辐射的特点是,所辐射出的光子与吸收光子处于相同的状

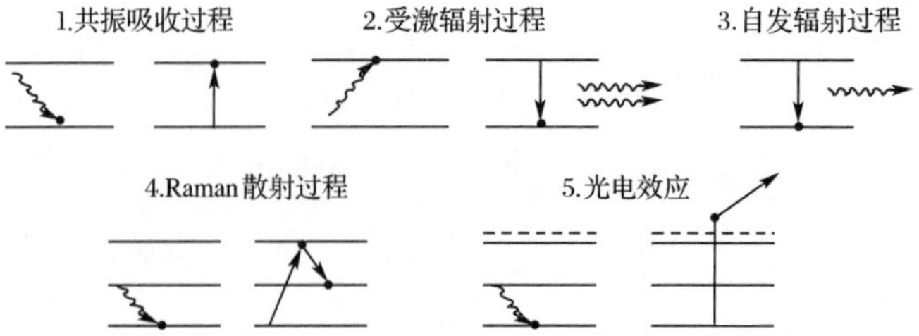

图 9-2

态，即它们的能量（频率）、传播方向和相位都相同。因此，如果一个体系中有许多原子都处于某一相同的激发态，则当其中的某一原子发生自发辐射时，这一自发辐射的光子可以诱发另一个原子发生受激辐射，同时发出与吸收光相同频率的光。所发出的光又可以诱发另一个原子的受激辐射，依此类推，体系中的很多原子可以在很短的时间内，以链锁反应的方式发生受激辐射，放出大量的处于同一状态的光子（叫能量放大）。这种光就是激光。激光具有很高的单色性，准确的方向性，很好的空间相干性和很大的能量密度。

在温度 T 下处于平衡状态的体系，不同能级上的原子数目按 Boltzmann 分布律分布：

$$N_n = N_k \mathrm{e}^{-\frac{1}{kT}(E_n - E_k)} \quad (n > k) \tag{9-74}$$

其中，N_n 为处于较高能级 E_n 上的原子数目，N_k 为处于较低能级 E_k 上的原子数目，T 为体系的温度。计算表明，原子的激发态和基态的能量差 $E_k - E_1$ 一般来说大于1 eV，如果换算成温度，则 1 eV $\sim 10^4$ K。这就是说，在常温（$T \sim 300$ K）下，$E_n - E_k \gg kT$，因此，由式(9-74)可见 $N_n \ll N_k$，能级越高，原子数越少，大部分原子处于各自的基态。为产生激光，需设法让大量原子处于激发态，即要造成所谓的粒子数反转系统（或叫负温度态，negative temperature state）。这要靠激光器。

下面以四能级体系为例说明激光产生的过程。设一种原子有 4 个能级，在通常情况下，由这种原子构成的物质中的大多数原子处于基态。当用频率为

$$\nu = \frac{E_4 - E_1}{h} \tag{9-75}$$

的光照射原子时，原子将跃迁到能级 E_4，从而大量原子处于 E_4 能级上。但因为能级越高，原子越不稳定，其寿命很短（例如，氢原子激发态的寿命大约为 10^{-8} s），因此，处于 E_4 能级上的原子通过原子之间的碰撞等相互作用损失能量后，经无辐射跃迁，跃迁到亚稳态 E_3，因而有大量原子处于 E_3 能级，就造成了粒子数反转系统。这时，如果 E_3 能级上的某一原子自发辐射而跃迁到 E_2，则在很短的时间内，将有大量的原子受激辐射而跃迁到 E_2，发射出频率为

$$\nu = \frac{E_3 - E_2}{h} \tag{9-76}$$

的强度很大的单色光，这就是激光。

1960 年 7 月，美国休斯（Hughes）公司实验室的梅曼（Theodore H. Maiman）成功地演示了红宝石固态激光器。1961 年 9 月，大连理工大学物理系创始人王大珩和首届毕业生王之江领导的长春光机所，成功研制了我国第一台红宝石激光器。激光器的问世不但开启了技术应用的新领域，而且对于人类认识微观世界也起到了重要的作用。目前激光与多学科交叉呈现出一系列的新领域，如光电子技术，激光医疗与光子生物学，激光加工，激光检测与计量，

光全息技术，光语分析技术，非线性光学，超快光子学，光化学，量子光学，激光雷达，激光制导，激光武器，等等。而量子光学与信息科学的交叉正在形成光量子信息科学并期望取得信息技术的革命性突破。

本章小结

习　题

9-1　用一级微扰论计算宽度为 a、切掉 OAB 部分之后的无限深势阱中，基态和第一激发态的能量，其中 $V_0 \ll 1$（题图所示）。

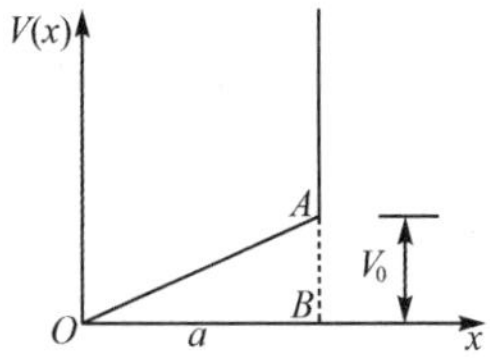

9-2　在一个宽为 L 的无限深方势阱中有两个高为 V、宽为 $a \ll 1$ 的小微扰势，微扰势的中心分别位于 $x=\frac{L}{3}$ 和 $x=\frac{2L}{3}$ 处。利用微扰方法估计 $n=1$ 与 $n=4$ 能级间的能量差的变化。

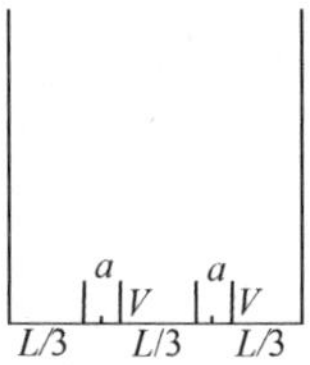

9-3　一质量为 m 的粒子处于二维无限深方势阱（长、宽均为 a）

(1) 写出粒子基态和第一激发态的能量本征值和本征函数，若有简并写出简并度；

(2) 若势阱中 $(x,y)=\left(\frac{a}{2},\frac{a}{4}\right)$ 处存在一根“毛刺”，该微扰势可以表示

$$\hat{H}'=\varepsilon\delta\left(x-\frac{a}{2}\right)\delta\left(y-\frac{a}{4}\right),\ |\varepsilon|\ll 1$$

计算基态和第一激发态能量的一级修正。

9-4　平面转子的转动惯量为 I，电偶极矩为 D。转子在沿 x 方向的电场 ε 中运动，体系的 Hamilton 量（转子绕 z 轴旋转）$\hat{H}=\hat{H}_0+\hat{H}'$，其中

$$\hat{H}_0=-\frac{\hbar^2}{2I}\frac{\mathrm{d}^2}{\mathrm{d}\varphi^2},\qquad \hat{H}'=D\varepsilon\cos\varphi$$

求：(1) 一级近似下能量本征值与本征函数；

(2) 二级近似下的能量本征值。

9-5　如果类氢离子的电荷数 Z 变成 $Z+1$，体系的能量将如何改变？试用微扰方法计算基态能量的一级近似值。已知：类氢离子的基态能量本征值和本征函数分别为

$$E_1=\frac{Z^2e^2}{2a},\qquad \psi_{100}=\frac{1}{\sqrt{\pi}}\left(\frac{Z}{a}\right)^{3/2}\mathrm{e}^{-\frac{Zr}{a}}$$

9-6　设一维谐振子的 Hamilton 量 $\hat{H}_0=-\frac{\hbar^2}{2m}\frac{\mathrm{d}^2}{\mathrm{d}x^2}+\frac{1}{2}kx^2$，求该谐振子受到微扰 $\hat{H}'=\frac{1}{2}\lambda x^2\ (\lambda \ll k)$ 时，谐振子基态能量的一级修正值，并说明这一修正值是 $\hat{H}=\hat{H}_0+\hat{H}'=-\frac{\hbar^2}{2m}\frac{\mathrm{d}^2}{\mathrm{d}x^2}+\frac{1}{2}(k+\lambda)x^2$ 的本征值方程精确解按 λ 展开式的一次幂项。

9-7 设一量子体系的 Hamilton 量为$\hat{H}=\hat{H}_0+\hat{H}'$，其中，$\hat{H}_0=\begin{pmatrix}E_1 & 0\\ 0 & E_2\end{pmatrix}$，$\hat{H}'=\begin{pmatrix}a & b\\ b & a\end{pmatrix}$，($a,b\ll 1$，为实数)。求二级近似下的能量本征值，并与精确解加以比较。

9-8 一个质量为m，电量为q的无自旋粒子处于二维谐振子势中，其哈密顿量为

$$\hat{H}_0=\frac{\hat{p}_x^2}{2m}+\frac{\hat{p}_y^2}{2m}+\frac{1}{2}m\omega^2(x^2+y^2)$$

(1) 写出粒子的基态和第一激发态的能量本征值，若有简并写出简并度。

(2) 若存在一个沿z方向的弱磁场B，该磁场与轨道角动量作用形成一个微扰

$$\hat{H}'=-\frac{qB}{2m}(x\hat{p}_y-y\hat{p}_x)$$

利用微扰理论，计算基态和第一激发态能量的一级修正。

9-9 设一量子体系的 Hamilton 量为

$$\hat{H}=\begin{pmatrix}E_1 & a_1 & a_2\\ a_1^* & E_2 & a_3\\ a_2^* & a_3^* & E_3\end{pmatrix}$$

而且，$|a_1|^2,|a_2|^2,|a_3|^2\ll 1$，试利用微扰法计算体系能量的一级修正值、二级修正值。

9-10 设一维无限深势阱($0<x<a$)中运动的粒子受到微扰

$$\hat{H}'(x)=\begin{cases}\dfrac{2\lambda}{a}x, & 0<x<\dfrac{a}{2}\\[2mm] \dfrac{2\lambda}{a}(a-x), & \dfrac{a}{2}<x<a\end{cases}$$

求基态($n=1$)能量的一级修正值。

9-11 如果把氢原子核看作一个半径为r_0的均匀带电球体，则由于隧穿效应，电子可以按一定的概率出现在核(球体)内。此时，由于球体内电势φ的作用，电子将受到微扰

$$\hat{H}'=e\varphi=\begin{cases}0, & r>r_0\\ -\dfrac{3}{2}\dfrac{e^2}{r_0}+\dfrac{1}{2}\dfrac{e^2r^2}{r_0^3}+\dfrac{e^2}{r}, & r<r_0\end{cases}$$

求氢原子基态(1s 态)能级的一级修正值。

9-12 设一个含微扰体系的 Hamilton 量为

$$\hat{H}=\begin{pmatrix}E_1 & 0 & \lambda_1\\ 0 & E_2 & \lambda_2\\ \lambda_1^* & \lambda_2^* & E_3\end{pmatrix}=\hat{H}_0+\hat{H}'\quad(E_1<E_2<E_3)$$

其中，$\hat{H}_0$是对角化的，而

$$\hat{H}'=\begin{pmatrix}0 & 0 & \lambda_1\\ 0 & 0 & \lambda_2\\ \lambda_1^* & \lambda_2^* & 0\end{pmatrix}$$

求在微扰$\hat{H}'$的作用下，能量的二级修正值。

9-13 已知一维谐振子的能量本征值和本征函数分别为

$$E_n=\left(n+\frac{1}{2}\right)\hbar\omega,n=0,1,2,\cdots;\quad \psi_n(\alpha x)=N_n\mathrm{e}^{-\frac{1}{2}\alpha^2x^2}H_n(\alpha x)$$

求：(1)在微扰$\hat{H}'=V_0\delta(\alpha x)$的作用下，谐振子的各个能级能量的一级修正值。如果有必要可利用：

$$H_{2n}(0)=(-1)^n\frac{(2n)!}{2},\quad H_{2n+1}(0)=0$$

(2)在微扰 $\hat{H}'=V_0\delta[\alpha(x-a)]$ 的作用下,第 k 个能级能量的一级修正值。

9-14　设非线性谐振子的 Hamilton 量 $\hat{H}=\hat{H}_0+\hat{H}'$,其中

$$\hat{H}_0=-\frac{\hbar^2}{2\mu}\frac{d^2}{dx^2}+\frac{1}{2}\mu\omega^2x^2,\quad \hat{H}'=\beta x^3\quad(\beta\text{ 为实常数})$$

求:二级近似下的能量本征值和一级近似下的波函数。

9-15　考虑耦合谐振子,其 Hamilton 量为

$$\hat{H}=-\frac{\hbar^2}{2m}\left(\frac{\partial^2}{\partial x_1^2}+\frac{\partial^2}{\partial x_2^2}\right)+\frac{1}{2}m\omega^2(x_1^2+x_2^2)-\lambda x_1x_2=\hat{H}_0+\hat{H}'$$

微扰项 $\hat{H}'=-\lambda x_1x_2$ 中的 λ 为实常数,表示耦合强度。

(1)写出 $\hat{H}_0$ 的本征值的表达式;

(2)在一级近似下,求第一激发态的能量。

9-16　设某原子的基态为 $|g\rangle$, 能量为 E_0;第一激发态为 $|e\rangle$, 能量为 E_1, 且 $E_1-E_0=\hbar\omega$。若该原子受一激光驱动的相互作用为 $\hat{H}'=\hbar\Omega(|g\rangle\langle e|e^{i\omega t}+|e\rangle\langle g|e^{-i\omega t})$,求该原子在激光的作用下从基态跃迁到激发态的跃迁速率。

9-17　有一量子体系,其 Hamilton 量为 $\hat{H}_0$,并已知 $\hat{H}_0$ 的本征值和本征函数分别为 E_n 和 $\psi_n(n=1,2,3,\cdots)$。在初始时刻 $t=0$,体系处于 ψ_0 态,当 $t>0$ 时体系开始受到一微扰 $\hat{H}'=F(x)e^{-\beta t}$ 的作用。在一级近似下求:

(1)经充分长时间以后,体系跃迁到 ψ_n 态的概率;

(2)如果该体系为一维谐振子,且 $F(x)=x$,结果将如何?

9-18　设处于基态 ψ_{100} 的氢原子受到沿 z 方向的脉冲电场 $\varepsilon(t)=\varepsilon_0\delta(t)$(考虑 $t=-\varepsilon\to\varepsilon,\varepsilon\to0$ 的微扰)的作用。其中 ε_0 为常数。在一级近似下,求原子跃迁到各激发态的概率总和与原子仍处在基态的概率。

9-19　在时间 $t\leqslant0$ 时,一电子(自旋 $s=\frac{1}{2}$)置于沿 z 方向的均匀磁场 B 中。此时体系的 Hamilton 量

$$\hat{H}_0=-\boldsymbol{\mu}_s\cdot\boldsymbol{B}=-\frac{e\hbar}{2m_ec}\boldsymbol{\sigma}\cdot\boldsymbol{B}=-\frac{eB_0\hbar}{2m_ec}\begin{pmatrix}1&0\\0&-1\end{pmatrix}=\hbar\omega_0\begin{pmatrix}1&0\\0&-1\end{pmatrix}$$

其中,$\omega_0=\frac{|e|B_0}{2m_ec}$。当 $t>0$ 时再加上在 x 方向的投影 $B_x=B_0\cos2\omega t$ 和在 y 方向的投影 $B_y=B_0\sin2\omega t$ 的旋转磁场。设初始时刻电子的自旋朝 z 的正方向极化。把 B_x、B_y 与电子自旋磁矩的相互作用能作为微扰,求电子跃迁到自旋朝 z 轴负向极化态的概率。

9-20　处于激发态的原子经 10^{-8} s(激发态寿命)后,发射一个光子的同时跃迁到低能级。求该激发态的能级宽度和发射光子频率的不确定度。

9-21　根据汤川理论,原子核中的质子 p 吸收一个 π^- 介子而转变成中子 n。所吸收的 π^- 介子的能量为 $\Delta E=m_\pi c^2$,其中 m_π 为 π^- 介子的质量,c 为光速。试利用不确定性关系求:

(1)粒子反应 $p+\pi^-\to n$ 发生的时间 Δt;

(2)已知在 Δt 内 π^- 介子以光速 c 前进了 $r\sim1.4\times10^{-15}$ m 的距离。求 π^- 介子的质量。

第10章

散射理论

作为求解束缚态问题的能量本征值和本征函数的近似方法，在第 9 章介绍了微扰理论。本章将介绍求解非束缚态问题的近似方法——散射理论。散射问题中要解决的不是能量本征值和本征函数，而主要研究散射过程中被散射粒子的角分布、角关联，求解散射振幅，散射截面等。散射理论在原子、分子物理，核物理以及高能物理等领域都有重要的意义。

10.1 散射截面

粒子的散射(碰撞，scattering)过程，是一个具有确定动量的粒子射向靶粒子(target particle)与靶粒子碰撞的过程。入射粒子和靶粒子的相互作用是在空间的很小区域和很短的时间内进行的。入射粒子在碰撞之前的状态和被靶粒子散射以后的状态均处于自由粒子状态。也就是说，散射过程是一个自由状态的粒子被靶粒子的势场散射后变成另一个自由状态的过程。如果在两个粒子的散射过程中没有能量交换，则我们称这种散射为弹性(elastic)散射，否则叫非弹性(inelastic)散射，本章主要讨论弹性散射。两个粒子对撞的二体问题，也可以化为一个质量为 μ(折合质量)的粒子被一个散射中心(靶)散射的单体问题。在整个过程中，粒子内部状态的改变不予考虑。

在实际散射实验中，从粒子源发射的一束稳定的接近于单色的粒子束从远处射向靶粒子(散射中心)。因此入射粒子的波可以表示成平面单色波，它是动量的本征态。假设粒子是沿 z 方向入射，则入射波可以写成

$$\psi_{\text{in}}=\mathrm{e}^{\mathrm{i}kz},\quad k=\frac{p_z}{\hbar} \tag{10-1}$$

因此，入射粒子的流密度

$$j_{\text{in}}=\frac{\mathrm{i}\hbar}{2\mu}\left(\psi_{\text{in}}\frac{\partial}{\partial z}\psi_{\text{in}}^{*}-\psi_{\text{in}}^{*}\frac{\partial}{\partial z}\psi_{\text{in}}\right)=\frac{\hbar k}{\mu}=\frac{p_z}{\mu}=v \tag{10-2}$$

如果入射粒子在单位体积内有 n 个粒子，则

$$j_{\text{in}}=nv \tag{10-3}$$

其中，v 为入射粒子的速度。靶粒子对入射粒子的作用可以用一个势函数 $V(r)$ 描述，势函数 $V(r)$ 在空间区域 $r\leqslant a$ 不为 0，$r\geqslant a$ 时 $V(r)=0$，a 叫作相互作用力程。进入相互作用力程范围内的入射粒子被中心势 $V(r)$ 散射后，形成一个以散射中心 O 为球心的球面波被散射出去(图 10-1)。因此，散射波可以写成(关于 φ 角对称)

$$\psi_{\text{out}} \sim f(\theta)\frac{e^{ikr}}{r} \tag{10-4}$$

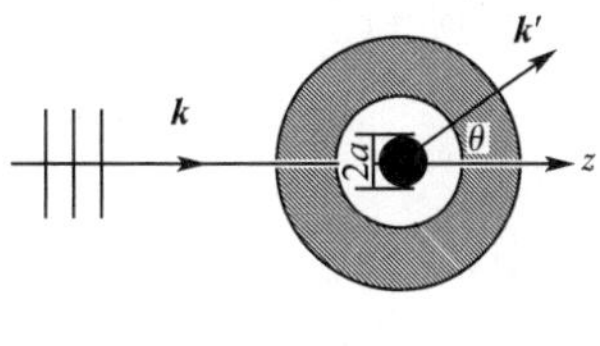

图 10-1

其中，$f(\theta)$叫作散射振幅(scattering amplitude)，$f(\theta)$反映散射波随角度 θ 的变化关系，而$\frac{1}{r}$保证在 $r\to\infty$ 时 ψ_{out} 有限。波函数在$r\to\infty$时的渐近行为可以表示成

$$\psi \sim e^{ikz} + f(\theta)\frac{e^{ikr}}{r} \tag{10-5}$$

其中，第一项是入射波，第二项是散射波。散射波的流密度

$$j_{\text{out}} = \frac{i\hbar}{2\mu}\left[f(\theta)\frac{e^{ikr}}{r}\frac{\partial}{\partial r}\left(f^*(\theta)\frac{e^{-ikr}}{r}\right) - c.c\right] = \frac{\hbar k}{\mu}\frac{|f(\theta)|^2}{r^2} = j_{\text{in}}\cdot\frac{|f(\theta)|^2}{r^2} \tag{10-6}$$

可见，散射振幅 $f(\theta)$是一个具有长度量纲的量。要注意，因为我们考虑的是弹性散射，入射波和散射波的波矢量大小 k 相等。当入射粒子束以恒定的流密度 j_{in}射向靶粒子时，粒子被靶粒子散射并从不同角度 θ 散射。设沿某一角度 θ 方向的立体角(solid angle)为 $d\Omega$，则在单位时间内经立体角 $d\Omega$ 散射出去的粒子数 dn 应与 j_{in}和 $d\Omega$ 成正比：

$$dn \propto j_{\text{in}}d\Omega \tag{10-7}$$

设其比例系数为 $\sigma(\theta)$，则

$$dn = \sigma(\theta)j_{\text{in}}d\Omega \tag{10-8}$$

$\sigma(\theta)$描述从不同角度 θ 散射的粒子的多少，它的量纲是面积的量纲(见后)，因此叫作微分散射截面(differential scattering cross section)。由式(10-8)我们得到

$$\sigma(\theta) = \frac{1}{j_{\text{in}}}\cdot\frac{dn}{d\Omega} \tag{10-9}$$

散射理论主要计算散射截面 $\sigma(\theta)$，以研究粒子之间的相互作用特性、物质结构等。在实验中，要测量散射粒子的流密度 j_{out}。沿 θ 方向的立体角 $d\Omega$ 在单位时间内散射出去的粒子数

$$dn = j_{\text{out}}dS = j_{\text{in}}\cdot\frac{|f(\theta)|^2}{r^2}r^2d\Omega = j_{\text{in}}|f(\theta)|^2d\Omega \tag{10-10}$$

此式与式(10-8)比较得

$$\sigma(\theta) = |f(\theta)|^2 \tag{10-11}$$

可见，$\sigma(\theta)$的量纲为面积的量纲。如前所述，在散射实验中，一般并不是研究单个粒子被靶粒子的散射，而是研究一束粒子流被散射中心散射的问题。因此，散射截面实际上是一个统计概念。为了得到较准确的统计结果，入射粒子的流密度要大，但同时为避免入射粒子之间的相互作用，入射粒子的流密度也不宜过大。

由微分散射截面 $\sigma(\theta)$可以求总散射截面：

$$\sigma_t = \int_0^{2\pi}\int_0^{\pi}|f(\theta)|^2\sin\theta d\theta d\varphi = 2\pi\int_0^{\pi}|f(\theta)|^2\sin\theta d\theta \tag{10-12}$$

由此可见，为了计算散射截面，关键是求散射振幅 $f(\theta)$。散射振幅可以通过解 Schrödinger 方程求得。一个动量 $\boldsymbol{p} = \hbar\boldsymbol{k}$ 的入射粒子被中心势 $V(r)$ 散射过程遵从 Schrödinger 方程

$$\left[-\frac{\hbar^2}{2\mu}\nabla^2 + V(r)\right]\psi(\boldsymbol{r}) = E\psi(\boldsymbol{r}) \tag{10-13}$$

此式也可以改写成

$$(\nabla^2+k^2)\psi(\boldsymbol{r})=\frac{2\mu}{\hbar^2}V(r)\psi(\boldsymbol{r}) \tag{10-14}$$

其中，

$$k\equiv\sqrt{\frac{2\mu E}{\hbar^2}} \tag{10-15}$$

以下几节将介绍通过求解方程(10-14)计算散射截面的近似方法。

10.2 Born 近似法

如上所述，散射问题归结为解形如

$$(\nabla^2+k^2)\psi(\boldsymbol{r})=U(r)\psi(\boldsymbol{r}),\quad U(r)\equiv\frac{2\mu}{\hbar^2}V(r) \tag{10-16}$$

的方程在渐近条件

$$\psi(\boldsymbol{r})\big|_{r\to\infty}\to \mathrm{e}^{\mathrm{i}\boldsymbol{k}\cdot\boldsymbol{r}}+f(\theta)\frac{\mathrm{e}^{\mathrm{i}kr}}{r} \tag{10-17}$$

下的解。由所求得的解 $\psi(\boldsymbol{r})$，最后求出散射振幅 $f(\theta)$ 和微分散射截面 $\sigma(\theta)$。

为求解形如式(10-16)的方程，首先要求解算符(∇^2+k^2)的 Green 函数 $G(\boldsymbol{r}-\boldsymbol{r}')$ 所满足的方程：

$$(\nabla^2+k^2)G(\boldsymbol{r}-\boldsymbol{r}')=\delta^3(\boldsymbol{r}-\boldsymbol{r}') \tag{10-18}$$

如果能求出 Green 函数 $G(\boldsymbol{r}-\boldsymbol{r}')$，则可以证明

$$\psi(\boldsymbol{r})=\int G(\boldsymbol{r}-\boldsymbol{r}')U(r')\psi(\boldsymbol{r}')\mathrm{d}^3\boldsymbol{r}' \tag{10-19}$$

满足方程(10-16)：

$$\begin{aligned}(\nabla^2+k^2)\psi(\boldsymbol{r})&=(\nabla^2+k^2)\int G(\boldsymbol{r}-\boldsymbol{r}')U(\boldsymbol{r}')\psi(\boldsymbol{r}')\mathrm{d}^3\boldsymbol{r}'\\&=\int\delta^3(\boldsymbol{r}-\boldsymbol{r}')U(r')\psi(\boldsymbol{r}')\mathrm{d}^3\boldsymbol{r}'\\&=U(r)\psi(\boldsymbol{r})\end{aligned}$$

因此，方程(10-16)的解可以表示为

$$\psi(\boldsymbol{r})=\psi^{(0)}(\boldsymbol{r})+\int G(\boldsymbol{r}-\boldsymbol{r}')U(r')\psi(\boldsymbol{r}')\mathrm{d}^3\boldsymbol{r}' \tag{10-20}$$

其中，$\psi^{(0)}(\boldsymbol{r})$ 为齐次方程$(\nabla^2+k^2)\psi(\boldsymbol{r})=0$的解，即 $V(r)=0$ 处的解，可用入射波代替。因此，方程(10-20)变为 Lippman-Schwinger 方程

$$\psi(\boldsymbol{r})=\mathrm{e}^{\mathrm{i}\boldsymbol{k}\cdot\boldsymbol{r}}+\int G(\boldsymbol{r}-\boldsymbol{r}')U(r')\psi(\boldsymbol{r}')\mathrm{d}^3\boldsymbol{r}' \tag{10-21}$$

下面，先解方程(10-18)，求 Green 函数 $G(\boldsymbol{r}-\boldsymbol{r}')$。进行 Green 函数 $G(\boldsymbol{r}-\boldsymbol{r}')$ 的 Fourier 变换：

$$G(\boldsymbol{r}-\boldsymbol{r}')=\int g(\boldsymbol{q})\mathrm{e}^{\mathrm{i}\boldsymbol{q}\cdot(\boldsymbol{r}-\boldsymbol{r}')}\mathrm{d}^3\boldsymbol{q} \tag{10-22}$$

把式(10-22)代入到方程(10-18)中，得

$$(\nabla^2 + k^2)\int g(\boldsymbol{q})\mathrm{e}^{\mathrm{i}\boldsymbol{q}\cdot(\boldsymbol{r}-\boldsymbol{r}')}\mathrm{d}^3\boldsymbol{q} = \delta^3(\boldsymbol{r}-\boldsymbol{r}') \tag{10-23}$$

因为

$$\begin{cases}\nabla^2\mathrm{e}^{\mathrm{i}\boldsymbol{q}\cdot(\boldsymbol{r}-\boldsymbol{r}')} = -q^2\mathrm{e}^{\mathrm{i}\boldsymbol{q}\cdot(\boldsymbol{r}-\boldsymbol{r}')} \\ \delta^3(\boldsymbol{r}-\boldsymbol{r}') = \dfrac{1}{(2\pi)^3}\displaystyle\int \mathrm{e}^{\mathrm{i}\boldsymbol{q}\cdot(\boldsymbol{r}-\boldsymbol{r}')}\mathrm{d}^3\boldsymbol{q}\end{cases}$$

方程(10-23) 变为

$$(-q^2 + k^2)g(\boldsymbol{q}) = \frac{1}{(2\pi)^3}$$

由此得到

$$g(\boldsymbol{q}) = \frac{1}{(2\pi)^3}\frac{1}{k^2-q^2} \tag{10-24}$$

把 $g(\boldsymbol{q})$ 代回到方程(10-22) 得

$$G(\boldsymbol{r}-\boldsymbol{r}') = \frac{1}{(2\pi)^3}\int\frac{\mathrm{e}^{\mathrm{i}\boldsymbol{q}\cdot(\boldsymbol{r}-\boldsymbol{r}')}}{k^2-q^2}\mathrm{d}^3\boldsymbol{q} \tag{10-25}$$

因在 q 空间中，被积函数的体积元 $\mathrm{d}^3\boldsymbol{q} = q^2\mathrm{d}q\sin\theta\mathrm{d}\theta\mathrm{d}\varphi$，则

$$\begin{aligned}G(\boldsymbol{r}-\boldsymbol{r}') &= \frac{1}{(2\pi)^3}\int_0^{+\infty}\int_0^{\pi}\int_0^{2\pi}\frac{\mathrm{e}^{\mathrm{i}q|\boldsymbol{r}-\boldsymbol{r}'|\cos\theta}}{k^2-q^2}q^2\mathrm{d}q\sin\theta\mathrm{d}\theta\mathrm{d}\varphi \\ &= \frac{1}{(2\pi)^2}\int_0^{+\infty}\frac{q^2\mathrm{d}q}{k^2-q^2}\int_0^{\pi}(-\mathrm{e}^{\mathrm{i}q|\boldsymbol{r}-\boldsymbol{r}'|\cos\theta})\mathrm{d}(\cos\theta) \\ &= \frac{1}{(2\pi)^2\mathrm{i}\,|\boldsymbol{r}-\boldsymbol{r}'|}\int_0^{+\infty}\frac{q\mathrm{d}q}{k^2-q^2}(\mathrm{e}^{\mathrm{i}q|\boldsymbol{r}-\boldsymbol{r}'|} - \mathrm{e}^{-\mathrm{i}q|\boldsymbol{r}-\boldsymbol{r}'|}) \\ &= \frac{1}{4\pi^2\mathrm{i}\,|\boldsymbol{r}-\boldsymbol{r}'|}\int_{-\infty}^{+\infty}\frac{q\mathrm{e}^{\mathrm{i}q|\boldsymbol{r}-\boldsymbol{r}'|}}{k^2-q^2}\mathrm{d}q\end{aligned} \tag{10-26}$$

积分式(10-26) 具有两个极点 $q=\pm k$。此积分可以化为如图 10-2 所示的轨道积分，并利用留数定理(residue theorem) 求积分：

$$\int_{-\infty}^{+\infty} = \int_{-\infty}^{+\infty} + \int_{\frown} = \int_{\triangle}\frac{q\mathrm{e}^{\mathrm{i}q|\boldsymbol{r}-\boldsymbol{r}'|}}{k^2-q^2}\mathrm{d}q$$

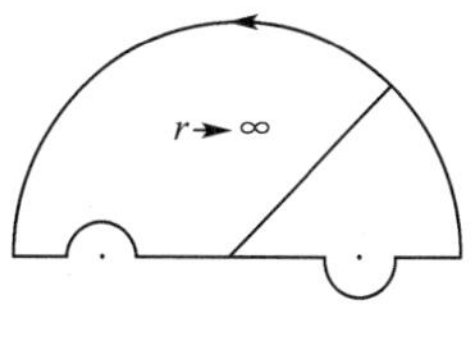

图 10-2

根据留数定理，

$$\int_{\frown}\frac{q\mathrm{e}^{\mathrm{i}q|\boldsymbol{r}-\boldsymbol{r}'|}}{k^2-q^2}\mathrm{d}q = 2\pi\mathrm{i}\cdot\frac{k\mathrm{e}^{\mathrm{i}k|\boldsymbol{r}-\boldsymbol{r}'|}}{-2k} = -\pi\mathrm{i}\mathrm{e}^{\mathrm{i}k|\boldsymbol{r}-\boldsymbol{r}'|}$$

由此求得 Green 函数

$$G(\boldsymbol{r}-\boldsymbol{r}') = -\frac{\mathrm{e}^{\mathrm{i}k|\boldsymbol{r}-\boldsymbol{r}'|}}{4\pi\,|\boldsymbol{r}-\boldsymbol{r}'|} \tag{10-27}$$

把所求得的 Green 函数代入方程(10-21) 得

$$\psi(\boldsymbol{r}) = \mathrm{e}^{\mathrm{i}\boldsymbol{k}\cdot\boldsymbol{r}} - \frac{1}{4\pi}\int\frac{\mathrm{e}^{\mathrm{i}k|\boldsymbol{r}-\boldsymbol{r}'|}}{|\boldsymbol{r}-\boldsymbol{r}'|}U(r')\psi(\boldsymbol{r}')\mathrm{d}^3\boldsymbol{r}' \tag{10-28}$$

方程(10-28) 就是满足渐近条件(10-17) 的解。但是，从方程(10-28) 式我们看到，在被积函数里含有待求的 $\psi(\boldsymbol{r}')$，因此必须采用合适的近似方法进一步求解 $\psi(\boldsymbol{r})$。求解此方程的常用近似方法之一就是 Born 近似方法(Born approximation)。

当入射粒子的动量很大[$p^2 \gg V(r)$] 时，我们可以把势 $V(r)$ 视为与时间无关的一种微

扰，相互作用体系的 Hamilton 量可以写成

$$\hat{H} = \hat{H}_0 + \hat{H}' = \hat{H}_0 + V(r) \tag{10-29}$$

其中，$\hat{H}_0 = -\dfrac{\hbar^2}{2\mu}\nabla^2$ 为相互作用前入射粒子的动能，相应的波函数为

$$\psi^{(0)} = e^{i\boldsymbol{k}\cdot\boldsymbol{r}} \tag{10-30}$$

而 $\hat{H}' = V(r)$ 为微扰项。现在把被积函数中的 $\psi(\boldsymbol{r}')$ 按某一参数 $\lambda \ll 1$ 的幂级数展开：

$$\psi(\boldsymbol{r}') = \psi^{(0)}(\boldsymbol{r}') + \lambda\psi^{(1)}(\boldsymbol{r}') + \lambda^2\psi^{(2)}(\boldsymbol{r}') + \cdots \tag{10-31}$$

所谓 Born 近似就是用 $\psi(\boldsymbol{r}')$ 的零级近似值 $\psi^{(0)}(\boldsymbol{r}')$ 来代替 $\psi(\boldsymbol{r}')$，也就是说

$$\psi(\boldsymbol{r}') \approx \psi^{(0)}(\boldsymbol{r}') = e^{i\boldsymbol{k}\cdot\boldsymbol{r}'} \tag{10-32}$$

因此，在 Born 近似下，式(10-28) 变为

$$\psi(\boldsymbol{r}) = e^{i\boldsymbol{k}\cdot\boldsymbol{r}} - \frac{1}{4\pi}\int \frac{e^{ik|\boldsymbol{r}-\boldsymbol{r}'|}}{|\boldsymbol{r}-\boldsymbol{r}'|}U(r')e^{i\boldsymbol{k}\cdot\boldsymbol{r}'}\,d^3\boldsymbol{r}' \tag{10-33}$$

下面求式(10-33) 在 $r\to\infty$ 的渐近解。因为 $U(r')$ 只在空间一个小区域(力程范围内) 不为 0，$|\boldsymbol{r}-\boldsymbol{r}'|$ 的值可以用 $r\to\infty$ 时的值代替：

$$|\boldsymbol{r}-\boldsymbol{r}'| = (r^2 + r'^2 - 2\boldsymbol{r}\cdot\boldsymbol{r}')^{\frac{1}{2}} = r\left(1 - \frac{2\boldsymbol{r}\cdot\boldsymbol{r}'}{r^2} + \frac{r'^2}{r^2}\right)^{\frac{1}{2}} \approx r\left(1 - \frac{\boldsymbol{r}\cdot\boldsymbol{r}'}{r^2}\right)$$

因此，取 $1/|\boldsymbol{r}-\boldsymbol{r}'| \approx 1/r$(图 10-3)，$e^{ik|\boldsymbol{r}-\boldsymbol{r}'|} = e^{ikr(1-\boldsymbol{r}\cdot\boldsymbol{r}'/r^2)} = e^{ikr - i\boldsymbol{k}_s\cdot\boldsymbol{r}'}$，其中 $\boldsymbol{k}_s \equiv k\hat{\boldsymbol{r}} = k\dfrac{\boldsymbol{r}}{r}$，$\hat{\boldsymbol{r}} = \dfrac{\boldsymbol{r}}{r}$ 为 $\boldsymbol{r}$ 方向的单位矢量。$\boldsymbol{k}_s$ 代表散射波的波矢量，对于弹性散射，$|\boldsymbol{k}| = |\boldsymbol{k}_s| = k$。把这些结果代入式(10-33) 得

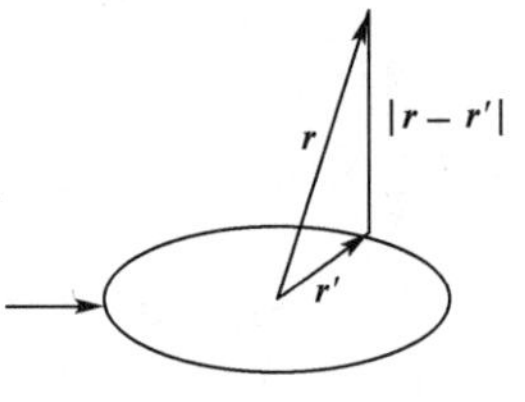

图 10-3

$$\begin{aligned}\psi(\boldsymbol{r}) &= e^{i\boldsymbol{k}\cdot\boldsymbol{r}} - \frac{1}{4\pi r}\int e^{i(kr-\boldsymbol{k}_s\cdot\boldsymbol{r}')}U(r')e^{i\boldsymbol{k}\cdot\boldsymbol{r}'}\,d^3\boldsymbol{r}' \\ &= e^{i\boldsymbol{k}\cdot\boldsymbol{r}} - \frac{e^{ikr}}{4\pi r}\int e^{-i(\boldsymbol{k}_s-\boldsymbol{k})\cdot\boldsymbol{r}'}U(r')\,d^3\boldsymbol{r}'\end{aligned} \tag{10-34}$$

式(10-34) 与式(10-17) 比较得

$$\begin{aligned}f(\theta) &= -\frac{1}{4\pi}\int U(r')e^{-i(\boldsymbol{k}_s-\boldsymbol{k})\cdot\boldsymbol{r}'}\,d^3\boldsymbol{r}' \\ &= -\frac{1}{4\pi}\int U(r')e^{-i\boldsymbol{q}\cdot\boldsymbol{r}'}\,d^3\boldsymbol{r}', \quad \boldsymbol{q} = \boldsymbol{k}_s - \boldsymbol{k}\end{aligned} \tag{10-35}$$

从图 10-4 可以看出

$$q = |\boldsymbol{q}| = 2k\sin\frac{\theta}{2}$$

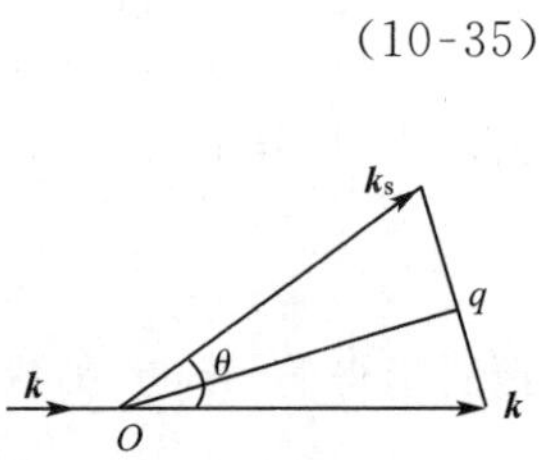

图 10-4

其中，θ 为散射角。因此，式(10-35) 可化为

$$\begin{aligned}f(\theta) &= -\frac{1}{4\pi}\int U(r')e^{-i\boldsymbol{q}\cdot\boldsymbol{r}'}\,d^3\boldsymbol{r}' \\ &= -\frac{1}{4\pi}\iiint U(r')e^{-i\boldsymbol{q}\cdot\boldsymbol{r}'}r'^2\sin\theta'\,d\theta'\,d\varphi'\,dr' \\ &= \frac{1}{2}\int_0^{+\infty}\int_0^{\pi} U(r')e^{-i\boldsymbol{q}\cdot r'\cos\theta'}r'^2\,dr'\,d(\cos\theta')\end{aligned}$$

$$=-\frac{1}{q}\int_0^{+\infty} U(r')r'\sin(qr')\mathrm{d}r'$$

把 $U(r')=\frac{2\mu}{\hbar^2}V(r')$ 代入上式，且去掉“′”，得

$$f(\theta)=-\frac{2\mu}{q\hbar^2}\int_0^{+\infty} V(r)r\sin(qr)\mathrm{d}r \tag{10-36}$$

从而最后得散射截面

$$\sigma(\theta)=|f(\theta)|^2=\frac{4\mu^2}{q^2\hbar^4}\left|\int_0^{+\infty} V(r)r\sin(qr)\mathrm{d}r\right|^2 \tag{10-37}$$

式(10-36)和式(10-37)分别为 Born 近似下的散射振幅和散射截面，可见随 q 的增大，即随着散射角 θ 的增大，$\sigma(\theta)$（散射粒子数目）减小，说明大部分粒子从小散射角散射。

10.3　分波法

本节将介绍计算散射截面的另一种近似方法 —— 分波法(partial wave method)。考虑势函数为中心力场 $V(r)$ 的情况。在中心力场中，$\hat{\boldsymbol{l}}^2$ 和 $\hat{l}_z$ 守恒，而且散射波对 z 轴（散射轴）的旋转是对称的，也就是说散射粒子的角分布与 φ 角无关(图 10-5)。对于弹性散射，需要求解满足渐近条件

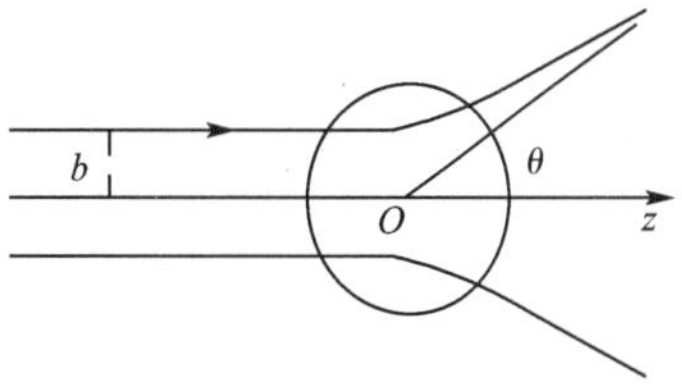

图 10-5

$$\psi(r,\theta)\big|_{r\to\infty}\to \mathrm{e}^{\mathrm{i}kr\cos\theta}+f(\theta)\frac{\mathrm{e}^{\mathrm{i}kr}}{r} \tag{10-38}$$

的定态 Schrödinger 方程

$$\left[-\frac{\hbar^2}{2\mu}\frac{1}{r^2}\frac{\partial}{\partial r}\left(r^2\frac{\partial}{\partial r}\right)-\frac{\hat{\boldsymbol{l}}^2}{2\mu r^2}\right]\psi(r,\theta)+V(r)\psi(r,\theta)=E\psi(r,\theta) \tag{10-39}$$

对于弹性散射，Schrödinger 方程的解可以用 $\{\hat{H},\hat{\boldsymbol{l}}^2,\hat{l}_z\}$ 的共同本征函数展开：

$$\psi(r,\theta)=\sum_{l=0}^{+\infty}R_l(r)P_l(\cos\theta) \tag{10-40}$$

其中，$\psi(r,\theta)$ 的展开式中的每一项代表具有确定 l 值的分波(partial wave)。

方程(10-40)中的 $R_l(r)$ 满足方程（径向方程）

$$\frac{1}{r^2}\frac{\mathrm{d}}{\mathrm{d}r}\left(r^2\frac{\mathrm{d}R_l}{\mathrm{d}r}\right)+\left[k^2-U(r)-\frac{l(l+1)}{r^2}\right]R_l(r)=0 \tag{10-41}$$

其中

$$k^2\equiv\frac{2\mu E}{\hbar^2},\quad U(r)\equiv\frac{2\mu}{\hbar^2}V(r) \tag{10-42}$$

渐近条件式(10-38)要求，在 $r\to\infty$ 时，

$$\lim_{r\to\infty}U(r)=0,\quad \lim_{r\to\infty}\frac{l(l+1)}{r^2}=0 \tag{10-43}$$

因此，$r\to\infty$ 时方程(10-41)化为渐近方程

$$\frac{1}{r^2}\frac{\mathrm{d}}{\mathrm{d}r}\left(r^2\frac{\mathrm{d}R_l}{\mathrm{d}r}\right)+k^2R_l(r)=0 \tag{10-44}$$

设

$$\chi_l(r) = rR_l(r) \tag{10-45}$$

则方程(10-44) 变为

$$\frac{\mathrm{d}^2 \chi_l(r)}{\mathrm{d}r^2} + k^2 \chi_l(r) = 0 \tag{10-46}$$

此方程的解为

$$\chi_l(r) = A_l' \sin(kr + \delta_l')$$

从而

$$\begin{aligned} R_l(r) &= \frac{\chi_l(r)}{r} \\ &= \frac{A_l' \sin(kr + \delta_l')}{r} \\ &= \frac{kA_l' \sin\left(kr - \frac{1}{2}l\pi + \delta_l' + \frac{1}{2}l\pi\right)}{kr} \\ &= \frac{A_l \sin\left(kr - \frac{1}{2}l\pi + \delta_l\right)}{kr} \end{aligned} \tag{10-47}$$

其中

$$A_l \equiv kA_l', \quad \delta_l \equiv \delta_l' + \frac{1}{2}l\pi \tag{10-48}$$

因此,得到散射波 $\psi(r,\theta)$ 的渐近解

$$\psi(r,\theta)\mid_{r\to\infty} = \sum_{l=0}^{+\infty} \frac{A_l}{kr}\sin\left(kr - \frac{1}{2}l\pi + \delta_l\right)P_l(\cos\theta) \tag{10-49}$$

为了把式(10-49) 与式(10-38) 比较确定 $f(\theta)$,把式(10-38) 中的入射波 $\mathrm{e}^{\mathrm{i}\boldsymbol{k}\cdot\boldsymbol{r}}$ 做如下展开(参见数学物理方法):

$$\mathrm{e}^{\mathrm{i}\boldsymbol{k}\cdot\boldsymbol{r}} = \mathrm{e}^{\mathrm{i}kr\cos\theta} = \sum_{l=0}^{+\infty}(2l+1)\mathrm{i}^l \mathrm{j}_l(kr)P_l(\cos\theta) \tag{10-50}$$

其中,l 阶球 Bessel 函数 $\mathrm{j}_l(kr)$ 在 $r\to\infty$ 时的渐近行为为

$$\mathrm{j}_l(kr)\mid_{r\to\infty} = \frac{1}{kr}\sin\left(kr - \frac{1}{2}l\pi\right) \tag{10-51}$$

因此,在 $r\to\infty$ 时,式(10-38) 变为

$$\psi(r,\theta) = \sum_{l=0}^{+\infty}(2l+1)\mathrm{i}^l \frac{1}{kr}\sin\left(kr - \frac{1}{2}l\pi\right)P_l(\cos\theta) + f(\theta)\frac{\mathrm{e}^{\mathrm{i}kr}}{r} \tag{10-52}$$

式(10-49) 和式(10-52) 同样是散射波在 $r\to\infty$ 时的渐近解,应相等。即

$$\begin{aligned} & f(\theta)\frac{\mathrm{e}^{\mathrm{i}kr}}{r} + \sum_{l=0}^{+\infty}(2l+1)\mathrm{i}^l \frac{1}{kr}\sin\left(kr - \frac{1}{2}l\pi\right)P_l(\cos\theta) \\ = & \sum_{l=0}^{+\infty}\frac{A_l}{kr}\sin\left(kr - \frac{1}{2}l\pi + \delta_l\right)P_l(\cos\theta) \end{aligned} \tag{10-53}$$

利用

$$\sin\left(kr-\frac{1}{2}l\pi\right)=\frac{1}{2\mathrm{i}}\left(\mathrm{e}^{\mathrm{i}kr-\frac{\mathrm{i}}{2}l\pi}-\mathrm{e}^{-\mathrm{i}kr+\frac{\mathrm{i}}{2}l\pi}\right)$$

$$\sin\left(kr-\frac{1}{2}l\pi+\delta_l\right)=\frac{1}{2\mathrm{i}}\left(\mathrm{e}^{\mathrm{i}kr-\frac{\mathrm{i}}{2}l\pi+\mathrm{i}\delta_l}-\mathrm{e}^{-\mathrm{i}kr+\frac{\mathrm{i}}{2}l\pi-\mathrm{i}\delta_l}\right)$$

式(10-53)可改写为

$$\mathrm{e}^{\mathrm{i}kr}\left[2k\mathrm{i}f(\theta)+\sum_{l=0}^{+\infty}(2l+1)\mathrm{i}^l\mathrm{e}^{-\frac{\mathrm{i}}{2}l\pi}P_l(\cos\theta)-\sum_{l=0}^{+\infty}A_l\mathrm{e}^{\mathrm{i}\left(\delta_l-\frac{1}{2}l\pi\right)}P_l(\cos\theta)\right]+$$
$$\mathrm{e}^{-\mathrm{i}kr}\left[\sum_{l=0}^{+\infty}(2l+1)\mathrm{i}^l\mathrm{e}^{\frac{\mathrm{i}}{2}l\pi}P_l(\cos\theta)-\sum_{l=0}^{+\infty}A_l\mathrm{e}^{-\mathrm{i}\left(\delta_l-\frac{1}{2}l\pi\right)}P_l(\cos\theta)\right]=0$$

由此得到

$$2k\mathrm{i}f(\theta)+\sum_{l=0}^{+\infty}(2l+1)\mathrm{i}^l\mathrm{e}^{-\frac{\mathrm{i}}{2}l\pi}P_l(\cos\theta)=\sum_{l=0}^{+\infty}A_l\mathrm{e}^{\mathrm{i}\left(\delta_l-\frac{1}{2}l\pi\right)}P_l(\cos\theta) \tag{10-54}$$

$$\sum_{l=0}^{+\infty}(2l+1)\mathrm{i}^l\mathrm{e}^{\frac{\mathrm{i}}{2}l\pi}P_l(\cos\theta)=\sum_{l=0}^{+\infty}A_l\mathrm{e}^{-\mathrm{i}\left(\delta_l-\frac{1}{2}l\pi\right)}P_l(\cos\theta) \tag{10-55}$$

由式(10-55)得

$$A_l=(2l+1)\mathrm{i}^l\mathrm{e}^{\mathrm{i}\delta_l}=(2l+1)\mathrm{e}^{\mathrm{i}\left(\delta_l+\frac{\pi}{2}l\right)}$$

代入到式(10-54)得

$$\begin{aligned}f(\theta)&=\frac{1}{2k\mathrm{i}}\sum_{l=0}^{+\infty}(2l+1)\mathrm{i}^l\mathrm{e}^{-\frac{\mathrm{i}}{2}l\pi}P_l(\cos\theta)\left[\mathrm{e}^{2\mathrm{i}\delta_l}-1\right]\\&=\frac{1}{2k\mathrm{i}}\sum_{l=0}^{+\infty}(2l+1)P_l(\cos\theta)\left[\mathrm{e}^{2\mathrm{i}\delta_l}-1\right]\\&=\frac{1}{k}\sum_{l=0}^{+\infty}(2l+1)\mathrm{e}^{\mathrm{i}\delta_l}\sin\delta_lP_l(\cos\theta)\\&=\sum_l f_l(\theta)\end{aligned} \tag{10-56}$$

式(10-56)中的 δ_l 代表散射波的相位 $kr-\frac{1}{2}l\pi+\delta_l$[见式(10-49)]和入射波的相位 $kr-\frac{1}{2}l\pi$[见式(10-52)]之差，也就是说 l 分波的相位改变了 δ_l，散射振幅 $f(\theta)$ 取决于这个相移 δ_l。由散射振幅 $f(\theta)$，我们可以得到散射截面

$$\sigma(\theta)=|f(\theta)|^2=\frac{1}{k^2}\left|\sum_{l=0}^{+\infty}(2l+1)\mathrm{e}^{\mathrm{i}\delta_l}\sin\delta_lP_l(\cos\theta)\right|^2 \tag{10-57}$$

总散射截面

$$\begin{aligned}\sigma_{\mathrm{T}}&=\int|f(\theta)|^2\mathrm{d}\Omega\\&=\int|f(\theta)|^2\sin\theta\mathrm{d}\theta\mathrm{d}\varphi\\&=\frac{1}{k^2}\sum_{l,l'}(2l+1)(2l'+1)\mathrm{e}^{\mathrm{i}\delta_l}\cdot\mathrm{e}^{-\mathrm{i}\delta_{l'}}\sin\delta_l\sin\delta_{l'}\cdot\int_0^{2\pi}\int_0^{\pi}P_l(\cos\theta)P_{l'}(\cos\theta)\sin\theta\mathrm{d}\theta\mathrm{d}\varphi\\&=\frac{2\pi}{k^2}\sum_{l,l'}(2l+1)(2l'+1)\mathrm{e}^{\mathrm{i}\delta_l-\mathrm{i}\delta_{l'}}\sin\delta_l\sin\delta_{l'}\cdot\frac{2\delta_{ll'}}{2l+1}\end{aligned}$$

最后得到

$$\sigma_{\mathrm{T}}=\frac{4\pi}{k^2}\sum_{l=0}^{+\infty}(2l+1)\sin^2\delta_l=\sum_{l=0}^{+\infty}\sigma_{\mathrm{T}_l} \tag{10-58}$$

其中

$$\begin{cases}\displaystyle\int_0^{\pi}P_l(\cos\theta)P_{l'}(\cos\theta)\sin\theta\mathrm{d}\theta=\frac{2\delta_{ll'}}{2l+1}\\ \sigma_{\mathrm{T}_l}=\dfrac{4\pi}{k^2}(2l+1)\sin^2\delta_l\end{cases} \tag{10-59}$$

由此可见，当相移 $\delta_l=\left(n+\dfrac{1}{2}\right)\pi$ 时，σ_{T_l} 将达到最大值。其值

$$(\sigma_{\mathrm{T}_l})_{\max}=\frac{4\pi}{k^2}(2l+1) \tag{10-60}$$

叫作幺正上限(unitary bound)。

讨论　(1) 对低能散射(入射粒子的动量 p 较小)，一般只取几个分波($l\sim 0,1$) 就可以了。因为设入射波的动量为 p，则粒子的角动量大小为

$$l\hbar\sim pb\quad(b\text{ 为瞄准距离})$$

但由于瞄准距离 b 必须在力程 a 之内，因此，$l\hbar\leqslant pa$，从而 $l\sim\dfrac{pa}{\hbar}$(如对原子核内 $n-p$ 散射，动量 $p\to 0$)。可见，对低能(p 小) 散射，l 只考虑前几个，如 $l\sim 0,1$ 就可以了。因此，分波法适合用于低能散射。

(2) 势 $V(r)$ 与相移 δ_l 的关系

散射波的相位 $\theta=kr-\dfrac{1}{2}l\pi+\delta_l$。对确定的 θ，当 $V(r)$ 为引力势(—) 时，$V(r)$ 阻碍 r 的增加，因此 $\delta_l>0$。当 $V(r)$ 为排斥势(+) 时，粒子的 r 迅速增大，$\delta_l<0$，以保证 θ 一定。

(3) 光学定理：由散射振幅

$$\begin{aligned}f(\theta)&=\frac{1}{k}\sum_{l=0}^{+\infty}(2l+1)\mathrm{e}^{\mathrm{i}\delta_l}\sin\delta_l P_l(\cos\theta)\\&=\frac{1}{k}\sum_{l=0}^{+\infty}(2l+1)(\cos\delta_l+\mathrm{i}\sin\delta_l)\sin\delta_l P_l(\cos\theta)\end{aligned}$$

可知，其虚部为

$$I_{\mathrm{m}}f(\theta)=\frac{1}{k}\sum_{l=0}(2l+1)\sin^2\delta_l P_l(\cos\theta)$$

当散射角 $\theta=0$ 时，由于 $P_l(\cos\theta)=P_l(1)=1$

$$I_{\mathrm{m}}f(0)=\frac{1}{k}\sum_{l=0}(2l+1)\sin^2\delta_l=\frac{k}{4\pi}\sigma_{\mathrm{T}}$$

或

$$\sigma_{\mathrm{T}}=\frac{4\pi}{k}I_{\mathrm{m}}f(0) \tag{10-61}$$

这一关系式叫作光学定理(optical theorem)。它给出前方散射($\theta=0$) 振幅 $f(0)$ 和总散射截面之间的关系。这一定理对非弹性散射过程也成立。

10.4 全同粒子的散射

考虑两个全同粒子的散射(scattering of identical particles),如两个 α 粒子($^4_2$He的核,自旋为 0) 的散射或两个电子的散射$\left(s=\dfrac{1}{2}\right)$。由于全同粒子的不可区分性,如图 10-6 所示的两种过程无法区分。

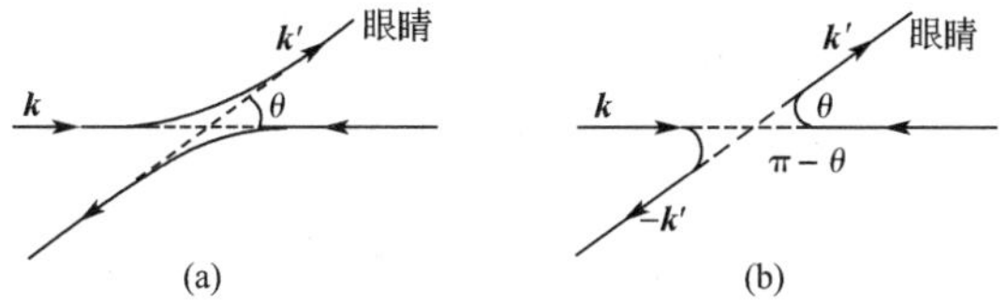

图 10-6

全同粒子的不可区分性体现在粒子体系波函数对两个粒子的交换对称性上。

在两个粒子的质心系(center of mass frame) 中,二体问题可化为单体问题,从而将两个全同粒子的散射可认为一个质量 μ(折合质量) 的粒子对质心的散射。设其相对坐标为 $\boldsymbol{r}=\boldsymbol{r}_1-\boldsymbol{r}_2$,则描述散射过程的空间波函数在 $r\to\infty$ 时的渐近解为(图 10-6)。

$$\psi(r,\theta,\varphi)=\mathrm{e}^{\mathrm{i}\boldsymbol{k}\cdot\boldsymbol{r}}+f(\theta,\varphi)\frac{\mathrm{e}^{\mathrm{i}kr}}{r} \tag{10-62}$$

两个粒子的交换在上式中体现为变换 $\boldsymbol{r}\to-\boldsymbol{r}$(但 $r=|\boldsymbol{r}_1-\boldsymbol{r}_2|$ 不变),$\theta\to\pi-\theta,\varphi\to\pi+\varphi$(等价于 $\boldsymbol{k}'\to-\boldsymbol{k},\boldsymbol{k}$ 固定),因此,波函数可以写成

$$\psi(r,\pi-\theta,\pi+\varphi)=\mathrm{e}^{-\mathrm{i}\boldsymbol{k}\cdot\boldsymbol{r}}+f(\pi-\theta,\pi+\varphi)\frac{\mathrm{e}^{\mathrm{i}kr}}{r} \tag{10-63}$$

考虑到散射粒子的角分布对 φ 角对称(与 φ 无关),式(10-62) 和式(10-63) 两式可写为

$$\begin{cases}\psi(r,\theta)=\mathrm{e}^{\mathrm{i}\boldsymbol{k}\cdot\boldsymbol{r}}+f(\theta)\dfrac{\mathrm{e}^{\mathrm{i}kr}}{r}\\[2ex]\psi(r,\pi-\theta)=\mathrm{e}^{-\mathrm{i}\boldsymbol{k}\cdot\boldsymbol{r}}+f(\pi-\theta)\dfrac{\mathrm{e}^{\mathrm{i}kr}}{r}\end{cases} \tag{10-64}$$

根据全同性原理,全同粒子体系的波函数必须要具有确定的交换对称性(对称或反对称),因此,由式(10-64) 可构造

$$\begin{cases}\psi_{\mathrm{S}}=\dfrac{1}{\sqrt{2}}[\psi(r,\theta)+\psi(r,\pi-\theta)]\\[2ex]\psi_{\mathrm{A}}=\dfrac{1}{\sqrt{2}}[\psi(r,\theta)-\psi(r,\pi-\theta)]\end{cases} \tag{10-65}$$

或

$$\begin{cases}\psi_{\mathrm{S}}=\dfrac{1}{\sqrt{2}}\left\{\mathrm{e}^{\mathrm{i}\boldsymbol{k}\cdot\boldsymbol{r}}+\mathrm{e}^{-\mathrm{i}\boldsymbol{k}\cdot\boldsymbol{r}}+[f(\theta)+f(\pi-\theta)]\dfrac{\mathrm{e}^{\mathrm{i}kr}}{r}\right.\\[2ex]\psi_{\mathrm{A}}=\dfrac{1}{\sqrt{2}}\left\{\mathrm{e}^{\mathrm{i}\boldsymbol{k}\cdot\boldsymbol{r}}-\mathrm{e}^{-\mathrm{i}\boldsymbol{k}\cdot\boldsymbol{r}}+[f(\theta)-f(\pi-\theta)]\dfrac{\mathrm{e}^{\mathrm{i}kr}}{r}\right.\end{cases} \tag{10-66}$$

由此可见,不考虑粒子的自旋波函数的情况下,两个全同玻色子的散射振幅为

$$f_{B}=f(\theta)+f(\pi-\theta) \tag{10-67}$$

散射截面为

$$\sigma(\theta)=|f(\theta)+f(\pi-\theta)|^2=|f(\theta)|^2+|f(\pi-\theta)|^2+2\mathrm{Re}[f^*(\theta)f(\pi-\theta)]$$

如果 $\theta=\frac{\pi}{2}$，则

$$\sigma\left(\frac{\pi}{2}\right)=\left|f\left(\frac{\pi}{2}\right)+f\left(\frac{\pi}{2}\right)\right|^2=4\left|f\left(\frac{\pi}{2}\right)\right|^2 \tag{10-68}$$

这个结果与非全同粒子的散射截面不同。例如，对 α 粒子和氧原子核（$^{16}_{8}O$，自旋为 0）的散射，显然我们可以区分如图 10-7 所示两种散射过程。

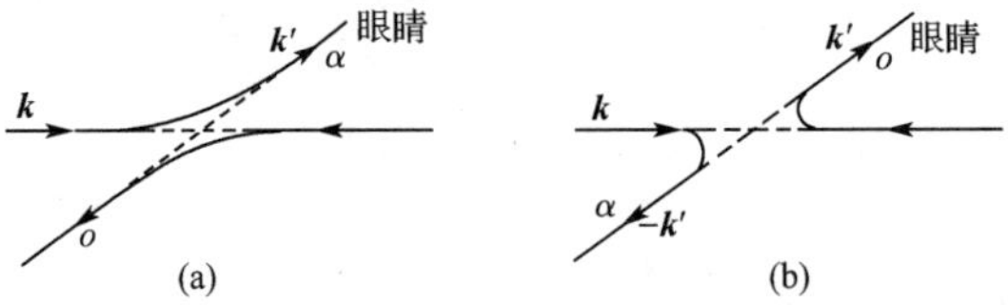

图 10-7

因此，在 θ 方向测得粒子（α 或 O）的散射截面为

$$\sigma(\theta)=|f(\theta)|^2+|f(\pi-\theta)|^2$$

故

$$\sigma\left(\frac{\pi}{2}\right)=2\left|f\left(\frac{\pi}{2}\right)\right|^2 \tag{10-69}$$

在实际问题中，由于任何粒子都具有确定的自旋，多粒子体系的波函数不仅与空间波函数有关，而且还要与粒子的自旋波函数有关。作为例子，下面讨论两个全同费米子的散射。

考虑两个电子的散射。由于电子的自旋为 1/2，两个电子体系的总自旋 s 为 0 或 1。对 $s=0$（自旋单态），由于自旋波函数对两个粒子的交换反对称，为了使总的波函数 $[\psi=\varphi(\boldsymbol{r})\chi(s)]$ 对两个费米子的交换具有反对称性，空间波函数 $\varphi(\boldsymbol{r})$ 必须具有交换对称性。因此

$$\sigma(\theta)=|f(\theta)+f(\pi-\theta)|^2 \tag{10-70}$$

但对总自旋 $s=1$（自旋三重态）的态，由于自旋波函数对两个粒子的交换对称，空间波函数必须要交换反对称才能保证总的波函数对两个粒子的交换反对称。因此，

$$\sigma(\theta)=|f(\theta)-f(\pi-\theta)|^2$$

对两个入射粒子的自旋未极化的一般情况，由于自旋的 4 种耦合态出现的概率均等，因此，

$$\begin{aligned}\sigma(\theta)&=\frac{1}{4}\sigma(\theta)\big|_{s=0}+\frac{3}{4}\sigma(\theta)\big|_{s=1}\\&=\frac{1}{4}|f(\theta)+f(\pi-\theta)|^2+\frac{3}{4}|f(\theta)-f(\pi-\theta)|^2\\&=|f(\theta)|^2+|f(\pi-\theta)|^2-\mathrm{Re}[f^*(\theta)f(\pi-\theta)]\end{aligned} \tag{10-71}$$

当 $\theta=\frac{\pi}{2}$ 时，

$$\sigma\left(\frac{\pi}{2}\right)=\left|f\left(\frac{\pi}{2}\right)\right|^2$$

可见与玻色子情况不同。

练习

在式(10-66)的基础上,再考虑粒子的自旋自由度,写出两个自旋为 1/2 的全同费米子的散射波函数。

解 两个自旋为 1/2 的全同费米子体系的自旋波函数为

$$\chi_A = \frac{1}{\sqrt{2}}(|\uparrow\downarrow\rangle - |\downarrow\uparrow\rangle)$$

$$\chi_S = \begin{cases} |\uparrow\uparrow\rangle \\ \dfrac{1}{\sqrt{2}}(|\uparrow\downarrow\rangle + |\downarrow\uparrow\rangle) \\ |\downarrow\downarrow\rangle \end{cases}$$

两个电子的总波函数要具有交换反对称性,因此,

$$\psi_A = \psi_S \cdot \chi_A = \frac{1}{2}\left\{e^{i\boldsymbol{k}\cdot\boldsymbol{r}} + e^{-i\boldsymbol{k}\cdot\boldsymbol{r}} + [f(\theta) + f(\pi-\theta)]\frac{e^{ikr}}{r}\right\}(|\uparrow\downarrow\rangle - |\downarrow\uparrow\rangle)$$

或

$$\psi_A = \psi_A \cdot \chi_S = \begin{cases} \dfrac{1}{\sqrt{2}}\left\{e^{i\boldsymbol{k}\cdot\boldsymbol{r}} - e^{-i\boldsymbol{k}\cdot\boldsymbol{r}} + [f(\theta) - f(\pi-\theta)]\dfrac{e^{ikr}}{r}\right\}\cdot|\uparrow\uparrow\rangle \\ \dfrac{1}{2}\left\{e^{i\boldsymbol{k}\cdot\boldsymbol{r}} - e^{-i\boldsymbol{k}\cdot\boldsymbol{r}} + [f(\theta) - f(\pi-\theta)]\dfrac{e^{ikr}}{r}\right\}\cdot(|\uparrow\downarrow\rangle + |\downarrow\uparrow\rangle) \\ \dfrac{1}{\sqrt{2}}\left\{e^{i\boldsymbol{k}\cdot\boldsymbol{r}} - e^{-i\boldsymbol{k}\cdot\boldsymbol{r}} + [f(\theta) - f(\pi-\theta)]\dfrac{e^{ikr}}{r}\right\}\cdot|\downarrow\downarrow\rangle \end{cases}$$

本章小结

习　题

10-1　一质量为 m,电荷为 e 的粒子被一个电荷为 $-ze$ 所产生的屏蔽 Coulomb 势(screened Coulomb potential)$\varphi(r) = \frac{ze}{r}e^{-r/a}$($a$ 为常数)散射。试用 Born 近似法求微分散射截面。

10-2　用 Born 近似法求一质量为 m 的粒子被 Coulomb 势 $V(r) = \frac{a}{r}$($a > 0$ 斥力,$a < 0$ 引力)散射时的散射截面。

10-3　高能电子撞击原子时,电子不仅受到原子核的 Coulomb 引力,而且还要受到核外电子群的 Coulomb 斥力。为简单起见,设核外电子群的电荷分布密度为

$$\rho(r) = -e\rho_0 e^{-\frac{r}{a}} \quad (a\text{ 为原子半径})$$

则总的作用势 $V(r) = -\frac{ze^2}{r} + e\int\frac{\rho(r')}{|\boldsymbol{r}-\boldsymbol{r}'|}d^3\boldsymbol{r}'$。试用 Born 近似法求散射截面。

10-4　一个质量为 m 的粒子,在排斥势 $V = Ae^{-r^2/a^2}$ 中运动,用 Born 近似求出微分散射截面。

10-5　一低能粒子被势阱 $V(r) = \begin{cases} -V_0, r < a \\ 0, \quad r > a \end{cases}$ 散射。只考虑 s 波,用分波法求散射截面。

10-6　一质量为 μ 的粒子被势 $V(r) = \frac{a}{r^2}$(a 为常数)散射。试用分波法计算 l 分波的相移。

10-7　对低能粒子的散射,求只考虑 s 波和 p 波时的微分散射截面。

第11章

量子信息论

量子力学自创立以来已取得了巨大的成功。量子力学不仅成功地解释了原子、原子核的结构、固体结构、元素周期表和化学键、超导电性和半导体的性质等，而且促成了现代微电子技术的创立，使人类进入了信息时代，促成了激光技术、新能源、新材料科学的出现。历史上，还没有哪一种理论成就曾如此深刻地改变了人类的观念、人类社会的生产和生活。

但是，量子力学从诞生到现在，它的一些概念、原理，特别是像量子态的纠缠性这种违背经典物理常识的特性困惑了几代人，并在 Einstein、Bohr 等科学巨人之间引起了长期的争论。Einstein、Schrödinger 等人始终怀疑量子力学理论不完备，而 Bohr、Heisenberg 等人则坚持量子力学的基本原理是完备的和无可置疑的。争论的焦点在于：真实的物理世界是遵从 Einstein 的局域实在论还是 Bohr 主张的非局域性。如今，经几代人的努力，量子力学的完备性越来越清楚地被人们所理解，量子态的纠缠性，非局域性等奇妙特性已成为宝贵的物理资源，开始被人类利用。特别是近 20 年来的量子力学的新进展开辟了其广阔的应用领域。在诸多的应用领域中首当其冲的是信息科学。量子力学的新进展所揭示的奇妙特性为信息科学提供了崭新的原理和方法，提供了突破经典信息科学极限的途径。也许在 21 世纪，人类将从经典信息时代跨越到量子信息时代。

本章先回顾量子体系的一些奇妙特性，并扼要介绍量子力学的新进展，在此基础上讨论量子理论和信息科学的新兴交叉学科——量子信息论(quantum information theory)的基本思想和内容。

11.1 经典信息科学的极限

信息科学研究信息的产生、编码、存储、传输、获取以及信道对信息传输的有效性、可靠性等。信息的加工、存储与处理等各个环节的核心器件是芯片(chip)，不断地提高芯片的集成度是计算机乃至整个信息科学的核心问题。

1965 年，Gordon Moore 提出人们称之为 Moore 定律的关于芯片发展趋势的有名的定律。Moore 指出："为了处理一个比特(bit)信息所需要的原子数目将每两年减少一半。"换句话说，芯片的集成度将每两年提高一倍。近 40 年的实践证明了 Moore 定律的正确性，目前，芯片的集成度每 18 个月提高一倍。

根据 Moore 定律，1998 年 William 等人估算，到 2020 年左右，一个比特信息的存储单元将是单个原子。如果芯片的集成单元达到原子量级，将会导致什么样的结果？

(1)集成单元的空间范围达到原子量级，将不可避免地出现量子效应。由此带来的量子噪声可达到热噪声的 100 倍，严重影响信噪比的提高。

(2)芯片的信息处理是靠逻辑电路中的电子的运动来完成的。电子在电路中的运动必然导致热量的产生。因此，芯片的逻辑运算过程是一个热力学不可逆过程。芯片的集成单元达到原子量级时，逻辑运算过程中的热耗散能力将到达极限值，无法再提高芯片的集成度。

总之，按 Moore 定律，若芯片的集成单元达到原子量级，信息科学的进一步发展将面临危机，但目前的信息科学远远不能满足信息产业的需求。比如说，金融界的保密系统是建立在大数的素数分解(因子化)上，大数的分解要靠计算机。迄今，在实验上被分解的最大数为 129 位数。1994 年，人们曾同时使用全球最好的 1600 个工作站，花了 8 个月的时间才完成了这个数的计算机分解，而金融界的保密系统需要分解更大的数，需要更长的时间。可见，目前的计算机的功能离信息产业对计算机功能的要求还很远，但提高计算机的关键部件——芯片的集成度又有它的极限。因此，以电子器件为基础的电子计算机无法满足信息产业的需求，必须要考虑能够突破信息科学极限的新原理、新方法、新途径。

11.2　突破经典信息科学极限的途径

为了突破经典信息科学的极限，人们曾提出了各种新型计算机的设想。下面介绍其中一些主要的设想。

(1)超导计算机

由于目前电子计算机电子器件中信息流的载体是电子，在信息的处理与传输过程中不断产生热量，导致热噪声。这是电子计算机提高其性能的主要障碍之一。因为所设想的超导计算机在超导状态下工作，可以集成大规模电路而几乎无须考虑散热问题，因此能够大大提高计算机的集成度和运算速度。超导计算机的关键器件是所谓的 Josephson 器件，它是由超导体-绝缘体-超导体组成的器件，利用Josephson器件的超导隧道效应完成计算功能。利用 Josephson 器件的超导计算机的耗电量是传统半导体计算机耗电量的几千分之一，而计算速度却要快上 100 倍以上。目前，美国为研制千万亿次/秒的超级计算机，超导计算机是重点投资的项目。1999 年，日本超导技术研究所与企业合作，在超导集成电路芯片上集成了一万个 Josephson 器件，他们计划在 2010 年前后制造出超导计算机。截至 2021 年，IBM 公司宣称，已经研制出一台 127 个量子比特的量子计算机。但由于超导计算机必须在低温状态下工作，在高温超导材料的研究达到新突破之前，难以普及。

(2)光子计算机

如果把光子作为信息流的载体，就无须考虑热耗散问题。同时，由于光速远比电子速度快，在光子计算机中的门电路两态之间的转换时间大大减少，从而可成千上万倍地提高数字电路的工作速度。据估算,光逻辑运算处理器的处理速度可达到亿次/秒,并行式光子计算机运算速度可达到千万亿次/秒。光子计算机的设想是在 20 世纪 50 年代提出来的。1986 年,贝尔实验室研究出小型光开关,1990 年制造出简单的光子计算机。光子计算机用大量的透镜、棱镜和反射镜将数据从一个芯片传到另一个芯片,因此,现有的光子计算机庞大而笨重,而且光子计算机的光器件难以制作,在短期内使光子计算机实用化是很困难的。

(3)DNA 计算机

DNA 计算机是由美国工程院院士,美国南加州大学的 Adleman 首先提出的。DNA 计算机是靠人工设计的各种酶来控制 DNA 链的复制、合成与分解,用 DNA 中的四种核苷酸复杂序列作为信息的编码,完成逻辑运算。DNA 计算机的运行不只是简单的物理过程,而又增添了切割、粘贴、复制、插入和删除等生物化学过程。DNA 计算机的最大的长处在于其惊人的存储容量和运算速度。1 cm^3 的 DNA 的存储量相当于一万亿张光盘的信息存储量;DNA 计算机十几个小时的计算量就相当于所有电脑问世以来的总计算量。Adleman 本人曾完成了人类首次操控 DNA 分子进行的简单运算,即多个城市的哈密顿路径问题:一个城市集合中找出一条经过每一个城市各一次,最终回到起始点的最短路径(TSP 问题)。目前的 DNA 计算机都是装在试管里的液体。科学家预计,DNA 计算机进入实用阶段,大概还需要 20 年。

(4)量子计算机与量子信息学

随着量子力学的新进展,新的交叉学科——量子信息学应运而生。量子计算机是量子信息学的主要研究内容之一。量子信息学近 10 年来有了长足的发展,量子计算机、量子通信和量子密码技术等各个领域都获得了引人注目的研究成果。目前,人们普遍认为,量子计算机是最具发展前景的新型计算机。下面,简单介绍近 20 年来量子力学的新进展以及建立在其基础上的量子计算机乃至整个量子信息论的基本内容。

11.3 量子力学的新进展

量子力学的新进展主要是对量子力学的一些基本概念与性质的澄清和对量子力学的一些奇妙特性的实验验证。

下面我们先回顾一下量子力学的一些与经典物理学不同的奇妙特性。

11.3.1 量子力学在数学方法上的特性

量子力学处理的最基本的概念是量子态与力学量。在量子力学中,描述量子态、力学量以及它们之间的动力学关系,采用的是与经典物理学截然不同的数学方法:

经典力学的背景空间是欧氏空间,而量子力学的背景空间是 Hilbert 空间。在量子力学中,量子态用 Hilbert 空间中的矢量来表示。如

$$\psi = \sum_n a_n \psi_n \tag{11-1}$$

而力学量用 Hilbert 空间中的厄米算符来表示，如：动量用算符$\hat{\boldsymbol{p}}=-\mathrm{i}\hbar\nabla$表示，能量用算符$\hat{H}=-\frac{\hbar^2}{2m}\nabla^2$表示，角动量用算符$\hat{l}_z=-\mathrm{i}\hbar\frac{\partial}{\partial\varphi}$表示。力学量也可以用矩阵表示。如

$$\hat{H}=\begin{pmatrix}E_1 & & 0\\ & \ddots & \\ 0 & & E_n\end{pmatrix},\quad \hat{l}_z=\begin{pmatrix}1 & 0 & 0\\ 0 & 0 & 0\\ 0 & 0 & -1\end{pmatrix} \tag{11-2}$$

这些力学量的测量结果给出的就是这些算符的本征值当中的某一个。因此，即使是守恒(力学)量，其测量结果一般来说也是不确定的。

力学量算符要满足一定的对易关系，如

$$[x,\hat{p}]=\mathrm{i}\hbar \tag{11-3}$$

$$\hat{\boldsymbol{l}}\times\hat{\boldsymbol{l}}=\mathrm{i}\hbar\hat{\boldsymbol{l}} \tag{11-4}$$

等。在式(11-4)中，矢量$\hat{\boldsymbol{l}}$与自身的叉积$\boldsymbol{l}\times\boldsymbol{l}\neq 0$这样一个违背通常矢量代数运算结果，来源于$\hat{\boldsymbol{l}}$的各个分量之间的非对易性。

一个体系量子态的变化是用力学量算符对态矢量的作用来描述，如

$$\sigma_x|0\rangle=|1\rangle \tag{11-5}$$

或更一般地

$$\hat{F}|\psi\rangle=|\varphi\rangle \tag{11-6}$$

可见，用满足一定对易关系的厄米算符来描述力学量，用 Hilbert 空间中的矢量来描述量子态，并用算符对态矢量的作用来描述量子态的演化是量子力学的基本数学方法。求解力学量算符的本征值和本征函数，研究量子态随时间的动力学演化规律和量子测量问题是量子力学要解决的核心问题。

11.3.2　量子体系的奇妙特性

1. 微观粒子的波粒二象性

微观粒子具有粒子和波动双重性质(duality)，体现在 de Broglie 关系式

$$E=h\nu,\quad p=h/\lambda \tag{11-7}$$

微观粒子的粒子性体现在它也和经典粒子一样具有确定的质量、电荷、自旋、寿命等内禀属性，但根据 Heisenberg 不确定性原理，微观粒子的运动不再具有经典意义上的轨道。微观粒子的波动性体现波的最本质的性质——干涉、衍射等性质，但其波动并不是实在的物理量的周期性的变化，而反映粒子的概率波特性。

2. 量子化特性

束缚态粒子的能量量子化、角动量的量子化等是量子力学特有的基本特性之一。量子力学这一名称的来源在于微观粒子力学量的这一量子化特性。

3. 量子态的相干叠加性

在量子力学中，量子态具有相干叠加性。量子态的叠加与经典波叠加的区别在于：

(1)经典力学中，$|\psi|^2$表示波的强度，而在量子力学中，代表概率密度。

(2)经典力学中的叠加是两列波的叠加，而在量子力学中态的叠加是同一粒子的各种可能的量子态的叠加。

(3)在经典力学中，两列相同波的叠加给出新的波，而在量子力学中，相同态的叠加与原态描述同一个量子态。

(4)经典力学中，叠加波的动量、能量都具有确定值，而在量子力学中，态的叠加导致力学量测量结果的不确定性。

4. 量子测量与退相干

在经典力学中，有效测量的前提是，测量不影响体系的状态。但在量子力学中，测量不可避免地导致体系量子态的塌缩(collapse)和相干性的消失——退相干(decoherence)。

5. 量子态的不可克隆性

可以证明，不可能把一个粒子所处的未知的量子态复制到另一个粒子而不破坏原粒子的量子态。这一性质叫作量子态的不可克隆性(non-cloning property)。这一性质保证量子通信过程中信息的保密性。

6. 全同性原理

内禀属性相同的一类粒子——全同粒子是不可区分的，这一全同性原理，也是量子力学的基本假设之一。全同多粒子体系波函数具有确定的交换对称性是全同性原理的必然结果。

以上所介绍的量子力学的奇妙特性导致量子隧穿效应、Aharonov-Bohm 效应、超导电效应等一系列量子现象。

7. 量子态的纠缠性和非局域性

量子态的纠缠性和非局域性是量子力学的最重要特性之一，这些特性的澄清和实验验证是近年来量子力学最重要的进展。量子信息论就是建立在这些特性之上。

早在 1927～1935 年间，分别以 Einstein 和 Bohr 为代表的两派争论的焦点就是量子态的纠缠性和非局域性。

*** EPR 佯谬**

在第 8 章我们讲过两个电子自旋的各种可能的纠缠态。如

$$|\psi^{+}\rangle_{12}=\frac{1}{\sqrt{2}}(|\uparrow\rangle_{1}|\downarrow\rangle_{2}+|\downarrow\rangle_{1}|\uparrow\rangle_{2}) \tag{11-8}$$

就是可能的纠缠态之一。

如果对两个电子体系的一个电子，如第一个电子的自旋进行测量，按量子测量原理，测量结果肯定得到电子自旋的对应于自旋本征态 $|\uparrow\rangle_1$ 或 $|\downarrow\rangle_1$ 的本征值。如果测量结果为对应于 $|\uparrow\rangle_1$ 的本征值，说明测量导致体系的状态 $|\psi^{+}\rangle_{12}$ 塌缩到直积态 $|\uparrow\rangle_1|\downarrow\rangle_2$，从而可以判断第二个电子肯定处于 $|\downarrow\rangle_2$ 态。对这个问题，Einstein 曾提出常人想不到的非常深刻而重要的问题：既然量子态具有非局域性，也就是说两电子的纠缠(关联)与空间坐标无关，那么把处于纠缠态的两个电子分开，比如说把两个电子中的一个放在地球上，另一个拿到月球上时，两个电子之间的纠缠态依然存在。因此，当对地球上的电子进行自旋测量，得到比

如$|\uparrow\rangle_1$态，那么月球上的电子自旋肯定处于$|\downarrow\rangle_2$态。也就是说，地球上对量子体系的测量会影响（决定）月球上的粒子自旋态。Einstein 认定，真实世界决非如此，月球上的粒子 2 决不会受到对地球上粒子 1 进行测量的任何影响。Einstein 认为，问题出在量子力学理论的不完备性，即量子力学不能正确描述真实世界。而 Bohr 则坚定地认为，两个电子 1 和 2 之间存在量子关联，不管它们分开多远，对其中一个电子的局域测量，必然导致另一个电子状态的改变，量子力学理论是完备的，无可非议的。

Einstein 和 Bohr 争论的本质在于真实的量子世界是遵从 Einstein 的局域实在论还是 Bohr 的非局域论。争论延续几十年，一直停留在哲学的思辨上，难以判断谁是谁非。到了 1964 年，Bell 基于 Einstein 主张的隐变量理论给出著名的 Bell 不等式，人们才可能在实验上寻找判断这场争论的依据。随着实验技术的发展，特别是量子光学和激光技术的发展，人们做了很多判断性的实验。很多实验结果表明，Bohr 的非局域论是正确的。比如 1982 年，巴黎大学的 Aspect 小组用光学实验，验证了 Bell 不等式不成立，这是量子力学新进展的开端。以后的许多实验结果都证明了 Bell 不等式不成立，从而证明了 Bohr 的非局域性理论是正确的，量子力学理论是完备的。1997 年，瑞士学者将两个处于纠缠态的光子通过光纤分开 10 km 以后对其中的一个光子进行局域测量，验证了局域测量的确影响另一光子量子态的结论。通常，人们把处于纠缠态（11-8）的两个粒子叫作 EPR（1935 年 Einstein-Podolsky-Rosen 共同发表的文章为依据）对。尽管 Einstein 的结论是错误的，但量子态的纠缠性概念就是 Einstein 提出来的，他出于否定量子力学完备性的目的而提出来的问题导致了量子力学意料之外的新进展，为量子信息论的诞生铺平了道路。

Schrödinger 猫佯谬

1935 年，Schrödinger 作为对量子力学的质疑，发表文章提出了现在人们叫"Schrödinger 猫佯谬"的理想实验：如图 11-1 所示，设想一个封闭的盒子里放了一只猫和一个具有激发态$|e\rangle$和基态$|g\rangle$两个能级的放射性原子。当原子处于激发态$|e\rangle$时，它可以跃迁到基态$|g\rangle$，同时辐射放射线把猫杀死。如果粒子处于基态，就不会辐射，猫仍然活着。根据态叠加原理，原子一般处于$|g\rangle$和$|e\rangle$的叠加态：

$$|\psi\rangle = C_1|g\rangle + C_2|e\rangle \tag{11-9}$$

如果把放射性原子和猫当作一个体系，则在打开盒子观察猫的死活之前，放射性原子和猫的死、活态形成纠缠态

$$|\psi\rangle = a|g\rangle \otimes |\text{活}\rangle + b|e\rangle \otimes |\text{死}\rangle \tag{11-10}$$

其中，$|\text{活}\rangle$和$|\text{死}\rangle$分别代表猫的死、活两种状态。Schrödinger 认为，量子力学如果是描述真实的物理实在，"猫态"宏观上也应体现出来。但实际上，宏观的猫不可能处于不死不活的，"死"与"活"的叠加态，这就是所谓的 Schrödinger 猫佯谬。Schrödinger 想以此例来说明量子力学的不完备性，用"活猫"和"死猫"来形象地表示宏观量子态。如果我们能够在宏观的实验中找到纠缠态，就可以验证"Schrödinger 猫态"的存在。1997 年，美国科学家已通过宏观的光学实验，证明了"猫态"的存在。

如果我们用测量仪代替 Schrödinger 理想实验中的猫，则 Schrödinger 理想实验化为量

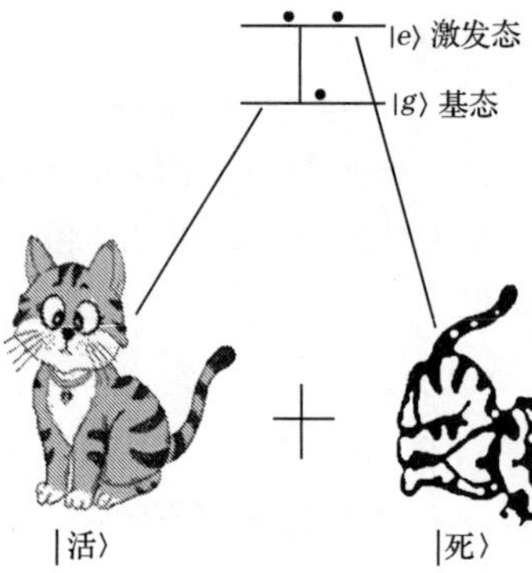

图 11-1

子测量问题，也就是说化为量子体系和宏观测量仪之间的纠缠问题。这样一来就自然产生如下疑问：当我们对量子体系进行某一力学的测量时，为什么得到的总是待测力学量某一本征态，而观测不到仪器和量子体系的纠缠？

对这一问题，哥本哈根(Kopenhagen)学派的解释是，量子力学不能适用于宏观客体(测量仪)。根据哥本哈根学派的这一解释，量子力学和经典物理学要有一个明确的界限，量子力学只能适用于这一界限之内。那么这一界限在哪里？针对这些难以回答的问题，1932年，von Neumann 提出了量子测量问题的新的解释：量子体系自身的随时间演化是一个幺正演化和可逆过程，演化过程满足 Schrödinger 方程。但是，量子测量过程是量子体系和宏观测量仪之间的相互作用过程，这是一个非幺正的，不可逆的瞬时演化过程，测量使体系的量子态塌缩到待测力学量的本征态，从而导致量子态的退相干(decoherence)。但是，von Neumann 的这一解释又带来新的问题：如果把量子体系和测量仪合并成一个量子体系，那么测量仪和原量子体系之间的相互作用过程是否应该是一个幺正演化过程？如果是，我们又怎样达到测量的目的？量子测量问题仍然是一个尚需探讨的量子力学基本问题之一。我们不准备占用更多的篇幅讨论这一问题，感兴趣的读者可查阅其他文献。

要注意，力学量是可观测量，而量子态是不可观测量。一个体系的量子态只能通过对力学量的观测结果推测出来。例如，一个能量本征值分别为 E_g 和 E_e 的二能级原子，原子所处的量子态只能通过对体系能量的观测结果推测出来。如果能量的观测结果为确定的 E_g，说明原子处于基态 $|g\rangle$，反之原子处于 $|e\rangle$ 态。但如果观测结果，E_g 和 E_e 各以 1/2 的概率出现，则我们可以推测，原子处于叠加态 $|\psi\rangle=\frac{1}{\sqrt{2}}(|g\rangle+|e\rangle)$。

完全相同的道理，我们永远不可能直接观测到活猫和死猫的叠加态或者式(11-10)所描述的量子态。我们能够观测到的永远是活的或者死的猫本身。我们能够做到的只是通过观测结果，推测出猫和放射性原子体系的量子态，式(11-10)。

11.4 量子信息论

量子信息论(quantum information theory)是量子力学与信息科学相结合的新兴交叉学

科，是用量子态编码的信息科学。量子信息论由量子通信（quantum communication）和量子计算机科学（quantum computer science）两大部分组成，这些理论都建立在量子态的纠缠性、非局域性等量子力学的奇妙特性基础上。纠缠性与非局域性在量子信息论中的应用可以创造出量子通信中的绝对安全的密码系统，保证量子信息的隐形传态和量子计算机计算速度及容量的成千上万倍的提高等奇迹。

11.4.1　量子通信

利用量子态编码和携带信息，进行加工、处理、传输和提取信息就是量子通信过程，信息的编码、加工、处理、传输和提取等整个过程都要遵从量子力学原理。

1. 信息的编码

我们知道，经典信息论中的信息单元是比特（bit），从物理学的角度讲，所谓比特就是两态系统，它可以制备为两个可以识别的状态。在数字电路中，晶体管不是工作在截止状态就是工作在饱和导通状态，并经常在这两种状态之间高速转换，两态之间的转换时间决定数字电路的工作速度。如果我们把截止状态（高电压）记作 1，饱和导通状态（低电压）记作 0，两个状态 0、1 便构成一个比特。

量子信息论中的信息单元是量子比特（qubit），它是两个量子态 $|0\rangle$ 和 $|1\rangle$ 的相干叠加态：

$$|\psi\rangle = c_0|0\rangle + c_1|1\rangle \tag{11-11}$$

$$|c_0|^2 + |c_1|^2 = 1 \tag{11-12}$$

其中，$|0\rangle$ 和 $|1\rangle$ 代表一个粒子的两种可能状态。比如，一个电子自旋的朝上 ↑ 和朝下 ↓ 态，光子的右旋、左旋态，一个二能级原子的基态和激发态等。可见，经典比特是量子比特的特殊情况。数学上讲，量子比特是在定义内积的二维复矢量空间（Hilbert 空间）中的一个任意矢量。$|0\rangle$ 和 $|1\rangle$ 构成这个二维 Hilbert 空间中的正交、归一、完备的基矢。

量子信息的存储器件不再是半导体 PN 结，而是按一定要求排列的原子、光子等粒子，因此不存在电子器件中由于电子的运动而产生的不可避免的热耗散问题。量子比特是信息的载体，由于量子比特 $|\psi\rangle$ 中的系数 c_0、c_1 是满足 $|c_0|^2 + |c_1|^2 = 1$ 的任意复数，在原则上通过 c_0 和 c_1 的适当选取，可以在一个量子比特中，编码无穷多个信息。

如果把量子比特制备成叠加态

$$|\psi\rangle = \frac{1}{\sqrt{2}}(|0\rangle + |1\rangle) \tag{11-13}$$

则状态 $|0\rangle$ 和 $|1\rangle$ 以相同的概率出现。如果我们制备（集成）两个这样的比特，则这个体系可以处在 $|00\rangle$、$|01\rangle$、$|10\rangle$、$|11\rangle$ 四个不同的量子态或者它们的各种不同叠加态，如 $|\psi\rangle_{12} = a|00\rangle + b|01\rangle + c|10\rangle + d|11\rangle$。以此类推，一个集成 N 个量子比特的体系，可以处于 2^N 个不同量子态的叠加态。因此，用这种方法，存储器的信息存储能力可按指数规律增加。这就是量子通信系统和量子计算机能够成千上万倍地提高其存储功能的关键所在，也是量子态的相干叠加性所带来的无穷魅力。

2. 信息的加工与处理

信息的加工与处理是靠量子计算机来完成的。在经典计算机中，目前广泛采用的是数字电路，数字电路中的电子器件是工作在开关状态，即晶体管的输入、输出是 0 和 1 两种状态的不断交替。两种状态的交替满足一定的逻辑关系，所以这种电路叫作逻辑电路，逻辑电路中的逻辑运算器件叫作逻辑门(logical gate)。逻辑运算是靠逻辑门来完成的，经典逻辑电路中最基本的逻辑门是“与”门(and gate)、“或”门(or gate)和“非”门(not gate)。

量子计算机也要具有逻辑功能的“线路”。在量子计算机中，逻辑运算是符合量子算法逻辑要求的幺正变换过程，完成这种特定幺正变换的器件叫作量子逻辑门(quantum logical gate)。因为量子信息单元是量子比特

$$|\psi\rangle = c_0|0\rangle + c_1|1\rangle = \begin{pmatrix} c_0 \\ c_1 \end{pmatrix} \tag{11-14}$$

因此，Pauli 矩阵在量子信息论中扮演最基本的量子逻辑门作用。引进算符 X、Y、Z，用 Pauli 矩阵来表示它们，则

$$X \equiv \sigma_1 \equiv \begin{pmatrix} 0 & 1 \\ 1 & 0 \end{pmatrix}, \quad Y \equiv \mathrm{i}\sigma_2 = \begin{pmatrix} 0 & 1 \\ -1 & 0 \end{pmatrix}, \quad Z \equiv \sigma_3 = \begin{pmatrix} 1 & 0 \\ 0 & -1 \end{pmatrix} \tag{11-15}$$

容易看出

$$X|0\rangle = |1\rangle, \quad X|1\rangle = |0\rangle \quad (\text{量子非门}) \tag{11-16}$$

$$Z|0\rangle = |0\rangle, \quad Z|1\rangle = -|1\rangle \quad (\text{相转换门}) \tag{11-17}$$

$$Y|0\rangle = -|1\rangle, \quad Y|1\rangle = |0\rangle \quad (Y\ \text{操作}) \tag{11-18}$$

很容易看出，$Y = XZ$。

还有一种量子门，叫 Hadamard 门：

$$H = \frac{1}{\sqrt{2}} \begin{pmatrix} 1 & 1 \\ 1 & -1 \end{pmatrix} \tag{11-19}$$

它的作用是

$$H|0\rangle = \frac{1}{\sqrt{2}}(|0\rangle + |1\rangle) \tag{11-20}$$

$$H|1\rangle = \frac{1}{\sqrt{2}}(|0\rangle - |1\rangle) \tag{11-21}$$

也就是说，Hadamard 门可使 $|0\rangle$ 或 $|1\rangle$ 态转换成它们的叠加态，产生一个量子比特。

所有这些二维幺正变换可以表示成统一的表达式：

$$U(\delta, \alpha, \beta, \theta) = \mathrm{e}^{\mathrm{i}\delta} R_z(\alpha) R_x(\theta) R_z(\beta) \tag{11-22}$$

其中，

$$R_z(\alpha) = \begin{bmatrix} \mathrm{e}^{\mathrm{i}\alpha/2} & 0 \\ 0 & \mathrm{e}^{-\mathrm{i}\alpha/2} \end{bmatrix}, \quad R_x(\theta) = \begin{bmatrix} \cos\frac{\theta}{2} & \mathrm{i}\sin\frac{\theta}{2} \\ \mathrm{i}\sin\frac{\theta}{2} & \cos\frac{\theta}{2} \end{bmatrix} \tag{11-23}$$

因此，量子门 X、Y、Z、H 可以用 U 表示为

$$\begin{cases} X=U\left(-\frac{\pi}{2},0,0,\pi\right)=-\mathrm{i}R_x(\pi) \\ Y=U(\pi,\pi,\pi,0)=-R_z(\pi)R_x(\pi) \\ Z=U\left(-\frac{\pi}{2},\pi,0,0\right)=-\mathrm{i}R_z(\pi) \\ H=U\left(-\frac{\pi}{2},\frac{\pi}{2},\frac{\pi}{2},\frac{\pi}{2}\right)=-\mathrm{i}R_z\left(\frac{\pi}{2}\right)R_x\left(\frac{\pi}{2}\right)R_z\left(\frac{\pi}{2}\right) \end{cases} \tag{11-24}$$

以上是作用在单个比特上的量子逻辑门。

两个量子比特系统的幺正变换是靠受控非门(controled not gate)实现。受控非门为

$$C=\begin{pmatrix} 1 & 0 & 0 & 0 \\ 0 & 1 & 0 & 0 \\ 0 & 0 & 0 & 1 \\ 0 & 0 & 1 & 0 \end{pmatrix} \tag{11-25}$$

它的作用是使

$$\begin{aligned} |00\rangle &\rightarrow |00\rangle \\ |01\rangle &\rightarrow |01\rangle \\ |10\rangle &\rightarrow |11\rangle \\ |11\rangle &\rightarrow |10\rangle \end{aligned} \tag{11-26}$$

其中

$$|00\rangle=\begin{pmatrix} 1 \\ 0 \\ 0 \\ 0 \end{pmatrix},\quad |01\rangle=\begin{pmatrix} 0 \\ 1 \\ 0 \\ 0 \end{pmatrix},\quad |10\rangle=\begin{pmatrix} 0 \\ 0 \\ 1 \\ 0 \end{pmatrix},\quad |11\rangle=\begin{pmatrix} 0 \\ 0 \\ 0 \\ 1 \end{pmatrix} \tag{11-27}$$

例如,一个纠缠态

$$|\varphi^+\rangle=\frac{1}{\sqrt{2}}(|00\rangle+|11\rangle) \tag{11-28}$$

在受控非门的作用下变为

$$C|\varphi^+\rangle=\frac{1}{\sqrt{2}}(|00\rangle+|10\rangle) \tag{11-29}$$

Hadamard 门和受控非门的联合作用可使计算基$|00\rangle$、$|01\rangle$、$|10\rangle$和$|11\rangle$变为纠缠态。

3. 信息的传输

考虑把一个量子比特的信息$|\psi\rangle=c_0|0\rangle+c_1|1\rangle$从 London 的 Alice 小姐($A$)传输到 New York 的 Bob 先生($B$)那里。如果 Alice 知道要传送的量子态$|\psi\rangle$,则 Alice 可通过经典通道(如电话)告诉(描绘)Bob 所要传的状态,则 Bob 可以在 New York 制备同样的量子态,传输便完成。但如果 Alice 本身不知道所要传的量子态是什么样的态,那她就无法用上述方法将信息传给 Bob。

所谓的隐形传态(Teleportation)方法就可以完成把未知的量子态传输给远处接收者的任务。Teleportation 一词源于古希腊,原意是古希腊传说中的一种"魔法":一个人在某地突然消失,但同一时刻该人在远处的另一处莫名其妙地出现,或某人用一种魔法,可按该人的

意念把某物在某地消失，同时该物在另一处出现（意念传输）。

1993 年，美国 IBM 公司的研究员 Bennett 等 6 人（6 人方案）在 *Phys. Rev. Lett.* 上发表一篇文章，题为“Teleporting an unknown quantum state via dual classical and EPR channels”的论文，提出用隐形传态方法完成量子通信的方案，开辟了量子通信的崭新途径。

这一方法采用的就是量子态的纠缠性和非局域性。具体方案如下：

设 London 的 Alice 和 New York 的 Bob 共享一个纠缠态（EPR 对）

$$|\varphi^+\rangle_{AB}=\frac{1}{\sqrt{2}}(|0\rangle_A|0\rangle_B+|1\rangle_A|1\rangle_B) \tag{11-30}$$

并把处于纠缠态的两个粒子分别放在 Alice 和 Bob 处，则他们可以把这个纠缠态作为量子通道（quantum channel）进行隐形传态。设 Alice 待传送的信息比特为

$$|\psi\rangle_C=\alpha|0\rangle_C+\beta|1\rangle_C \quad (\alpha,\beta\text{ 未知}) \tag{11-31}$$

则 Alice 处的整个量子体系的状态为

$$|\psi\rangle_{ABC}=\frac{(|0\rangle_A|0\rangle_B+|1\rangle_A|1\rangle_B)|\psi\rangle_C}{\sqrt{2}} \tag{11-32}$$

这个量子态可以按 Bell 基 $|\varphi^\pm\rangle_{AC}$，$|\psi^\pm\rangle_{AC}$，展开：

$$\begin{aligned}|\psi\rangle_{ABC}=&(\alpha|0\rangle_B+\beta|1\rangle_B)|\varphi^+\rangle_{AC}+(\alpha|0\rangle_B-\beta|1\rangle_B)|\varphi^-\rangle_{AC}+\\&(\beta|0\rangle_B+\alpha|1\rangle_B)|\psi^+\rangle_{AC}+(\beta|0\rangle_B-\alpha|1\rangle_B)|\psi^-\rangle_{AC}\end{aligned} \tag{11-33}$$

现在，Alice 对态 $|\psi\rangle_{ABC}$ 进行 Bell 基测量，则每次测量使 $|\psi\rangle_{ABC}$ 塌缩到四个 Bell 基当中的某一个。例如测量使体系塌缩到 $(\alpha|0\rangle_B+\beta|1\rangle_B)|\varphi^+\rangle_{AC}$，则 Alice 处的粒子 A 和 C 显然处于纠缠态 $|\varphi^+\rangle_{AC}$，因此，只要 Alice 用经典通道（如电话）告诉 Bob 这一信息，Bob 立刻可判断自己的粒子 B 处于 $\alpha|0\rangle_B+\beta|1\rangle_B$ 态。如果是其他三种情况，只不过是 $\alpha|0\rangle_B+\beta|1\rangle_B$ 态的一种幺正变换态。因此，Bob 用适当的幺正变换可以把量子态 $\alpha|0\rangle_B+\beta|1\rangle_B$ 制备在自己的粒子 B 上，便达到隐形传态的目的，但代价是粒子 A 和 B 的纠缠被破坏。Bennett 等人的这一方案已于 1997 年 12 月由奥地利的 Innsbruck Univ. [Nature 390 (1997) 575]的实验小组通过光学实验得以实现。从此，量子通信的研究变成世界范围内的热门研究课题。

4. 量子通信的保密功能

量子信息的保密通信原理如图 11-2 所示。

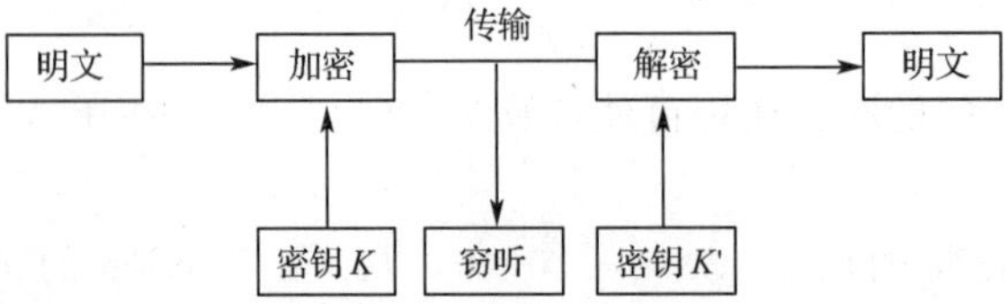

图 11-2　量子信息的保密通信原理图

信息的发送者采用密钥 K 将待发送的明文按某种加密规则变成密文，然后通过经典通道传送。接受者用密钥 K' 按规定的解密规则将密文转换成明文。在这个过程中，如果采用 Shor 的量子算法，可以轻而易举的破译密钥体系。这就对现有的保密通信提出了严峻挑战。解决这个问题的途径就是量子密码术。

在量子密钥（quantum key）体系中，采用量子态作为信息载体，经由量子通道传送信息，

在合法用户之间建立共享的密钥。量子密码的安全性由量子力学原理所保证。窃听者无论采用多么高明的手段,量子密钥仍然是安全的。窃听者的基本策略有两种:一是通过对携带信息的量子态进行量子测量获取信息。但量子力学的基本原理告诉我们,对量子态的测量会导致原量子态的塌缩,得不到真实信息,同时会留下痕迹而被合法用户发现。二是进行量子复制,但根据量子力学的不可克隆性,窃听者进行量子复制也是不可能的。因此,隐形传态是一种不可窃听的保密通信系统。

11.4.2　量子计算机与量子计算

1985 年,D. Deutsch 根据量子力学的基本原理和特性,首先系统地研究了量子计算机的一般模型。他提出了量子 Turing 机概念,描述了量子计算机的结构,定义了量子网络的表述方法,并预言了量子计算机的高效性能。1994 年,P. Shor 发现了一种量子算法(quantum algorithm),这个算法可在所设想的量子计算机上实现大数的素数分解,而且能够成千上万倍地提高大数分解的速度。例如,利用 Shor 的算法,一个 400 位大数的素数分解只需要 3 年的时间,而如果用经典计算机则需要 10^{10} 年。Shor 算法的发现为量子计算和量子计算机的实际应用提供了有力的根据,把量子计算机的研究推上了新的热潮。1996 年,Grover 又发现了量子搜索法(quantum search)。量子搜索法利用一种迭代算法,在设想的量子计算机上实现未加整理的数据库中搜索目标数据。利用量子搜索法,在 N 个未加整理的数据库中,只经过 $\sqrt{N}$ 次的搜索便可以 1/2 的概率找到目标数据(经典计算机需要 $N/2$ 次搜索)。

量子计算机本质上是一个量子力学体系。量子计算(quantum computation)是量子力学体系量子态随时间的演化过程。

量子计算机由存储器、量子逻辑"线路"和测量设备构成。所谓的存储器就是捕获到一起的一串粒子。每个粒子都是一个两态量子体系——量子比特(qubit),是二维 Hilbert 空间中的任意矢量。因此,一个制备 N 个量子比特的存储器可构造 2^N 维 Hilbert 空间中的一个矢量,信息就是编码在这些量子态上。

Deutsch
量子算法

逻辑"线路"由进行逻辑运算的逻辑器件构成,所谓逻辑器件就是通用逻辑门(universal logic gate)。通用逻辑门有好几种方案,目前设想应用最多的就是前面所介绍的单比特逻辑门(如非门、相位门和 Hadamard 门)加上受控双比特逻辑门(C-Not gate)。这些逻辑门实际上都是对存储器上所制备量子态实施幺正变换的控制设备。因此,在量子计算机中,数据的存储和数据的处理(逻辑运算)是在同一个体系(存储器)上实行的。这是量子计算机与经典计算机的重要区别之一。目前研究中的存储器主要有腔 QED,离子阱,量子点,核磁共振等方案。

测量设备就是获取输出信息(计算结果)的设备。

量子计算的第一步是输入数据。输入数据是制备初始量子态的过程,数据要存储到存储器上,以备编码量子信息。

量子计算的第二步是逻辑运算。逻辑运算过程是对所输入的量子态进行符合量子算法逻辑要求的幺正变换过程。幺正变换是可逆的,因此,逻辑运算过程不仅是热力学可逆过程，而且也是逻辑上可逆过程。幺正变换靠逻辑门来完成。存储数据(量子态)的腔 QED、离子阱等系统就是逻辑门的物理实现部件，通过对量子部件的操作，对所存量子态进行幺正变换，达到逻辑运算的目的。

量子计算的第三步是量子测量。通过量子测量获取计算结果，得到输出信息。

对一个制备 N 个量子比特的量子计算机，量子计算通过如下过程进行：先把 N 个量子比特制备成标准的初始态，如 $|\psi\rangle=|000\cdots0\rangle$，然后对初始态实行幺正操作 U，U 是由一些通用量子门的乘积构成。对经 U 变换得到的结果再进行量子测量得到计算结果。

量子信息学近年来被进一步拓展到量子探测、量子传感、量子计量等领域，被认为可能对各领域带来颠覆性影响。例如，基于量子相干性的量子并行计算，一方面能突破传统芯片的经典物理学极限，另一方面能实现比传统计算机快百万倍的计算能力。基于量子测量导致塌缩的量子通信(量子密钥分发)，具有绝对保密性，可部分取代传统通信加密技术，理论上能实现无条件的密钥安全。应用量子探测技术的量子雷达可能实现远程反隐身探测，破解隐身飞机作战优势；量子传感器具有超高灵敏度，可能在精确的定位、导航和授时信息取得应用；量子计量以量子物理为基础的自然基取代实物基准，可实现目前可见的最高计量精度。

近几十年，量子信息研究取得了长足的发展，量子计算不再局限于研究机构，各大商业公司如 IBM、Google、D-wave、阿里都不断带来新进展。各国政府也纷纷将量子科技的发展列为重大发展战略，美国、英国等纷纷投入巨资，签署法案，开展了量子科技的研发。我国老一批科学家在量子光学方面的研究为我国在量子信息领域的发展打下了坚实的基础，自《"十一五"国家科技创新规划》开始，就将远程量子通信和空间量子实验列为重点开展的方向，伴随着 2016 年 8 月 16 日我国自主研制的世界上首颗空间"墨子号量子科学实验卫星"的发射，也标志着我国在远程量子通信方面走在世界前列。

本章小结

习　题

11-1　已知电子的自旋算符 $\hat{S}_z$ 的本征值为 $\frac{\hbar}{2}$ 和 $-\frac{\hbar}{2}$ 的本征矢量分别为

$$|\uparrow_z\rangle=\begin{pmatrix}1\\0\end{pmatrix},\quad |\downarrow_z\rangle=\begin{pmatrix}0\\1\end{pmatrix}$$

求：在自旋态 $|\psi\rangle=\frac{1}{\sqrt{2}}\begin{pmatrix}1\\1\end{pmatrix}$ 下，$\hat{S}_z$ 和 $\hat{S}_x$ 的可能测值和相应的概率。

11-2　一电子处于自旋态

$$|\psi\rangle=\frac{1}{\sqrt{2}}(|\uparrow_x\rangle+|\downarrow_x\rangle)$$

求：(1)在自旋态 $|\psi\rangle$ 下，$\hat{S}_x$ 的可能测值与概率；

(2)在自旋态 $|\psi\rangle$ 下，$\hat{S}_z$ 的可能测值与概率。

11-3　设一个二粒子体系处于纯态

$$\cos\theta|00\rangle_{12}+\sin\theta|11\rangle_{12}$$

求第一个粒子量子态的密度矩阵。

11-4　一个二粒子体系在初始时刻处于$|00\rangle_{12}$态，试利用适当的量子门制备 Bell 基

$$|\varphi^{+}\rangle=\frac{1}{\sqrt{2}}(|00\rangle_{12}+|11\rangle_{12})$$

11-5　设一个量子体系在初始时刻制备成 Bell 基

$$|\psi^{+}\rangle=\frac{1}{\sqrt{2}}(|01\rangle_{12}+|10\rangle_{12})$$

试利用适当的逻辑门制备$|01\rangle_{12}$态。

11-6　设包括力学量$\hat{A}$在内的一组力学量完全集的共同本征矢量为$\{|n\rangle, n=1,2,3,\cdots\}$，投影算符$P_n\equiv|n\rangle\langle n|$，求证：

(1) 力学量$\hat{A}$ 可以表示为$\hat{A}=\sum_n a_n P_n$，其中，a_n 表示算符$\hat{A}$ 的本征值；

(2)在任一态$|\psi\rangle$下，力学量$\hat{A}$的测值为 a_k 的概率 $\rho_k=\langle\psi|P_k|\psi\rangle$。

附　录

附录1　常用物理常数

物理量	符号	取值(国际单位制)
真空中的光速	c	$299792458\ \mathrm{m\cdot s^{-1}}$
普朗克常数	h	$6.62606876(52)\times10^{-34}\ \mathrm{J\cdot s}$
约化普朗克常数	$\hbar\equiv h/2\pi$	$1.054571596(82)\times10^{-34}\ \mathrm{J\cdot s}$ $=6.58211889(26)\times10^{-22}\ \mathrm{MeV\cdot s}$
电子电量	e	$1.602176462(63)\times10^{-19}\ \mathrm{C}$ $=4.80320420(19)\times10^{-10}\ \mathrm{esu}$
电子质量	m_e	$0.510998902(21)\ \mathrm{MeV/c^2}$ $=9.10938188(72)\times10^{-31}\ \mathrm{kg}$
质子质量	m_p	$938.271998(38)\ \mathrm{MeV/c^2}$ $=1.67262158(13)\times10^{-27}\ \mathrm{kg}$ $=1.00727646688(13)\ \mathrm{u}$ $=1836.1526675(39)\ m_\mathrm{e}$
自由空间介电常数	$\varepsilon_0=1/\mu_0c^2$	$8.854187817\cdots\times10^{-12}\ \mathrm{F\cdot m^{-1}}$
自由空间磁导率	μ_0	$4\pi\times10^{-7}\ \mathrm{N\cdot A^{-2}}$ $=12.566370614\cdots10^{-7}\mathrm{N\cdot A^{-2}}$
Bohr 半径	$a_\infty=4\pi\varepsilon_0\hbar^2/m_\mathrm{e}e^2$ $=r_\mathrm{e}\alpha^{-2}$	$0.5291772083(19)\times10^{-10}\ \mathrm{m}$
Bohr 磁子	$\mu_\mathrm{B}=e\hbar/2m_\mathrm{e}$	$5.788381749(43)\times10^{-11}\ \mathrm{MeV\cdot T^{-1}}$
核磁子	$\mu_\mathrm{N}=e\hbar/2m_\mathrm{p}$	$3.152451238(24)\times10^{-14}\ \mathrm{MeV\cdot T^{-1}}$
Avogadro 常数	$\mathrm{N_A}$	$6.02214199(47)\times10^{23}\ \mathrm{mol^{-1}}$
Boltzmann 常数	k	$1.3806503(24)\times10^{-23}\ \mathrm{J\cdot K^{-1}}$ $=8.617342(15)\times10^{-5}\ \mathrm{eV\cdot K^{-1}}$
Rydberg 常数	$R\equiv2\pi^2m_\mathrm{e}e^4/h^3c$	$109677.581\ \mathrm{cm^{-1}}$

注　以上数据取自于 Particle data group 2002，PARTICLE PHYSICS BOOKLET。

附录 2　常用特殊函数

1. Hermite 多项式

(1)Hermite 多项式 $H_n(\xi)$ 满足微分方程

$$\frac{d^2 H_n}{d\xi^2} - 2\xi \frac{dH_n}{d\xi} + 2nH_n = 0$$

(2)$H_n(\xi)$ 满足递推关系(recursion relation)

$$H_{n+1} - 2\xi H_n + 2nH_{n-1} = 0$$

$$\frac{dH_n(\xi)}{d\xi} = 2nH_{n-1}(\xi)$$

(3)Hermite 多项式满足

$$\int_{-\infty}^{+\infty} H_m(\xi) H_n(\xi) e^{-\xi^2} d\xi = \sqrt{\pi} \cdot 2^n \cdot n! \delta_{mn}$$

从而保证

$$(\psi_m, \psi_n) = \delta_{mn}$$

(4)$H_n(\xi)$可以写成

$$H_n(\xi) = (-1)^n e^{\xi^2} \frac{d^n}{d\xi^n}(e^{-\xi^2})$$

(5)常用的前 5 个厄米多项式为

$$H_0(\xi) = 1,\quad H_1(\xi) = 2\xi$$

$$H_2(\xi) = 4\xi^2 - 2,\quad H_3(\xi) = 8\xi^3 - 12\xi$$

$$H_4(\xi) = 16\xi^4 - 48\xi^2 + 12$$

(6)一维谐振子的前 4 个能量本征函数如下：

$$\psi_0(x) = \frac{\sqrt{\alpha}}{\pi^{1/4}} e^{-\frac{1}{2}\alpha^2 x^2}$$

$$\psi_1(x) = \frac{\sqrt{2\alpha}}{\pi^{1/4}} \alpha x e^{-\frac{1}{2}\alpha^2 x^2}$$

$$\psi_2(x) = \frac{1}{\pi^{1/4}} \sqrt{\frac{\alpha}{2}} (2\alpha^2 x^2 - 1) e^{-\frac{1}{2}\alpha^2 x^2}$$

$$\psi_3(x) = \frac{\sqrt{3\alpha}}{\pi^{1/4}} \alpha x \left(1 - \frac{2}{3}\alpha^2 x^2\right) e^{-\frac{1}{2}\alpha^2 x^2}$$

2. Legendre 多项式

(1)定义

$$P_l(\zeta) = P_l^0(\zeta) = \frac{1}{2^l l!} \left(\frac{d}{d\zeta}\right)^l (\zeta^2 - 1)^l,\quad l = 0, 1, 2, \cdots$$

$$P_l^m(\zeta) = (1 - \zeta)^{m/2} \left(\frac{d}{d\zeta}\right)^m P_l(\zeta),\quad 0 \leqslant m \leqslant l$$

(2)微分方程

$$\left[(1-\zeta^2)\frac{\mathrm{d}^2}{\mathrm{d}\zeta^2}-2\zeta\frac{\mathrm{d}}{\mathrm{d}\zeta}+l(l+1)-\frac{m^2}{1-\zeta^2}\right]P_l^m(\zeta)=0$$

(3)正交归一性

$$\int_{-1}^{1}P_l^m(\zeta)P_{l'}^m(\zeta)\mathrm{d}\zeta=\frac{2}{2l+1}\frac{(l+m)!}{(l-m)!}\delta_{ll'}$$

(4)部分 Legendre 多项式

$$P_0(\zeta)=1,\quad P_1(\zeta)=\zeta,\quad P_1^1(\zeta)=\sqrt{1-\zeta^2}$$

$$P_2(\zeta)=\frac{1}{2}(3\zeta^2-1),\quad P_2^1(\zeta)=3\zeta\sqrt{1-\zeta^2},\quad P_2^2(\zeta)=3(1-\zeta^2)$$

$$P_3(\zeta)=\frac{1}{2}(5\zeta^3-3\zeta),\quad P_3^1(\zeta)=\frac{3}{2}\sqrt{1-\zeta^2}(5\zeta^2-1)$$

$$P_3^2(\zeta)=15(1-\zeta^2)\zeta,\quad P_3^3(\zeta)=15(1-\zeta^2)^{3/2}$$

3. 球谐函数

$$Y_0^0=\frac{1}{\sqrt{4\pi}},\quad Y_1^0=\sqrt{\frac{3}{4\pi}}\cos\theta,\quad Y_1^{\pm1}=\mp\sqrt{\frac{3}{8\pi}}\sin\theta e^{\pm i\varphi}$$

$$Y_2^0=\sqrt{\frac{5}{16\pi}}(2\cos^2\theta-\sin^2\theta),\quad Y_2^{\pm1}=\mp\sqrt{\frac{15}{8\pi}}\sin\theta\cos\theta e^{\pm i\varphi}$$

$$Y_2^{\pm2}=\sqrt{\frac{15}{32\pi}}\sin^2\theta e^{\pm2i\varphi},\quad Y_3^0=\sqrt{\frac{7}{16\pi}}(2\cos^3\theta-3\cos\theta\sin^2\theta)$$

$$Y_3^{\pm1}=\mp\sqrt{\frac{21}{64\pi}}(4\cos^2\theta\sin\theta-\sin^3\theta)e^{\pm i\varphi}$$

$$Y_3^{\pm2}=\sqrt{\frac{105}{32\pi}}\cos\theta\sin^2\theta e^{\pm2i\varphi},\quad Y_3^{\pm3}=\mp\sqrt{\frac{35}{64\pi}}\sin^3\theta e^{\pm3i\varphi}$$

4. Laguerre 多项式

(1)定义

$$L_n(\zeta)=e^{\zeta}\frac{\mathrm{d}^n}{\mathrm{d}\zeta^n}(\zeta^n e^{-\zeta})\quad(n=0,1,2,\cdots)$$

$$L_n^m(\zeta)=\frac{\mathrm{d}^m}{\mathrm{d}\zeta^m}L_n(\zeta)\quad(n\geqslant m>0)$$

(2)部分 Laguerre 多项式

$$L_0(\zeta)=1,\quad L_1(\zeta)=1-\zeta,\quad L_2(\zeta)=\zeta^2-4\zeta+2$$

$$L_3(\zeta)=-\zeta^3+9\zeta^2-18\zeta+6$$

5. 第 1 类球 Bessel 函数

$$j_0(z)=\frac{\sin z}{z},\quad j_1(z)=\frac{\sin z-z\cos z}{z^2}$$

$$j_2(z)=\frac{(3-z^2)\sin z-3z\cos z}{z^3}$$

$$j_3(z)=\frac{(15-6z^2)\sin z-z(15-z^2)\cos z}{z^4}$$

$$j_4(z)=\frac{(105-45z^2+z^4)\sin z-z(105-10z^2)\cos z}{z^5}$$

6. 氢原子的波函数

(1)部分径向波函数

$$R_{10}=\left(\frac{1}{a_0}\right)^{\frac{3}{2}}2\mathrm{e}^{-\frac{r}{a_0}},\quad R_{20}=\frac{1}{\sqrt{2}}\left(\frac{1}{a_0}\right)^{\frac{3}{2}}\left(1-\frac{r}{2a_0}\right)\mathrm{e}^{-\frac{r}{2a_0}}$$

$$R_{21}=\frac{1}{2\sqrt{6}}\left(\frac{1}{a_0}\right)^{\frac{3}{2}}\frac{r}{a_0}\mathrm{e}^{-\frac{r}{2a_0}}$$

(2)相应的球谐函数

$$Y_{00}=\frac{1}{\sqrt{4\pi}},\quad Y_{11}=-\sqrt{\frac{3}{8\pi}}\sin\theta\mathrm{e}^{\mathrm{i}\varphi}$$

$$Y_{10}=\sqrt{\frac{3}{4\pi}}\cos\theta,\quad Y_{1-1}=\sqrt{\frac{3}{8\pi}}\sin\theta\mathrm{e}^{-\mathrm{i}\varphi}$$

(3)总的波函数

$$\psi_{100}=R_{10}Y_{00}=\frac{1}{\sqrt{\pi}}\left(\frac{1}{a_0}\right)^{\frac{3}{2}}\mathrm{e}^{-\frac{r}{a_0}}$$

$$\psi_{200}=R_{20}Y_{00}=\frac{1}{\sqrt{8\pi}}\left(\frac{1}{a_0}\right)^{\frac{3}{2}}\left(1-\frac{r}{2a_0}\right)\mathrm{e}^{-\frac{r}{a_0}}$$

$$\psi_{211}=R_{21}Y_{11}=-\frac{1}{8\sqrt{\pi}}\left(\frac{1}{a_0}\right)^{\frac{3}{2}}\frac{r}{a_0}\mathrm{e}^{-\frac{r}{2a_0}}\sin\theta\mathrm{e}^{\mathrm{i}\varphi}$$

$$\psi_{210}=R_{21}Y_{10}=\frac{1}{4\sqrt{2\pi}}\left(\frac{1}{a_0}\right)^{\frac{3}{2}}\frac{r}{a_0}\mathrm{e}^{-\frac{r}{2a_0}}\cos\theta$$

$$\psi_{21-1}=R_{21}Y_{1-1}=\frac{1}{8\sqrt{\pi}}\left(\frac{1}{a_0}\right)^{\frac{3}{2}}\frac{r}{a_0}\mathrm{e}^{-\frac{r}{2a_0}}\sin\theta\mathrm{e}^{-\mathrm{i}\varphi}$$

附录 3　常用积分公式

(1)$\boldsymbol{\Gamma}$-函数

$$\Gamma(x) = \int_0^{+\infty} e^{-t} t^{x-1} dt$$

$$\Gamma(x+1) = x\Gamma(x), \quad \Gamma(n) = (n-1)!$$

$$\Gamma\left(n+\frac{1}{2}\right) = \frac{(2n-1)!!\sqrt{\pi}}{2^n}, \quad \Gamma\left(\frac{1}{2}\right) = \sqrt{\pi}$$

(2) $\int_0^{+\infty} e^{-ax} \sin bx \, dx = \frac{b}{a^2+b^2} \quad (a>0)$

(3) $\int_0^{+\infty} e^{-ax} \cos bx \, dx = \frac{a}{a^2+b^2} \quad (a>0)$

(4) $\int_0^{+\infty} e^{-ax} x^n dx = \frac{n!}{a^{n+1}}$

(5) $\int_0^{+\infty} e^{-ax^2} x^{2n} dx = \frac{(2n-1)!!}{2^{n+1}} \sqrt{\frac{\pi}{a^{2n+1}}}$

$[a>0, (2n-1)!! = (2n-1)(2n-3)\cdots 3 \cdot 1]$

(6) $\int_0^{+\infty} e^{-ax^2} x^{2n+1} dx = \frac{n!}{2a^{n+1}} \quad (a>0)$

(7) $\int_{-\infty}^{+\infty} e^{-x^2} dx = \sqrt{\pi}$

(8) $\int_{-\infty}^{\infty} x^2 e^{-x^2} = \frac{\sqrt{\pi}}{2}$

参考文献

[1] 周世勋. 量子力学[M]. 上海：上海科学技术出版社，1961.

[2] 曾谨言. 量子力学导论[M]. 2 版. 北京：北京大学出版社，2000.

[3] 张永德. 量子力学[M]. 2 版. 北京：科学出版社，2008.

[4] Fayyazuddin and Riazuddin. Quantum Mechanics[M]. World Publishing Co. Pte. Ltd，1990.

[5] Schiff L I. Quantum Mechanics. International Student Edition，1995.

[6] Hisheng Song. Quantum Mechanics[M]. 韩国科学研究社，1993.

[7] Dirac P A M. The Principle of Quantum Mechanics[M]. 4th ed. Oxford University Press，1958.

[8] von Neumann J. 量子力学 の 数学的基礎[M]. 井上健，広重徹，恒藤敏彦，译. みすず 書房，1957.

[9] 曾谨言，斐寿镛. 量子力学新进展：第一辑[M]. 北京：北京大学出版社，2000.

[10] 曾谨言，裴寿镛，龙桂鲁. 量子力学新进展：第二辑[M]. 北京：北京大学出版社，2001.

[11] 曾谨言，龙桂鲁，裴寿镛. 量子力学新进展：第三辑[M]. 北京：清华大学出版社，2003.

[12] John Preskill. Lecture notes for Physics 229：Quantum Information and Computation[R]. California Institute of Technology，1998.

[13] Nielsen M A，Chuang I L. Quantum Coputation and Quantum Information[M]. Cambridge：University Press，2000.